SUPER SIMPLE
물리

SUPER SIMPLE 02 **물리**

초판 1쇄 인쇄 | 2024년 9월 1일
초판 1쇄 발행 | 2024년 9월 5일

지은이 | DK 슈퍼 심플 편집위원회
옮긴이 | 배동일, 박재승
펴낸이 | 조승식
펴낸곳 | 도서출판 북스힐
등록 | 1998년 7월 28일 제22-457호
주소 | 서울시 강북구 한천로 153길 17
전화 | 02-994-0071
팩스 | 02-994-0073
인스타그램 | @bookshill_official
블로그 | blog.naver.com/booksgogo
이메일 | bookshill@bookshill.com

ISBN 979-11-5971-603-4
정가 18,000원

• 잘못된 책은 구입하신 서점에서 교환해 드립니다.

DK 북스힐

SUPER SIMPLE 02

물리

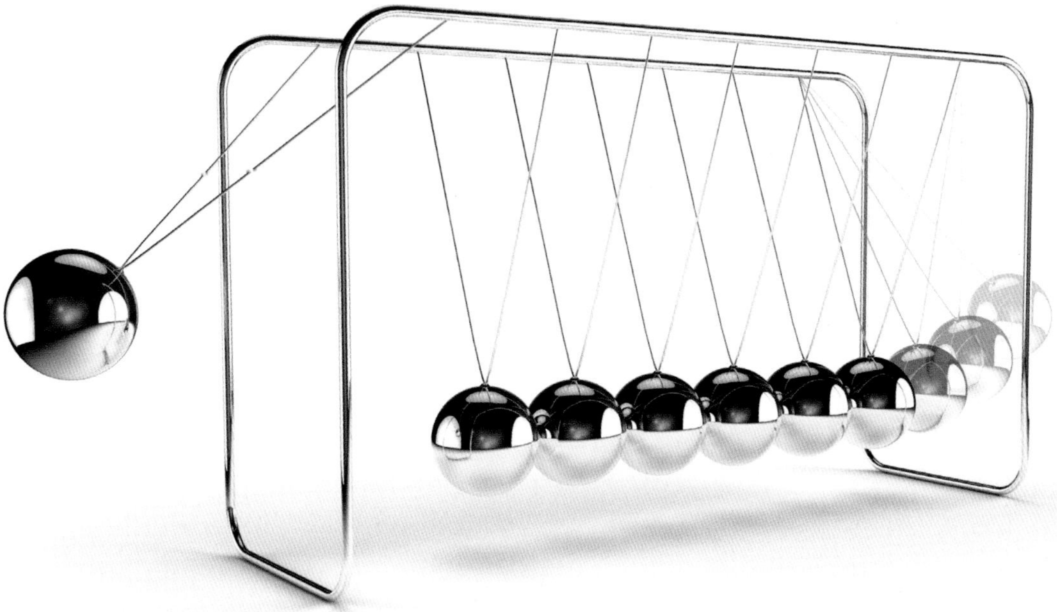

차례

과학적으로 행동하기

에너지

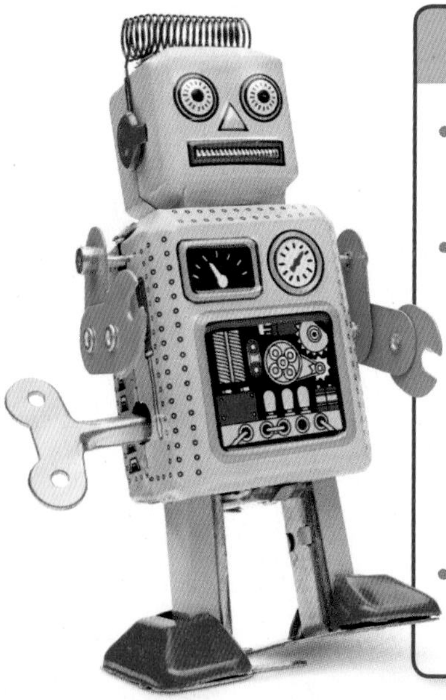

안전 및 교사 감독 관련

- 이 책에서 소개하는 실험은 영국 물리학 GCSE 커리큘럼의 실습에 필요한 실험을 설명하고 있다. 이러한 실험을 수행할 때에는 해당 쪽의 지시 사항과 함께 17쪽에 나와 있는 '안전 수칙'을 따라야 한다.
- 일부 실험은 물리 교사의 추가 감독이 필요하며 교사의 감독하에서만 수행되어야 한다. 교사의 감독이 필요한 실험의 경우 다음과 같은 기호가 표시되어 있다.

교사 감독 필요

- 출판사는 해당 지시 사항을 따르지 않거나 적절한 감독 없이 수행된 실험으로 인해 발생하는 부상 또는 손실에 대한 어떠한 책임도 지지 않는다.

운동 분석

힘

힘과 운동

파동

빛

전기 회로

일상에서의 전기 사용

정전기

자기와 전자기

물질

압력

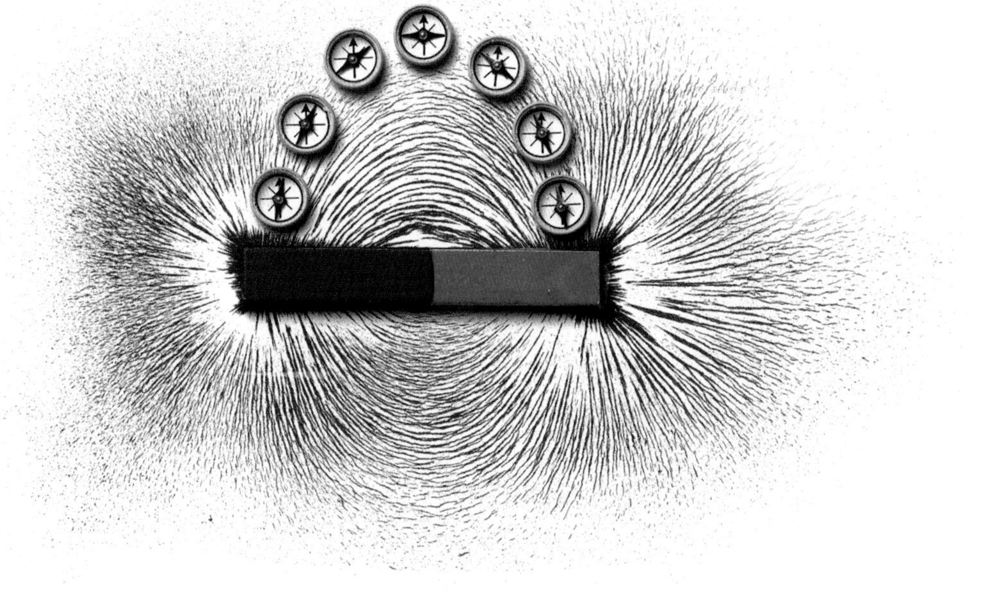

원자와 방사선

우주

과학적으로 행동하기

과학적 사고 과정

과학자는 자연에서 발생한 현상(예를 들어 도선에 전류가 흐름, 별이나 행성이 형성됨)이 어떻게 일어났는지 그리고 왜 일어났는지에 대하여 논리적인 사고 과정을 토대로 설명하고자 한다. 과학의 모든 분야에서 적용되는 과학적 사고 과정을 알아보자.

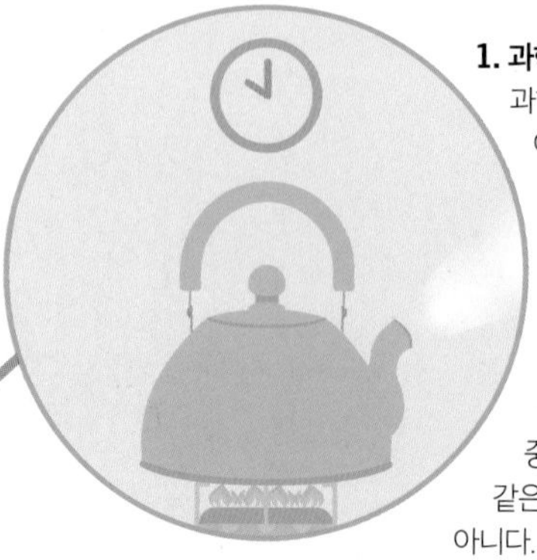

1. 과학적인 질문하기

과학자는 호기심이 많고 현상이 어떻게 일어났는지 궁금해한다. 예를 들어 "주전자를 끓일 때 시간이 더 걸리는 이유는 무엇일까?"와 같은 질문을 한다. 과학적인 질문은 데이터 수집(정보)을 토대로 대답할 수 있어야 한다. "따뜻한 음료 중 어떤 것이 가장 맛있을까?"와 같은 질문은 과학적인 질문이 아니다.

2. 가설 설정하기

다음 단계는 검증할 수 있는 설명을 생각해 내는 것이다. 이것을 가설이라고 한다. 과학자는 종종 '관련 있다'라는 단어를 사용하여 가설을 설정한다. 가설 설정의 예로, "주전자가 끓는 데 걸리는 시간은 그 안에 들어 있는 물의 양과 관련 있다" 등을 들 수 있다.

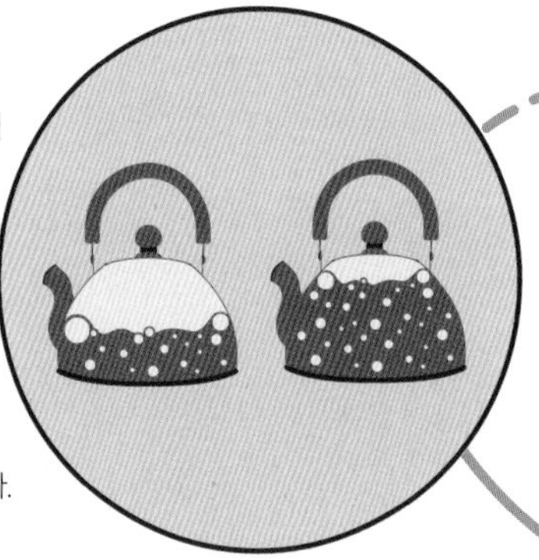

3. 예측하기

가설을 검증하기 위해 과학자는 예측을 시도한다. 예측은 "만약…이라면…"으로 쓸 수 있다. 예를 들어 "물의 양을 2배로 늘리면 끓이는 데 2배의 시간이 걸린다"라고 예측한다.

데이터 수집

어떤 과학적인 질문들은 실험으로 검증될 수 없다. 예를 들어 천문학자들은 행성과 별을 가지고 실험할 수 없다. 그러나 가설과 예측을 설정할 수 있고, 관측으로 수집한 데이터를 바탕으로 가설과 예측을 검증할 수 있다.

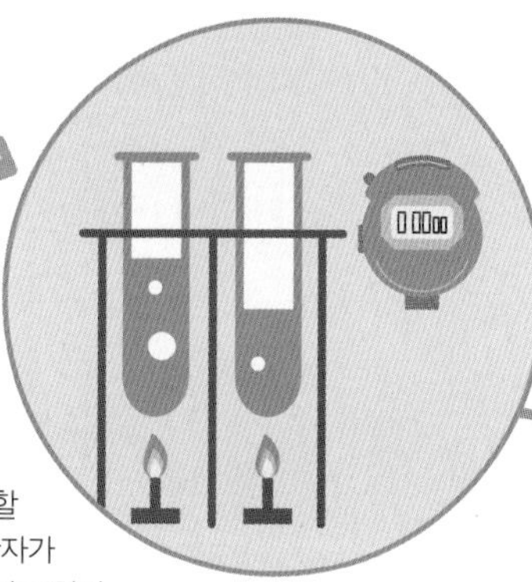

4. 데이터 수집하기

가설은 보통 실험으로 검증된다. 위의 경우 물의 부피에 따른 끓는 시간과 열량을 측정할 수 있다. 가설을 검증하기 위해서는 실험의 변인 통제가 명확하게 이루어져야 하며, 조작할 수 있는 변인은 검증해야 할 변인(이 경우 물의 부피)이다. 과학자가 실험에서 수집하는 정보를 데이터라고 한다.

핵심 요약

- 가설은 검증할 수 있는 과학적인 사고이다.
- 가설은 실험 결과를 예측하는 데 사용된다.
- 가설이 실험으로 뒷받침되면 이론으로 정립된다.
- 과학자는 자신의 발견을 다른 과학자들의 검토를 거쳐 발표한다.

7. 이론

어떤 가설이 많은 실험을 통해 검증되면, 그것은 결국 과학적인 이론으로 정립된다.

가설 또는 실험 수정

예측이 틀렸다면 가설이 틀렸거나 실험이 잘못되었을 수 있다. 실패한 실험은 시간 낭비가 아니다. 때로는 새로운 발견으로 이어지기도 한다.

많은 과학자들은 실험을 반복한다.

결론이 가설을 뒷받침하지 못한다.

결론이 가설을 뒷받침한다.

6. 동료 검토

성공적으로 실험을 수행한 후, 과학자는 다른 과학자들이 이 실험에 대한 세부 사항을 확인할 수 있도록 보고서(논문)를 작성한다. 논문은 모든 과학자가 읽을 수 있도록 과학 저널에 게시된다.

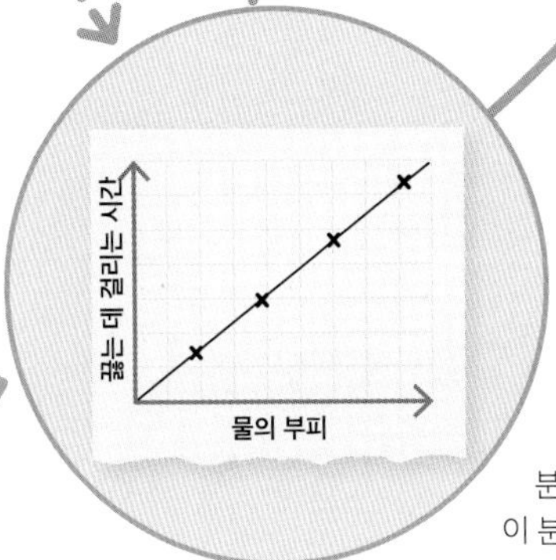

5. 분석과 결론

데이터를 수집한 후에는 이를 자세히 분석하여 오류를 확인하고 패턴을 찾는다. 이 분석을 토대로 실험이 가설을 뒷받침하는지를 결정하고, 이 과정에서 결론을 도출한다.

과학적 이론

사람들은 때때로 어떤 것을 믿지 않을 때 "그것은 단지 이론일 뿐이다"라고 말한다. 하지만 과학 이론은 여러 번 검증되었고 그에 대한 설명이 널리 사실로 받아들여졌다. 예를 들어 지구를 포함한 태양계의 행성들이 태양의 궤도를 돈다는 생각은 많은 주의 깊은 관찰과 예측에 근거한 과학 이론이다. 과학이 아니었다면 우리는 아마도 태양이 지구를 돌고 있다고 믿었을 것이다.

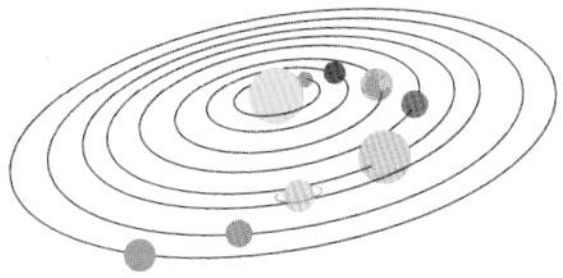

태양계

과학적 발전

과학적 이론과 방법은 시간이 지나면서 변한다. 예를 들어 망원경의 발명은 사람들이 태양계에 대해 생각하는 방식을 바꾸었다. 망원경 기술이 발전하면서 별들과 우주에 대한 새로운 생각들도 받아들여졌다.

핵심 요약

- ✓ 과학적 이론과 방법은 시간이 지남에 따라 변한다.
- ✓ 망원경의 발명은 행성, 달 그리고 별들에 대한 새로운 발견으로 이어졌다.
- ✓ 망원경 기술이 발전하면서 새로운 발견은 우주에 대한 이해를 바꾸어 놓았다.

하늘을 관찰함

밤하늘을 연구한 최초의 사람들은 약 5천 년 전 메소포타미아(현재의 이라크)인이었다. 고대 천문학자들은 사분면과 같은 간단한 기구를 사용하여 별이나 행성의 지평선에 대한 각도를 측정하고 태양이나 달이 언제 뜨고 지는지 예측했다.

기원후 140

지구중심설

고대 사람들은 태양이 지구 주위를 돌고 지구가 우주의 중심이라고 생각했다. 그리스의 천문학자 프톨레마이오스는 이 생각을 근거로 태양계에 대한 '지구중심 모형'을 주장하였다. 지구중심설은 지구가 가운데에 있다는 것을 의미한다. 지구중심 모형은 하늘에서 행성들이 뒤로 움직인다는 관찰 근거로 정립되었고, 프톨레마이오스는 각 행성에 대한 복잡한 궤도 체계(에피시클)를 정리하였다.

프톨레마이오스의 모형은 지구를 중심에 두기 때문에 지구중심설이라고 불린다.

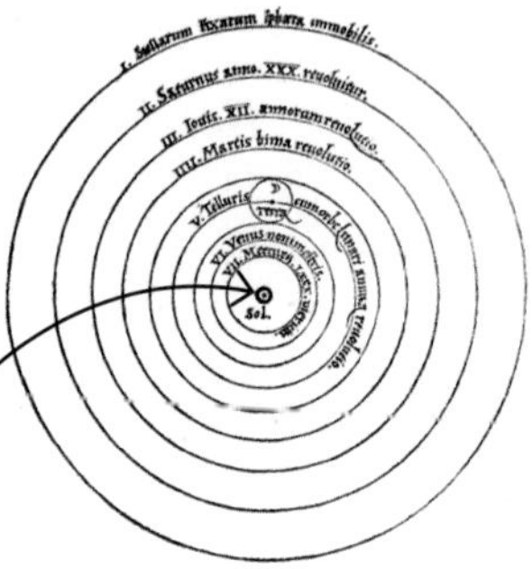

1543

태양중심 모형

폴란드의 천문학자 니콜라우스 코페르니쿠스는 직접 관측한 것을 토대로 새로운 모형을 고안했다. 이 모형은 태양이 중심에 있고(헬리오 중심) 행성들이 원형 궤도로 돌고 있다. 초기에는 모형과 행성의 움직임이 완벽하게 일치하지 않았기 때문에 받아들여지지 않았다.

1609

타원 궤도

코페르니쿠스가 죽은 지 약 80년 후, 독일의 천문학자 요하네스 케플러는 원형 궤도 대신 타원형 궤도의 태양중심 모델을 제안했다. 이 모델은 이전 모델보다 행성의 움직임에 더 잘 맞았다.

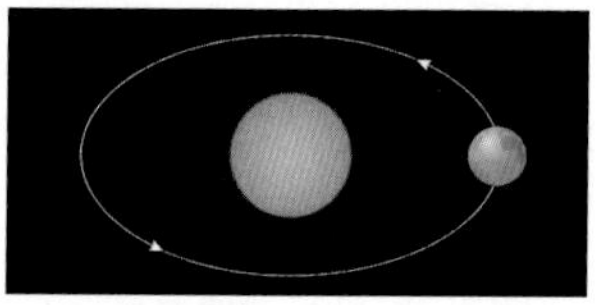

1610

망원경

1600년대 초 망원경이 발명된 후, 이탈리아의 과학자 갈릴레오 갈릴레이는 달에서 산과 분화구 그리고 목성 주위를 도는 4개의 위성을 발견했다. 그의 관측은 태양중심 모형을 지지했다.

다양한 빛

가시광선은 전자기파 스펙트럼의 한 부분이다. 별과 은하가 방출하는 여러 종류의 전자기파를 관찰함으로써 별과 은하에 대해 많이 배울 수 있다. 전자기파 중 일부는 지구의 대기에 흡수되고, X선, 자외선, 적외선 망원경은 우주로 보낸다. 또한 전파 망원경을 지상에 세울 수 있다. 오른쪽 사진은 안드로메다 은하가 여러 파장에서 어떻게 보이는지 보여준다.

X선

적외선

자외선

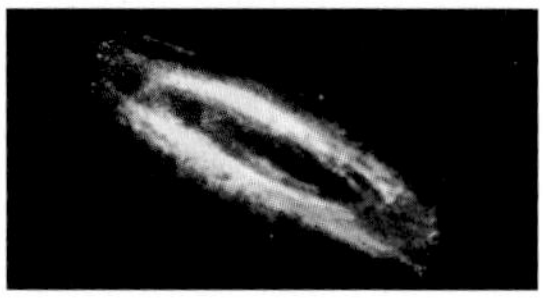
전파

중력 이론

영국의 과학자 아이작 뉴턴은 케플러의 타원 궤도에 영감을 받아 중력과 운동에 관한 법칙이 담겨 있는 책을 출판했다. 이 책의 수학적 모델은 행성들이 어떻게 태양을 돌고 달이 어떻게 행성을 도는지 설명한다.

뉴턴은 렌즈 대신에 곡면 거울을 사용하는 반사 망원경을 발명했다.

안드로메다 은하

은하의 발견

1912년 미국의 천문학자 헨리에타 스완 레빗은 지구에서 별들까지의 거리를 별의 밝기를 통해 계산하는 방법을 고안했다. 1923년 또 다른 미국의 천문학자 에드윈 허블은 자기 아이디어를 사용하여 우리 은하계 너머의 다른 은하들의 존재를 증명했고, 우주가 우리가 생각했던 것보다 훨씬 더 크다는 것을 밝혔다.

1687 — 1781 — 1908 — 현재

망원경의 발전

망원경이 점점 더 커지고 좋아지면서 천문학자들은 더 멀리 있는 물체를 발견했다. 천문학자 윌리엄 허셜은 12 m 길이의 망원경을 사용하여 천왕성을 관측했다. 또한 그는 수많은 성운(별들 사이에서 빛나는 물질로 이루어진 구름)의 존재를 확인하였다.

윌리엄 허셜은 그의 여동생 캐롤라인 허셜과 함께 거대한 망원경을 만들었다.

현대 관측 방법

오늘날 천문학자들은 망원경을 우주로 보내거나 전파 또는 다른 형태의 전자기파를 감지하는 망원경을 만들 수 있다. 이렇게 수집된 정보는 별들이 어떻게 형성되고 소멸하는지, 중력이 은하에 어떻게 존재하는지, 그리고 어떻게 시작되었는지 설명하는 데 도움을 주었다.

전파 망원경

과학과 사회

과학의 발전은 때로는 실험으로 답할 수 없는 윤리적인 질문을 제기하지만, 데이터 수집이 사람들이 정보에 입각한 결정을 내리는 데 도움을 줄 수 있다. 아래 예시와 같은 질문에 대한 답은 과학이 아니라 사람들의 의견에 달려 있다.

핵심 요약

- ✓ 과학의 발전은 윤리적인 문제를 일으킨다.
- ✓ 무엇이 옳은지 그른지에 대한 질문은 실험으로 답할 수 없고 사람들의 의견에 달려 있다.

값싼 고기

품종개량은 품질이 좋은 고기를 주는 동물, 더 많은 우유를 생산하는 소, 또는 더 많은 알을 낳는 암탉을 생산하는 것이다. 그러나 농부를 위해 비용을 줄이는 것은 동물들에게 해로울 수 있다. 예를 들어 매우 빨리 자라도록 사육된 닭은 무거워 걷기가 힘들 수 있다. 값싼 고기와 높은 수익이 동물 복지보다 더 중요할까?

청정에너지

기후 변화는 인간에 의해 대기의 이산화탄소 양이 늘면서 발생하고 있다. 조력은 이산화탄소를 생산하지 않고 전기를 생산하지만, 강 하구를 가로지르는 보를 건설함으로써 물고기의 이동을 막고 자연 서식지를 변화시킨다. 청정에너지가 야생 동물의 서식지를 보존하는 것보다 더 중요할까?

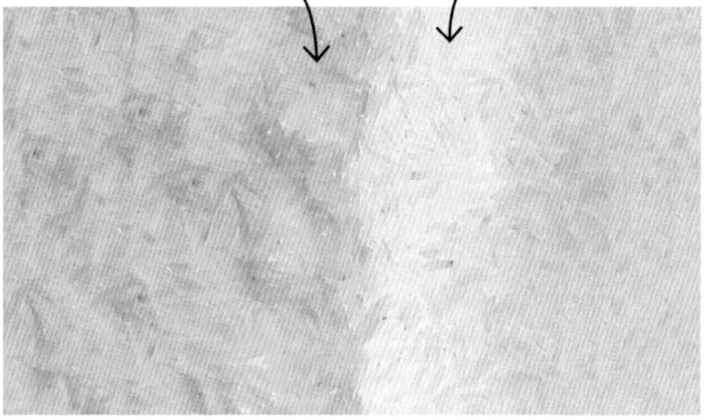

유전공학

유전공학을 통해 질병에 대한 치료가 가능하거나 추가적인 영양분을 제공하는 작물을 만들 수 있다. 이 기술은 많은 사람에게 이익이 되지만, 유전자 변형 유기체는 자연적이지 않다. 이런 방식으로 삶을 변화시키는 것이 잘못된 것일까?

바이오 연료

바이오 연료는 농작물로 만들어진 연료이다. 바이오 연료를 사용하면 농작물이 자라면서 이산화탄소를 흡수하기 때문에 화석 연료를 태우는 것보다 이산화탄소 배출량을 줄인다. 하지만 바이오 연료를 기르는 땅에서 식량을 재배할 수 있다. 청정에너지가 식량 공급보다 더 중요할까?

위험과 이점

과학과 기술은 인간의 삶을 향상시켜 주는 발명품을 생산할 수 있지만, 위험을 초래하기도 한다. 따라서 모든 측면을 고려하여 위험과 이점에 대해 따져볼 필요가 있다. 우리가 더 위험하다고 생각하는 선택이 종종 그렇지 않기도 하다.

핵심 요약

- ✓ 현대 기술은 큰 이점이 있지만, 일부 기술은 해를 끼칠 수 있다.
- ✓ 여러 기술에 대하여 위험과 이점을 평가한 후 사용 여부를 결정해야 한다.

원자력과 화석 연료

많은 사람들은 방사선 누출 사고의 위험 때문에 원자력 발전이 위험하다고 생각한다. 하지만 여러 과학적인 연구에서는 화석 연료 발전소가 기후 변화에 더 영향을 미칠 뿐만 아니라, 오염을 통해 더 많은 질병과 사망을 일으킨다고 주장한다. 또한 석유를 얻기 위해 시추를 하거나 석탄을 채굴하는 것이 핵연료를 얻는 것보다 더 많은 사고가 발생하고 있다.

걷기 혹은 운전?

걷기와 운전 중 어느 것이 더 안전할까? 통계를 살펴보면 보행자가 운전자보다 1마일당 더 많은 치명적인 사고를 겪는다는 것을 알 수 있다. 그러나 이것은 위험에 대한 유일한 요인은 아니다. 걷기는 운동의 한 형태이고, 심장병이나 당뇨병 같은 질병에 걸릴 확률을 크게 낮출 수 있다.

비행의 안전성

항공기 충돌은 항상 큰 뉴스이고 그로 인해 어떤 사람들은 비행을 두려워한다. 하지만 자동차로 여행하는 것이 훨씬 더 위험하다. 예를 들어 2000~2009년 동안 미국의 자동차 탑승자들은 비행기를 탄 승객들보다 치명적인 사고를 당할 확률이 1마일당 100배 이상 높았다.

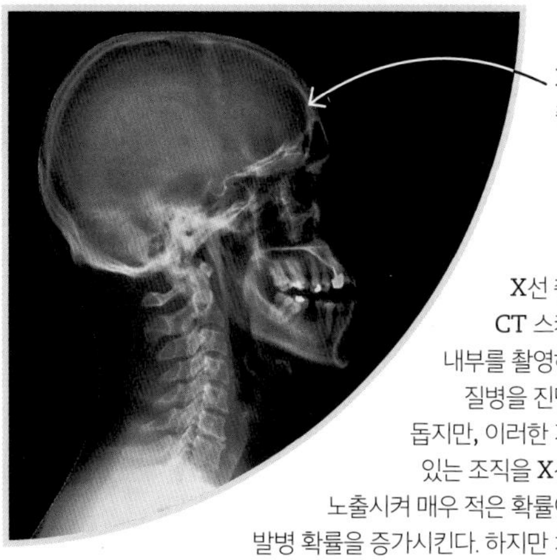

X선으로 촬영한 머리

X선

X선 촬영 기계와 CT 스캐너는 몸의 내부를 촬영하여 의사가 질병을 진단하는 것을 돕지만, 이러한 기술은 살아 있는 조직을 X선 방사선에 노출시켜 매우 적은 확률이지만 암의 발병 확률을 증가시킨다. 하지만 치료를 위한 촬영의 이점은 이 위험을 능가한다.

과학적 모형

우리는 과학적인 사고의 이해를 돕기 위해 과학적 모형을 자주 사용한다. 가설과 같이 모형은 실험을 통해 검증될 수 있다. 과학적 모형을 크게 서술형, 계산형, 수학형, 공간형, 재현형의 다섯 가지 유형으로 나눌 수 있다.

핵심 요약

- ✓ 모형은 과학적인 생각을 이해하거나 묘사하는 것을 도와준다.
- ✓ 모형을 사용하여 예측하고, 실험을 통해 검증할 수 있다.
- ✓ 물리학에서 사용되는 모형의 유형에는 서술형, 계산형, 수학형, 공간형, 재현형 등이 있다.

서술형 모형

서술형 모형은 어떤 것을 묘사하기 위해 단어와 도표를 사용한다. 오른쪽 도표는 전기가 발전소에서 우리 집으로 어떻게 이동하는지 설명하는 모형이다.

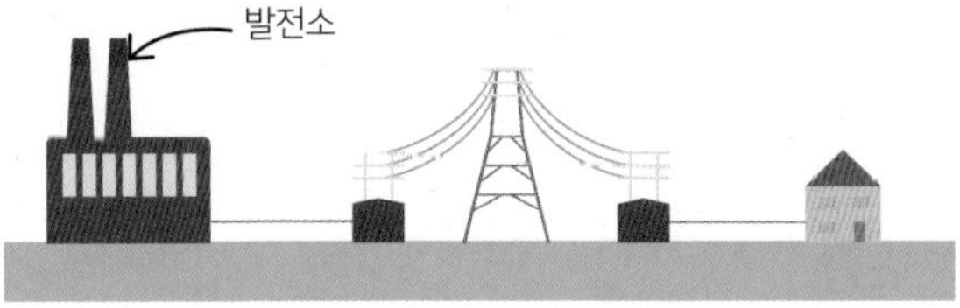

계산형 모형

계산형 모형은 복잡한 과정을 시뮬레이션하기 위해 컴퓨터를 사용한다. 기상 예측은 대기의 계산형 모형을 사용하여 이루어진다. 오른쪽 이미지는 대서양의 파도에 대한 예보이다.

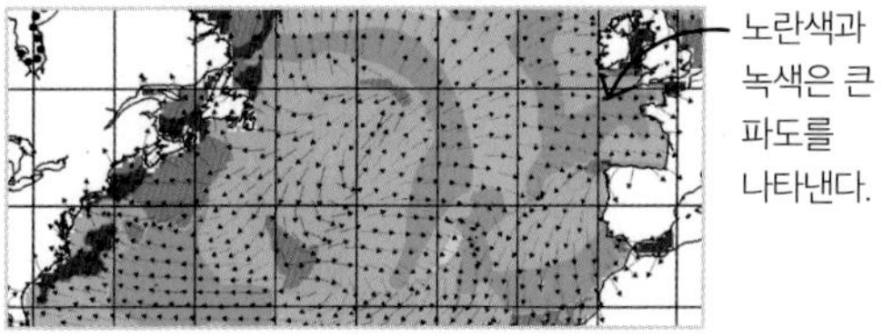

수학형 모형

수학형 모형은 실제 세계에서 일어나는 현상을 표현하기 위해 공식을 사용한다. 예를 들어 뜨거운 물체가 주변으로 열을 방출하여 온도가 떨어지는 현상을 공식으로 모형화할 수 있다. 수학형 모형의 결과는 오른쪽 그래프와 같이 나타낼 수 있다.

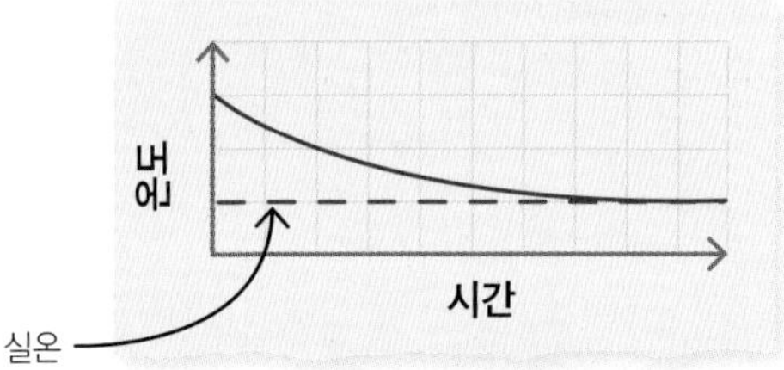

공간형 모형

공간형 모형은 귀의 구조를 한눈에 나타낸 오른쪽 모형과 같이 3차원 공간에서 사물이 어떻게 배열되는지 보여준다. 이 모형은 실제 사람의 귀와 같은 크기는 아니지만 구성 요소 사이의 비율은 실제와 같다.

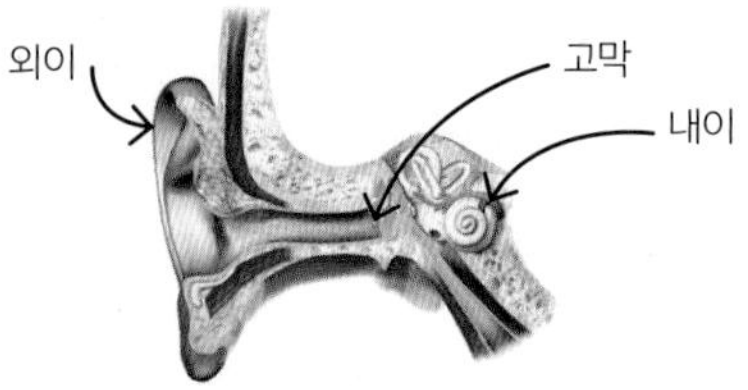

재현형 모형

재현형 모형은 실제 복잡한 물체를 표현하기 위해 단순화된 모양과 기호를 사용한다. 오른쪽의 회로도는 전기 회로가 어떻게 작동하는지 이해하는 데 도움이 된다.

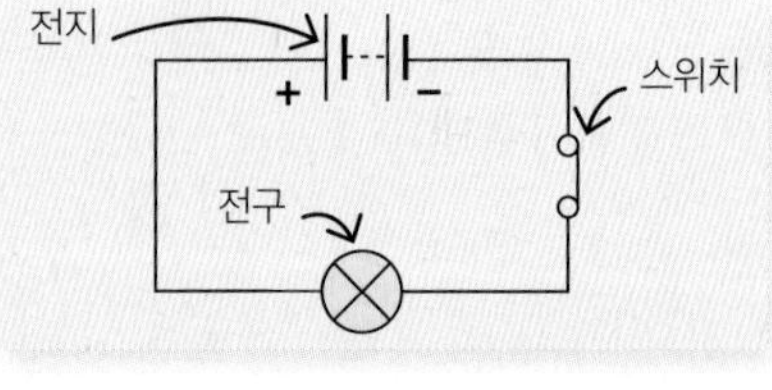

안전 수칙

물리학 실험은 전기, 물체의 운동, 열과 관련이 있어 부상의 위험이 있다. 안전하게 실험을 진행하는 것이 중요하므로 반드시 안전 수칙을 준수해야 한다.

눈 보호

보안경이나 고글은 액체 혹은 쇳가루 같은 작은 입자로부터 눈을 보호한다. 또한 전선이나 스프링을 늘일 때도 끊어져서 얼굴로 날아올 수 있으므로 사용해야 한다.

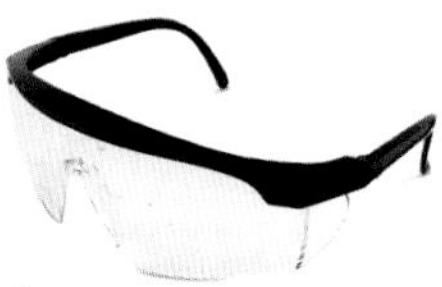

가열

물을 가열할 때는 피부에 튀지 않도록 주의한다. 화상을 입었을 때는 화상 당한 피부를 차가운 물에 최대한 빨리 담근다.

발 보호

일부 물리학 실험에서는 발에 떨어지면 다칠 수 있는 무게의 물품을 사용한다. 구겨진 신문지로 가득 찬 상자는 떨어지는 물체를 잡아주어 발이 다치는 것을 막아준다.

미끄러짐

바닥에 물을 쏟았다면 누군가가 미끄러져 다칠 수 있으므로 바로 치운다.

전기 회로 실험

전기 회로 실험에서는 회로를 바꾸기 전에 항상 전원 공급 장치를 끄거나 전지를 분리해야 한다. 스위치를 켜기 전에 교사에게 회로를 확인해 달라고 요청한다.

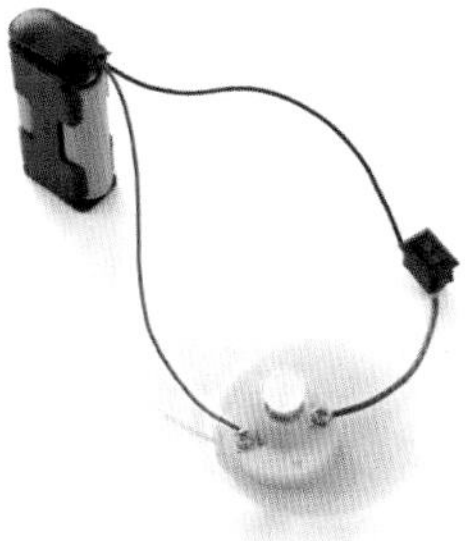

위험 물질

일부 과학 실험에서는 방사성 물질 또는 위험한 화학 물질이 사용될 수 있다. 이 물질들은 안전 장비를 착용한 특별히 훈련된 사람들만 다루어야 한다. 위험한 물질을 사용하는 실험은 가정에서 수행되어서는 안 된다.

분젠 버너

분젠 버너를 사용할 때는 주변을 깨끗하게 하고 긴 머리는 묶고 옷을 정리하여 불꽃 근처로 가지 않도록 한다. 뜨거운 장비는 충분히 식히고 내열 장갑을 착용한 후 조작한다.

태양 주의

빛과 관련된 실험을 할 때는 태양을 직접 보면 눈에 영구적인 손상을 일으킬 수 있다. 쌍안경이나 망원경을 사용하는 경우 위험이 더욱 커진다.

실험 계획하기

올바른 검증을 위한 과학 실험이 되려면 특정 요인의 영향을 관찰하기 위해서 한 종류의 변인을 변화시켜야 한다. 의도적으로 변화시킨 것을 독립 변인이라고 한다. 독립 변인이 영향을 미치는 것은 종속 변인이고, 동일하게 유지해야 하는 것은 통제 변인이다.

핵심 요약

- ✓ 실험은 올바른 검증을 위해 신중하게 계획해야 한다.
- ✓ 실험에서 변화하는 것을 변인이라고 한다.
- ✓ 독립 변인은 의도적으로 변화시키는 것이다.
- ✓ 종속 변인은 측정하는 대상이다.
- ✓ 통제 변인은 올바른 검증을 위해 동일하게 유지하는 것이다.

대조군

단열재가 없는 비커는 대조군이다. 단열재와 온도 변화를 비교하여 단열재를 사용하지 않았을 때의 변화를 알 수 있다. 차이점은 물의 부피나 비커의 종류와 같은 통제 변인에 의한 것이 아니라 독립 변인에 의한 것이어야 한다.

단열재 조사

과학적 방법에서는 실험을 수행하여 가설(아이디어)을 검증한다. 공기는 열을 잘 전달하지 못하기 때문에 공기를 많이 포함하는 물질이 좋은 단열재가 될 것이라는 가설을 세울 수 있다. 이 가설을 검정하기 위해서 아래와 같은 실험을 수행할 수 있다. 따뜻한 물이 담긴 비커 3개에 서로 다른 단열재를 감싸고 식어가는 물의 온도를 일정한 시간 간격으로 측정한다.

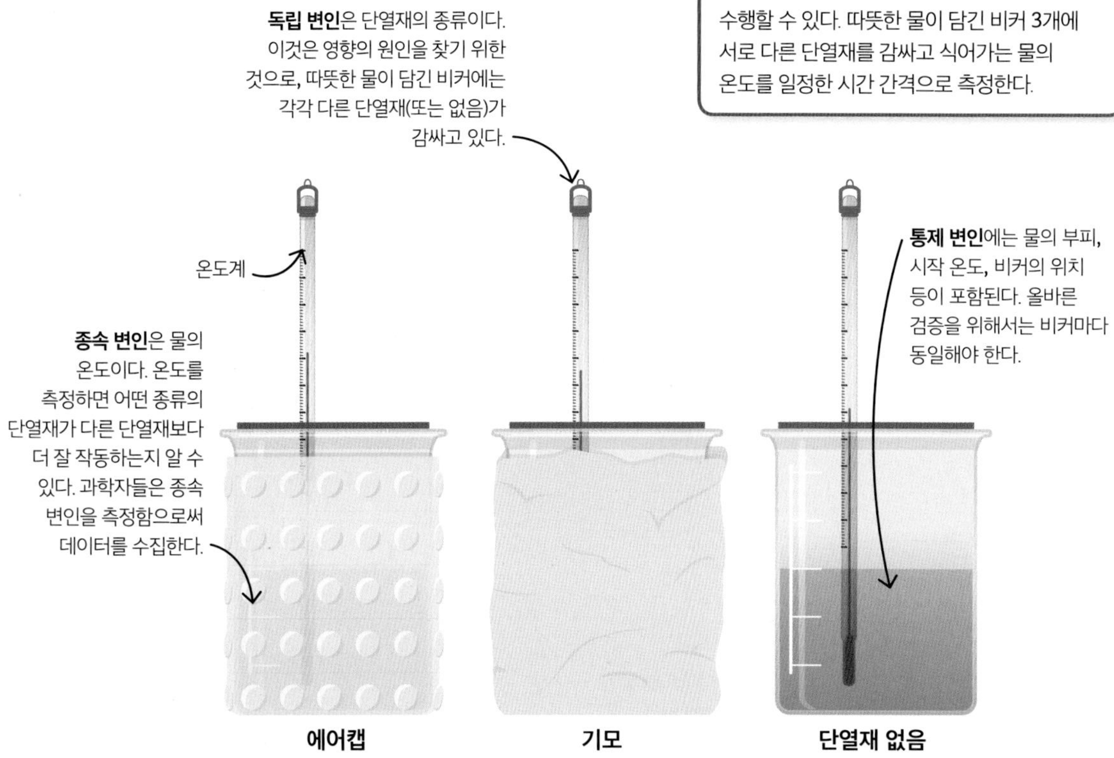

계획 수립

실험은 항상 사전에 신중하게 계획해야 한다. 계획하는 과정에서 가장 중요한 부분은 독립 변인과 종속 변인이 무엇인지 결정하는 것이다. 필요한 장비가 무엇인지 파악하고 안전하게 실험을 진행할 수 있도록 준비하는 것도 중요하다.

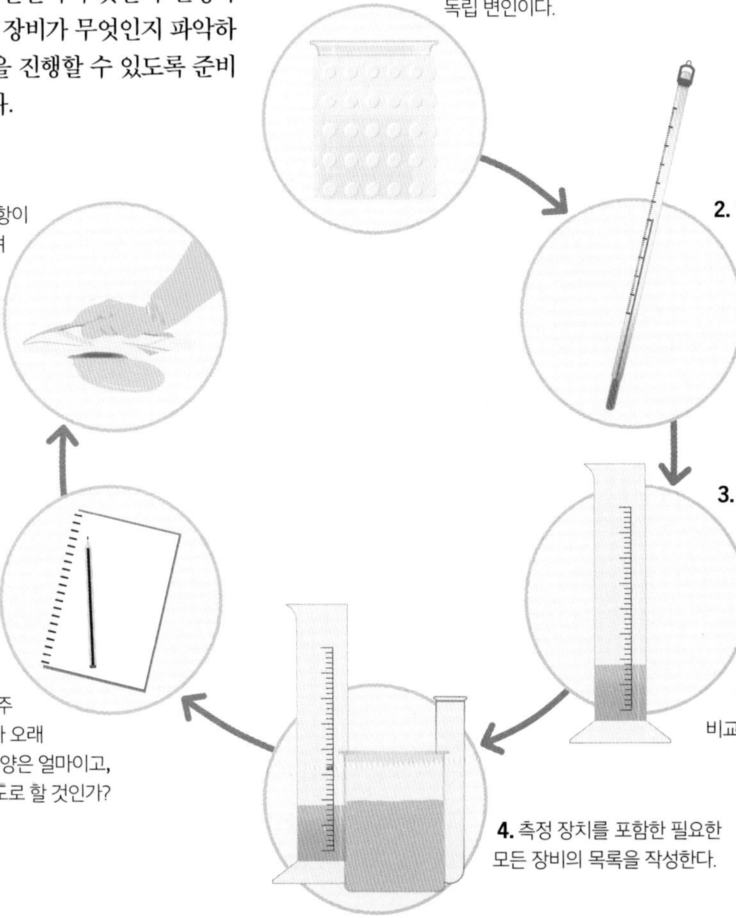

1. 먼저 의도적으로 변화시킬 변인을 결정한다. 이것이 독립 변인이다. 단열재 실험에서 단열재의 종류는 독립 변인이다.

2. 영향을 찾기 위해 측정할 변인을 결정한다. 단열재 실험에서 물의 온도는 종속 변인이다.

3. 올바른 검증을 위해 동일하게 유지해야 하는 변인을 결정한다. 이 변인들은 통제 변인이다. 예를 들어 각 비커의 물의 부피와 시작 온도가 같아야 한다. 다른 단열재를 비교하면 두께가 같아야 한다.

4. 측정 장치를 포함한 필요한 모든 장비의 목록을 작성한다.

5. 실험 과정에서 진행할 단계를 구체적으로 계획한다. 온도를 얼마나 자주 측정할 것인가? 얼마나 오래 측정할 것인가? 물의 양은 얼마이고, 시작 온도는 몇 도 정도로 할 것인가?

6. 안전상의 주의사항이 무엇인지 결정하여 적는다. 이 실험에서는 뜨거운 물을 조심하고, 미끄지지 않도록 흘린 물은 바로 닦아낸다.

데이터 수집

모든 실험은 데이터를 수집하는 것을 포함하는데, 이는 가설을 검증하기 위해 사용된다. 데이터를 수집하는 방법과 시기를 계획하는 것은 중요하다. 이 실험의 경우 일정한 시간 간격으로 온도를 측정하여 결과 그래프를 작성할 수 있다. 그래프는 측정에서 발생할 수 있는 오류를 찾고 결론을 도출하는 데 도움이 된다.

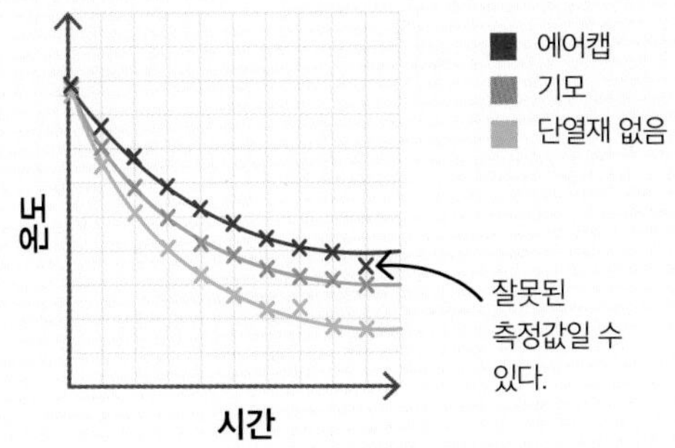

측정

대부분의 실험은 온도, 부피, 질량 또는 시간과 같은 물리량을 측정한다. 정확한 데이터를 얻기 위해서는 측정량의 크기에 맞는 실험 기구를 사용해야 한다.

핵심 요약

- ✓ 대부분의 실험은 온도, 부피, 질량 또는 시간과 같은 물리량을 측정한다.
- ✓ 일반적으로 큰 양을 측정할 수 있는 기구는 작은 양을 측정할 때 정확하지 않다.

길이 및 거리

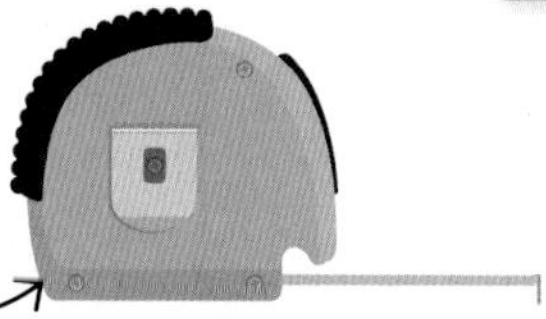

10 m 이상의 걷기 속도를 측정할 때와 같이 줄자를 사용하여 긴 거리를 측정한다.

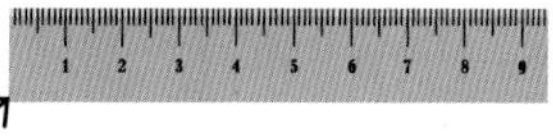

자를 사용하여 작은 물체의 길이를 측정한다.

부피

양이 많은 액체의 부피를 측정할 때는 비커 또는 큰 눈금 실린더를 사용한다.

양이 적은 액체의 경우 작은 눈금 실린더를 사용한다.

시간

스톱워치를 사용하여 10초 이상의 시간을 측정한다.

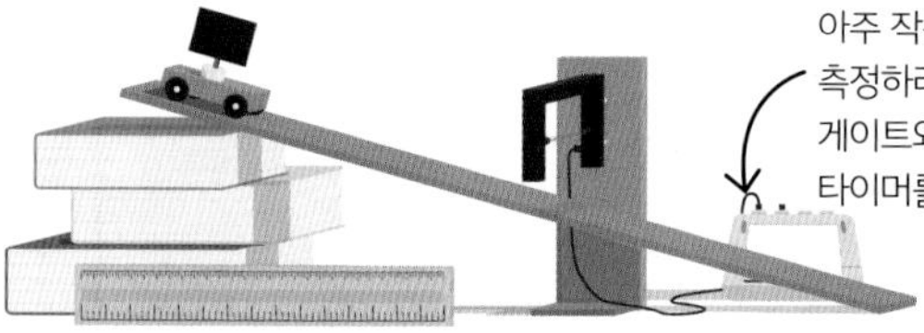

아주 작은 시간 간격을 측정하려면 이 포토게이트와 같은 전자 타이머를 사용한다.

힘

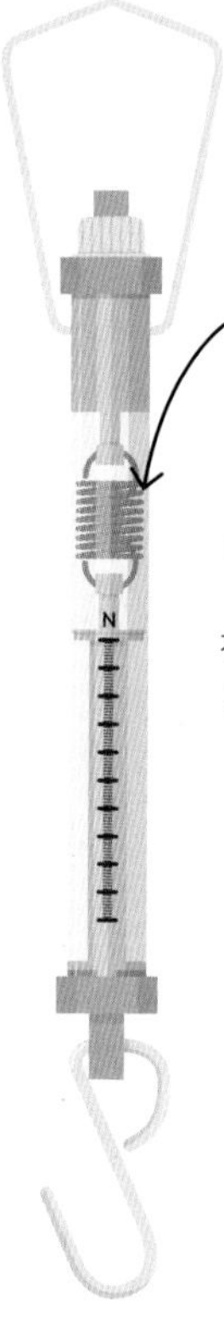

이 힘 측정기는 스프링이 단단하여 최대 50 N의 힘을 측정할 수 있지만, 작은 힘을 측정하기에는 정확하지 않다.

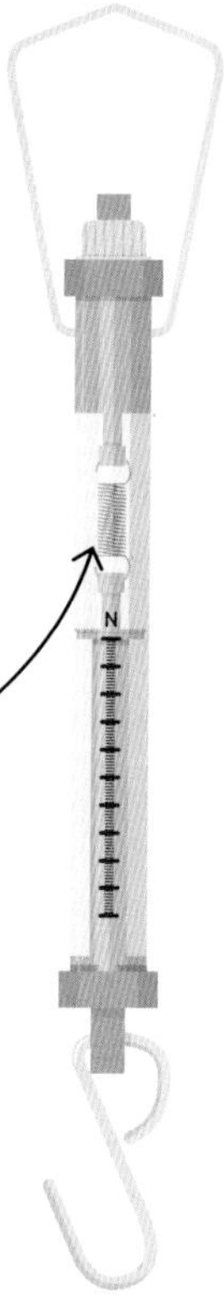

이 힘 측정기는 스프링이 잘 늘어나서 작은 힘을 정확하게 측정할 수 있다. 그러나 큰 힘을 측정하면 스프링이 손상된다.

전자 측정 기기

전자 측정 기기는 사람이 직접 측정하는 것보다 정확하다. 그러나 비싸고 손상되기 쉬우므로 정확성이 필요한 실험에서만 사용하는 것이 좋다.

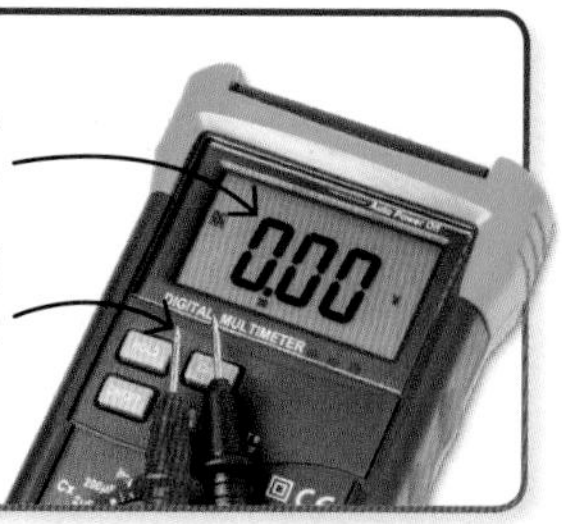

디지털 멀티미터는 전압, 전류, 저항을 측정할 수 있다.

테스트 리드선은 회로에 연결된다.

유효 숫자

유효 숫자는 의미 있는 정보를 가진 숫자를 말한다. 더 정확한 측정 장치로 더 많은 유효 숫자를 얻을 수 있다. 데이터를 수집하거나 계산할 때 위 또는 아래로 반올림하여 유효 숫자로 나타낸다.

데이터 기록

센티미터로 나눈 눈금자는 밀리미터로 나눈 눈금자보다 유효 숫자가 적다. 또한 디지털 기기는 아날로그 기기보다 유효 숫자가 많다(그러나 이것이 반드시 더 정확하다는 것을 의미하다는 것은 아니다).

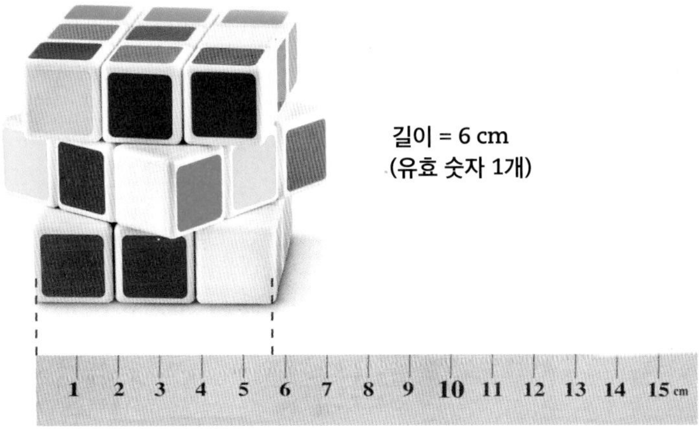

길이 = 6 cm
(유효 숫자 1개)

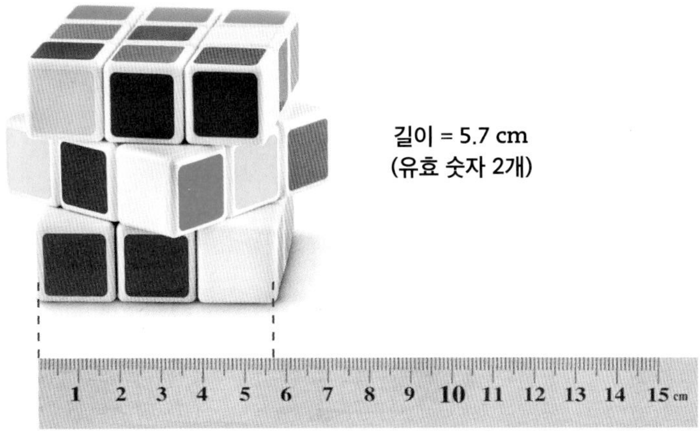

길이 = 5.7 cm
(유효 숫자 2개)

핵심 요약

- ✓ 더 정확한 측정 기기는 더 많은 유효 숫자를 얻는다.
- ✓ 곱셈이나 나눗셈을 할 때, 답의 유효 숫자 개수가 측정값 중 가장 적은 유효 숫자 개수와 같도록 반올림한다.
- ✓ 덧셈이나 뺄셈을 할 때, 답의 유효 숫자 자릿수가 측정값 중 유효 숫자의 자릿수가 가장 큰 값과 같도록 반올림한다.

계산기 활용

계산기의 결과에는 필요 이상의 유효 숫자가 표시된다. 다음 공식을 사용하여 전구의 저항을 계산한다고 가정하자. 전압계와 전류계 측정값의 유효 숫자는 각각 3개이다.

$$R = \frac{8.12\ \text{V}}{1.04\ \text{A}}$$

계산기의 결과는 7.8076923이다.

이 결과를 활용하면 8개의 유효 숫자에 대한 저항을 알 수 있지만 측정기의 유효 숫자는 3개이므로 다음과 같이 결과를 끌어내야 한다.

$R = 7.81\ \Omega$ (유효 숫자 3개)

곱셈이나 나눗셈을 할 때, 답의 유효 숫자 개수가 측정값 중 가장 적은 유효 숫자 개수와 같도록 반올림한다.
덧셈이나 뺄셈을 할 때, 답의 유효 숫자 자릿수가 측정값 중 유효 숫자의 자릿수가 가장 큰 값과 같도록 반올림한다.

데이터 제시

데이터는 실험에서 수집하는 정보이며, 측정값과 같이 숫자로 구성된다. 데이터를 표, 차트 또는 그래프로 구성하면 패턴을 발견하고 이해하는 데 도움이 된다. 차트 또는 그래프의 종류는 수집하는 데이터의 종류에 따라 달라진다.

표

표는 데이터를 구성하고 평균값을 계산하는 등 간단한 계산을 수행하는 데 유용하다. 오른쪽 표는 수레에 추가된 질량이 수레의 가속도에 어떤 영향을 미치는지 조사한 실험 결과를 보여준다.

독립 변인

종속 변인

수레에 추가된 질량(kg)	가속도(m/s^2)			
	1번	2번	3번	평균
0.5	9.9	10.2	10.1	10.1
1.0	6.8	8.8	6.6	6.7
1.5	5.2	4.8	5.1	5.0

표는 '이상값'을 찾는 데 도움이 된다. 이 값은 다른 값들과 매우 달라 실수일 수 있다. 이 값은 평균을 계산할 때 무시되었다.

원형 차트

원형 차트를 사용하여 백분율 또는 상대적인 양을 표시할 수 있다. 오른쪽 원형 차트는 전 세계적으로 사람들이 방사선에 피폭되는 여러 원인을 표시하고 있다.

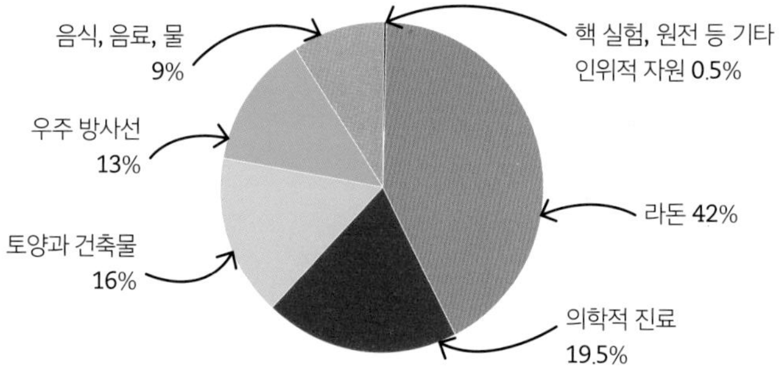

막대 차트

독립 변인이 이산형 범주로 구성되었다면 막대 차트를 사용한다. 오른쪽 막대 차트는 여러 그룹의 사람들이 하루에 얼마나 많은 에너지가 있어야 하는지 보여준다. 독립 변인이 이산형 범주(예: 사람의 수 또는 물체의 수)로 구성되었다면 막대 차트를 사용해야 한다(항상 정수로 계산).

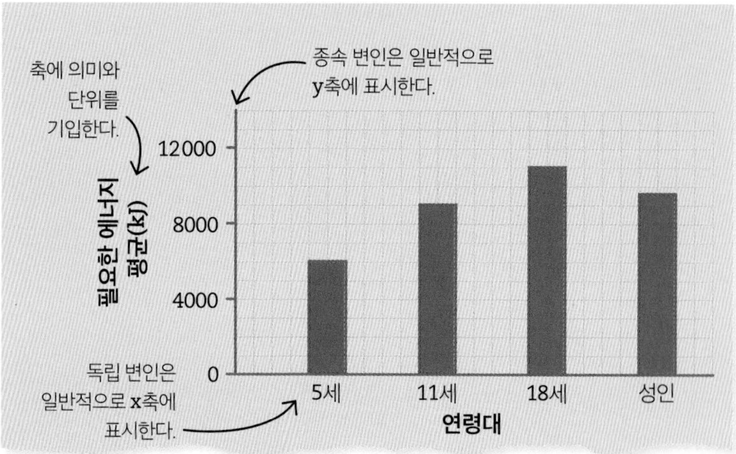

연속형 또는 이산형 변인

이산형 변인은 특정한 값만 가질 수 있는 변인이다. 예를 들어 비행기의 승객 수는 정수이고, 뜨거운 물이 담긴 용기 주변의 단열재는 특정한 물질로만 구성되어 있다. 그러나 연속형 변인은 임의의 값을 가질 수 있고 정수가 아닐 수 있다. 예를 들어 길이와 무게는 연속형 변인이다.

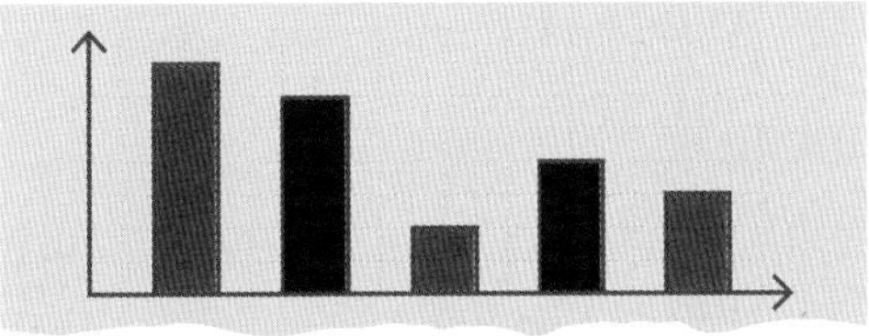
이산형 변인

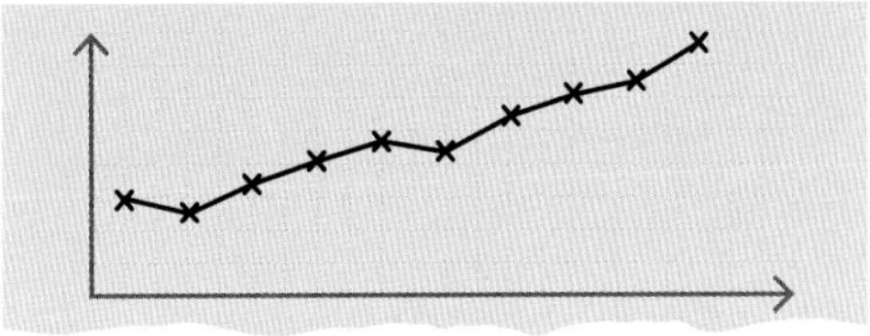
연속형 변인

선 그래프

두 축 모두 이산형 값이 아닌 연속적으로 변하는 값을 나타낼 때는 선 그래프를 사용한다. 선 그래프는 변인 중 하나가 시간일 때 자주 사용된다. 오른쪽 그래프는 얼음이 가열됨에 따라 온도가 어떻게 변하는지 보여준다.

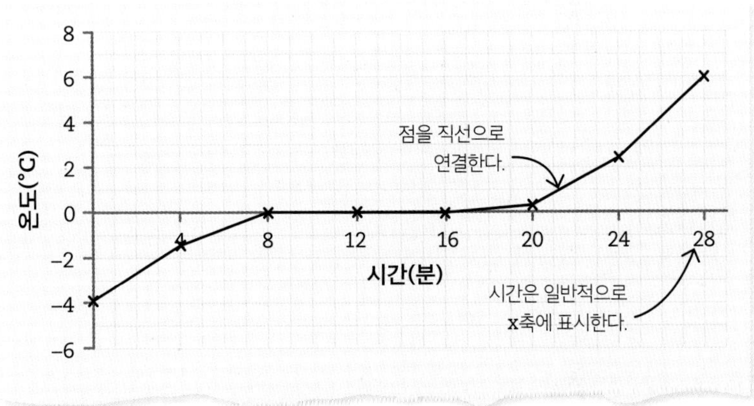

분산형 그래프

분산형 그래프를 사용하여 두 변수 사이의 관계를 조사한다. 오른쪽 그래프는 전압이 변화할 때 저항에 흐르는 전류와 전구에 흐르는 전류가 어떻게 변하는지를 보여준다. 점들을 그래프에 그렸을 때 명확한 경향성을 확인한다면 변인들은 상관관계가 있다고 한다. 이 경우 그래프의 점들을 바탕으로 직선 혹은 곡선 형태의 추세선을 그린다.

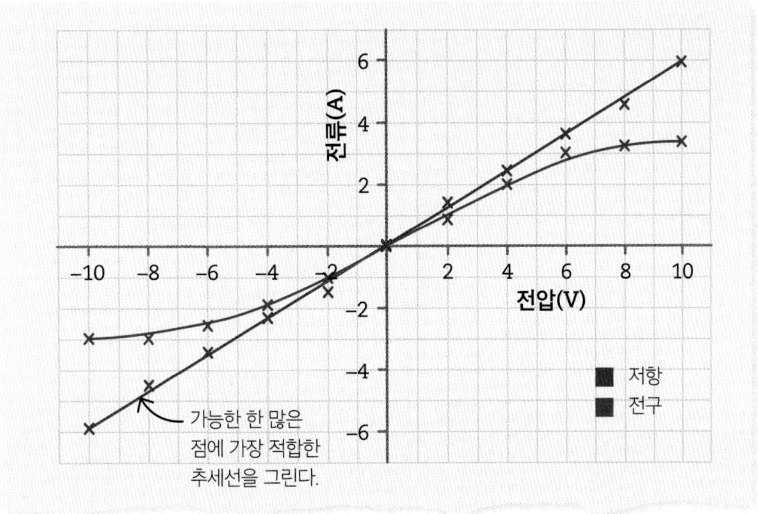

데이터의 패턴

일부 실험에서는 두 변인 사이에 관계가 있는지 확인할 수 있다. 다시 말해 한 변인을 변경하면 다른 변인에 어떤 영향을 미치는지 확인할 수 있다.

핵심 요약

- ✓ 상관관계는 한 변인이 변하면 다른 변인도 변하는 것을 말한다.
- ✓ 상관관계는 하나의 변화가 다른 변화를 일으킨다는 것을 의미하지 않는다.
- ✓ 그래프에 표시된 점이 직선을 형성하는 경우 두 변인 사이의 관계를 선형이라고 한다.
- ✓ 직선이 원점을 통과하면 관계는 비례한다.

상관관계

두 변인이 관계성을 보일 때 그것을 상관관계라고 한다. 데이터의 분산형 그래프를 그리는 것은 상관관계를 발견하는 좋은 방법이다. 두 변인 사이의 상관관계는 하나의 변화가 다른 변화를 일으킨다는 것을 의미하지 않는다. 예를 들어 아이스크림 판매와 수영 사고는 양의 상관관계이지만, 아이스크림과 수영이 모두 더운 날씨에 인기가 많은 것이지 아이스크림이 수영 사고를 유발하는 것은 아니다.

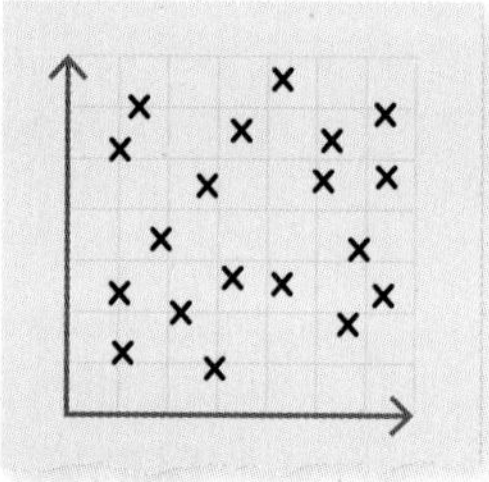

상관관계 없음
데이터들이 랜덤하게 흩어져 있고 패턴이 없다. 변인들 사이에 상관관계가 없다.

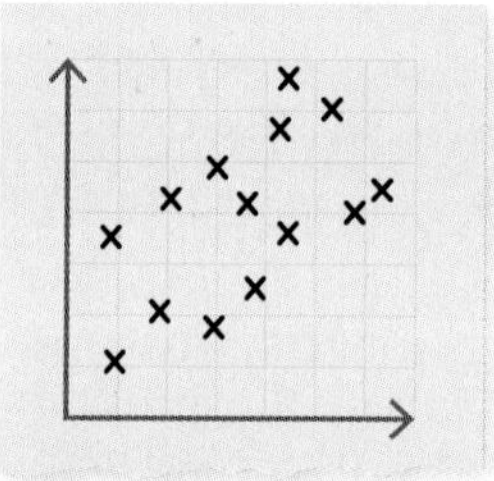

약한 상관관계
점들이 대각선을 중심으로 모여 있는 것처럼 보인다. 분산이 크다는 것은 약한 관계일 뿐이라는 것을 의미한다.

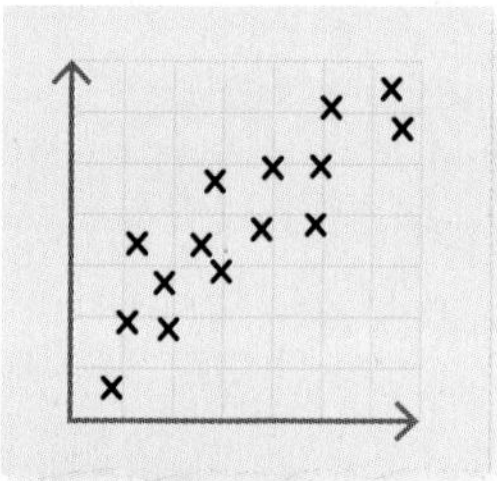

강한 양의 상관관계
점들이 대각선을 이루며 한 변인이 다른 변인과 마찬가지로 증가함을 보여준다.

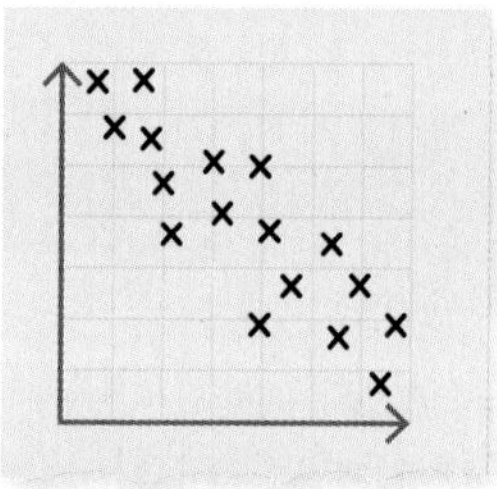

강한 음의 상관관계
점들에 의해 형성된 선은 한 변수가 증가함에 따라 다른 변수가 감소한다는 것을 보여준다. 이것은 음의 상관관계를 나타낸다.

선형 및 비례관계

상관관계가 있는 그래프는 모양에 따라 흥미로운 패턴을 보여준다.

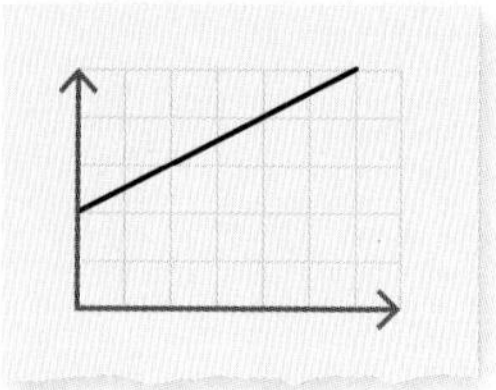

선형
점들이 직선을 형성하는 상관관계를 선형이라고 한다.

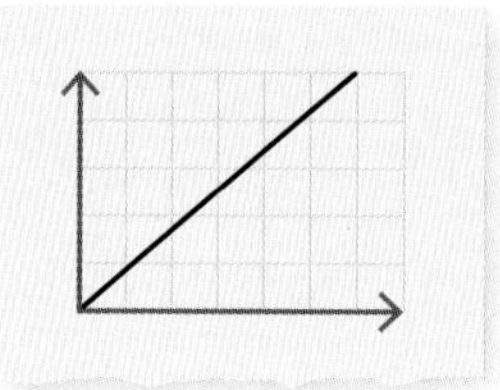

비례
점들이 원점을 지나 직선을 형성하는 경우(x와 y가 모두 0인 경우) 비례관계라고 한다. 이는 한 변수가 2배로 증가하면 다른 변수도 2배로 증가한다는 것을 의미한다.

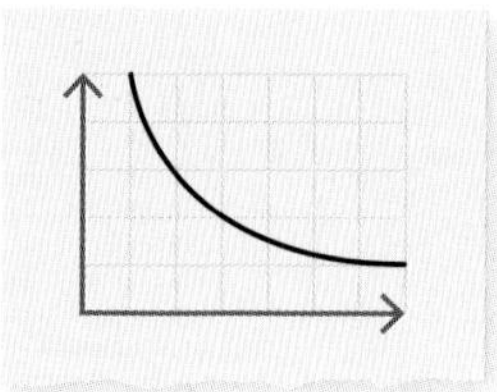

반비례
반비례 관계에서 한 변인은 다른 변인이 2배가 될 때 반으로 줄어든다. 이것은 곡선 형태이다.

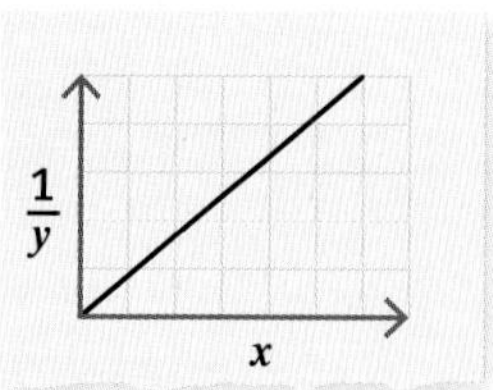

확인
반비례 관계임을 확인하려면 한 변인을 다른 변인의 역수(1을 값으로 나눈 결과)에 대해 그래프로 그린다. 그래프는 원점을 지나는 직선이어야 한다.

결론

실험의 결론은 결과를 해석하고 예측과 일치하는지 확인하여 결국 알아낸 것을 설명하는 것이다.

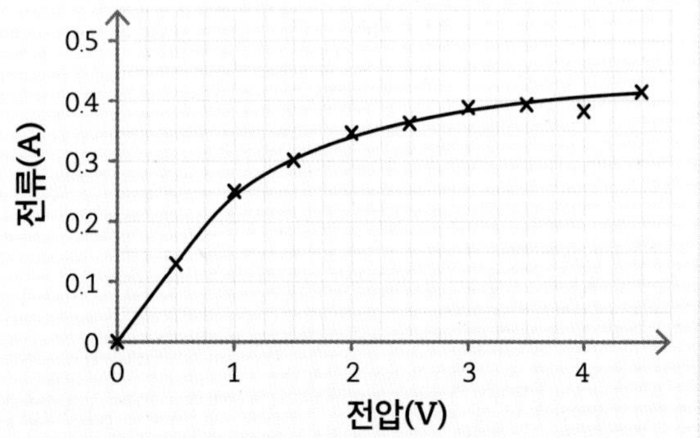

전기 실험

3명의 학생이 전구에 흐르는 전류가 전구 양단의 전압에 비례한다는 예측을 검증하기 위해 실험을 수행하였다. 전류계를 이용하여 전류를 측정하고 전압계를 이용하여 전구 양단의 전압을 측정하여 오른쪽 그래프와 같은 결과를 얻었다. 결론은 다음과 같다.

결론 1

"전압이 증가하면 전류가 증가하기 때문에 예측은 정확했다."

잘못된 결론
설명이 상세하지 않고 그래프에 직선 형태의 비례관계가 나타나지 않았다.

결론 2

"전압이 증가함에 따라 전류가 증가하지만 그래프는 곡선이다. 비례관계는 직선 형태이므로 예측이 정확하지 않다."

좀 더 나은 결론
설명이 더 상세하고 최종 결론이 정확하다.

결론 3

"그래프는 전압이 증가함에 따라 전류가 증가한다는 것을 나타낸다. 낮은 전압에서는 초반의 몇 개의 점이 직선 형태를 보이기 때문에 비례관계라고 할 수 있다. 그러나 높은 전압에서는 전압이 증가할 때마다 전류가 더 작은 비율로 증가하며, 이는 저항이 증가한다는 것을 의미한다. 전압에 따라 전류가 증가하므로 예측은 부분적으로 맞지만 비례관계는 아니다."

훌륭한 결론
설명이 훨씬 더 상세하다. 전류, 저항, 전압의 관계와 관련된 지식을 활용하여 그래프 모양 변화의 원인을 설명하였다.

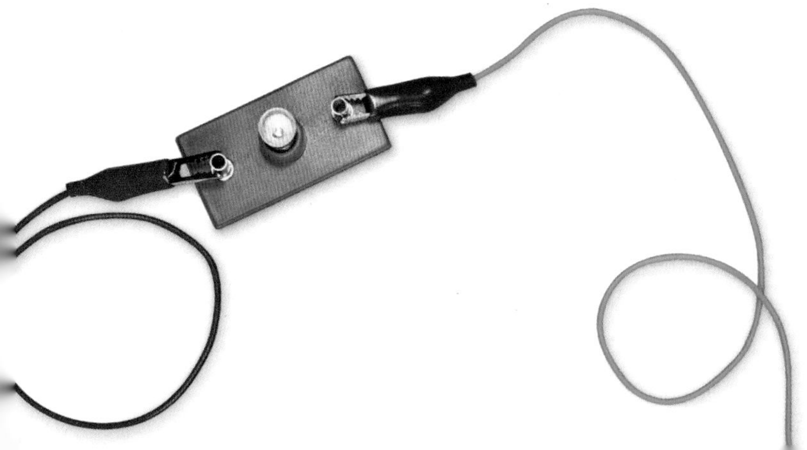

정확도와 정밀도

실험을 계획하고 평가할 때 측정의 정확도와 정밀도를 고려할 필요가 있다. 정확과 정밀이라는 말은 과학에서 특별한 의미를 갖는다.

핵심 요약

- ✓ 정확한 측정값은 참값에 가깝게 측정된 것이다.
- ✓ 정밀한 측정값은 반복 측정 시 같게(또는 유사하게) 측정된 것이다.
- ✓ 측정 오차는 우연히 혹은 계통적일 수 있다.

정확한 것인가, 정밀한 것인가?

측정값이 참값에 더 가까울수록 측정값이 더 정확한 것으로 본다. 그리고 측정을 여러 번 반복할 때 서로 같거나 매우 가까운 값이 나오는 것을 정밀하다고 한다. 두 용어의 차이를 이해하기 위하여 측정값을 목표물에 맞추는 것을 생각하면 도움이 된다.

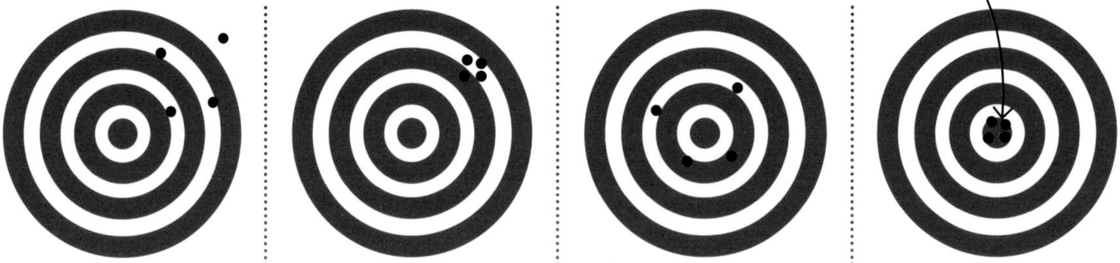

정확하지 않고 정밀하지 않음
측정값이 대상의 중심 근처에 있지 않아 정확하지 않고, 서로 가깝지 않아 정밀하지 않다.

정밀하고 정확하지 않음
측정값이 거의 같은 값이기에 정밀하지만, 중심에 가깝지 않아 정확하지 않다.

정확하고 정밀하지 않음
측정값이 중심에는 가깝기에 정확하지만, 서로 가깝지 않아 정밀하지 않다.

정확하고 정밀함
측정값이 정확하고 정밀하다.

오차의 종류

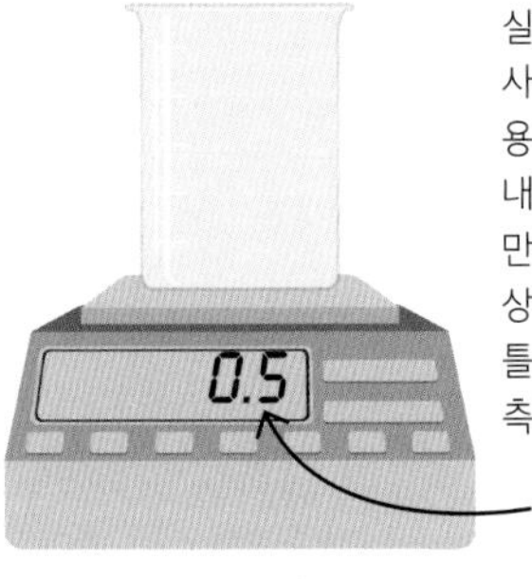

계통 오차
실험 기구의 정확도는 기구를 어떻게 사용하느냐에 달려 있다. 기구 위에 용기를 올려놓고 저울을 0으로 설정해야 내용물의 정확한 질량을 측정할 수 있다. 만약 저울이 제대로 0이 되지 않은 상태라면 모든 측정값이 같은 양만큼 틀리게 된다. 이것이 바로 계통 오차이며 측정값의 정확도를 낮출 수 있다.

우연 오차
우연 오차는 측정할 때마다 다르다. 예를 들어 비커에 담긴 물의 온도를 여러 번 측정할 경우 온도계를 담그는 부분이 매번 다를 수 있어 측정값에 약간씩 차이가 생긴다. 이것은 측정값의 정밀도를 낮출 수 있다.

평가

결과를 신뢰할 수 있는지 판단하기 위해 실험을 평가한다. 실험은 타당하고 올바르게 수행되어야 하고, 결론은 고품질의 데이터에 근거해야 한다. 평가를 토대로 실험 방법이 어떻게 개선될 수 있는지 알 수 있다.

실험은 타당한가?

다음 모든 질문에 대해 "예"라고 대답할 수 있다면 실험은 타당하다.

검증 과정이 올바른가?
검증하려는 독립 변인을 제외한 모든 변인을 통제했나?

재현 가능한가?
만약 다른 사람이 다른 장비를 사용하여 실험을 수행한다면 같은 결과를 얻을 수 있나?

반복 가능한가?
같은 장비를 사용해서 실험을 반복해도 결과가 같은가?

가설은 검증되었나?
가설을 바탕으로 예측하였나? 실험은 가설을 검증하기에 적합한가?

데이터의 품질

좋은 데이터는 정확하고 정밀하다. 실험을 반복함으로써 데이터의 품질을 평가할 수 있지만, 때로는 결과를 주의 깊게 살펴봄으로써 평가할 수 있다. 다음 그래프는 무게에 따라 스프링의 늘어난 길이를 측정한 실험 결과이다.

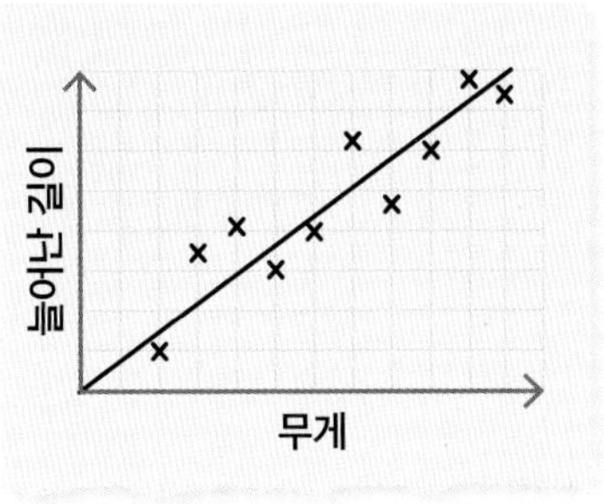

데이터들이 최적의 추세선 주위에 흩어져 있다. 데이터가 정확하지 않다.

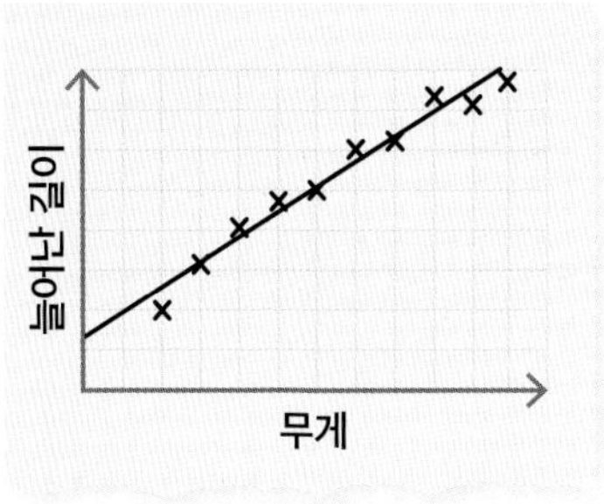

점들이 추세선에 가까워 데이터가 정확하다. 그러나 무게가 0인 경우 늘어난 길이도 0이어야 하므로 추세선이 원점을 지나지 않는 것이 이상하다. 계통 오차(26쪽 참조)가 부정확한 데이터의 원인일 수 있다.

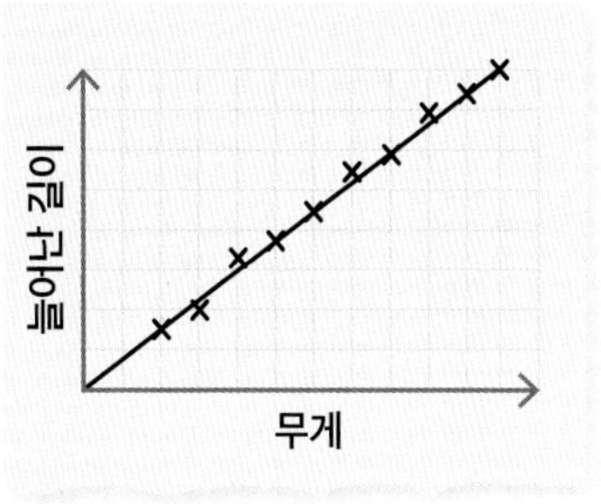

이 데이터는 최적의 추세선에 매우 가깝고, 예상대로 추세선은 원점을 통과한다. 이 데이터는 정확하고 정밀하다.

수학적 모델 활용

수학적 모델은 실제 세계에서 일어나는 일을 표현하기 위해 방정식을 사용한다. 결과 그래프로부터 수학적 모델을 도출할 수 있으며, 때로는 결과를 예측하기 위해 방정식을 사용한다.

핵심 요약

- 수학적 모델은 실제 세계에서 일어나는 일을 표현하기 위해 방정식을 사용한다.
- 수학적 모델은 결과 그래프를 설명하는 데 사용한다.
- 방정식을 재배열하여 특정한 양을 계산할 수 있다.

일차 방정식

두 변인 사이의 관계가 그래프에 직선으로 나타난다면 그 관계를 선형이라고 한다. 선형 관계는 $y = mx + c$와 같이 방정식으로 설명한다. 예를 들어 오른쪽 그래프는 용수철에 매달린 무게에 따라 용수철의 길이가 어떻게 변하는지 보여준다. 용수철의 원래 길이와 직선의 기울기를 안다면 그래프나 방정식을 이용하여 매달린 무게에 대한 용수철의 길이를 구할 수 있다.

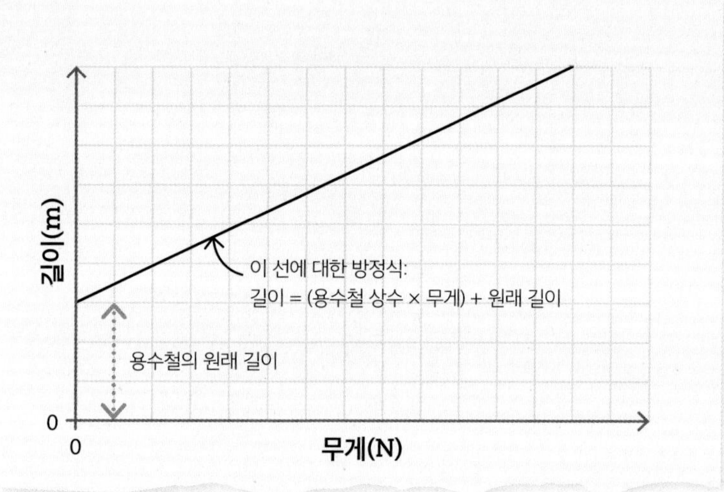

방정식 재정렬

계산을 하기 전에 방정식을 다시 정렬해야 할 때가 있다. 예를 들어 $F = m \times a$ 방정식은 질량과 가속도를 알고 있을 때 힘을 계산하는 방법을 알려주지만, 힘이 주어지고 가속도를 계산해야 한다면 어떻게 해야 할까? 가속도를 구할 수 있게 방정식을 다시 정렬해야 한다. 양변을 질량으로 나눈다. 방정식은 등식이 성립해야 하므로 양변에서 같은 작업을 수행해야 한다는 것을 기억하자.

$$F = m \times a$$

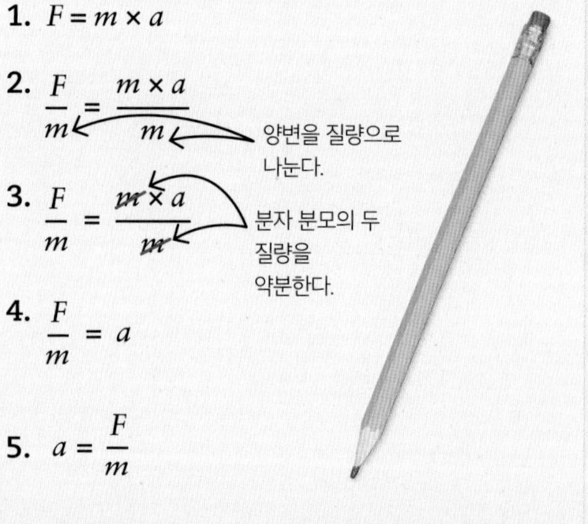

1. $F = m \times a$
2. $\frac{F}{m} = \frac{m \times a}{m}$
3. $\frac{F}{m} = \frac{\cancel{m} \times a}{\cancel{m}}$
4. $\frac{F}{m} = a$
5. $a = \frac{F}{m}$

과학적 표기법

토성은 태양으로부터 약 400,000,000미터 떨어져 있다. 박테리아의 너비는 약 0.000001미터이다. 숫자가 0을 많이 가질 경우 계산에서 실수하기 쉬우므로 '과학적 표기법'으로 작성하여 단순화한다. 이것은 긴 숫자를 (1부터 10 미만까지) 훨씬 짧은 숫자에 10의 거듭제곱을 곱한 값으로 표현한다. 10의 거듭제곱을 구하려면 소수점이 몇 번 이동해야 하는지 세어본다.

이것은 소수점이 몇 자리 이동했는지를 보여준다.

두 번째 부분은 10의 거듭제곱으로 표현한다.

12 11 10 9 8 7 6 5 4 3 2 1

$$1.400\,000\,000\,000 \text{ m} = 1.4 \times 10^{12} \text{ m}$$

첫 번째 부분은 일의 자리와 소수점으로 표현한다.

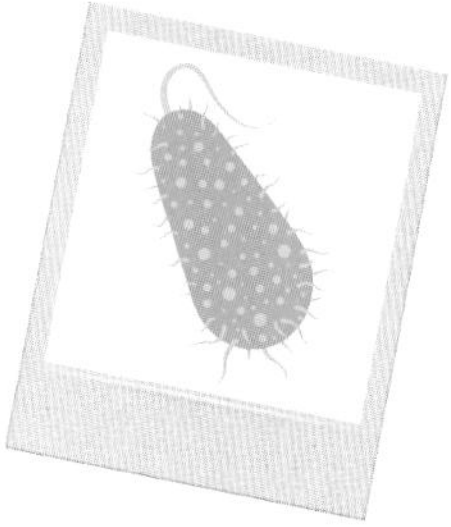

마이너스 부호는 소수점이 오른쪽으로 이동했음을 나타낸다.

1 2 3 4 5 6

$$0.000\,001 \text{ m} = 1.0 \times 10^{-6} \text{ m}$$

백분율 계산

백분율은 100에 대한 분율을 나타내는 값이다. 분율을 백분율로 나타내려면 계산기로 분율을 구하고 100을 곱한 다음 백분율 기호를 추가한다. 예를 들어 30와트 전구는 18와트의 전력으로 빛을 만들고 나머지 12와트는 열로 낭비한다고 했을 때, 효율은 백분율로 얼마인가?

$$\text{효율}(\%) = \frac{\text{사용한 전력(W)}}{\text{투입한 총 전력(W)}} \times 100$$

$$= \frac{18\text{ W}}{30\text{ W}} \times 100$$

$$= 0.6 \times 100$$

$$= 60\%$$

SI 단위계

과학은 국제적인 활동이다. 다른 나라의 과학자와 같은 문제를 함께 연구하기 때문에 모든 사람이 측정을 위해 같은 단위를 사용해야 한다. 전 세계의 과학자들은 SI(Système International) 단위계를 사용한다.

기본 단위

모든 SI 단위계는 기본 단위를 기준으로 한다. 이 책에서는 다음 표의 5개 기본 단위가 사용되고 있다.

물리량	SI 기본 단위	기호
시간	초	s
길이	미터	m
질량	킬로그램	kg
전류	암페어	A
온도	켈빈	K

켈빈 온도의 눈금 간격은 섭씨온도와 같은 1도이지만 기준점이 다르다.

유도 단위

대부분의 SI 단위는 기본 단위에서 파생된다. 예를 들어 면적(m^2)의 단위는 미터를 기준으로 한다.

물리량	SI 기본 단위
면적	미터 제곱(m^2)
부피	미터 세제곱(m^3)
속력, 속도	초당 미터(m/s)
가속도	초 제곱당 미터(m/s^2)
진동수	헤르츠(Hz)
힘	뉴턴(N)
운동량	초당 킬로그램 미터 (kg m/s)
압력	파스칼(Pa)
에너지	줄(J)
일률	와트(W)
전하량	쿨롱(C)
전압	볼트(V)
저항	옴(Ω)

1 Hz = 1회/초

1 Pa = 1 N/m^2

1 W = 1 J/s

SI 접두어

미터는 원자의 크기나 화성까지의 거리를 측정하는 데 유용한 단위가 아니기 때문에, 표준 단위에 접두사를 추가하여 더 크거나 더 작은 버전을 만든다.

접두어	인수	예시
나노(n)	10^{-9}	1나노미터(nm)
마이크로(μ)	10^{-6}	1마이크로초(μs)
밀리(m)	10^{-3}	1밀리그램(mg)
센티(c)	10^{-2}	1센티미터(cm)
킬로(k)	10^{3}	1킬로그램(kg)
메가(M)	10^{6}	1메가헤르츠(MHz)
기가(G)	10^{9}	1기가헤르츠(GHz)
테라(T)	10^{12}	1테라와트(TW)

에너지

에너지

에너지는 어떤 일을 하게 하는 능력이다. 에너지는 팔과 다리를 움직이고, 핸드폰을 충전하고, TV를 작동시키고, 태양을 빛나게 한다. 에너지는 여러 형태로 저장되거나 한 저장소에서 다른 저장소로 전달될 수 있지만, 소멸하지는 않는다.

핵심 요약

- ✓ 에너지는 다양한 형태로 저장될 수 있다.
- ✓ 에너지는 한 저장소에서 다른 저장소로 전달될 수 있다.
- ✓ 에너지는 소멸하지는 않는다.
- ✓ 움직임과 관련된 에너지를 운동 에너지라고 한다.

에너지 저장

에너지는 다양한 형태로 저장될 수 있다. 움직이는 물체에 저장된 에너지를 운동 에너지라고 한다. 물체가 빠르게 움직일수록 운동 에너지는 커진다.

에너지 전환

에너지는 한 저장소에서 다른 저장소로 전달될 수 있다. 램프를 켜면 전구가 빛과 열 형태의 에너지를 주변으로 전달한다.

에너지와 음식

우리가 먹는 음식은 우리의 몸에 에너지를 공급한다. 킬로줄이라고 불리는 단위를 사용하여 음식에 있는 에너지의 양을 측정한다.

핵심 요약

- ✓ 에너지의 과학적 단위는 줄(J)이다.
- ✓ 음식의 에너지는 킬로줄로 표시한다(1 kJ = 1,000 J).
- ✓ 한 사람의 하루 에너지 요구량은 나이, 체구, 그리고 신체활동 수준에 따라 달라진다.

다양한 음식의 에너지

음식은 종류에 따라 다양한 양의 에너지를 저장하고 있다. 음식의 에너지는 칼로리로 측정하지만, 에너지에 대한 과학적 단위는 줄(J)이다. 음식에는 수천 줄의 에너지가 포함되어 있으므로 킬로줄(1 kJ = 1,000 J)이라고 불리는 단위를 사용한다. 다음 차트는 다양한 음식의 에너지를 사용하기 위해 얼마나 오랫동안 달려야 하는지를 보여준다.

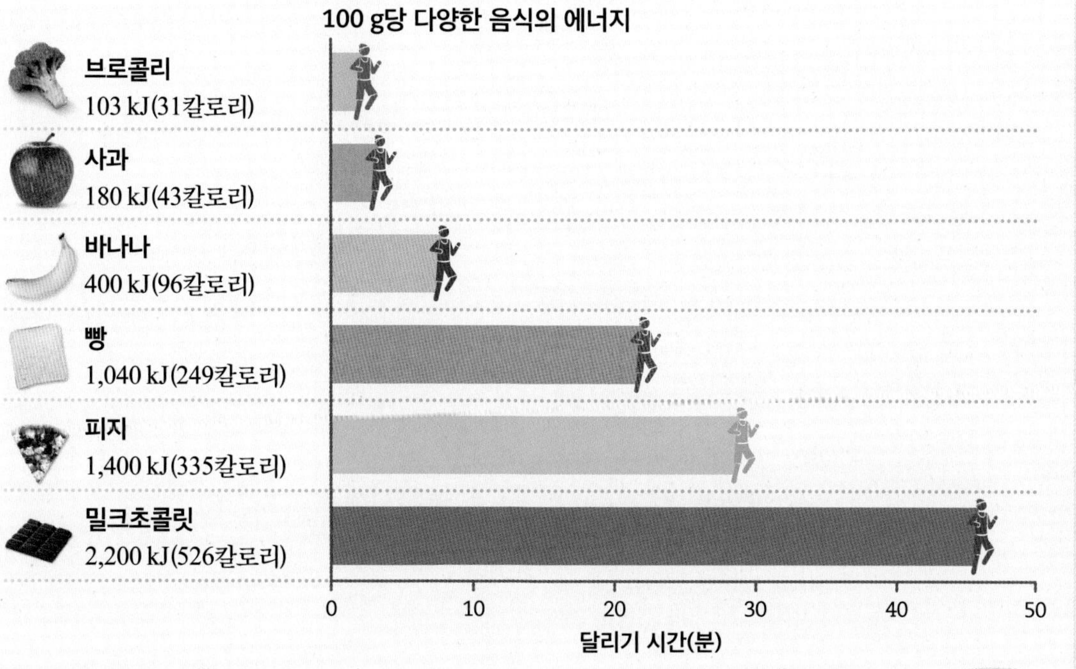

에너지와 운동

평균적으로 성인은 하루에 약 10,000 kJ의 에너지가 필요하지만, 이 수치는 사람마다, 그리고 날마다 다를 수 있다. 일반적으로 몸무게가 많이 나갈수록 더 많은 에너지가 필요하다. 어른이 아이보다 더 많은 에너지를 사용한다. 또한 활동적인 사람일수록 더 많은 에너지를 사용한다.

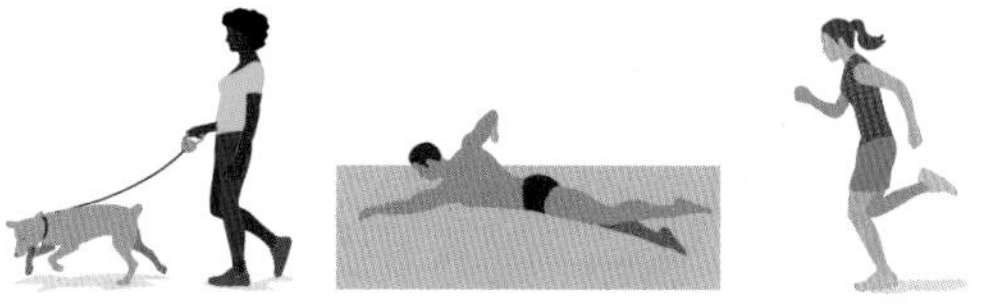

걷기 시간당 800~1,700 kJ

수영 시간당 1,200~3,000 kJ

건강 달리기 시간당 1,900~4,000 kJ

에너지 저장소

에너지는 배터리에만 저장되는 것이 아니다. 움직이는 자동차에 저장된 운동 에너지부터 높은 다이빙 보드에 있는 다이빙 선수의 퍼텐셜 에너지까지 다양한 형태로 저장될 수 있다. 에너지가 한 저장소에서 다른 저장소로 이동할 때, 에너지가 전달된다고 한다.

핵심 요약

- ✓ 에너지는 열에너지, 화학 에너지, 중력 퍼텐셜 에너지, 운동 에너지, 탄성 퍼텐셜 에너지, 핵에너지 등 다양한 형태로 저장될 수 있다.
- ✓ 에너지 전달은 한 저장소에서 다른 저장소로 에너지가 이동하는 것이다.

열에너지
뜨거운 물체에 에너지가 저장되면 그것을 열에너지라고 부른다. 차나 커피를 만들기 위해 물을 데우면 열에너지가 증가한다.

운동 에너지
움직이는 물체는 운동 에너지를 가지고 있다. 빨리 움직일수록, 질량이 커질수록, 물체의 운동 에너지는 증가한다.

화학 에너지
화학 결합에 저장된 에너지를 화학 에너지라고 한다. 배터리와 음식에 저장된 에너지는 화학 에너지로 저장된다. 폭발물과 연료는 많은 양의 화학 에너지를 저장하고 있다. 이것은 연소하면서 열에너지를 전달한다.

탄성 퍼텐셜 에너지
고무줄을 늘이거나 스프링을 압축시키면 탄성 퍼텐셜 에너지가 저장된다. 물체가 납작해지거나 줄이 꼬여 있을 때도 탄성 퍼텐셜 에너지가 저장된다.

핵에너지
원자 안에 저장된 에너지는 핵에너지 또는 원자 에너지라고 불린다. 이 에너지 저장소는 원자로, 핵폭탄, 태양의 동력 공급원이다.

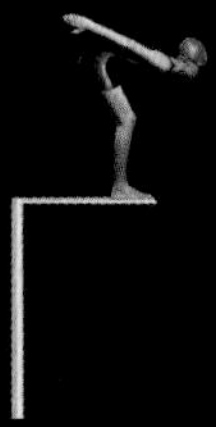

중력 퍼텐셜 에너지
높은 위치로 올라간 물체나 사람은 중력 퍼텐셜 에너지(GPE)를 저장한다. 다이빙 선수가 낙하하면 중력 퍼텐셜 에너지는 운동 에너지로 전환된다.

수력 발전

수력 발전소는 전기를 만들기 위해 중력 퍼텐셜 에너지를 사용한다. 계곡에 있는 강을 댐으로 막아 큰 인공 호수를 만든다. 호수의 물은 댐 내부의 파이프를 통해 내려가며, 터빈이라고 불리는 전기 발전기를 돌린다. 중력 퍼텐셜 에너지는 터빈의 운동 에너지로 전환되고, 궁극적으로 가정에 전력으로 공급되는 전기 에너지로 전환된다.

에너지 전달

전등을 켜거나, 자전거를 타거나, 음식을 요리하거나, 어떤 일을 수행할 때, 우리는 한 에너지 저장소에서 다른 에너지 저장소로 에너지를 전달한다. 에너지 전달은 모든 것을 가능하게 한다.

열에 의한 에너지 전달

물체를 데우는 것은 에너지를 열에너지 저장소에 전달하는 것을 의미한다. 이 결과 물체는 따뜻해지거나 상태가 변한다. 여기서 연료에 저장된 화학 에너지는 주전자 속 물의 가열에 의해 전달된다. 뜨거운 물은 결국 에너지가 빠져나가면서 식지만, 연료, 스토브, 주전자, 물 그리고 주변 환경에 저장된 에너지의 총량은 일정하게 유지된다. 이것이 에너지 보존 법칙이다.

에너지 도표

위와 같은 간단한 도표로 에너지 이동을 확인할 수 있다. 버너, 주전자, 그리고 그 주변을 고립계라고 부른다. 즉 바깥의 어떤 것과도 물질이나 에너지를 교환하지 않는다.

핵심 요약

- ✓ 에너지는 한 에너지 저장소에서 다른 에너지 저장소로 전달될 수 있다.
- ✓ 고립계의 에너지 총량은 에너지 이동으로 변하지 않는다. 이를 에너지 보존 법칙이라고 한다.
- ✓ 에너지는 열, 힘, 전기, 복사, 소리 등 여러 가지 형태로 전달될 수 있다.

기타 에너지 전달

가열만이 에너지를 전달하는 유일한 방법은 아니다. 에너지는 힘, 전기, 복사, 소리에 의해서도 전달될 수 있다.

힘
물체를 움직이는 힘이 물체에 작용하면 물체에 에너지가 전달된다. 이렇게 전달된 에너지를 '일'이라고 한다.

전기
전기 장치를 켤 때마다 전선을 따라 전기 에너지가 전달된다.

복사
가시광선, X선, 마이크로파와 같은 다양한 형태의 복사는 매우 빠른 속도로 에너지를 전달한다. 지구는 에너지 대부분을 태양으로부터 복사 형태로 얻는다.

소리
모든 종류의 파동과 마찬가지로 음파는 이동하면서 에너지를 전달한다. 음파가 귀에 닿으면 에너지가 고막으로 전달되어 진동한다.

재생에너지 자원

절대 고갈되지 않는 에너지 자원을 재생에너지 자원이라고 한다. 이 에너지 자원은 화석 연료보다 기후 변화에 영향을 미치는 정도가 훨씬 적어서 점점 더 널리 사용되고 있다. 모든 재생에너지 자원은 장단점을 가지고 있다.

핵심 요약

- ✓ 절대 고갈되지 않는 에너지 자원을 재생에너지 자원이라고 한다.
- ✓ 재생에너지 자원은 화석 연료보다 기후 변화에 영향을 미치는 정도가 적다.
- ✓ 재생에너지 자원에는 태양열, 바이오 연료, 풍력, 수력, 파력과 조력, 그리고 지열이 있다.

태양 에너지

태양열 발전소는 전기를 생산하기 위해 태양의 에너지를 사용한다. 태양열 발전소를 자세히 살펴보면, 원형으로 배열된 거울들이 중앙의 수신기에 햇빛을 집중시킴으로써 물을 끓이고 증기를 만드는데, 이 증기가 발전기를 구동한다. 전기는 태양 전지(광전지)를 사용하여 직접 생산될 수도 있다. 태양열 발전소와 태양 전지는 햇볕이 잘 드는 기후에서 가장 잘 작동하며, 밤에는 전기를 생산할 수 없다.

바이오 연료

일부 지역에서는 자동차에 동력을 공급하는 데 바이오 연료가 휘발유나 경유보다 더 많이 사용된다. 바이오 연료는 사탕수수와 같이 빨리 자라는 농작물로 만든다. 설탕은 발효되어 자동차 엔진에서 연소되는 에탄올을 만든다. 바이오 연료는 화석 연료보다 지구 온난화에 미치는 영향이 적지만, 이를 생산하기 위해 농지로 땅을 차지하여 열대 지역에서는 삼림 파괴로 이어졌다.

풍력 에너지

태양에 의해 따뜻해진 지구 대기는 계속 움직이고, 이 운동 에너지는 풍력 터빈에 의해 전기를 생산하는 데 사용된다. 풍력 터빈이 잘 작동하기 위해서는 적절한 날씨가 필요하고, 땅이나 바다 위 높은 곳에 있어야 한다. 많은 풍력 발전소들은 자연경관을 해치지 않는 먼 바다에 건설된다.

수력 발전

수력 발전 댐은 인공 호수를 형성하기 위해 강을 막는다. 호수의 물은 파이프를 통해 댐 바닥에 있는 터빈으로 흐르고, 터빈은 전기를 생산하는 발전기를 구동한다. 수력 발전의 한 가지 단점은 인공 호수 주변이 물에 잠겨 자연 서식지가 사라진다는 것이다.

파력과 조력 에너지

파력 발전소와 조력 발전소는 설치된 터빈을 구동하기 위해 바닷물의 움직임을 이용한다. 파력 발전은 아직 실험단계이다. 조력 발전소는 건설하기 어렵고 비용이 많이 들지만, 예측할 수 있는 시간에 많은 양의 전기를 생산할 수 있다. 한 가지 단점은 조석 패턴을 변화시켜 그곳의 야생동물들에 영향을 줄 수 있다는 것이다.

지열 에너지

지열 발전소에서는 차가운 물을 지하 깊숙이 넣어 지구 내부의 에너지로 증기를 만든다. 증기는 발전기를 구동하는 데 사용된다. 지열 발전소는 오염을 거의 일으키지 않고, 화산 활동이 활발한 곳에서 가장 잘 작동한다.

발전소

발전소 대부분은 전기를 생산하기 위해 같은 시스템을 사용한다. 연료나 태양으로부터의 에너지는 물을 증기로 바꾸고, 증기는 파이프를 통해 흘러 터빈이라고 불리는 회전 팬을 돌리는 데 사용된다. 터빈은 발전기를 구동하고, 이를 통해 전기가 만들어진다. 풍력 발전소, 수력 발전소, 파력과 조력 발전소에서는 움직이는 물이나 공기가 터빈을 직접 돌린다.

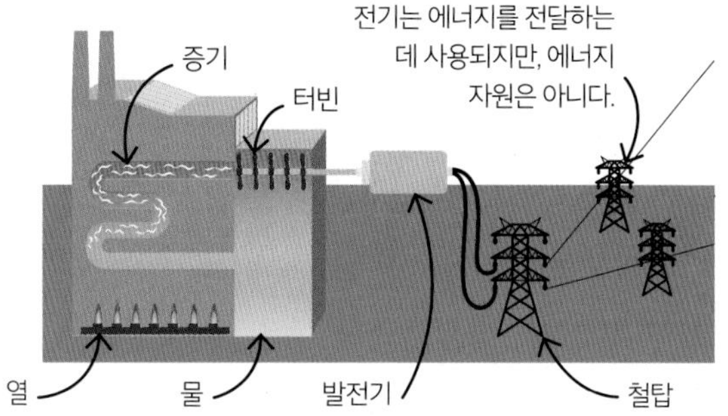

재생 불가능한 에너지

현대 사회에서는 자동차와 비행기에서부터 가정에 있는 간단한 장치에 이르기까지 모든 장치를 작동시키기 위해 많은 에너지를 사용한다. 에너지의 대부분은 화석 연료와 같은 재생 불가능한 (언젠가 고갈될) 자원에서 나온다.

핵심 요약

- ✓ 재생 불가능한 에너지는 고갈될 에너지 자원에서 나온다.
- ✓ 에너지의 대부분은 재생 불가능한 자원에서 나온다.
- ✓ 화석 연료를 사용하면 대기를 오염시키고 기후 변화를 일으킨다.

화석 연료

화석 연료는 먼 과거에 살았던 식물과 조류의 잔해로부터 형성되었다. 수백만 년 동안 이 유기체들은 햇빛으로부터 전달받은 에너지를 화학 에너지로 저장했다. 화석 연료는 적은 양에도 많은 양의 에너지를 저장하기 때문에 매우 유용하다. 그러나 화석 연료를 사용하면 이산화탄소를 배출하여 대기를 오염시키고 기후 변화의 주요 원인이 된다.

기름
기름(석유)은 미세한 화석화된 해양 생물체로부터 만들어진다. 지하에서 얻은 원유로 가솔린, 디젤, 등유(항공기에서 제트 엔진을 작동시키는 데 사용되는 액체 연료)를 만든다. 이 연료들은 저장, 운반, 탱크 보충, 엔진 연소 등 사용하기 매우 편리하다.

석탄
이 고체 연료는 나무 같은 식물의 화석 잔해로부터 형성된다. 석탄은 발전소에서 연소되어 전 세계적으로 많은 전기를 생산한다. 연소할 때 이산화탄소를 생성할 뿐만 아니라 산성비를 유발하는 이산화황이라는 오염물질도 생성된다.

천연가스
천연가스는 발전소에서 전기를 만들거나, 가정에서 중앙난방 시스템에 전력을 공급하거나, 음식을 조리하는 데 사용된다. 석탄보다 킬로그램당 약 2배의 에너지를 발생시키고 연소 시 절반의 이산화탄소를 방출하여 더 적은 오염을 일으킨다.

원자력 발전

원자력 발전소는 우라늄과 같은 방사성 원소의 핵에 저장된 에너지를 사용한다. 핵연료는 재생할 수 없지만 엄청난 양의 에너지를 가지고 있고 이산화탄소와 같은 온실가스를 배출하지 않는다. 원자력의 단점은 수천 년 동안 유해한 상태로 지하 깊이 매장되어야 하는 방사성 폐기물이라는 점과, 사고가 발생하면 환경이 광범위하게 오염될 위험이 있다는 것이다.

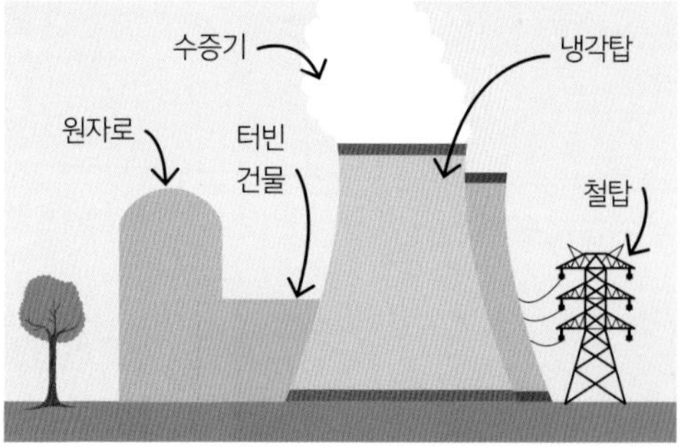

기후 변화

우리가 사용하는 에너지 대부분은 화석 연료에서 나오는데, 화석 연료를 사용하면 이산화탄소 가스가 배출된다. 이산화탄소는 온실가스이며, 지구의 대기에 열을 가두는 역할을 한다. 대기 속 이산화탄소의 농도가 높아지면서 지구의 기후가 변하고 있다.

핵심 요약

- ✓ 화석 연료를 에너지 자원으로 사용하면 이산화탄소가 대기로 방출된다.
- ✓ 대기 중 이산화탄소 및 다른 온실가스의 증가는 온실 효과로 인해 기후 변화를 일으킨다.

온실 효과

기후 변화의 주요 원인은 화석 연료에서 나오는 이산화탄소와 농업에서 나오는 메탄과 같은 온실가스로 대기를 오염시키는 것이다. 이 기체들은 지구의 표면에서 방출되는 열을 흡수하여 대기를 더 따뜻하게 만든다. (온실 안의 따뜻한 유리 덮개와 같은) 온실 효과가 없다면 지구는 생명체 대부분이 살기에 너무 추울 것이다. 하지만 인간의 활동이 온실 효과를 너무 강하게 만들고 있다.

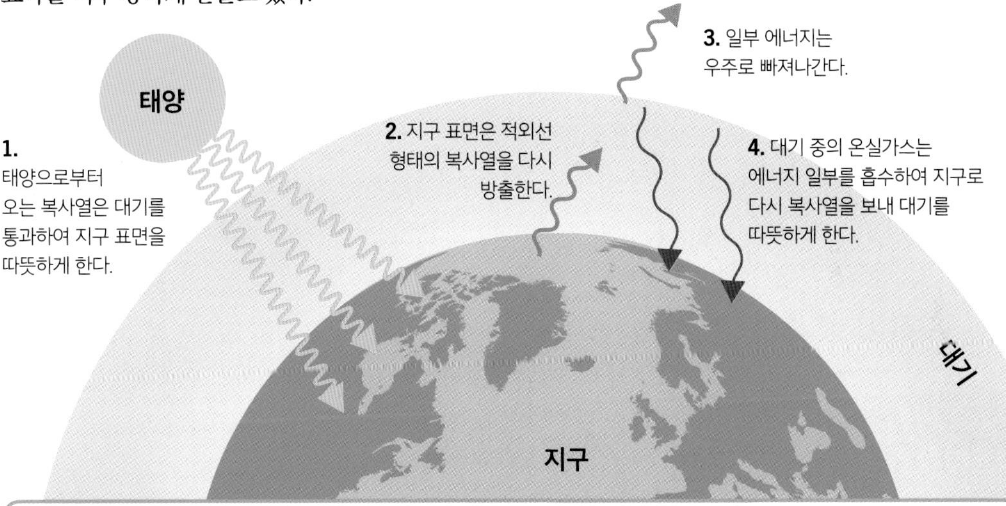

대기 중의 이산화탄소

대기 중의 이산화탄소 농도를 측정한 결과 현재 가파르게 상승하고 있는 것으로 나타났다. 먼 과거의 이산화탄소 수준은 고대 빙하에 갇힌 공기의 기포 표본을 추출하여 측정할 수 있다. 이 연구는 화석 연료의 사용이 급격히 증가하기 시작한 약 200년 전까지 이산화탄소 수준이 안정적이었다는 것을 보여준다.

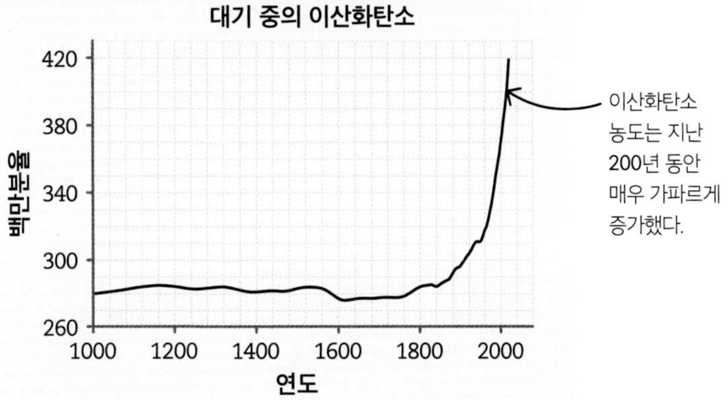

에너지 사용량 추이

에너지 자원, 특히 화석 연료의 소비는 지난 200년 동안 급격하게 증가했다. 화석 연료는 재생할 수 없고 환경을 해치기 때문에 많은 나라들은 재생에너지의 사용을 늘리려고 노력하고 있다.

에너지 소비량

다음 그래프는 산업화하기 시작한 1800년 이후 다양한 에너지 자원의 소비가 어떻게 증가해 왔는지를 보여준다. 화석 연료 사용의 증가는 기후 변화의 주요 원인인 대기 중 이산화탄소의 농도를 증가시켰다.

핵심 요약

- ✓ 화석 연료의 사용은 지난 200년 동안 급격하게 증가했다.
- ✓ 화석 연료의 사용은 기후 변화의 원인 중 하나이다.
- ✓ 현재 많은 나라에서 화석 연료의 사용을 줄이고 재생에너지 사용을 늘리기 위해 노력하고 있다.

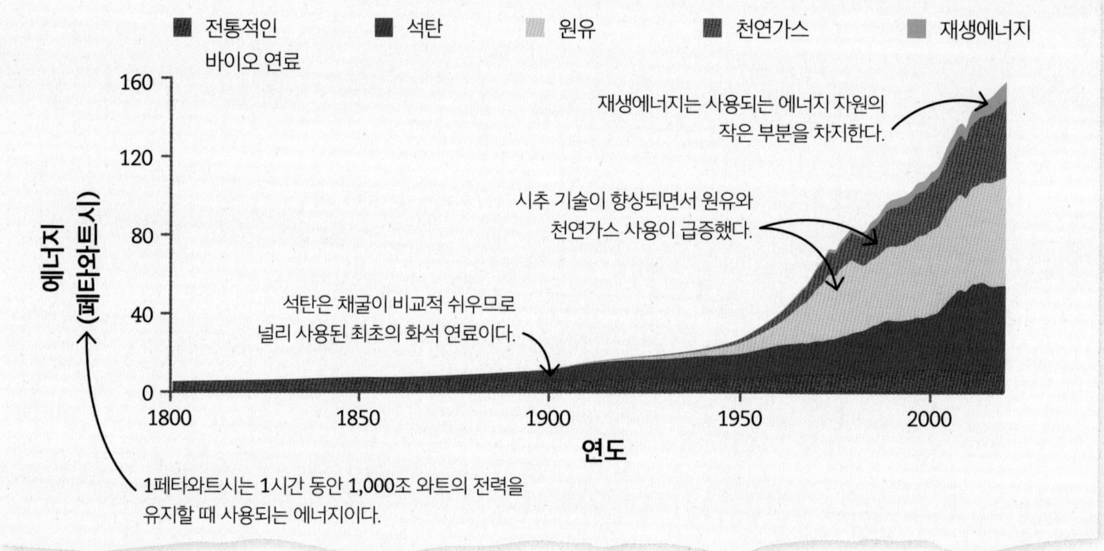

탄소 포집 및 저장

화석 연료가 연소할 때 방출되는 이산화탄소는 기후 변화의 주요 원인이다. 배출량을 줄이기 위한 한 가지 아이디어로 탄소 포집이 제안되었다. 발전소의 폐기물 가스에서 나오는 이산화탄소를 아민이라고 불리는 화학 물질과 반응시켜 지하에 저장될 수 있는 액체로 만든다. 발전소는 이런 방식으로 배출량을 90% 줄일 수 있지만, 이것을 생산하기 위하여 사용하는 전기는 비용을 높인다.

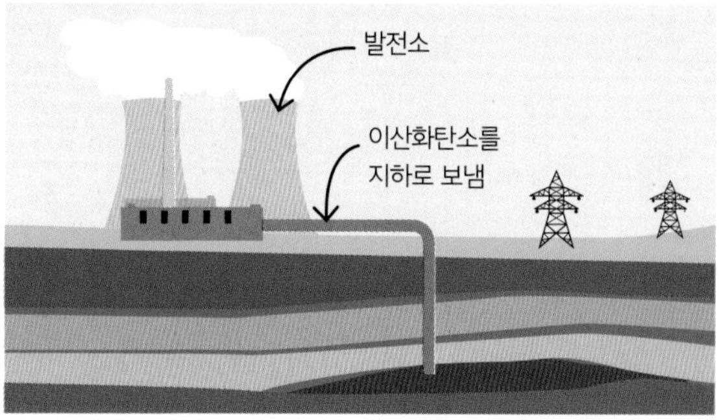

에너지 효율

조명을 켰을 때 빛에 의해 모든 에너지가 주변으로 전달되는 것은 아니며, 일부 에너지는 열에 의해 공기로 전달된다. 이는 낭비되는 에너지이다. 효율적인 장치는 전달되는 에너지의 극히 일부만을 낭비한다.

핵심 요약

- ✓ 효율적인 장치는 전달되는 에너지의 극히 일부만을 낭비한다.
- ✓ 산키 다이어그램은 에너지 효율을 보여준다.
- ✓ 효율적인 장치는 에너지 소비를 줄이는 데 도움이 된다.

산키 다이어그램

산키 다이어그램을 사용하여 장치의 효율성을 나타낼 수 있다. 다음 다이어그램은 예전의 필라멘트 전구가 대부분의 에너지를 열로 전달하기 때문에 효율성이 매우 낮다는 것을 보여준다. 반면에 LED 전구는 전기 에너지의 대부분을 빛으로 전달하고 열로는 매우 적은 양만 낭비한다.

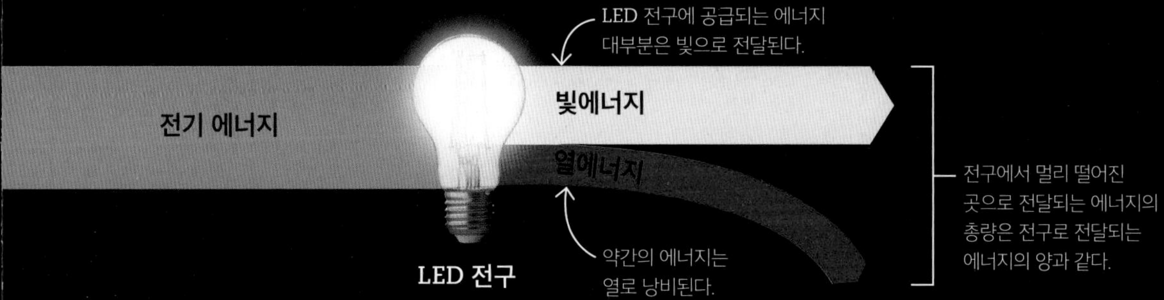

에너지 효율 향상

모든 기계와 장치들은 에너지를 낭비하고, 그 낭비된 에너지는 결국 열에너지로 주변으로 빠져나간다. 예를 들어 자전거는 움직이는 부품 사이의 마찰로 인해 에너지를 낭비하는데, 이는 체인과 움직이는 부품 사이를 윤활하게 유지함으로써 감소시킬 수 있다. 가정에서는 효율적인 전기 장치를 사용함으로써 에너지 낭비를 줄일 수 있고, 이는 화석 연료의 소비를 줄여 환경에 좋은 영향을 줄 수 있다.

많은 가전제품에는 에너지 효율이 좋은 제품을 선택할 수 있도록 도와주는 에너지 효율 라벨이 부착되어 있다.

열 전달

뜨거운 음료는 왜 식을까? 열에너지(열)는 절대 한곳에 머물지 않는다. 에너지는 항상 뜨거운 것에서 차가운 것으로 이동한다. 이러한 이동은 다양한 방식으로 일어날 수 있다.

핵심 요약

- ✓ 열은 같은 온도(열 평형)에 도달할 때까지 항상 뜨거운 물체에서 차가운 물체로 전달된다.
- ✓ 열에너지는 전도, 대류, 복사의 세 가지 방식으로 전달된다.

물의 가열

물을 가스레인지 위에서 가열하면 열에너지는 전도, 대류, 복사 세 가지 방법으로 전달된다.

대류란 유체 내에서 움직이는 흐름에 의해 열이 전달되는 것이다. 냄비 바닥의 물이 뜨거워지면 팽창하여 밀도가 낮아지고, 이것은 물을 상승시켜서 대류를 만든다.

전도는 고체 내부 또는 물리적으로 접촉하는 물질 사이에 열에너지를 전달하는 것이다. 연료의 연소로 발생한 열은 전도를 통해 유리에서 물로 전달된다.

복사는 빛의 속도로 이동하는 전자기파를 통해 에너지를 전달한다. 가스레인지의 불꽃은 우리가 볼 수 있는 빛을 방출할 뿐만 아니라 적외선도 방출한다.

열 평형

뜨거운 음료를 그대로 두면 주변과 같은 온도가 될 때까지 식게 된다. 비슷하게 차가운 음료는 미지근해진다. 열에너지는 서로 같은 온도가 될 때까지 계속해서 더 뜨거운 물체에서 더 차가운 물체로 전달되기 때문이다. 이것을 열 평형 상태라고 한다.

복사

뜨거운 찻주전자 근처에 손을 대면 뜨거운 열기가 피부를 따뜻하게 하는 것을 느낄 수 있다. 이것은 피부가 눈에 보이지 않는 것, 즉 적외선을 감지할 수 있기 때문이다. 모든 물체는 적외선을 방출하며, 물체가 뜨거울수록 더 많은 복사열을 방출한다.

핵심 요약

- ✓ 뜨거운 물체는 차가운 물체보다 더 많은 적외선을 방출한다.
- ✓ 적외선이 물체에 도달하면 열에너지로 저장된다.
- ✓ 빛나지 않는 검은색 표면은 하얗거나 빛나는 표면보다 더 많은 적외선을 흡수하고 방출한다.

열화상

적외선은 우리 눈에 보이지 않지만, 열화상 카메라가 그것을 감지할 수 있다. 다음 열화상 이미지는 뜨거운 찻잔과 찻주전자에서 방출하는 복사열을 보여준다. 가시광선과 마찬가지로 적외선은 복사열의 한 형태이며 우주에서 전달할 수 있다. 적외선이 물체에 부딪히면 일부가 흡수되어 물체의 열에너지로 저장되고 물체를 더 따뜻하게 만든다. 뜨거운 컵에 손을 대지 않고 가까이 대면 피부에서 이 따뜻함을 느낄 수 있다.

흡수체와 반사체

물체가 적외선을 통해 흡수하는 에너지의 양은 물체 표면의 색깔과 질감에 따라 다르다. 빛나지 않는 검은색 표면은 적외선을 흡수하고 방출하는 데 좋다. 반면 하얗거나 빛나는 물체는 복사열을 반사하기 때문에 상대적으로 열에너지를 적게 흡수한다.

검은색은 적외선을 잘 흡수하고 방출한다.

흰색은 적외선을 잘 반사한다.

복사열 조사

다음 실험을 통해 검은색, 흰색, 그리고 빛나는 표면의 적외선을 흡수하는 속도를 비교할 수 있다. 또한 같은 장비를 사용하여 다른 표면이 어떻게 복사열을 방출하는지 조사할 수 있다.

방법

1. 음료수 캔 3개를 비우고 헹군다. 하나는 빛나지 않는 검은색, 다른 하나는 흰색, 나머지 하나는 빛나는 은색으로 칠한다. 캔의 색깔은 이 실험의 독립 변인이다.
2. 각각의 캔에 같은 양의 차가운 물을 붓는다. 온도계를 넣고 열 손실을 줄이기 위해 솜털로 입구를 막는다.
3. 캔을 햇볕이 잘 드는 밖에 둔다. 캔 안에 있는 물의 양과 태양으로부터 받는 열의 양은 모두 통제 변인이다.
4. 각 캔에 들어 있는 물의 온도를 기록한다. 온도는 실험의 종속 변인이다.
5. 캔을 90분간 햇볕에 두고 10분마다 물의 온도를 기록한다.

복사열 흡수

태양으로부터의 적외선은 캔에 열에너지를 전달하여 캔 안의 물을 데운다. 빛나지 않는 검은색 표면은 흰색이거나 빛나는 표면보다 더 많은 적외선을 흡수하므로 검은색 캔의 물이 가장 빨리 데워진다.

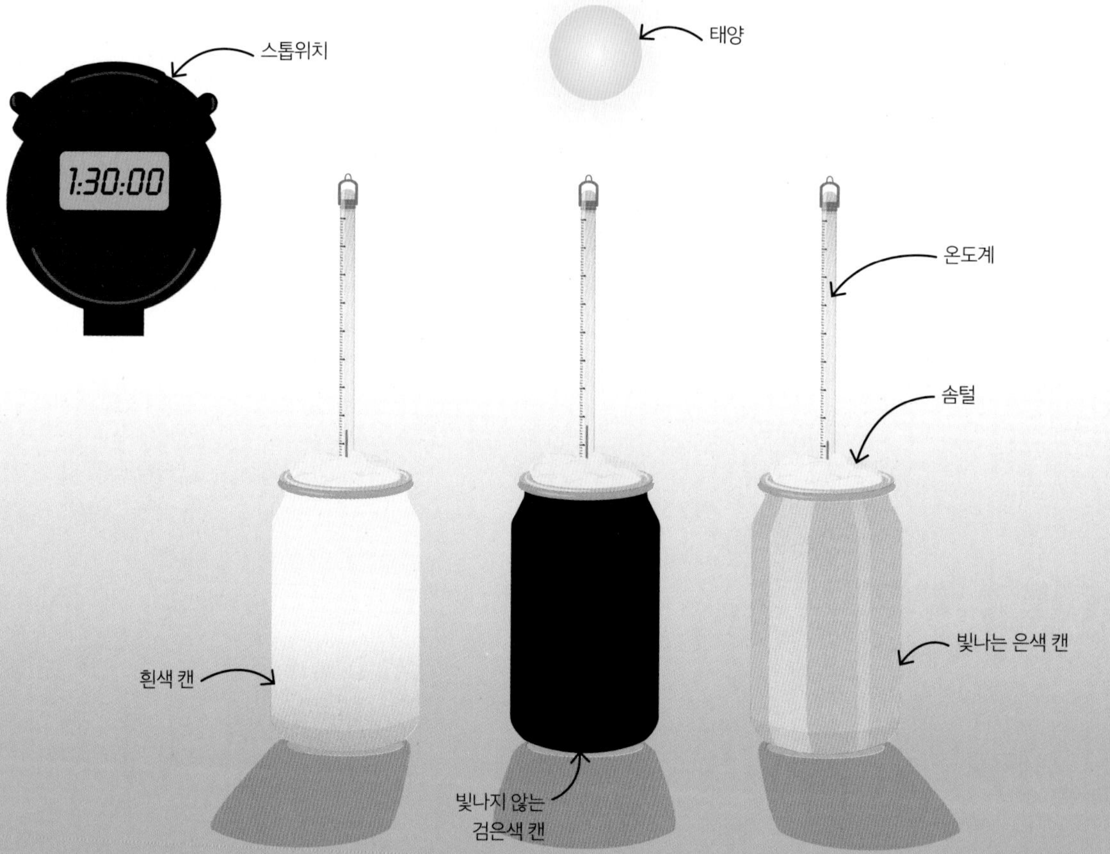

결과

표에 기록한 데이터를 다음 그래프에 표시한다. 3개의 캔 모두 온도가 빠르게 상승하지만, 검은색 캔이 가장 빠르고 높게 상승하는 것을 보여준다. 은색과 흰색 캔은 비슷한 결과를 보여준다.

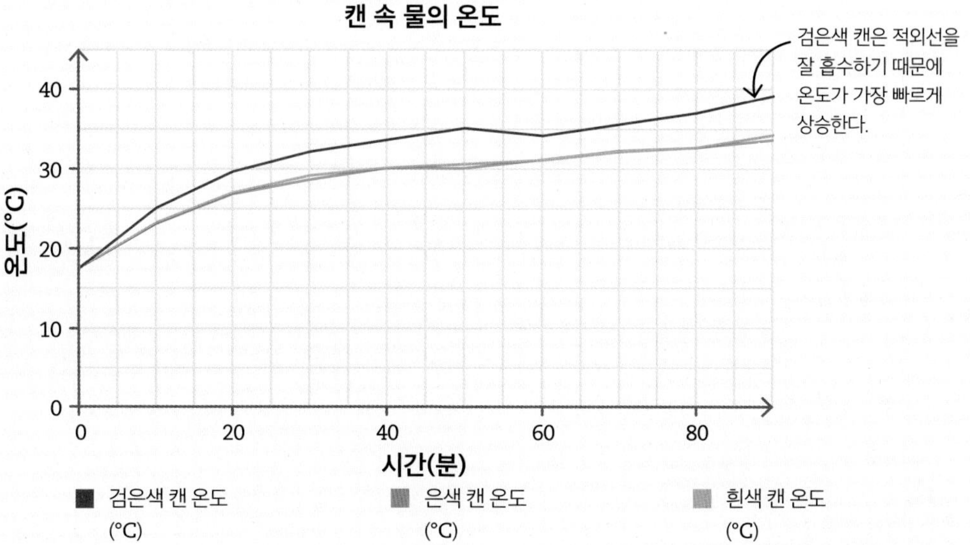

결론

검은색이 은색이나 흰색보다 더 많은 복사열을 흡수하였다. 캔 사이의 유일한 차이점은 색깔이었기 때문에 검은색이 은색이나 흰색보다 더 쉽게 복사열을 흡수한다는 것을 의미한다. 캔 안의 물의 온도는 지속해서 상승하지 않았는데, 이는 태양 앞을 지나가는 작은 바람이나 구름이 있었기 때문일 수 있다. 태양 대신 열 램프를 사용하여 실내에서 캔에 도달하는 온도와 복사열을 더 쉽게 제어할 수 있다.

복사열 방출

같은 장비를 사용하여 뜨거운 물체가 주변에 어떻게 복사되어 에너지를 잃어가는지 조사할 수 있다. 이 실험은 훨씬 빨라서 한 번에 한 캔씩 사용한다. 첫 번째 캔에 50°C로 가열한 물을 정확히 300 mL 채우고 온도계를 삽입한 다음 솜털로 입구를 막는다. 온도가 45°C가 될 때까지 30초 간격으로 10분 동안 온도를 기록한다. 다른 두 캔도 같은 방법으로 반복하되, 실내 온도를 일정한 상태로 유지하고 그 결과를 그래프에 표시한다.

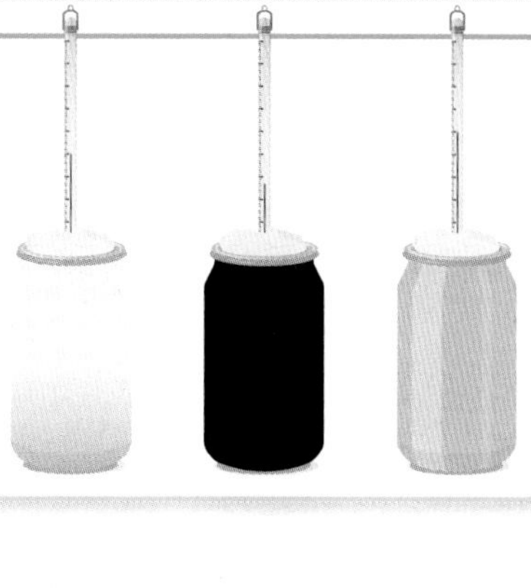

전도

금속 물체는 만졌을 때 종종 차가움을 느끼곤 하는데, 몸에서 금속으로 열에너지가 잘 전달되기 때문이다. 신체적인 접촉을 통해 열에너지가 전달되는 것을 전도라고 한다.

핵심 요약

- ✓ 전도는 접촉으로 열에너지가 이동한다.
- ✓ 금속은 입자들이 격자 형태로 배열되어 있고 전자들이 자유롭게 움직일 수 있으므로 좋은 열전도체이다.
- ✓ 열전도율이 작은 물질을 단열재라고 한다.

금속에서 전도

금속 막대가 가열되면 여분의 열에너지가 입자의 진동을 증가시킨다. 금속 안의 입자들은 촘촘한 격자 형태로 배열되어 있어서 진동이 이웃 입자로 퍼져 운동 에너지를 전달함으로써 열이 물체를 통해 이동한다. 금속은 또한 열을 잘 전도하는데, 이는 일부 전자가 자유롭게 움직일 수 있어 운동 에너시를 전달하기 때문이다.

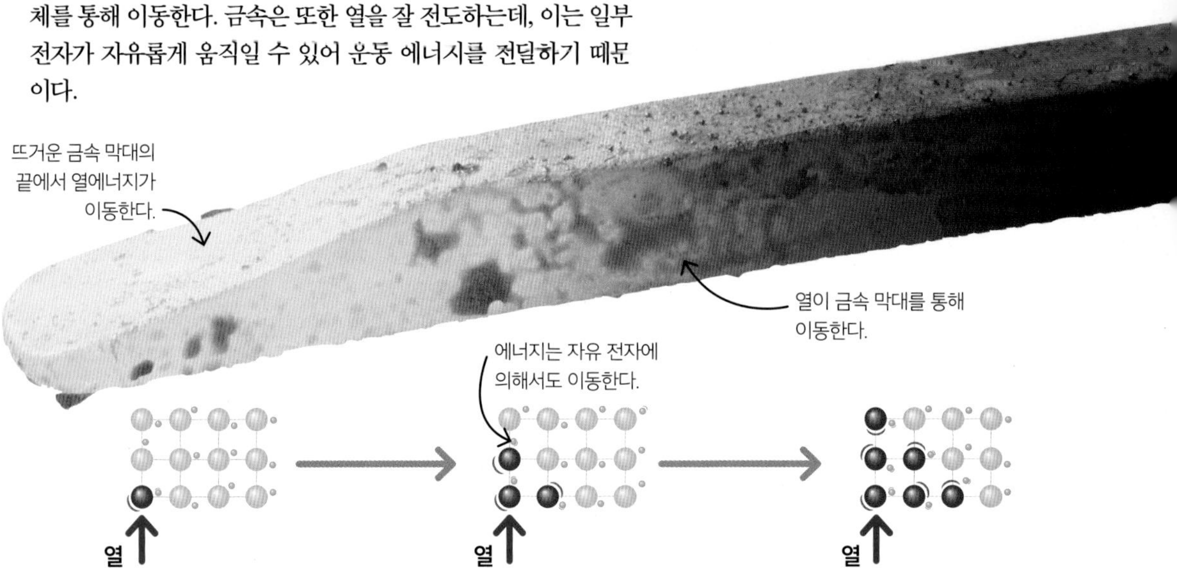

1. 가열을 통해 열에너지가 운동 에너지 형태로 전환된다.

2. 입자가 진동하면 주변 입자들도 같이 진동한다.

3. 에너지는 금속 막대를 따라 계속 이동한다.

전도체와 단열재

금속과 같이 밀도가 높고 결정 구조인 고체는 입자가 단단하고 격자 형태로 배열되어 이웃한 입자에 열에너지를 잘 전달하므로 좋은 전도체이다. 반면에 공기는 입자 간 간격이 멀리 떨어져 있어 매우 나쁜 전도체이다. 울 점퍼나 커피 컵과 같이 공기를 포함하고 있는 물질도 나쁜 전도체이다. 이러한 물질을 단열재라고 하며, 열에너지의 전달을 늦추기 위해 사용한다. 최고의 단열재 중 하나는 99% 이상의 공기로 이루어진 실리콘계 에어로겔이다.

에어로겔은 화염의 열을 차단한다.

단열재 조사

금속과 같은 일부 물질은 열에너지를 잘 전도한다. 다른 물질은 나쁜 전도체(좋은 단열재)이다. 이 물질들은 에너지 전달을 줄임으로써 뜨거운 물체에서 주변으로 전달되는 열에너지를 줄이거나 시원하게 유지하는 데 사용될 수 있다.

방법

1. 아래와 같이 장치를 설치한다. 모든 비커의 크기는 같고, 단열재의 두께도 같게 한다.
2. 시작할 준비가 되면 주전자의 뜨거운 물을 각 비커에 똑같이 붓고 온도계를 넣은 다음, 스톱워치를 시작한다.
3. 시작 온도를 기록한 다음, 10분 동안 각 비커 속 물의 온도를 매분 기록한다.

단열재 조사

뜨거운 물이 담긴 비커를 단열하는 실험을 통해 다양한 물질의 단열성을 검증할 수 있다. 가장 좋은 단열재는 물을 특정 온도로 가장 오랫동안 유지한다. 단열재 없이 얼마나 빨리 온도가 떨어지는지도 측정해야 한다.

교사 감독 필요

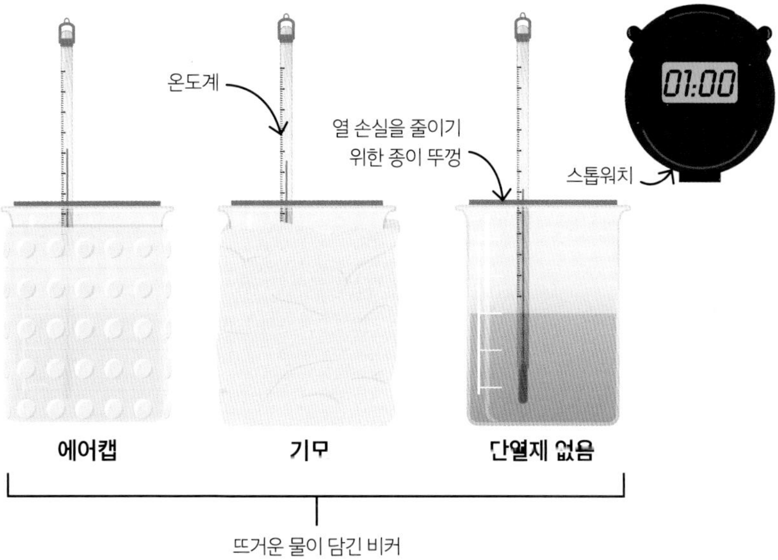

결과

3개 비커에 대한 데이터를 그래프에 표시한다. 각 비커의 점을 바탕으로 곡선 형태의 추세선을 그린다. 그래프는 단열재가 없는 것에 비해 에어캡과 기모 모두 물을 따뜻하게 유지하게 해주고, 에어캡이 물을 따뜻하게 유지하는 데 가장 효과적임을 보여준다. 시작 온도와 끝 온도만 기록함으로써 더 간단하게 조사를 수행할 수 있지만, 오른쪽 그래프와 같이 잘못된 측정값이 있다면 에어캡과 기모의 단열 정도가 같다는 잘못된 결론을 내릴 수 있다.

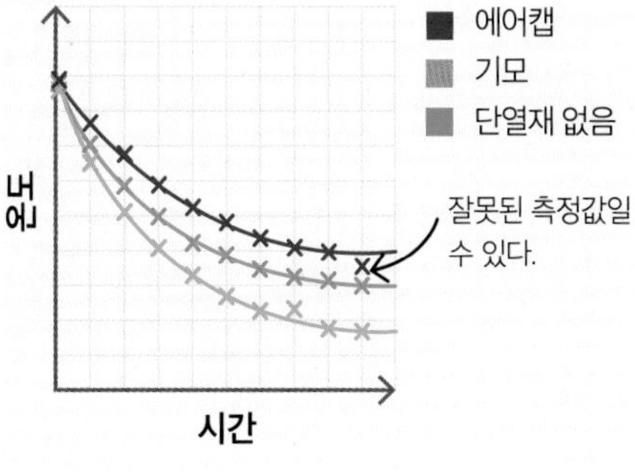

대류

대류란 유체(액체 또는 기체) 안에서 흐름에 의해 열에너지가 전달되는 것을 말한다. 공기나 물이 가열되면 주변의 유체보다 밀도가 낮아져 상승하고 대류 흐름이 만들어진다.

핵심 요약

- ✓ 대류란 유체 안에서 흐름에 의해 열이 전달되는 것이다.
- ✓ 대류는 유체의 일부가 가열되어 주변의 유체보다 밀도가 낮아져서 발생한다.
- ✓ 상승 온난 기류는 대류에 의해 생성된 상승하는 따뜻한 공기 기둥이다.

물에서의 대류

물을 가열하기 전에 색소를 첨가함으로써 대류가 발생하는 것을 관찰할 수 있다. 다음 실험에서 색소는 비커의 바닥에 깔려 있다가 점차 용해되고, 불꽃 위의 물이 가열되면 주변의 물보다 밀도가 낮아져 상승한다.

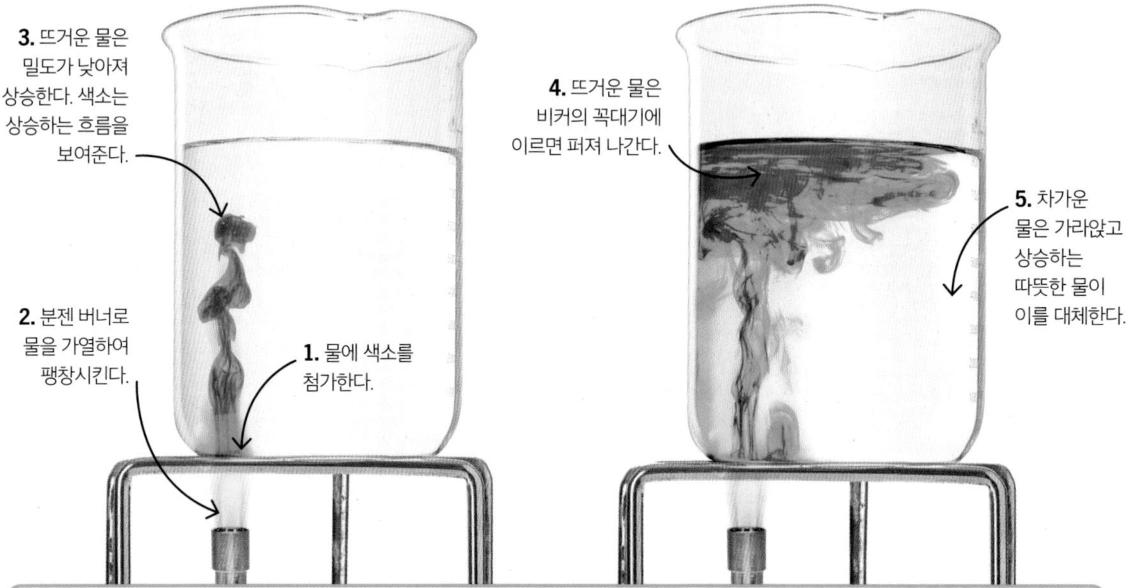

라디에이터 작동 방식

중앙난방 시스템은 집 안의 공기를 가열하기 위해 대류를 사용한다. 라디에이터 안의 뜨거운 물은 열에너지를 공기로 전달하여 따뜻해지고 밀도가 낮아진다. 따뜻한 공기가 상승하고 차가운 공기가 그 자리를 대체한다. 결국 따뜻한 공기가 식어 다시 가라앉으면서 사이클을 완성한다. 이러한 공기의 순환은 대류 흐름이다.

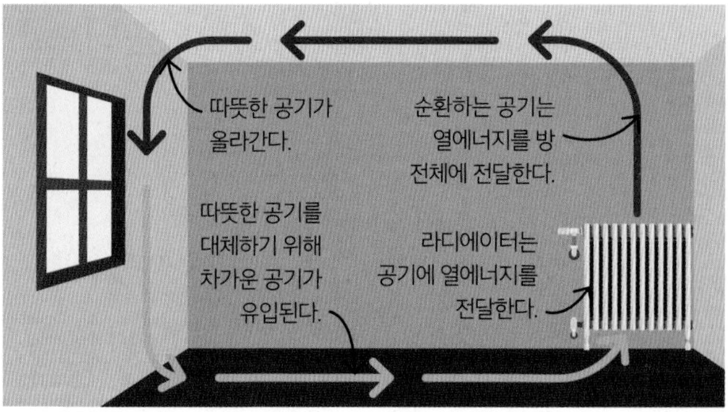

상승 온난 기류의 원리

도로와 건물, 어두운 지역(예: 경작된 들판)은 식생 지역보다 태양으로 인해 더 빨리 가열된다. 이들은 열에너지를 위의 공기에 전달하여 솜털 같은 하얀 뭉게구름에 의해 덮여 있는 상승 온난 기류라고 불리는 따뜻한 공기 기둥을 만든다. 글라이더는 상승하기 위해 상승 온난 기류를 타고 선회한 다음, 또 다른 상승 온난 기류를 찾기 위해 구름을 따라 이동함으로써 장시간 공중에 머무를 수 있다.

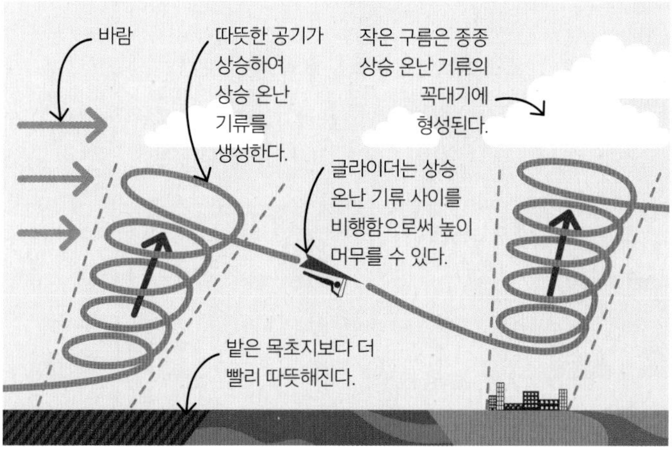

상승 온난 기류

행글라이더는 공중에 머무르기 위해 엔진이 필요하지 않다. 필요한 모든 양력을 상승 온난 기류(태양열에 의해 가열된 지면에서 상승하는 대류 흐름)로부터 얻는다.

에너지 전달 감소

난방에 비용이 많이 들 수 있기 때문에 현대식 건물들은 주변으로 에너지가 전달되는 것을 최소화하도록 설계된다. 단열이 잘 된 건물은 난방을 위한 화석 연료 사용을 줄여준다.

단열이 된 집

집은 전도, 대류, 그리고 복사를 통해 열이 주변으로 전달될 수 있으므로 현대식 건물 디자이너들은 세 가지를 모두 줄이는 것을 목표로 한다. 좋은 단열재는 겨울에 집을 따뜻하게 유지하는 것을 도울 뿐만 아니라, 여름에는 더 시원하게 유지하여 집을 더 편안하게 만들어 준다.

열 손실

집은 보통 지붕과 벽을 통해 에너지 대부분을 잃지만, 창문과 문, 지면을 통해서도 열을 잃게 된다. 집 안과 밖의 온도 차가 클수록 에너지 손실 속도가 빠르다.

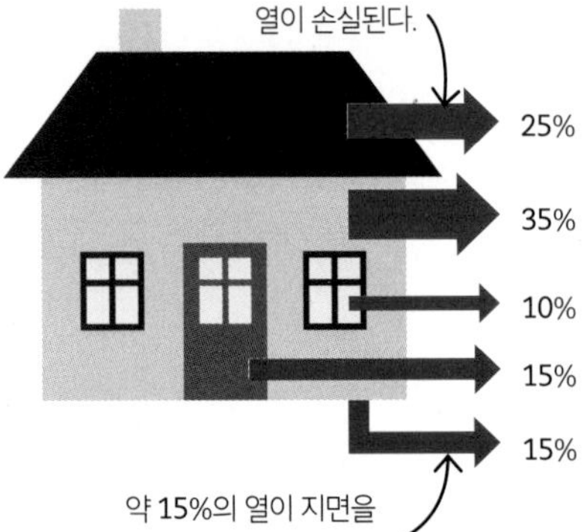

핵심 요약

- ✓ 열에너지는 전도, 대류, 복사로 집의 내부에서 주변으로 전달될 수 있다.
- ✓ 단열이 잘 되면 난방비를 줄이고 화석 연료 사용도 줄일 수 있다.

보온병

보온병은 1892년 스코틀랜드의 화학자 제임스 듀어가 화학 물질을 차갑게 유지하기 위해 발명하였지만, 오늘날에는 음료를 따뜻하게 유지하기 위해 더 많이 사용된다. 보온병 내부에는 유리나 알루미늄으로 만들어진 이중벽이 있으며, 두 벽 사이의 진공은 전도나 대류에 의한 에너지 전달을 줄여준다. 은으로 된 내부 표면은 복사열을 반사한다.

운동 에너지와 퍼텐셜 에너지

롤러코스터가 위아래로 달리면 에너지는 운동 에너지(KE)와 중력 퍼텐셜 에너지(GPE) 저장소 사이를 왔다 갔다 한다. 아래 공식은 두 양을 계산하는 방법을 보여준다.

운동 에너지(KE)

움직이는 물체는 운동 에너지를 저장한다. 속도가 빨라지면 에너지 저장량이 커지고, 속도가 느려지면 작아진다. 물체가 빠르게 움직일수록 또는 질량이 커질수록 운동 에너지를 더 많이 저장한다. 다음 식은 운동 에너지를 계산하는 방법을 보여준다.

$$\text{운동 에너지(J)} = \frac{1}{2} \times \text{질량(kg)} \times \text{속도}^2\text{(m/s)}^2$$

$$E_k = \frac{1}{2} \times m \times v^2$$

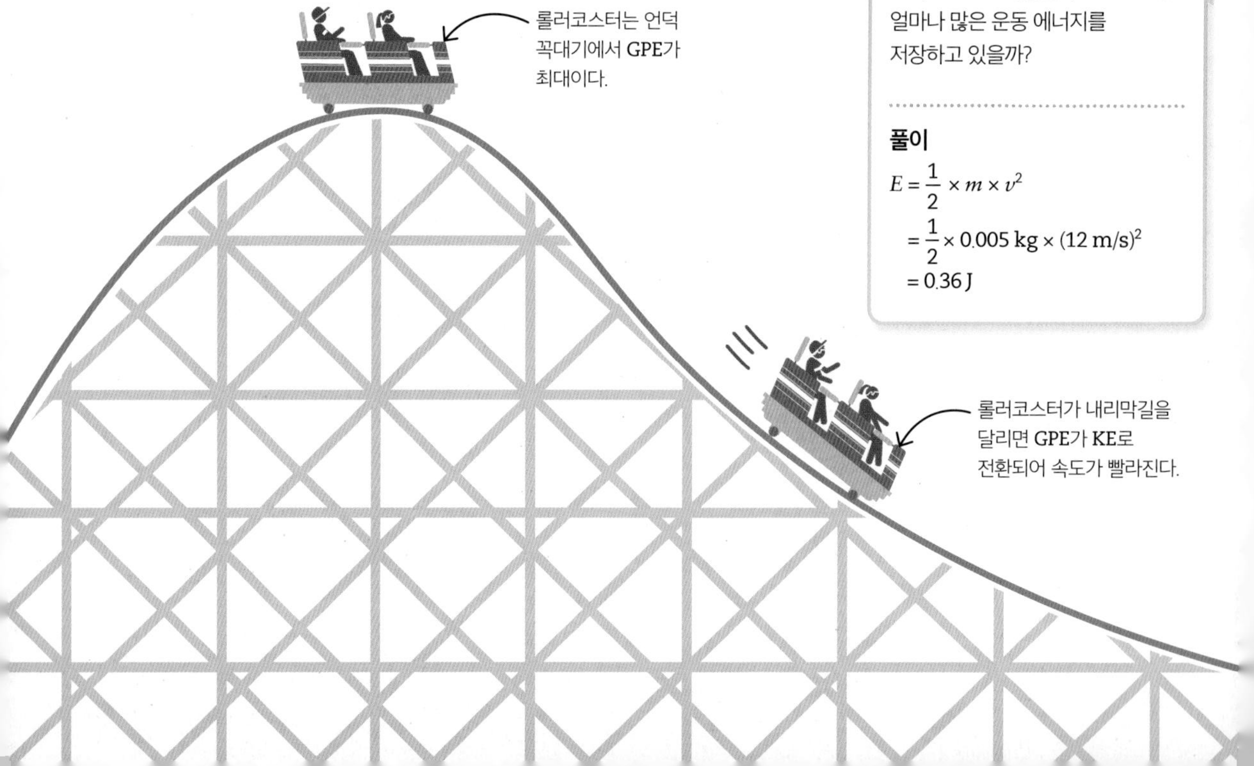

핵심 요약

- ✓ 물체가 빨리 움직일수록 또는 물체의 질량이 커질수록 운동 에너지(KE)의 저장량이 커진다.
- ✓ 물체가 높을수록 또는 질량이 클수록 중력 퍼텐셜 에너지(GPE)의 저장량이 더 커진다.
- ✓ 롤러코스터가 내리막길을 가속하여 내려가면 GPE 저장소에서 KE 저장소로 에너지가 전달된다.

KE 계산하기

문제

종이비행기의 질량은 5 g (0.005 kg)이고 초속 12 m로 이동한다. 얼마나 많은 운동 에너지를 저장하고 있을까?

풀이

$$E = \frac{1}{2} \times m \times v^2$$

$$= \frac{1}{2} \times 0.005\ \text{kg} \times (12\ \text{m/s})^2$$

$$= 0.36\ \text{J}$$

중력 퍼텐셜 에너지(GPE)

물체를 들어올릴 때 들어올리는 힘이 작용하여 물체의 중력 퍼텐셜 에너지 저장소로 에너지를 전달한다. 물체가 높거나 질량이 클수록 GPE의 저장량은 더 커진다. 다음 식은 높이의 변화로부터 물체의 GPE의 변화를 계산하는 방법을 보여준다.

지구에서 이 수치는 약 10 N/kg이다. 달에서는 지구의 약 6분의 1이다.

GPE 변화량(J) = 질량(kg) × 중력 가속도(N/kg) × 높이 변화량(m)

$$\Delta \text{GPE} = m \times g \times \Delta h$$

그리스 문자 델타(Δ)는 '변화량'을 의미한다.

GPE 계산하기

문제

몸무게가 70 kg인 사람이 절벽을 30 m 올라간다고 했을 때, 이 사람은 얼마나 많은 중력 퍼텐셜 에너지를 얻을 수 있을까?

풀이

$\Delta \text{GPE} = m \times g \times \Delta h$

$= 70 \text{ kg} \times 10 \text{ N/kg} \times 30 \text{ m}$

$= 21{,}000 \text{ J}$

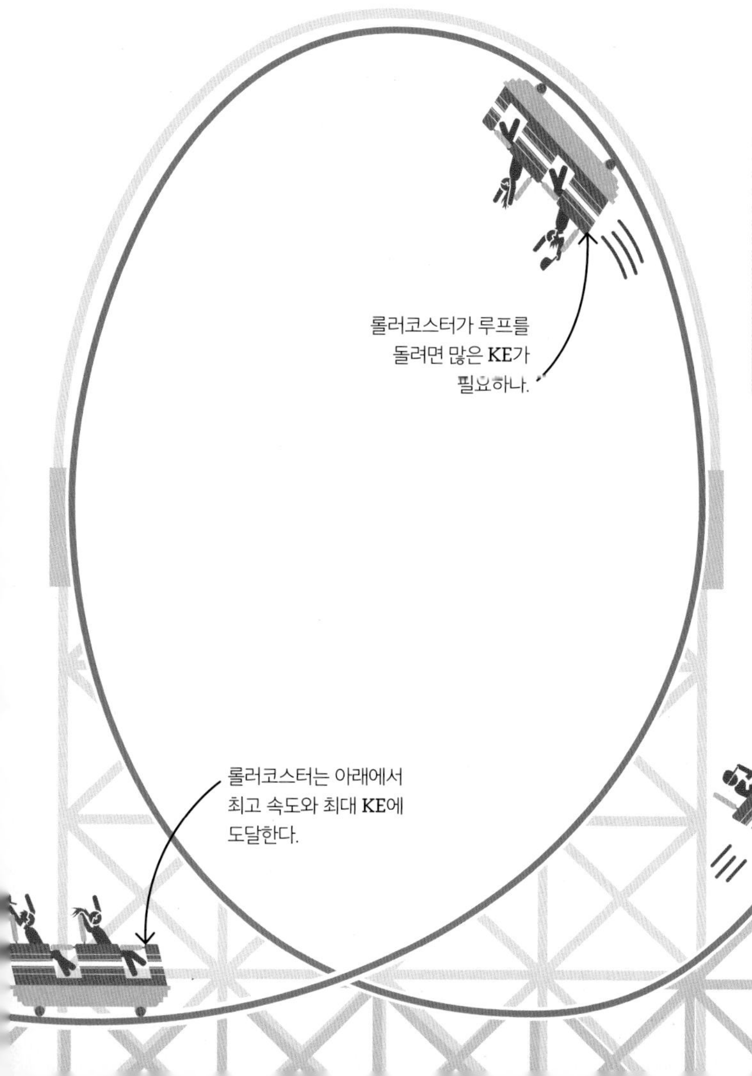
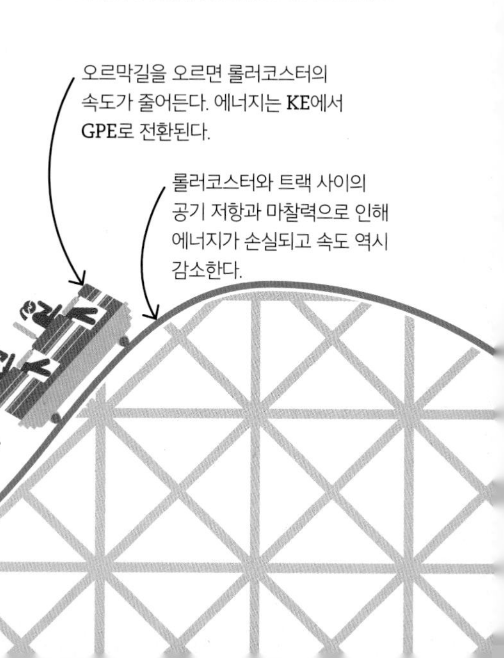

에너지 보존

에너지는 전달될 수도 있고 저장될 수도 있지만, 생성되거나 파괴될 수는 없다. 고립계 내 에너지 총량은 에너지 전달 전후로 그대로 유지되는데, 이것을 에너지 보존 법칙이라고 한다.

진자에서의 에너지 전환

진자는 고정된 점에 자유롭게 매달린 물체이다. 진자의 에너지는 운동 에너지(KE) 저장소와 중력 퍼텐셜 에너지(GPE) 저장소 사이를 이동한다. 진자, 고리, 공기는 하나의 계를 구성하며, 고립계(에너지가 들어가거나 나가지 않는 계) 내의 에너지 총량은 일정하게 유지된다.

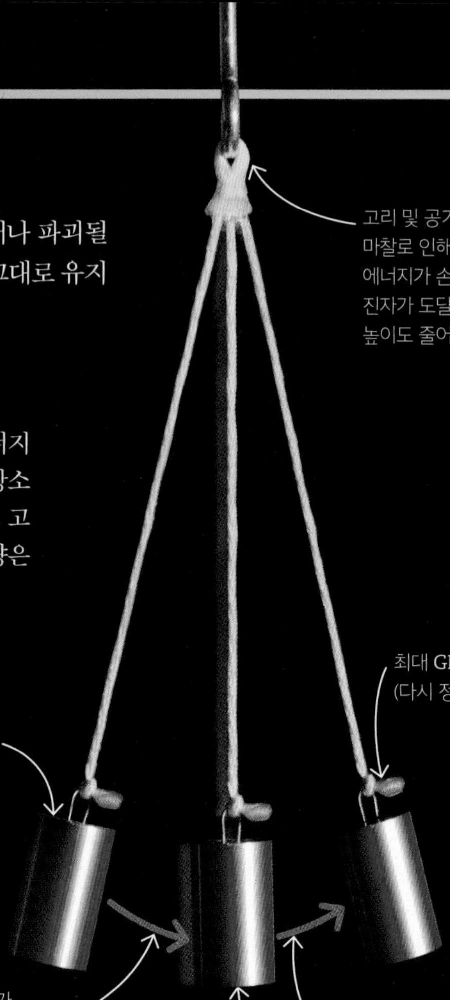

핵심 요약

- ✓ 에너지는 전달될 수도 있고 저장될 수도 있지만, 생성되거나 파괴될 수는 없다.
- ✓ 고립계 내 에너지 총량은 에너지 전달 전후로 그대로 유지된다.
- ✓ 진자가 진동하면 에너지는 운동 에너지와 중력 퍼텐셜 에너지 저장소 사이로 이동한다.

조화 운동

진자의 반복적인 앞뒤 운동을 단순 조화 운동이라고 한다. 각각의 진동은 정확히 같은 시간이 걸리므로 진자는 시간 계측기로 사용된다. 진자의 진동 각도를 시간에 대한 그래프의 y축에 표시하면 사인파라고 불리는 형태를 보여준다. GPE와 KE 역시 그래프에 표시하면 사인파가 생성된다. GPE의 KE 합은 y축과 평행한 직선을 형성하며, 에너지는 서로 전달되지만 총합은 보존된다는 것을 보여준다.

진자의 각도

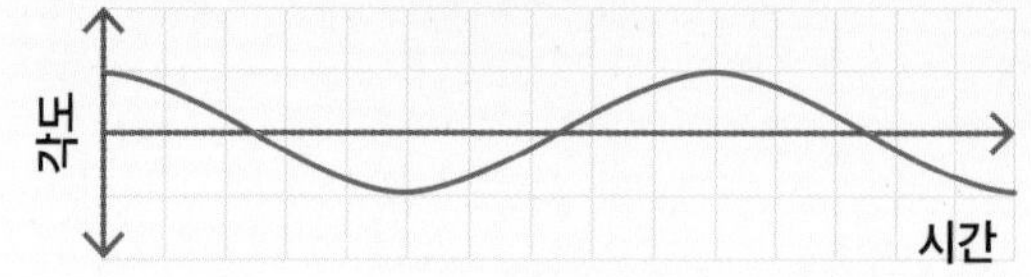

진자의 에너지

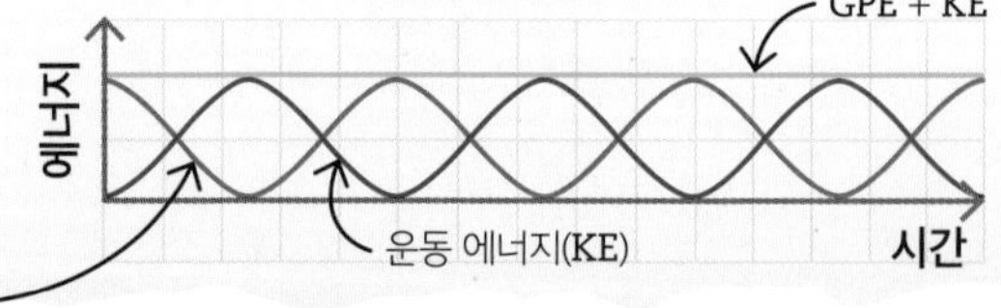

힘에 의한 에너지 전달

자동차에 동력을 주거나, 비행기를 날게 하거나, 자전거를 타기 위해서는 에너지가 필요하다. 힘이 작용하여 물체를 움직일 때 전달되는 에너지를 '일'이라고 한다.

핵심 요약

- 힘이 작용하여 물체를 움직일 때 전달되는 에너지를 '일'이라고 한다.
- 일은 에너지와 차원이 같으므로 단위는 줄(J)이다.
- 일의 크기는 힘에 힘의 방향으로 이동한 거리를 곱한 것과 같다.

일

'일'의 과학적 의미는 일상적인 의미와 다르다. 물체를 밀면 힘이 물체를 움직이게 하고 물체의 운동 에너지 저장소로 에너지를 전달한다. 일은 에너지와 차원이 같으므로 단위는 줄(J)이다. 힘에 힘의 방향으로 움직인 거리를 곱하면 전달되는 총에너지를 구할 수 있다.

일(J) = 힘(N) × 이동 거리(m)

$$W = F \times d$$

예를 들어 14 N의 힘으로 물건이 담긴 쇼핑 카트를 4 m 밀면 56 J의 일을 한 것이다.

$$\begin{aligned} W &= F \times d \\ &= 14\,\text{N} \times 4\,\text{m} \\ &= 56\,\text{J} \end{aligned}$$

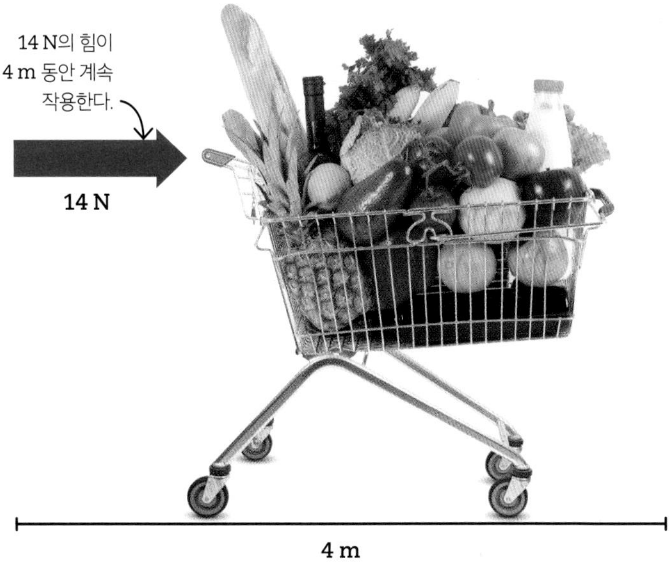

일의 예시

일을 하면 에너지가 전달된다.

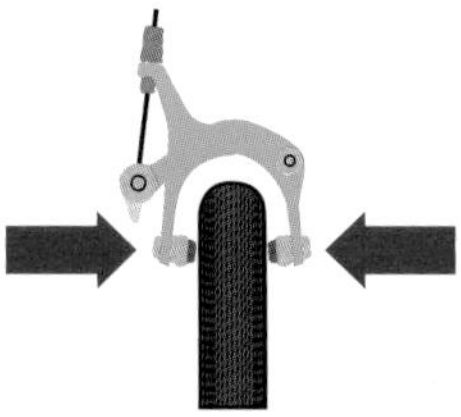

자전거의 브레이크를 당기면 브레이크와 바퀴 사이의 마찰력이 반대 방향으로 작용한다. 마찰력은 자전거의 운동 에너지가 열에너지로 전환되어 자전거의 속도를 줄인다.

공을 떨어뜨리면 중력이 작용하고 에너지가 공의 운동 에너지 저장소로 전달되어 공이 가속된다.

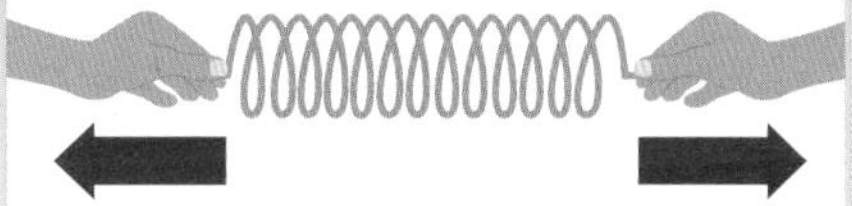

용수철을 당기면 힘이 에너지를 탄성 퍼텐셜 에너지 저장소로 전달한다. 용수철이 늘어날수록 당길 때 필요한 힘은 증가한다(82쪽 참조).

에너지와 일률

일률은 에너지가 얼마나 빨리 전달되는지(일이 얼마나 빨리 이루어지는지)를 나타내는 척도이다. 초당 전달되는 에너지가 클수록 일률은 더 커진다.

핵심 요약

- 일률은 에너지가 얼마나 빨리 전달되는지(일이 얼마나 빨리 이루어지는지)를 나타내는 척도이다.
- 일률 = 에너지양 ÷ 소요 시간
- 일률의 단위는 와트(W)이다. 1 W = 1 J/s

기중기의 일률

기중기는 배에서 무거운 짐을 들어올리기 위해 엔진이 달린 도르래를 사용한다. 다음 예에서 두 짐은 질량이 같기 때문에 일정한 거리를 들어올리기 위해서는 같은 에너지가 필요하다. 하지만 오른쪽 기중기는 왼쪽 기중기보다 화물을 같은 시간에 2배 높이 들어올린다. 오른쪽 기중기 모터의 일률은 2배이다.

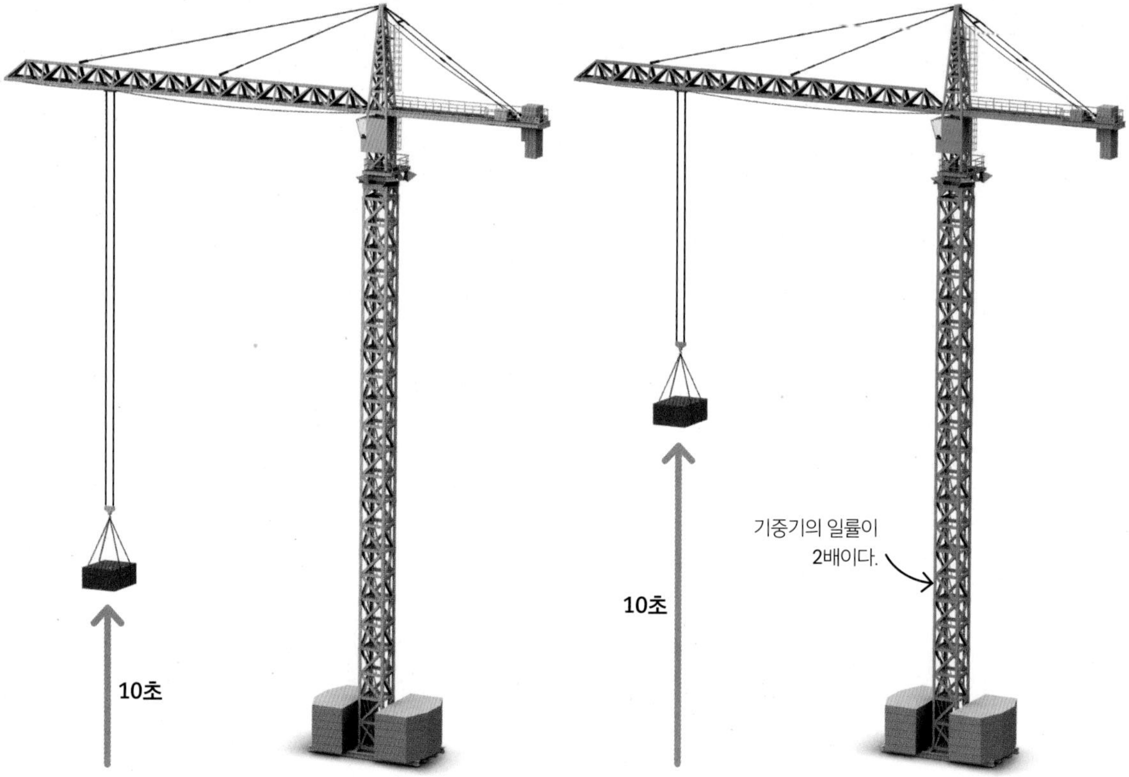

일률 구하는 공식

오른쪽 공식은 일률을 계산하는 방법이다. 와트(W)라고 불리는 단위로 일률을 측정한다. 1와트의 일률은 1초에 1줄의 에너지가 전달된다는 것을 의미한다.

$$\text{일률(W)} = \frac{\text{에너지 양(J)}}{\text{소요 시간(s)}}$$

$$P = \frac{E}{t}$$

일률 계산하기

문제

400 N의 무게가 나가는 소년이 4초 만에 사다리를 타고 2.6 m를 올라간다. 공식 '일 = 힘 × 거리'를 사용하여 얼마나 많은 에너지가 전달되었는지 계산한다. 소년의 힘은 얼마일까?

풀이

먼저 전달된 에너지 양을 계산한다(일).

$$E = f \times d$$
$$= 400\ \text{N} \times 2.6\ \text{m}$$
$$= 1{,}040\ \text{J}$$

일률 공식을 이용해서 일률을 계산한다.

$$P = \frac{E}{t}$$
$$= \frac{1040\ \text{J}}{4\ \text{s}}$$
$$= 260\ \text{W}$$

에너지 계산하기

문제

일률이 800 W인 전자레인지는 수프 한 그릇을 3분 동안 데우는 데 얼마나 많은 에너지를 사용할까?

풀이

먼저 에너지를 구하기 위해 일률 공식을 쓰고 숫자를 대입한다. 분을 초로 변환하는 것을 잊지 말자(3분 = 180초).

$$P = \frac{E}{t}$$
$$E = P \times t$$
$$= 800\ \text{W} \times 180\ \text{s}$$
$$= 144{,}000\ \text{J}$$

로켓 일률

중력을 벗어나 궤도에 도달하기 위해서 거대한 로켓은 최대 60기가와트(600억 와트) 일률의 엔진이 필요하다.

에너지 효율 계산

효율적인 장치는 필요한 에너지 저장소로 에너지를 잘 전달한다. 예를 들어 효율적인 전구는 에너지를 열로 낭비하는 것보다는 주로 빛으로 전달한다. 장치의 효율은 유용하게 전달되는 에너지의 비율이다.

핵심 요약

- ✓ 장치의 효율은 유용하게 전달되는 에너지의 비율이다.
- ✓ 효율은 에너지 또는 일률로 계산할 수 있다.

에너지 효율 공식

이 시끄럽고 오래된 잔디 깎는 기계는 비효율적이다. 받는 에너지 대부분을 소리와 열로 전달하기 때문이다. 30%의 에너지만 잔디를 깎는 데 유용하게 사용되므로 그 효율은 30%이다. 다음 공식을 이용하여 장치의 효율을 계산할 수 있다.

$$\text{효율}(\%) = \frac{\text{유용하게 사용한 에너지(J)}}{\text{총 사용한 에너지(J)}} \times 100$$

100을 곱하면 답이 백분율이 된다.

효율과 일률

장치의 총 입력 일률과 유용한 출력 일률을 알면 효율을 계산할 수 있다. 다음 공식을 사용한다.

$$\text{효율(\%)} = \frac{\text{유용한 출력 일률(W)}}{\text{총 입력 일률(W)}} \times 100$$

효율 계산하기

문제 1

75 W의 선풍기가 1분 동안 4,500 J의 에너지를 전달한다. 200 J은 열에너지 저장소로 전달되고, 700 J은 소리 형태로 전달되며, 나머지는 선풍기 작동에 필요한 운동 에너지 저장소로 전달된다. 선풍기의 효율은 얼마인가?

풀이 1

유용한 에너지 양 = 4,500 J − (200 J + 700 J)
= 3,600 J

낭비된 에너지

$$\text{효율} = \frac{3{,}600\ \text{J}}{4{,}500\ \text{J}} \times 100 = 80\%$$

총 전달된 에너지

답을 확인해 보자.
100% 이상의 효율은 없으므로 답은 100 미만이어야 한다.

문제 2

5 W 전구의 효율은 60%이다. 유용한 출력 일률은 얼마인가?

풀이 2

두 번째 효율 공식을 이용하여 유용한 출력 일률을 구한다.

$$\text{유용한 출력 일률} = \text{효율} \times \text{총 입력 일률} = \frac{60}{100} \times 5\ \text{W} = 3\ \text{W}$$

효율 향상

움직이는 부품이 있는 기계는 마찰력으로 인해 소리나 열과 같은 낭비되는 에너지가 발생한다. 기름과 같은 윤활제를 첨가하면 마찰력이 감소하므로 효율이 향상된다. 모든 장치는 난방, 빛, 소리 또는 다른 에너지 전달을 통해 일부 에너지가 손실되기 때문에 100% 효율은 없다.

운동 분석

속력

속력은 물체가 얼마나 빠르게 움직이고 있는지를 나타내는 척도이다. 또한 일정 시간 동안 이동한 거리를 의미한다. 보통 초당 미터, 시간당 킬로미터, 또는 시간당 마일(mph)로 측정된다. 어떤 물체가 특정한 방향으로 얼마나 빠르게 움직이고 있는지를 알려주는 속도와 달리 속력은 방향이 없다. 속력은 벡터가 아니라 스칼라양이다 (66쪽 참조).

핵심 요약

- ✓ 속력은 어떤 것이 주어진 시간 동안 얼마나 멀리 이동하는지를 나타낸다.
- ✓ 속력은 벡터가 아닌 스칼라양이기 때문에 방향성이 없다.

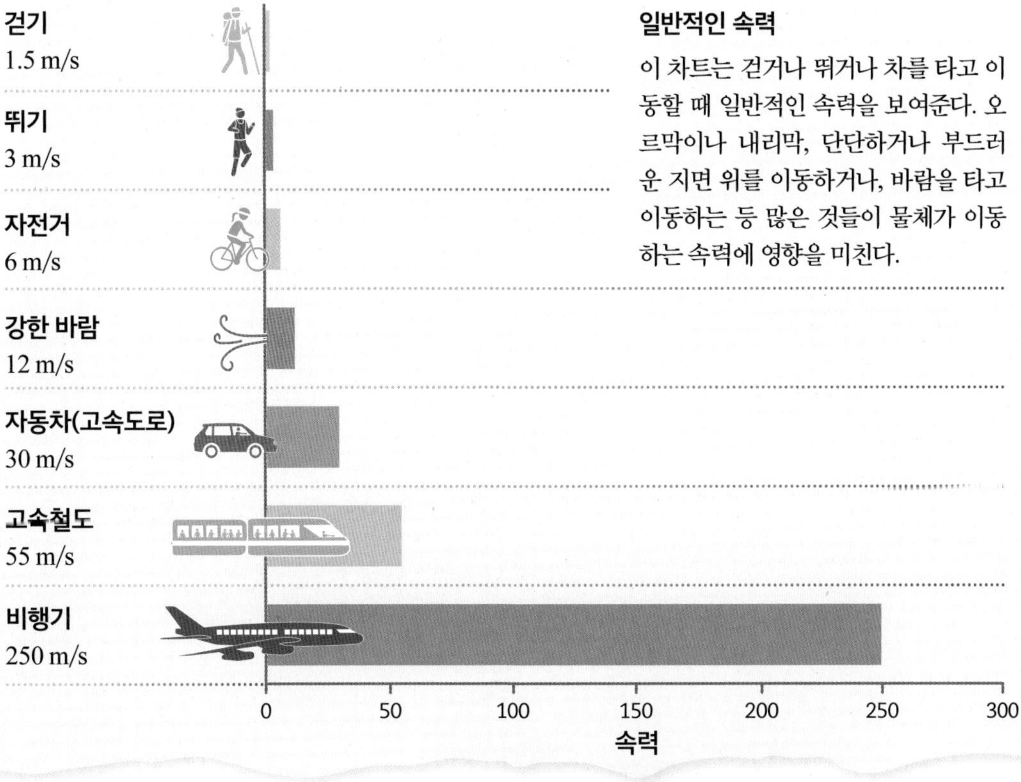

일반적인 속력

이 차트는 걷거나 뛰거나 차를 타고 이동할 때 일반적인 속력을 보여준다. 오르막이나 내리막, 단단하거나 부드러운 지면 위를 이동하거나, 바람을 타고 이동하는 등 많은 것들이 물체가 이동하는 속력에 영향을 미친다.

속력 측정하기

과학자들은 보통 초당 미터 단위로 속력을 측정하지만, 차량의 속도계는 다른 단위의 속력을 표시한다. 자동차는 시간당 킬로미터 또는 시간당 마일을 사용하고, 선박과 비행기는 보통 노트(시간당 해리)를 사용한다.

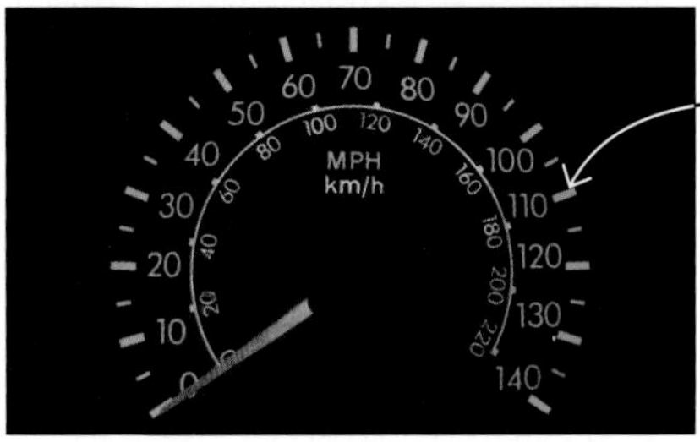

이 속도계는 시간당 마일(녹색)과 킬로미터(주황색)로 속도를 표시한다.

속력 계산

움직이는 물체의 속력을 계산하기 위해서는 물체가 이동한 거리를 그 거리를 이동하는 데 걸린 시간으로 나눈다. 평균 속력은 총 이동 거리를 총 걸린 시간으로 나눈 것이지만, 순간 속력은 어떤 물체가 특정한 순간에 얼마나 빨리 움직이고 있는지를 알려준다.

핵심 요약

- ✓ 평균 속력은 총 이동 거리를 총 걸린 시간으로 나눈 값과 같다.
- ✓ 순간 속력은 어떤 물체가 특정한 순간에 얼마나 빨리 움직이는가를 말한다.

평균 및 순간 속력

100 m 달리기를 하는 단거리 선수를 상상해 보자. 처음에는 천천히 움직이지만 곧 속력을 올린다. 마지막에는 지쳐서 조금 느려질지도 모른다. 순간 속력은 경기 내내 변했지만, 다음 식을 사용하여 평균 속력을 계산할 수 있다.

$$\text{평균 속력(m/s)} = \frac{\text{총 이동 거리(m)}}{\text{총 걸린 시간(s)}}$$

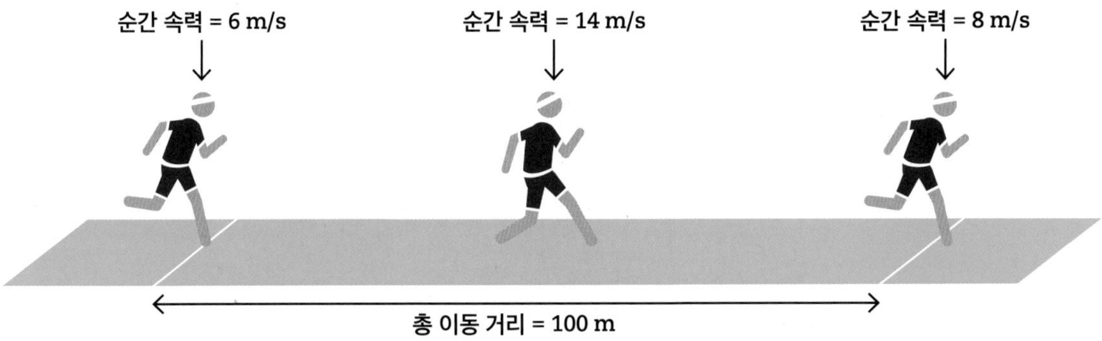

속력 계산하기

문제

한 단거리 선수가 100 m를 12.5초에 완주하였다. 평균 속력은 얼마인가?

풀이

$$\text{평균 속력} = \frac{\text{총 이동 거리}}{\text{총 걸린 시간}} = \frac{100\ \text{m}}{12.5\ \text{s}} = 8\ \text{m/s}$$

이동 거리 계산하기

문제

사이클 선수가 평균 12 m/s의 속력으로 25초를 달린다. 총 이동 거리는 얼마인가?

풀이

속력이 아닌 이동 거리를 계산할 수 있도록 공식을 재배열한다.

$$\text{총 이동 거리} = \text{평균 속력} \times \text{총 걸린 시간} = 12\ \text{m/s} \times 25\ \text{s} = 300\ \text{m}$$

속력 측정

속력을 측정하기 위해서는 물체가 이동한 거리와 그 거리를 이동하는 데 걸린 시간을 측정해야 한다. 거리를 측정하는 데 사용되는 기구에는 눈금자와 줄자가 있다. 시간을 측정하는 데 사용되는 기구에는 스톱워치와 포토 게이트가 있다.

핵심 요약

- ✓ 거리를 측정하는 데 사용되는 기구에는 눈금자와 줄자가 있다.
- ✓ 시간을 측정하는 데 사용되는 기구에는 스톱워치와 포토 게이트가 있다.
- ✓ 포토 게이트는 시간을 정확하게 측정하기 위해 빛을 사용한다.

포토 게이트

포토 게이트는 빠르게 움직이는 물체의 속력을 계산하는 데 사용된다. 스톱워치로 측정할 수 있는 것보다 훨씬 더 정확하게 매우 짧은 시간 간격을 측정한다. 다음 실험에서 카드를 운반하는 수레는 순식간에 빛을 차단한다. 그 지점에서 수레의 속력을 찾기 위해 카드의 길이를 기록된 시간 간격으로 나눈다.

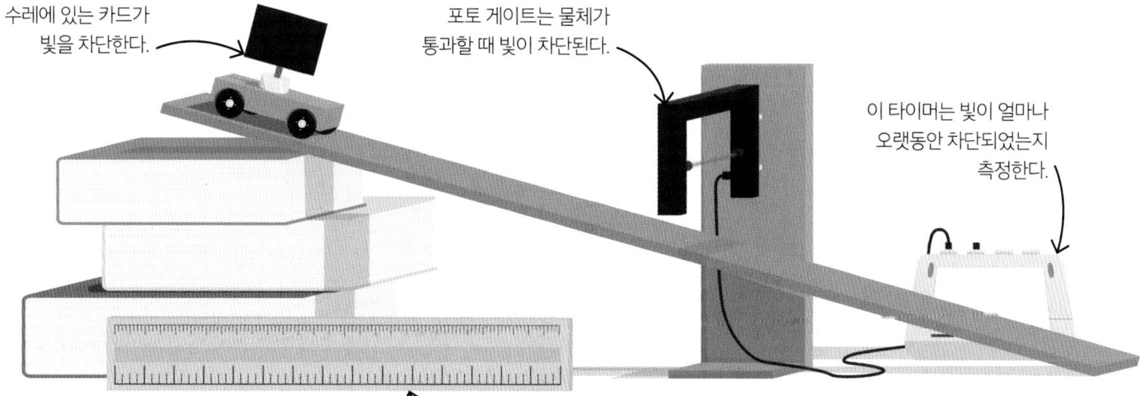

스피드건

경찰이 운전자들의 과속 여부를 확인하기 위해 사용하는 스피드건은 라디오 전파를 사용한다. 발사되는 라디오 전파가 다가오는 차에 반사되면 주파수와 파장이 변한다. 차가 빠를수록 반사되는 파동의 주파수가 더 높아진다. 스피드건은 돌아오는 라디오 전파를 감지하고 그 주파수를 사용하여 차의 속력을 계산한다.

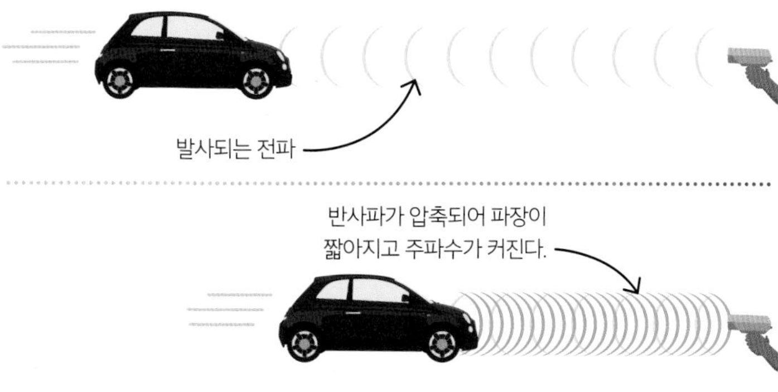

이동 거리-시간 그래프

이동 거리-시간 그래프는 직선을 따라 이동하는 물체의 이동 경로를 보여준다. 선의 기울기(경사)는 물체가 얼마나 빠르게 움직이고 있는지, 속력을 높이거나, 속력을 줄이거나, 정지해 있을 때를 보여준다.

핵심 요약

- ✓ 이동 거리-시간 그래프는 물체가 이동하는 동안 서로 다른 시간에 얼마나 멀리 그리고 얼마나 빨리 이동했는지를 보여준다.
- ✓ 기울기는 물체의 속력을 나타내며, 기울기가 가파를수록 속력이 빨라진다.
- ✓ 이동 거리-시간 그래프를 사용하여 이동 중 어느 지점에서나 물체의 속력을 계산할 수 있다.

이동 거리-시간 그래프의 이해

이동 거리-시간 그래프의 각 선은 다른 운동을 보여준다. 선이 가파를수록 물체가 더 빠르게 움직인다. 곡선은 기울기가 변화하고 있으므로 물체의 속력이 변화하고 있다는 것을 의미한다. 평평한 수평선은 물체가 정지해 있다는 것을 의미한다.

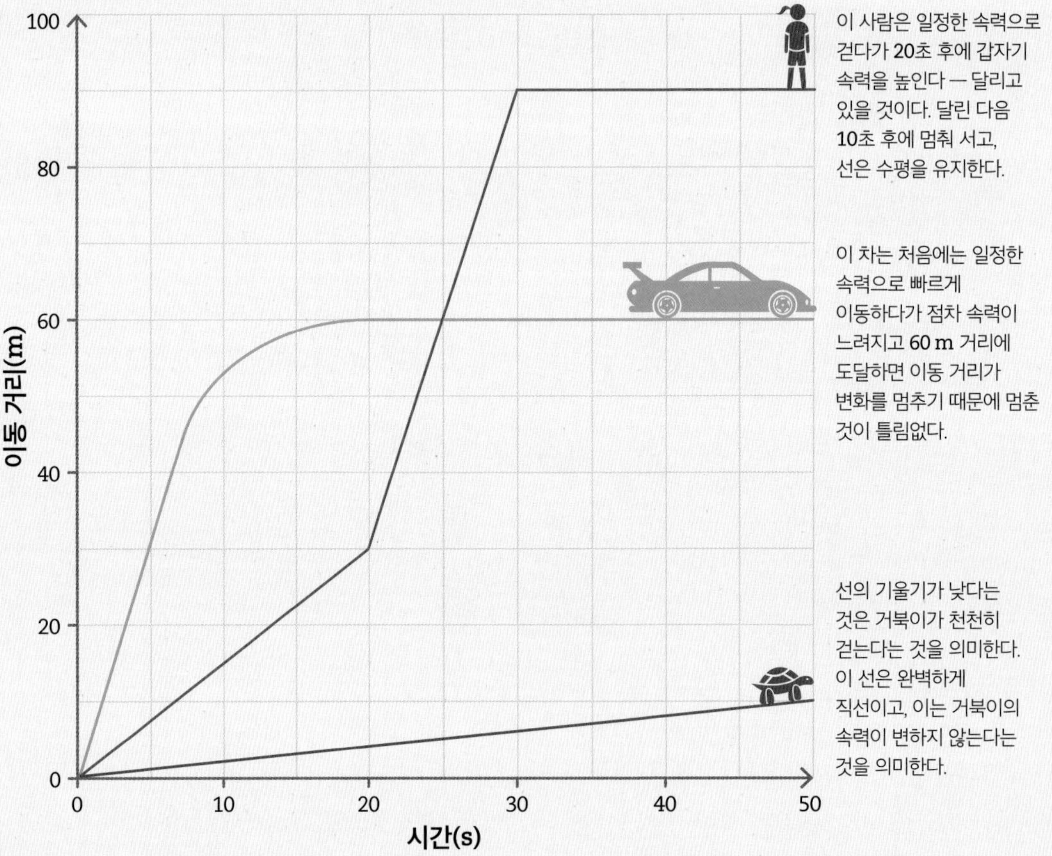

기울기를 통한 속력 계산하기

문제

오른쪽 그래프는 자동차의 이동 거리-시간 그래프이다. 마지막 40초 동안 자동차가 주행한 속력은 얼마인가?

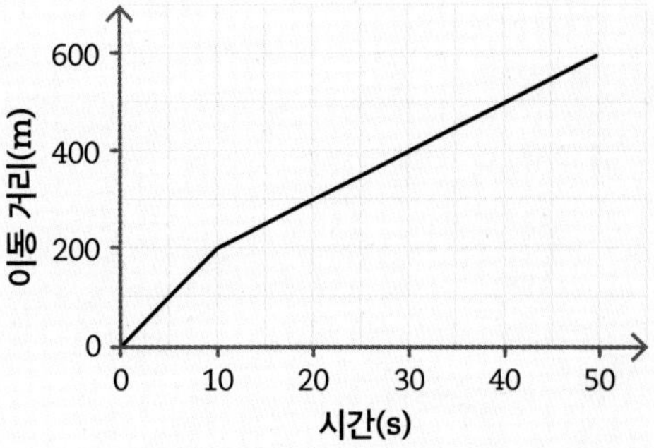

풀이

1. 속력을 구하려면 직선의 기울기를 계산해야 한다. 직선 아래에 직각 삼각형을 그린다. 삼각형의 수직 방향은 이동 거리의 변화량이고, 수평 방향은 시간의 변화량이다.
2. 두 값을 모두 계산한다.
   이동 거리의 변화량 = 400 m − 200 m = 200 m
   시간의 변화량 = 30 s − 10 s = 20 s
3. 이동 거리의 변화량을 시간의 변화량으로 나누어 속력을 구한다.

$$\text{속력} = \frac{\text{이동 거리의 변화량}}{\text{시간의 변화량}} = \frac{200\ \text{m}}{20\ \text{s}} = 10\ \text{m/s}$$

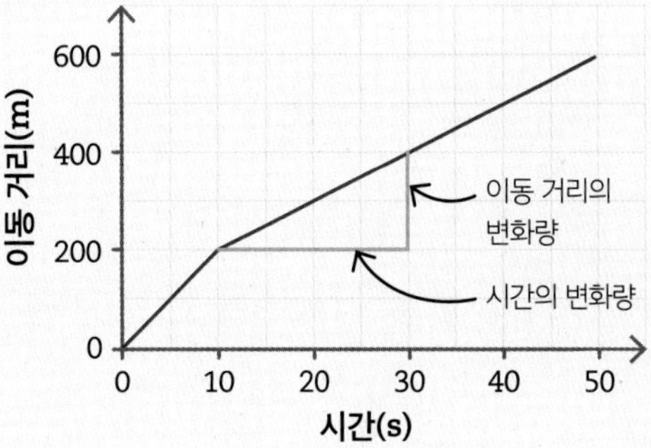

접선 그리기

선의 곡선 부분의 기울기를 구해야 할 경우도 있다. 간단하다. 접선이라고 불리는 선을 그린다. 접선은 곡선을 교차하지 않고 곡선에 한 점이 닿는 직선으로, 해당 점의 기울기와 일치한다. 접선을 그린 후에, 위에서 설명한 것처럼 직각 삼각형을 그리고, 이것을 사용하여 이동 거리의 변화량을 시간의 변화량으로 나눈 값을 계산한다.

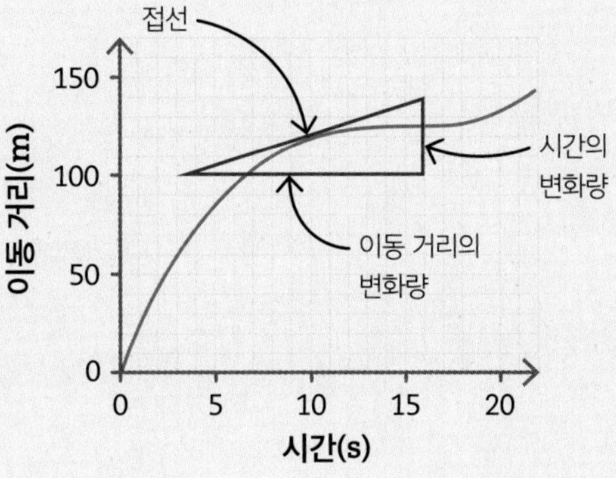

스칼라와 벡터

과학적 측정값은 스칼라양 또는 벡터양으로 분류된다. 스칼라양은 크기(사이즈)만을 가지고 있지만, 벡터양은 크기와 방향을 가지고 있다.

핵심 요약

- ✓ 스칼라양은 크기를 갖는다.
- ✓ 벡터양은 크기와 방향을 갖는다.
- ✓ 이동 거리는 스칼라, 변위는 벡터이다.

이동 거리와 변위

다음 지도는 어떤 사람이 공원 주변에서 조깅하는 길을 보여준다. 이 사람은 얼마나 멀리 이동하였을까? 이것에 답하는 한 가지 방법은 구불구불한 길의 총 이동 거리를 측정하는 것이다. 이것은 특별한 방향을 가지고 있지 않아서 스칼라양이다. 다른 방법은 변위(출발점과 도착점을 잇는 직선의 거리와 방향)를 측정하는 것이다. 변위는 크기뿐만 아니라 방향을 가지고 있어서 벡터양이다.

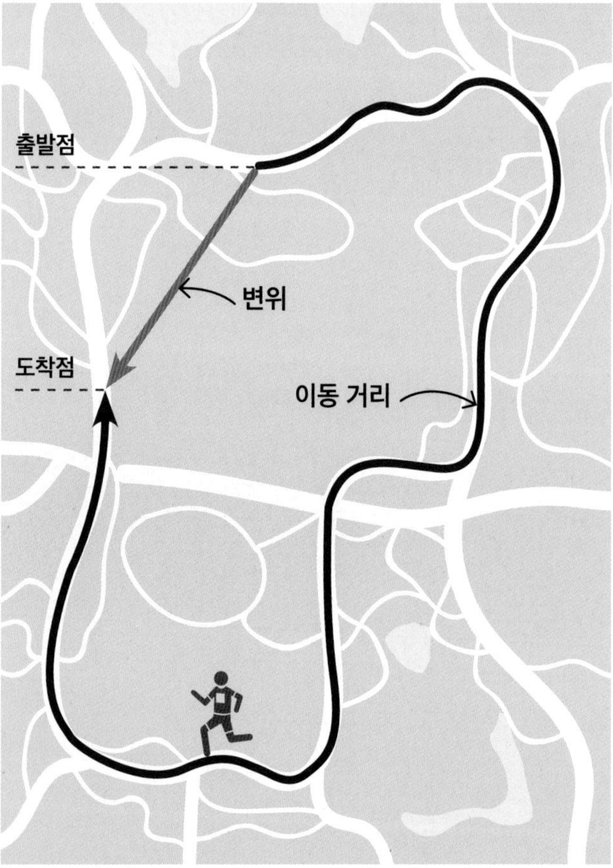

벡터양

힘은 항상 방향이 있기 때문에 벡터이다. 무게는 지구 중심을 향해 작용하는 힘이므로 벡터이다. 반대로 당신의 질량(몸속의 고유한 양)은 스칼라양이다.

속도는 물체의 특정한 방향의 속력이다. 예를 들어 자동차가 50 km/h로 일정한 속력으로 코너를 돌고 있다면, 자동차의 속력은 일정하지만 방향이 바뀌기 때문에 속도는 변한다.

가속도는 일상 언어로 점점 빨라지는 것을 의미한다. 하지만 가속도의 과학적 의미는 속도의 변화량이다. 가속도는 벡터양으로 물체가 점점 빨라지고 있는지, 느려지고 있는지, 방향을 바꾸고 있는지를 알려준다.

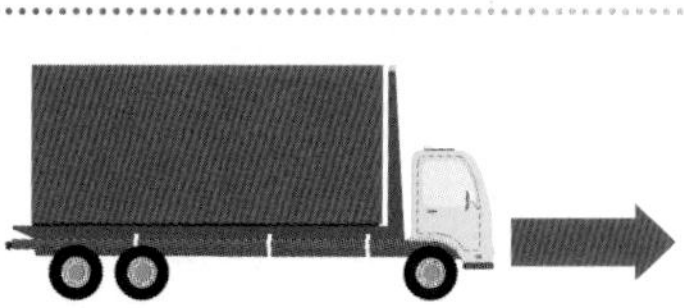

물체의 **운동량**은 질량에 속도를 곱한 값이다. 운동량은 속도로부터 계산되며, 벡터양이다.

속도

속력과 속도는 같은 것이 아니다. 속력은 얼마나 빨리 움직이고 있는지 알려주지만, 속도는 특정한 방향으로 얼마나 빠르게 움직이고 있는지를 말해준다. 스칼라양인 속력과 달리 속도는 벡터양으로 크기뿐만 아니라 방향도 가지고 있다.

핵심 요약

- ✓ 속도는 특정 방향으로 움직이는 물체의 속력이다.
- ✓ 속도는 벡터양이고 방향과 크기를 가지고 있다.
- ✓ 속력은 스칼라양이고 방향이 없다.

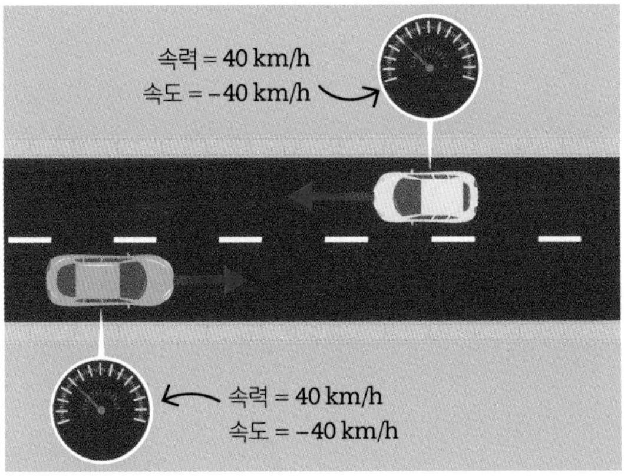

속력과 속도

두 자동차가 같은 속력으로 반대 방향으로 달리고 있다면 그들은 다른 속도를 가지고 있다. 예를 들어 노란색 자동차는 동쪽으로 40 km/h 이동하고 있지만, 흰색 자동차는 서쪽으로 40 km/h 이동하고 있다. 물리학에서는 마이너스 기호를 사용하여 반대 방향으로 운동하고 있음을 보여줄 수 있다. 이 그림에서 동쪽은 양의 방향이므로 흰색 자동차의 속도는 –40 km/h이다.

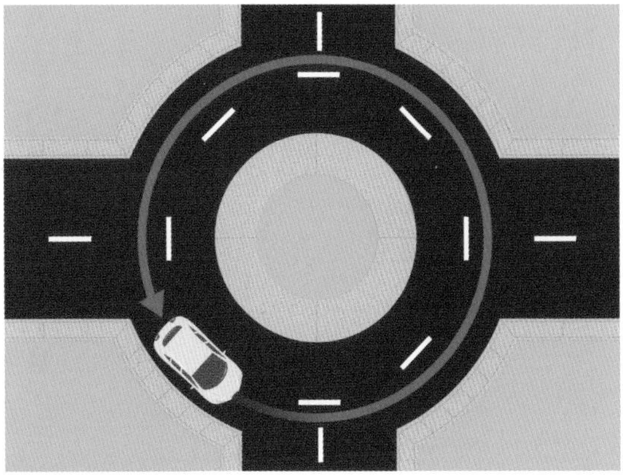

속도의 변화량

차가 돌면 방향이 바뀌기 때문에 차의 속도도 변한다. 위 그림에서 차는 회전교차로를 돌면서 일정한 속력으로 주행했지만 속도는 계속 변화하고 있다. 회전교차로를 한 바퀴 돈 차의 평균 속도는 0 km/h이다.

기준 좌표계

50 m/s의 속력으로 동쪽으로 이동하는 기차에 탄 사람이 10 m/s의 속력으로 공을 앞으로 던진다고 가정한다면 공의 속도는 얼마인가? 상대적인 속력은 10 m/s이지만 트랙 옆에 서 있는 사람이 보았을 때 공의 속도는 60 m/s이다. 마찬가지로 10 m/s의 속도로 공을 뒤로 던지면 트랙 옆에 있는 사람은 40 m/s의 속도로 공이 앞으로 이동하는 것을 볼 수 있다. 구한 값은 모두 옳지만 각각의 양은 다른 관점에 의존하고 있는데, 이 다른 관점을 '기준 좌표계'라고 한다.

가속도

가속도는 물체의 속도 변화량이다. 단지 속도를 올린다는 것을 의미하지 않는다. 속도를 늦추고 방향을 바꾸는 것 또한 가속도의 한 형태이다.

핵심 요약

- ✓ 가속도는 속도의 변화량이다.
- ✓ 가속도의 단위는 m/s^2이다.
- ✓ 지구 표면에서 낙하하는 물체의 가속도는 9.8 m/s^2(g)이다.

가속도 공식

다음 공식을 사용하여 가속도를 계산할 수 있다. 가속도의 단위는 m/s^2(미터 매초 제곱)이다.

$$\text{가속도}(m/s^2) = \frac{\text{속도의 변화량}(m/s)}{\text{걸린 시간}(s)}$$

$$a = \frac{v - u}{t}$$

최종 속도 (v) / 처음 속도 (u)

가속도 계산

공식에서 '속도의 변화량'을 구하려면 두 가지 값(최종 속도와 처음 속도)이 필요하다. 올바른 방향으로 적용하도록 주의하자. 예를 들어 13 m/s의 속도로 주행하는 자동차가 10초 동안 25 m/s까지 속도를 올렸다면, 가속도는 얼마인가?

$$a = \frac{v - u}{t}$$

$$= \frac{25\ m/s - 13\ m/s}{10\ s}$$

최종 속도를 앞에, 처음 속도를 다음에 놓는다.

$$= 1.2\ m/s^2$$

가속도는 미터 매초 제곱으로 측정된다.

중력에 의한 가속도

물체가 낙하할 때 지구 표면의 중력에 의해 약 9.8 m/s^2의 일정한 가속도가 발생한다. 이것은 1초 지날 때마다 속도가 9.8 m/s씩 증가한다는 것을 의미한다. 이 값은 계산 과정에서 자주 사용되어 그것만의 약어인 g로 표현한다. 실생활에서 물체는 항상 9.8 m/s^2로 일정하게 가속되지는 않는데, 이는 공기 저항이 위쪽으로 작용하기 때문이다.

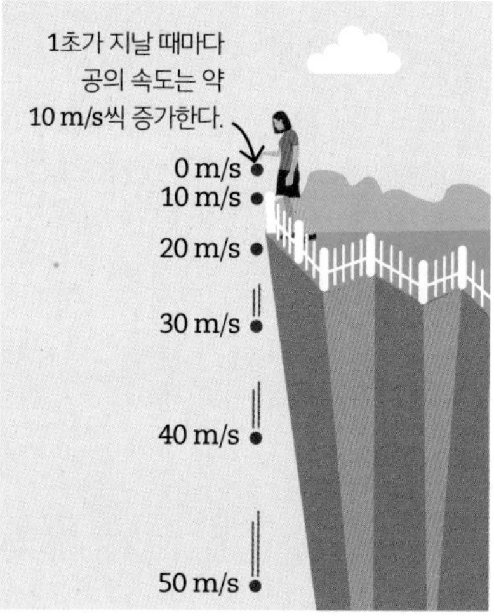

드로그 낙하산

고속의 비행기들은 제한된 공간에 착륙하기 위해 매우 빨리 속도를 줄여야만 한다. 한 가지 해결 방안은 공기 저항을 극적으로 증가시키는 작은 낙하산인 드로그 낙하산을 설치하는 것이다.

감속하기

문제

물체가 감속하고 있다면 그것의 가속도는 음수이다.
오토바이 한 대가 30 m/s의 속도로 시골길을 이동하고 있다. 마을에 도착하고 운전자는 10 m/s까지 감속하는 데 25초가 걸린다. 평균 가속도는 얼마인가?

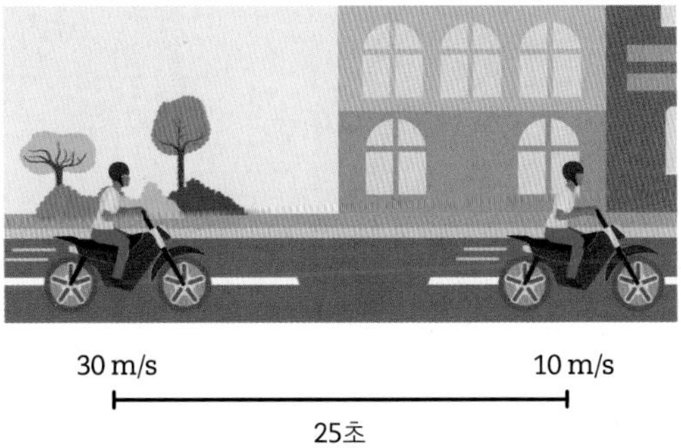

풀이

$$a = \frac{v-u}{t}$$

$$= \frac{10\ \text{m/s} - 30\ \text{m/s}}{25\ \text{s}}$$

$$= -0.8\ \text{m/s}^2$$

오토바이가 감속하고 있었기 때문에 가속도는 음수이다.

가속도를 통해 이동 거리 구하기

특정 시간이 아닌 특정 거리의 속도 변화량으로부터 가속도를 계산해야 할 경우, 다음 식을 사용하여 구할 수 있다.

$$v^2 - u^2 = 2as$$

변위(이동 거리)
최종 속도
처음 속도

가속도 구하기

문제

기차가 정거장에서 나와 속도가 55 m/s에 도달할 때까지 1,350 m 거리를 일정하게 가속한다. 기차의 가속도는 얼마인가?

풀이

공식을 재배열하여 가속도를 구한다.

$$a = \frac{v^2 - u^2}{2s}$$

$$= \frac{(55\ \text{m/s})^2 - (0\ \text{m/s})^2}{2 \times 1{,}350\ \text{m}}$$

$$= \frac{3{,}025}{2{,}700}$$

$$= 1.12\ \text{m/s}^2$$

속도-시간 그래프

속도-시간 그래프는 물체의 속도가 시간에 따라 어떻게 변화하는지를 보여준다. 선의 기울기(경사도)는 물체의 가속 또는 감속(음의 가속도)을 나타낸다. 또한 그래프는 물체의 가속도가 일정한지 아닌지를 보여줄 수 있다.

핵심 요약

- ✓ 속도-시간 그래프는 물체의 속도가 시간에 따라 어떻게 변하는지 보여준다.
- ✓ 가로축은 시간을 나타내고 세로축은 속도를 나타낸다.
- ✓ 선의 기울기(경사)를 통해 가속도를 계산할 수 있다.
- ✓ 선 아래의 면적은 변위(이동 거리)이다.

속도-시간 그래프의 이해

다음 속도-시간 그래프는 두 가지 다른 운동을 보여준다. 직선은 일정한 가속도를 나타내고, 곡선은 변화하는 가속도를 나타낸다. 평평한 수평선은 일정한 속도를 나타낸다.

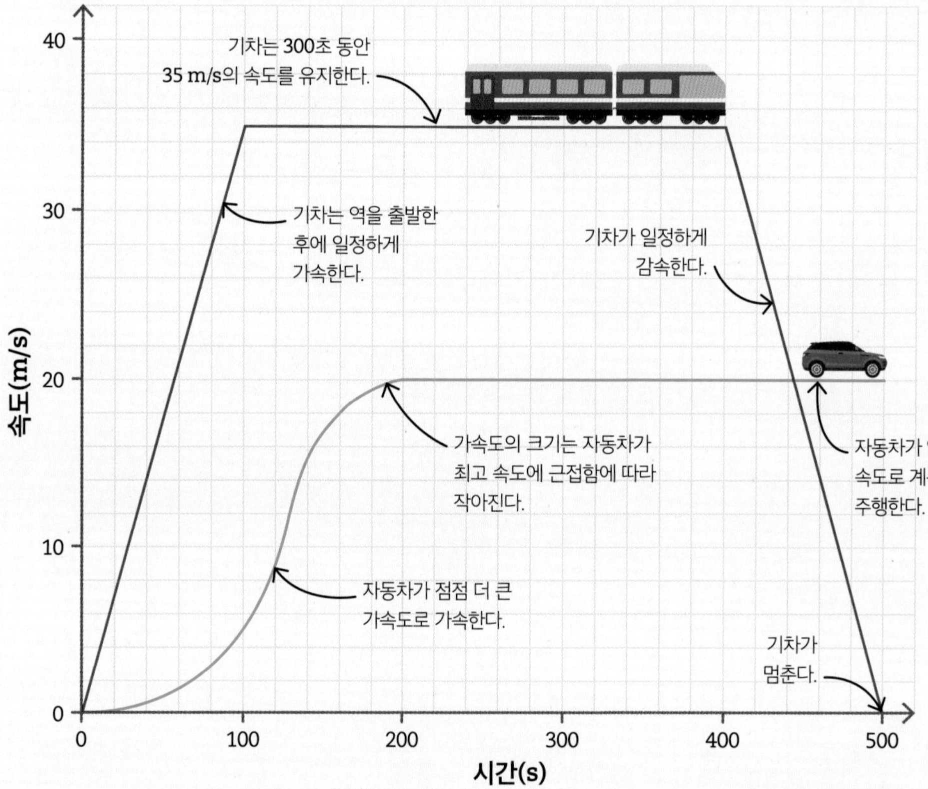

가속도 계산하기

문제

다음 그래프는 자동차의 이동 경로를 보여준다. 10초에서 30초 사이 자동차의 가속도는 얼마인가?

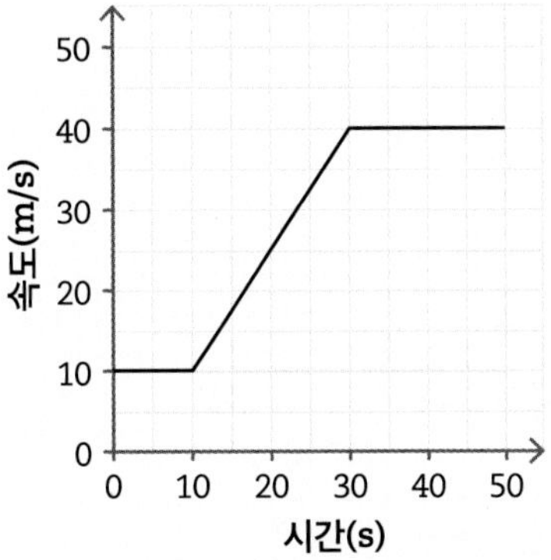

풀이

1. 가속도는 속도의 변화량을 걸린 시간으로 나눈 것이므로 그래프의 경사진 부분 아래에 삼각형을 그려서 이를 계산한다.

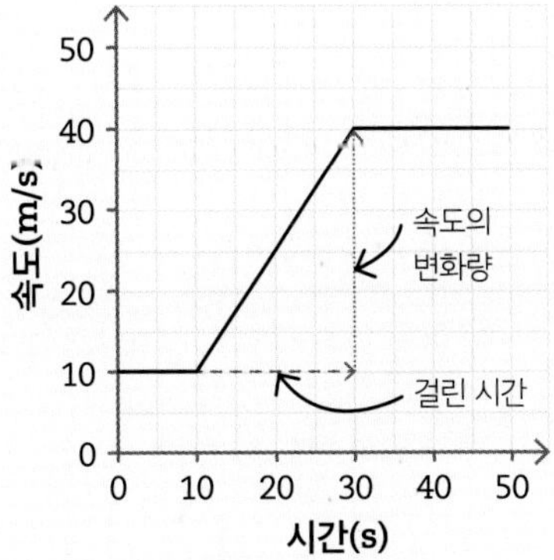

2. 속도의 변화량 = 최종 속도 – 처음 속도
   = 40 m/s – 10 m/s
   = 30 m/s
3. 걸린 시간 = 30 s – 10 s
   = 20 s
4. 가속도 = $\frac{30\ \text{m/s}}{20\ \text{s}}$
   = 1.5 m/s^2

변위 계산하기

속도-시간 그래프를 이용하여 움직이는 물체의 변위, 즉 총 이동 거리를 계산할 수 있다. 그래프 아래 면적의 넓이를 구함으로써 알 수 있다. 이동 거리 = 속도 × 시간이다.

문제

다음 그래프는 50초 동안 기차의 운동을 보여준다. 기차는 얼마나 이동했나?

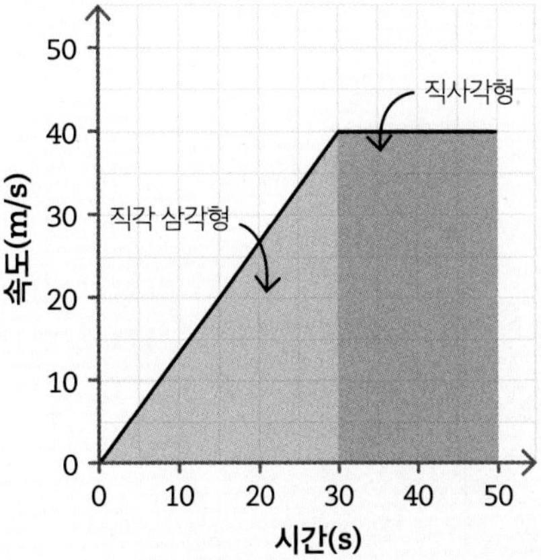

풀이

1. 먼저 선 아래 면적을 삼각형과 직사각형으로 나눈다.
2. 다음으로 삼각형의 넓이 구하는 공식을 사용하여 삼각형의 넓이를 구한다.
   넓이 = $\frac{\text{밑변} \times \text{높이}}{2}$
   = $\frac{30\ \text{s} \times 40\ \text{m/s}}{2}$
   = 600 m

   선 아래의 면적은 거리를 의미하기 때문에 단위는 미터이다.
3. 이제 직사각형의 넓이를 구한다.
   넓이 = 밑변 × 높이
   = 20 s × 40 m/s
   = 800 m
4. 두 값을 대입하여 변위를 구한다.
   변위 = 600 m + 800 m
   = 1,400 m

힘

힘

힘은 물체의 운동 상태나 모양을 바꾸기 위해 밀거나 당기는 것을 말한다. 자연에는 많은 종류의 힘이 있다. 어떤 것은 공을 찰 때와 같이 물리적인 접촉이 필요하고, 어떤 것은 중력이나 자기력과 같이 접촉하지 않고 작용한다.

힘의 표시

여러 힘은 동시에 물체에 작용한다. 오른쪽 사진은 절벽에 매달려 있는 등반가에게 작용하는 주요 힘들을 보여준다. 각 힘의 방향은 화살표로 나타내며, 힘은 벡터양이다(66쪽 참조). 화살표의 길이는 힘의 크기를 나타낸다.

핵심 요약

- ✓ 힘은 밀거나 당기는 것이다.
- ✓ 힘은 물체의 속력, 운동의 방향 또는 모양을 바꿀 수 있다.
- ✓ 힘은 접촉 힘일 수도 있고 비접촉 힘일 수도 있다.
- ✓ 힘의 단위는 뉴턴(N)이다.
- ✓ 힘은 벡터양이다.

힘의 효과

힘은 물체에 여러 가지 영향을 미칠 수 있다. 힘은 물체의 운동 상태에 영향을 미친다. 예를 들어 물체가 속력을 높이거나, 속력을 줄이거나, 방향을 바꾸도록 한다. 또한 힘은 물체의 모양을 바꿀 수도 있다.

정지한 물체에 가해지는 힘은 물체를 움직이게 할 수 있다.

물체가 운동하고 있을 때 같은 방향의 힘은 물체를 더 빨리 운동하게 만든다.

힘이 작용하면 움직이는 물체가 방향을 바꿀 수 있다.

움직이는 물체와 반대 방향의 힘은 속력을 느리게 하거나 멈추게 한다.

힘은 물체의 모양에 일시적 혹은 영구적인 변화를 일으킬 수 있다.

힘의 종류

접촉 힘

공을 차는 것부터 키보드를 두드리는 것과 같은 **밀거나 당기는 힘**은 물체를 운동하게 하는 접촉 힘이다.

마찰력은 물체가 서로 마찰 또는 미끄러질 때 운동에 반대 방향으로 작용하는 힘이다. 정지 마찰력은 정지된 물체에 작용하는 것으로, 물체를 움직이게 하기 위해서는 더 큰 힘이 작용해야 한다. 운동 마찰력은 움직이는 물체 사이의 힘이며, 정지 마찰력보다 크기가 작다.

공기와 물에 의한 저항력은 공기와 물을 움직이는 물체에 작용하는 힘이다. 저항력은 공기와 물의 미는 힘으로 인해 발생한다. 마찰력처럼 저항력은 항상 운동 방향과 반대로 작용한다.

비접촉 힘

중력은 질량이 있는 물체들 사이의 인력이다. 지구의 중력은 물체들이 지구를 향해 낙하하게 만든다.

정전기력은 전하가 있는 물체들 사이의 인력이나 척력이다.

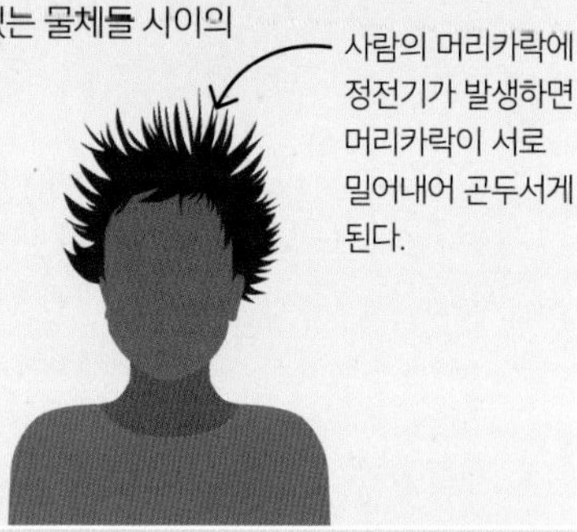

자성은 자성 물질이 자석 근처에 있을 때 작용하는 힘이다.

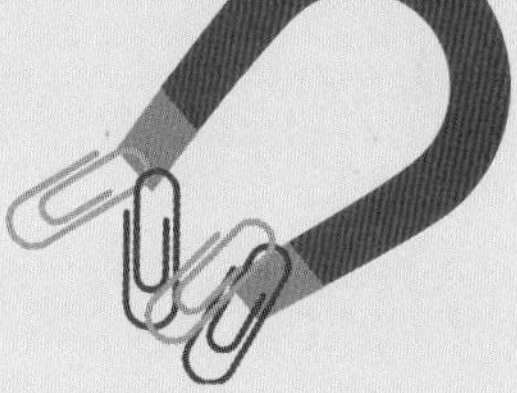

반작용력

반작용력은 모든 힘에 대해 반대 방향으로 작용한다. 한 스케이트 보더가 다른 스케이트 보더를 밀면 그들은 반작용력으로 인해 서로 반대 방향으로 움직이게 된다.

뉴턴

힘의 단위는 영국의 과학자 아이작 뉴턴의 이름을 따서 뉴턴(N)이라고 명명되었다. 1 N은 사과 하나의 무게 정도이다. 뉴턴의 과학적 정의는 1 kg의 물체를 1 m/s^2만큼 가속하는 데 필요한 힘이다.

힘의 평형과 불평형

같은 물체에 같은 크기의 힘이 반대 방향으로 작용할 때 이것을 평형이라고 한다. 평형에서는 힘이 서로 상쇄된다. 물체의 운동 상태는 물체에 작용하는 힘이 불평형일 때 변화한다.

핵심 요약

- ✓ 물체에 작용하는 두 힘이 평형을 이룰 때 힘의 크기는 같고 방향은 반대이다.
- ✓ 평형에서는 힘이 서로 상쇄되므로 물체의 운동 상태가 변하지 않는다.
- ✓ 물체에 작용하는 힘이 불평형이면 물체의 운동 상태는 변한다.

힘의 평형

이 두 줄다리기 팀은 같은 힘으로 당기고 있다. 힘이 평형을 이루면서 서로 상쇄되기 때문에 멈춰 있다.

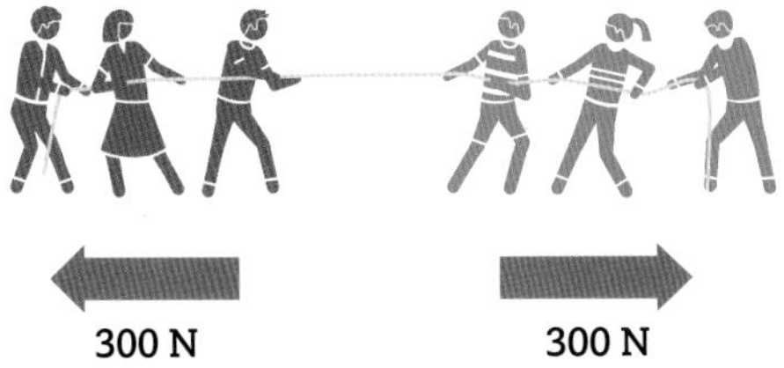

힘의 불평형

왼쪽 팀이 더 세게 당기기 때문에 전체적으로 왼쪽 팀 쪽으로 힘이 발생하고 움직이기 시작한다.

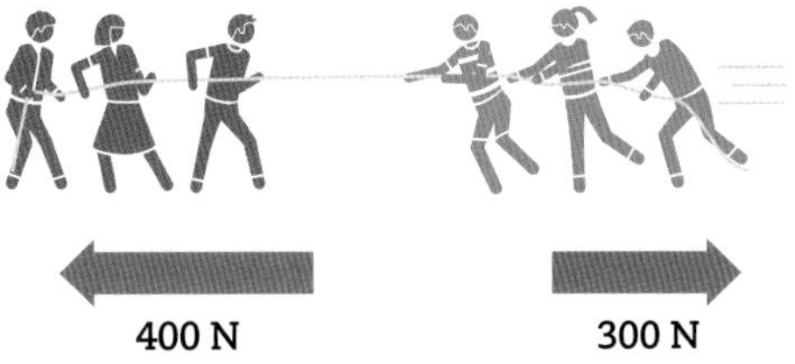

물체가 등속도 운동을 할 때 물체에 작용하는 힘은 평형을 이루게 된다. 여기서 개가 당기는 힘은 썰매와 눈 사이 운동 방향과 반대 방향으로 작용하는 마찰력과 평형을 이룬다. 개와 썰매는 모두 등속도 운동을 한다.

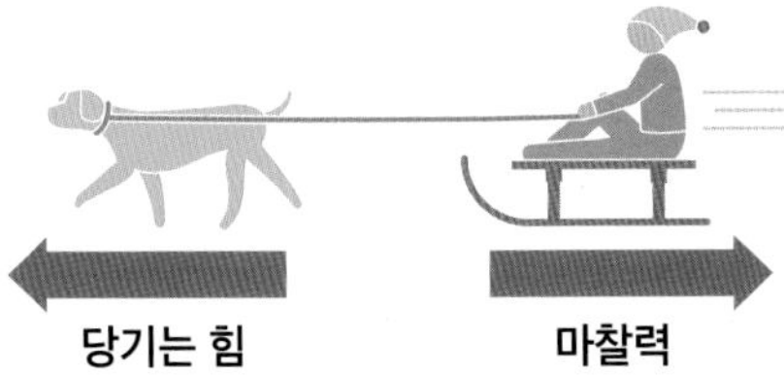

개가 당기는 것을 멈추면 불평형을 이루는 힘이 썰매의 운동과 반대 방향으로 작용하기 때문에 속도가 느려진다. 작용하는 불평형한 힘(강풍 등)은 움직임의 방향을 바꾸게 한다.

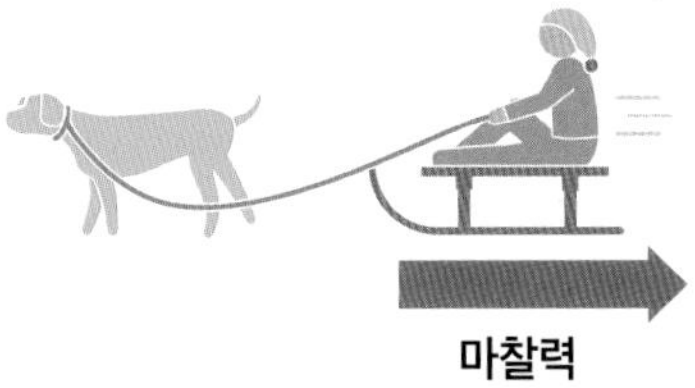

운동 제1 법칙

18세기 영국의 과학자 아이작 뉴턴은 운동 제1 법칙으로 운동에 대한 힘의 효과를 설명했다. 불평형 힘이 물체에 작용하지 않는 한 물체가 정지한 채로 있거나 일정한 속도로 직선으로 움직인다는 것이다. 예를 들어 구슬을 튕길 때 손가락으로부터의 힘이 작용이 멈추더라도 구슬은 계속 구르게 된다.

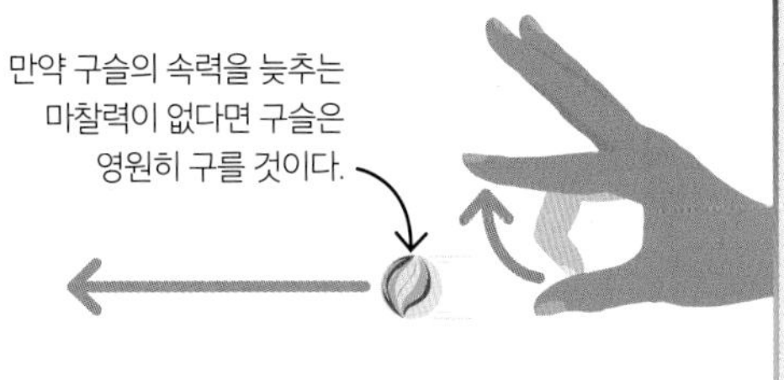

알짜힘

여러 힘이 동시에 물체에 작용할 때 그것들이 합쳐져 마치 알짜힘이라 불리는 하나의 힘이 있는 것처럼 작용한다. 알짜힘은 힘을 화살표로 그려서 구할 수 있다.

알짜힘 구하기

썰매에는 여러 가지 다른 힘이 작용한다. 땅을 밀고 내려가는 썰매의 무게는 땅 위에서 위로 작용하는 반작용력(수직 항력이라고 불림)과 평형을 이룬다. 개들은 줄을 통해 끌어당기는 힘(장력이라고 불림)을 만들고 있지만, 땅과의 마찰로 인해 반대 방향의 힘이 만들어진다. 당기는 힘이 마찰력보다 크면 운동 상태의 변화를 일으키는 알짜힘이 발생하게 되며 썰매가 가속된다.

핵심 요약

- ✓ 여러 힘이 물체에 작용할 때 그것들이 합쳐져 마치 하나의 힘(알짜힘)이 있는 것처럼 작용한다.
- ✓ 물체에 작용하는 힘을 자유 물체 도형으로 표시할 수 있다.
- ✓ 두 힘이 같은 방향으로 작용하는 경우 두 힘을 더하면 알짜힘을 계산할 수 있다.
- ✓ 두 힘이 반대 방향으로 작용하는 경우 하나의 힘에서 다른 힘을 빼서 알짜힘을 계산한다.

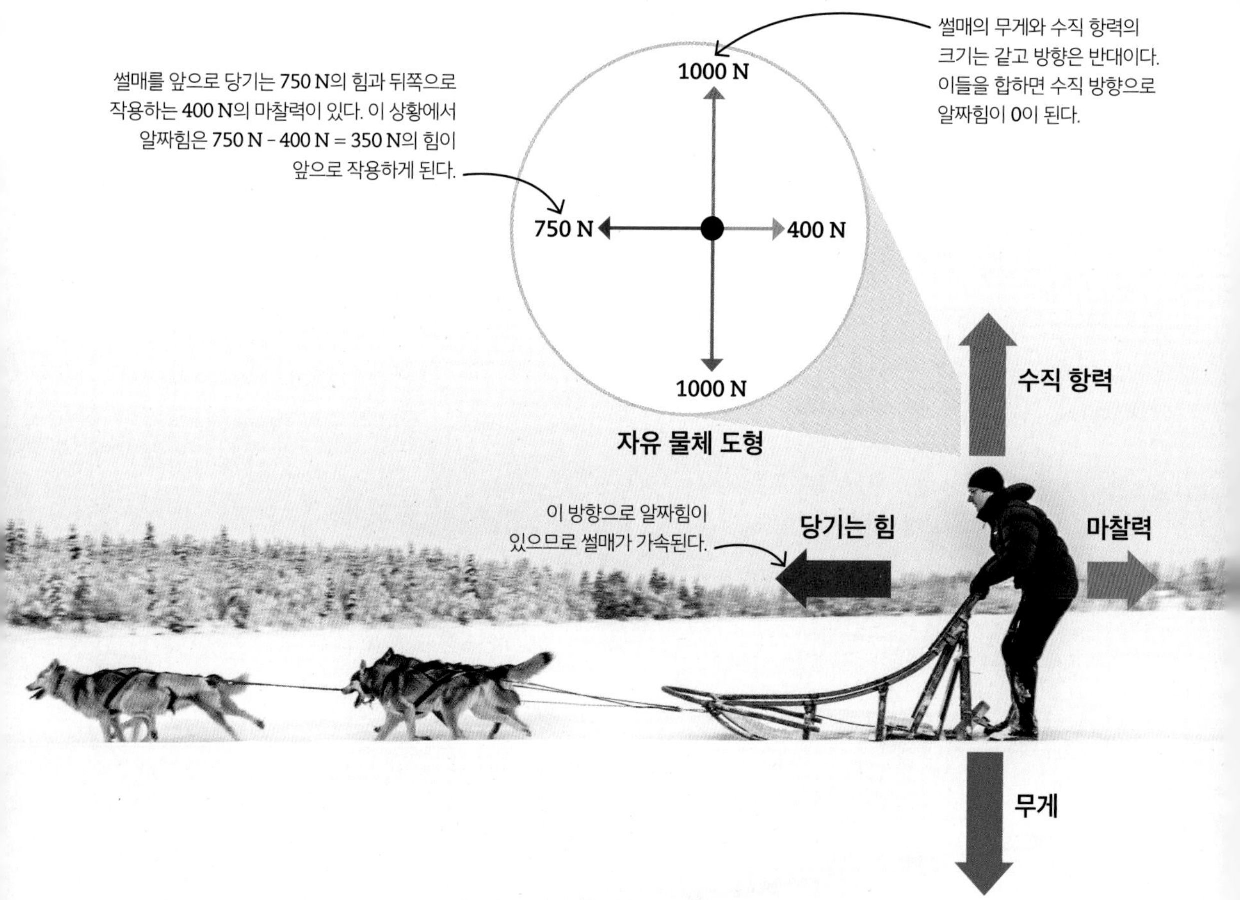

자유 물체 도형

자유 물체 도형은 물체에 작용하는 힘을 보여준다. 물체는 점이나 정사각형으로 나타낼 수 있고, 힘은 물체에서 특정 방향을 가리키는 화살표로 표시된다. 오른쪽 그림에서 책이 테이블 위에 놓여 있다. 자유 물체 도형은 책에 작용하는 힘만을 보여준다.(테이블에 작용하는 힘은 생략된다.)

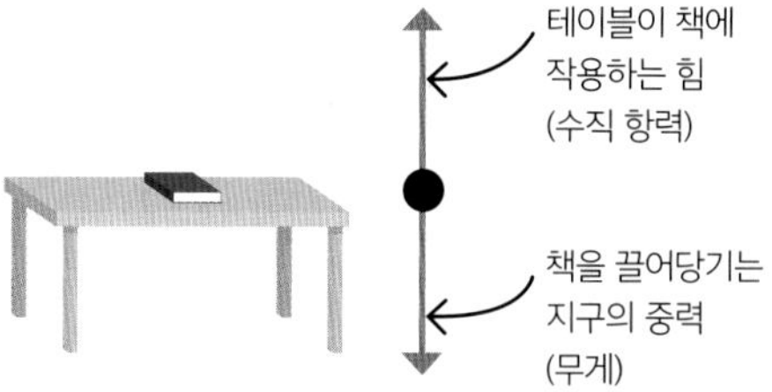

알짜힘 계산하기

문제 1

한 사람은 피아노를 100 N의 힘으로 밀고, 다른 한 사람은 150 N의 힘으로 반대 방향에서 밀었다. 알짜힘은 얼마인가?

풀이 1

1. 피아노에 작용하는 힘을 보여주는 자유 물체 도형을 그린다.

2. 뺄셈으로 답을 구한다.
알짜힘 = 150 N – 100 N
= 50 N (왼쪽)

문제 2

두 사람이 무거운 상자를 밀려고 한다. 한 사람은 100 N의 힘으로 밀고, 다른 한 사람은 120 N의 힘으로 직각 방향으로 밀었다. 알짜힘은 얼마인가?

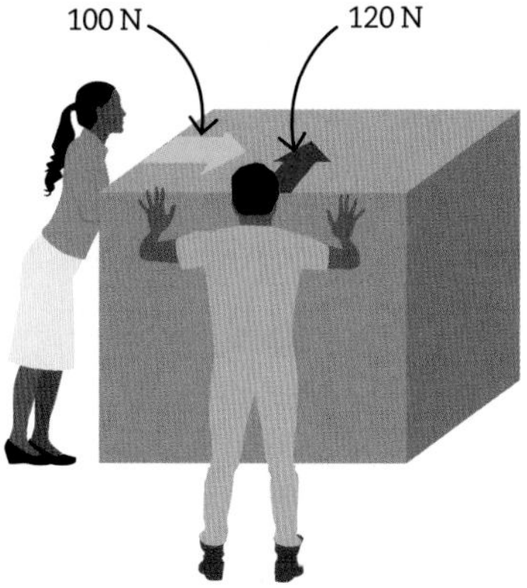

풀이 2

힘(또는 벡터양)이 같은 직선상에서 작용하지 않으면 축척 도표를 그려 추가할 수 있다.

1. 한 힘의 끝에 다른 한 힘을 그려 삼각형을 만든다. 이 도표에서 1 cm = 10 N이다.

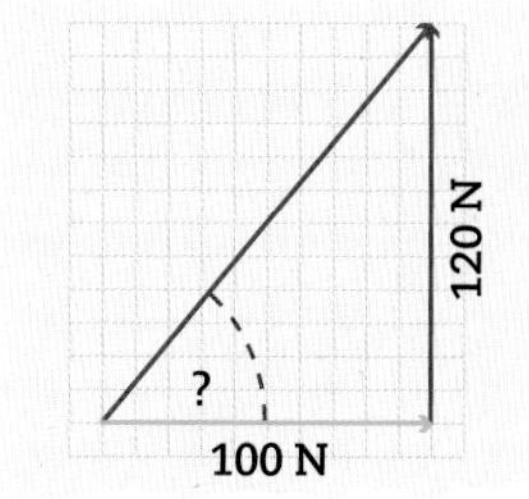

2. 삼각형의 경사면을 자로 측정하여 힘의 크기를 구한다.

3. 각도기로 각도를 측정하여 힘의 방향을 찾는다.

4. 답으로 두 가지를 모두 적는다.
힘 = 크기 156 N, 방향 50°

힘의 분해

힘의 효과는 서로 직각으로 작용할 때 가장 쉽게 이해할 수 있지만, 힘은 어떤 각도에서도 작용할 수 있다. 문제를 해결하기 위해, 하나의 힘을 직각이고 합성했을 때 같은 효과가 있는 두 성분으로 분해하는 것이 도움이 된다. 이것을 힘의 분해라고 한다.

핵심 요약

- ✓ 하나의 힘을 서로 직각으로 작용하는 힘의 성분으로 분해할 수 있다.
- ✓ 축척 도표를 그리거나 삼각법을 사용하여 힘을 분해한다.

당기는 힘 분해

이 탐험가는 무거운 장비를 끌고 빙하를 가로질러 지면으로부터 30°의 각도로 50 N의 힘을 가하고 있다. 이 힘을 수평 성분과 수직 성분으로 분해하는 것은 수평 성분을 사용하여 썰매의 가속도를 계산할 수 있어 유용하다. 힘을 분해하기 위해 삼각형을 그린다. 이 삼각형에서 1 cm는 10 N의 힘을 나타낸다. 분해한 두 성분을 구하기 위해서 삼각형의 수평과 수직의 변을 측정한다.

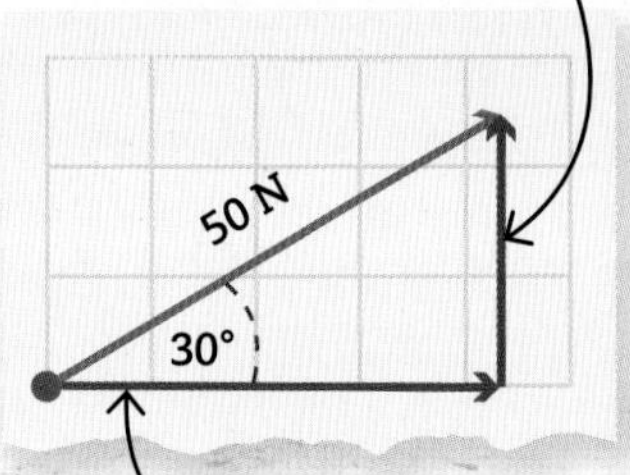

수학을 활용한 힘의 분해

축척 도표를 사용하여 힘을 분해할 수 있지만, 삼각법을 사용하는 것이 더 빠르고 정확하다. 예를 들어 장력의 수직 성분을 찾기 위해 오른쪽에 있는 사인 공식을 사용할 수 있다. 경사각(θ)과 경사의 길이(빗변)를 알면 직각 삼각형의 높이를 계산할 수 있다.

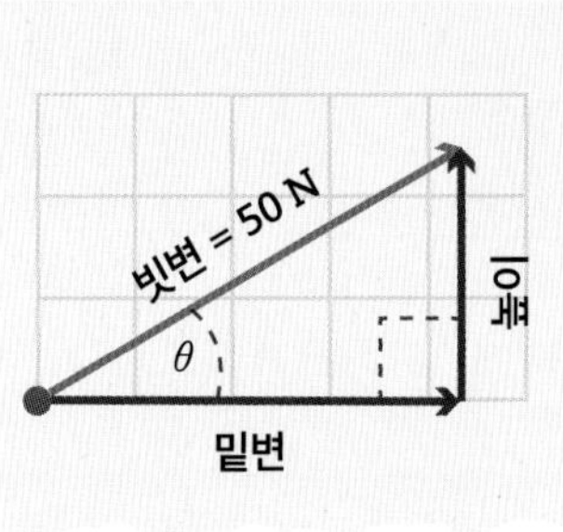

$$\sin\theta = \frac{\text{높이}}{\text{빗변}}$$

높이를 좌변에 오도록 공식을 재배열한다.

높이 = 빗변 × $\sin\theta$
= 50 N × sin 30°
= 25 N ← 계산기를 사용하여 사인 30°를 찾는다.

질량과 무게

대부분의 사람들은 자신의 몸무게를 킬로그램 단위로 알고 있지만, 과학에서는 무게가 아닌 질량을 측정할 때 킬로그램을 사용한다. 질량과 무게는 다르다. 질량은 물체의 고유한 양이며, 무게는 물체에 작용하는 중력이다. 무게는 힘이며 뉴턴으로 측정한다.

핵심 요약

- ✓ 무게는 물체에 작용하는 중력이다.
- ✓ 질량은 킬로그램으로 측정되지만, 무게는 뉴턴으로 측정된다.
- ✓ 무게는 힘 측정기(용수철저울)를 사용하여 측정할 수 있다.
- ✓ 무게는 질량과 중력 가속도를 이용하여 계산할 수 있다.

눈금은 힘의 단위 뉴턴이다.

질량이 0.1 kg인 사과는 지구의 중력에 의해 1 N의 힘으로 아래쪽으로 당겨진다.

무게 측정

고리를 당기는 힘이 증가함에 따라 저울의 눈금이 늘어나는 힘 측정기(용수철저울)로 물체의 무게를 측정할 수 있다. 또한 다음 공식을 사용하여 무게를 계산할 수 있다. 공식은 행성마다 다른 중력 가속도를 고려한다. 물체의 무게는 중력 가속도에 따라 다르지만, 물체의 질량은 어디에서나 같다.

$$\text{무게(N)} = \text{질량(m)} \times \text{중력 가속도(N/kg)}$$

$$W = m \times g$$

지구 표면에서 중력 가속도(g)는 10 N/kg이다.

무게 계산하기

문제

큐리오시티는 화성에 있는 자동차 크기의 탐사선이다. 질량은 899 kg이고, 화성의 중력 가속도는 3.7 N/kg이다. 화성에서 큐리오시티의 무게와 지구에서의 무게는 얼마인가?

풀이

화성에서 무게 = $m \times g$ = 899 kg × 3.7 N/kg
= 3,326 N = 3,300 N
(유효 숫자 2개)

지구에서 무게 = $m \times g$ = 899 kg × 10 N/kg
= 8,990 N = 9,000 N
(유효 숫자 2개)

용수철

용수철을 늘리거나 압축하면 용수철 길이의 변화는 작용하는 힘에 비례한다. 이 관계를 훅의 법칙이라고 한다.

훅의 법칙

용수철에 추를 매달면 용수철이 늘어난다. 추를 2배로 매달면 용수철은 2배로 늘어난다. 용수철 또는 다른 탄성 물체의 늘어나는 정도(또는 압축)는 작용하는 힘에 비례한다. 이 관계는 아래 식에 요약되어 있다. 힘 측정기는 이 원리를 사용하여 힘을 측정한다. 힘 측정기의 고리를 당기면 그 안에서 용수철이 늘어난다.

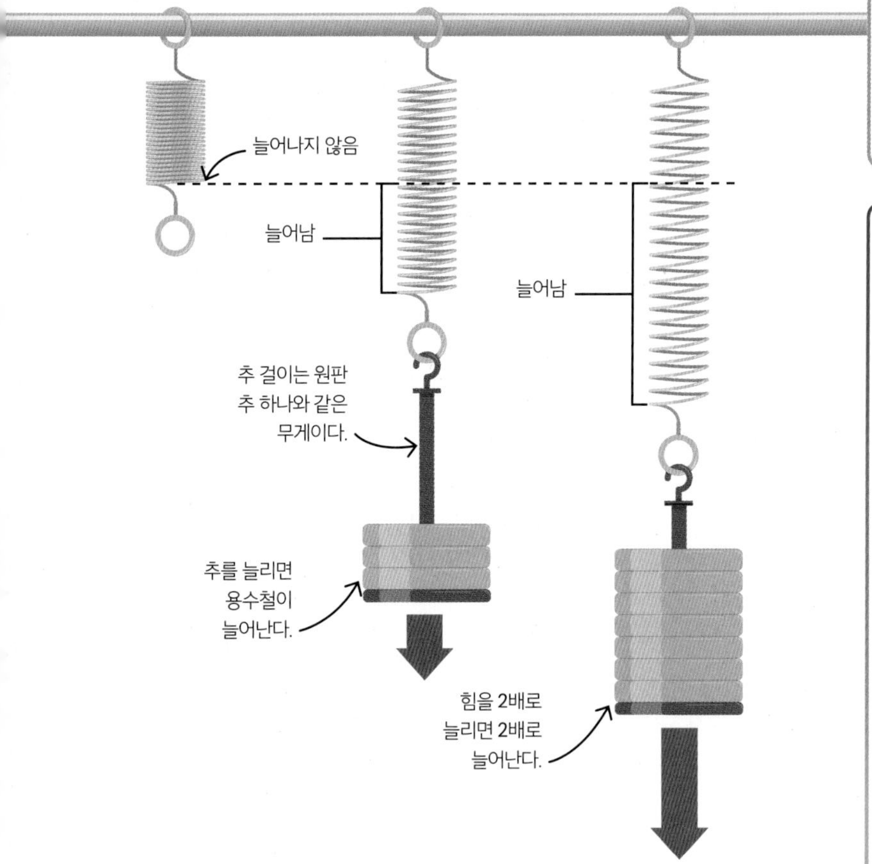

힘(N) = 용수철 상수(N/m) × 늘어난 길이(m)

$$F = k \times e$$

핵심 요약

- 훅의 법칙에 따르면 용수철의 늘어남은 작용하는 힘에 비례한다.
- 탄성 변형은 물체의 형태를 가역적으로 변화시키는 것이다.
- 비탄성 변형은 물체의 형태를 비가역적으로 변화시키는 것이다.
- 훅의 법칙은 비례 한계라고 불리는 지점까지 적용된다.
- 용수철이 변형되면서 한 일은 탄성 퍼텐셜 에너지로 저장된다.

용수철 상수 계산하기

용수철 상수 k의 값은 용수철마다 다르며, k의 값이 클수록 용수철이 단단하다.

문제

용수철이 2 N의 힘으로 5 cm가 늘어난다고 할 때, 용수철 상수를 계산하라.

풀이

먼저 공식을 k가 좌변으로 가도록 재배열한다. 늘어난 길이를 m로 변환하는 것을 잊지 말자.

$$k = \frac{F}{e}$$

$$k = \frac{2\ \text{N}}{0.05\ \text{m}}$$

$$k = 40\ \text{N/m}$$

비례 한계

훅의 법칙은 탄성 한계라고 불리는 특정한 지점까지만 적용된다. 이를 넘어서면 관계는 비선형적이다. 탄성이 있는 물체를 더 늘리거나 압축하면 물체가 손상되어 원래 크기로 돌아갈 수 없게 된다. 되돌아오지 않는 지점을 탄성 한계라고 하며, 물질에 따라 다르다.

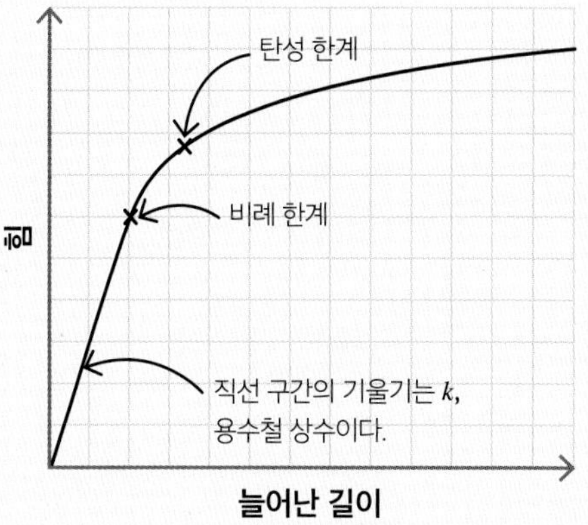

탄성 변형과 비탄성 변형

용수철을 늘였다가 놓으면 원래 모양으로 되돌아간다. 이것을 탄성 변형이라고 한다. 그러나 탄성 한계를 넘어서서 늘리면 형태가 영구적으로 변한다. 이것을 비탄성 변형이라고 한다. 물질에 따라 탄성 변형을 유지하는 탄성 한계에 도달하는 양이 다르다.

테니스공은 탄성 한계에 도달하지 않고 납작하게 찌그러졌다 다시 모양을 갖추게 된다.

알루미늄 캔은 탄성 한계가 낮다. 충분한 힘으로 찌그러트리면 구겨지고 모양이 되돌아오지 않는다.

유리는 탄성 한계가 높아서 구슬이 튀어오른다. 하지만 너무 큰 힘은 유리를 산산조각 낸다.

점토는 힘이 가해지면 거의 즉시 탄성 한계에 도달하므로 조형에 적합하다.

탄성 퍼텐셜 에너지

탄성을 가진 물체를 늘리거나 압축하는 힘은 탄성 퍼텐셜 에너지를 저장한다. 변형된 물체를 놓으면 원래의 모양으로 되돌아가고 탄성 퍼텐셜 에너지가 운동 에너지로 전환된다.

따라서 늘어진 탄성 밴드를 놓으면 방을 가로질러 날아가고, 번지점퍼가 낙하하면 다시 당겨지는 것이다. 다음 식을 이용하여 탄성 퍼텐셜 에너지를 계산할 수 있다.

$$\text{탄성 퍼텐셜 에너지(J)} = \frac{1}{2} \times \text{용수철 상수} \times \text{늘어난 길이의 제곱}$$

$$E = \frac{1}{2} \times k \times e^2$$

문제

번지점프 줄은 용수철 상수가 90 N/m이며 번지점프대에서 아래 방향으로 8 m까지 늘어난다. 얼마나 많은 탄성 퍼텐셜 에너지를 저장하고 있을까?

풀이

$$E = \frac{1}{2} \times 90\ \text{N/m} \times 8\ \text{m} \times 8\ \text{m}$$

$$E = 2{,}880\ \text{J}$$

용수철 조사

힘은 용수철을 늘리는 것과 같이 물체의 모양을 바꿀 수 있다. 힘이 용수철에 미치는 영향을 알아보는 조사는 용수철의 늘어난 길이가 힘의 크기에 비례한다는 것을 보여준다.

실험 설정

이 실험에서는 클램프에 연결된 용수철에 매달린 추의 질량을 늘리고 용수철이 늘어난 길이(용수철이 원래 길이에서 얼마나 늘어났는지)를 자로 측정하여 기록한다. 결과를 그래프에 나타내고 힘과 늘어난 길이 사이의 관계를 조사한다.

핵심 요약

- ✓ 용수철에 힘을 작용하면 용수철이 늘어나거나 압축된다.
- ✓ 물체의 길이가 증가한 것을 늘어난 길이라고 한다.
- ✓ 용수철이 늘어난 길이는 작용하는 힘에 비례한다.

교사 감독 필요

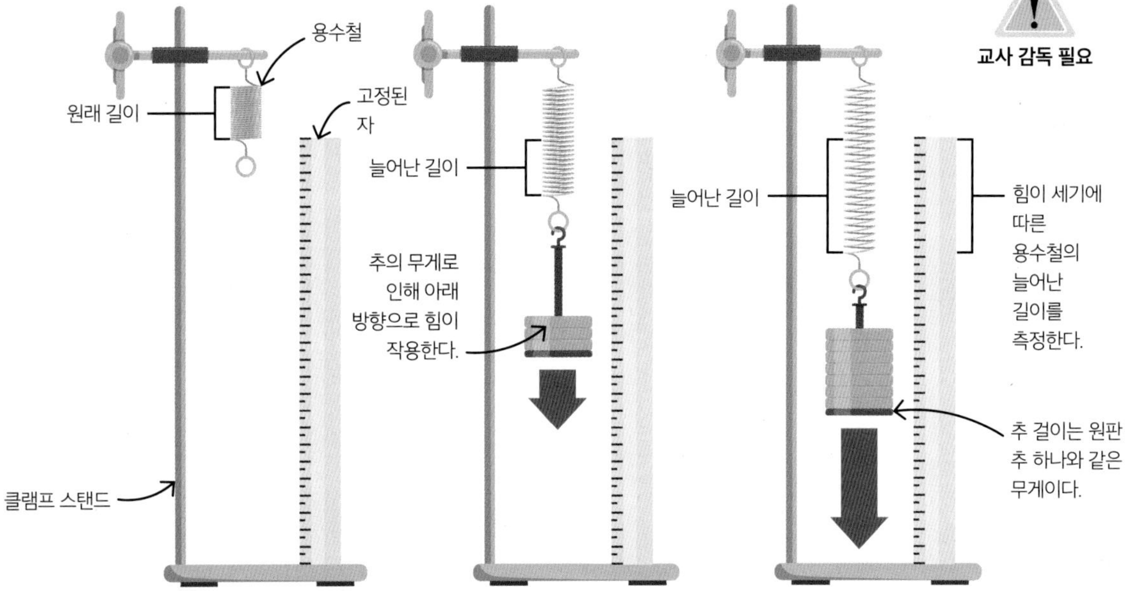

결과

실험 결과를 y축에는 뉴턴으로 표기한 힘(N), x축에는 용수철이 늘어난 길이(m)로 그래프에 그린다. 추세선을 그리면 직선이 되는데, 직선은 관계가 선형임을 보여준다. 직선은 원점(0, 0)을 통과하며, 이는 늘어난 길이가 힘에 비례한다는 것을 나타낸다(2배의 힘이 작용하면 2배 늘어난다). 그러나 너무 많은 추를 더하면(용수철에 과부하가 걸리면) 힘과 늘어난 길이의 관계는 비선형, 즉 곡선이 된다.

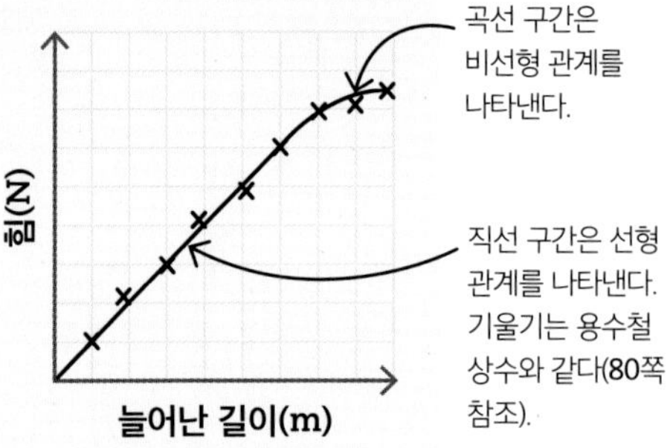

변형

힘은 물체를 움직이게 하는 것뿐만 아니라 그 형태도 바꿀 수 있다. 이러한 변화를 변형이라고 한다. 정지된 물체의 형태를 바꾸려면 서로 다른 방향으로 작용하는 2개 이상의 힘이 필요하다.

핵심 요약

- ✓ 힘에 의한 형태의 변화를 변형이라고 한다.
- ✓ 물체의 형태를 바꾸려면 서로 다른 방향으로 작용하는 2개 이상의 힘이 필요하다.
- ✓ 변형의 유형은 힘의 방향과 힘이 작용하는 물체의 위치에 따라 달라진다.

변형의 유형

물체의 형태를 바꾸는 방법에는 늘이기, 압축하기, 구부리기, 비틀기 등이 있다. 물체가 어떻게 변형되는지는 물체에 가해지는 힘의 개수와 방향에 따라 달라진다.

압축하기

한 쌍의 힘을 물체 반대 방향으로 밀면 물체가 압축되어 납작해진다. 스페이스 호퍼와 같은 탄성이 큰 장난감은 튕길 때마다 원래의 모양으로 돌아가기 전에 탄성 압축된다.

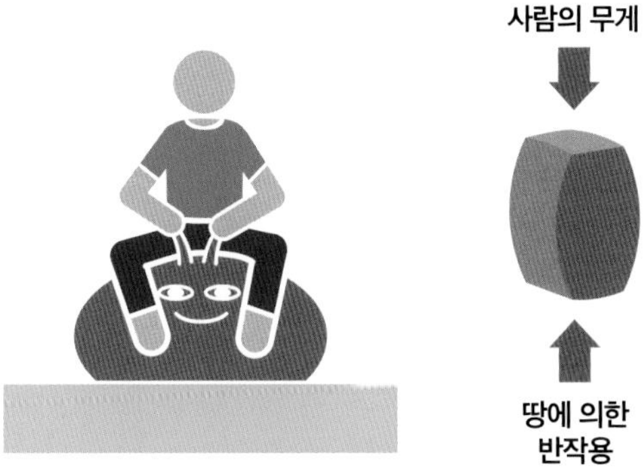

장력

한 쌍의 힘이 물체를 반대 방향으로 당기면 장력이 발생하고 물체가 늘어나게 한다. 번지점프를 하는 동안 줄에는 사람의 무게에 의한 아래쪽 힘과 고정된 플랫폼으로부터의 위쪽으로 당기는 힘이 작용한다.

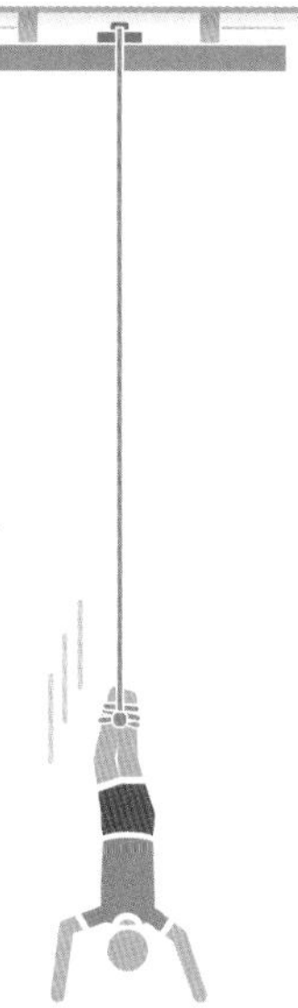

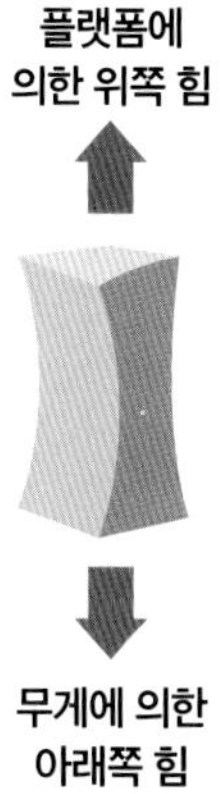

구부리기

2개 이상의 힘이 서로 다른 방향으로 물체에 작용하면 구부러질 수 있다. 예를 들어 체조 선수가 사용하는 막대(약간의 탄성 변형 허용)는 지지대 중간에 작용하는 체조 선수의 무게와 버티기 위한 위쪽 힘이 작용하여 구부러진다.

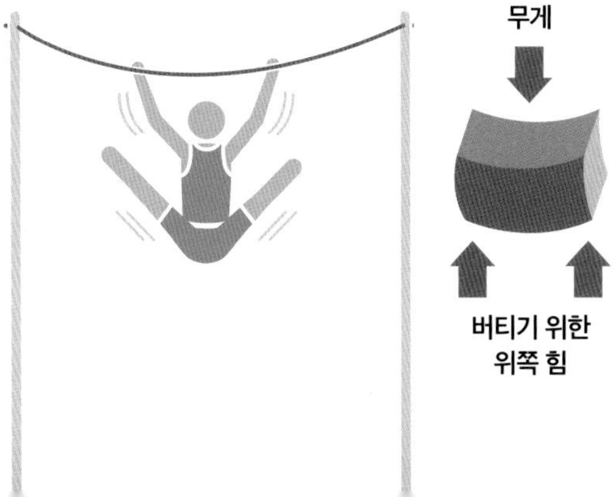

비틀기

물체의 서로 다른 지점에서 반대 방향으로 작용하는 한 쌍의 회전력은 물체를 비틀어지게 할 수 있다.

모멘트

대부분의 사람에게 모멘트는 1초 또는 2초를 의미하지만, 물리학에서는 완전히 다른 것을 의미한다. 모멘트는 회전축이라고 불리는 고정된 지점을 중심으로 물체를 회전하게 만드는 힘으로 발생하는 회전 효과이다. 우리는 문 손잡이를 돌리거나, 자전거 페달을 밟거나, 팔을 구부리는 등 항상 모멘트를 사용한다.

핵심 요약

- ✓ 모멘트는 힘의 회전 효과이다.
- ✓ 모멘트 공식은 모멘트 = 힘 × 거리이다.
- ✓ 스패너나 지레 같은 도구들은 큰 모멘트를 발생시킴으로써 작동한다.

스패너 작동 원리

스패너를 이용하여 너트를 풀면 손으로 작용하는 힘으로 너트가 돌아가는 회전 효과(모멘트)가 발생한다. 스패너가 길수록 모멘트가 더 커지고 단단히 조여진 너트를 더 쉽게 풀 수 있다. 모멘트 단위는 뉴턴 미터(Nm)이다. 다음 공식을 이용하여 모멘트를 계산할 수 있다.

모멘트(Nm) = 힘(N) × 거리(m)

$$M = F \times d$$

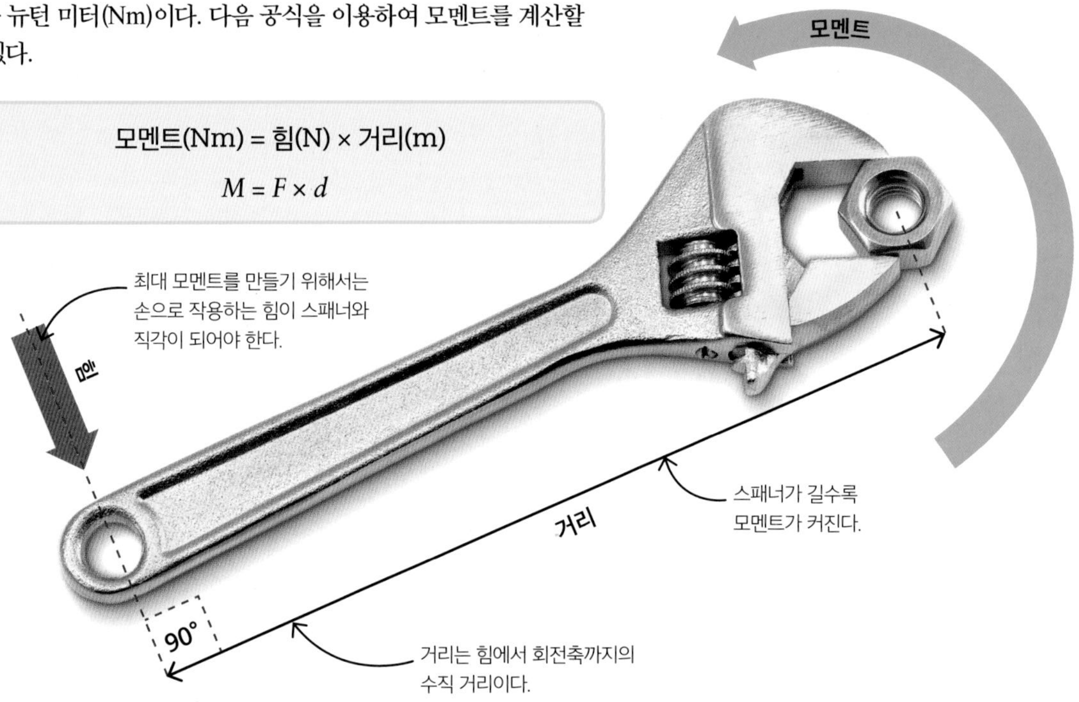

모멘트 계산하기

문제

20 cm 길이의 스패너로 볼트를 풀려고 한다. 스패너 끝에 30 N의 힘을 작용하면 모멘트 크기는 몇 Nm(뉴턴 미터)인가?

풀이

거리는 미터 단위여야 한다. 20 cm = 0.2 m이다.

$M = F \times d$

$= 30\ \text{N} \times 0.2\ \text{m}$

$= 6\ \text{Nm}$

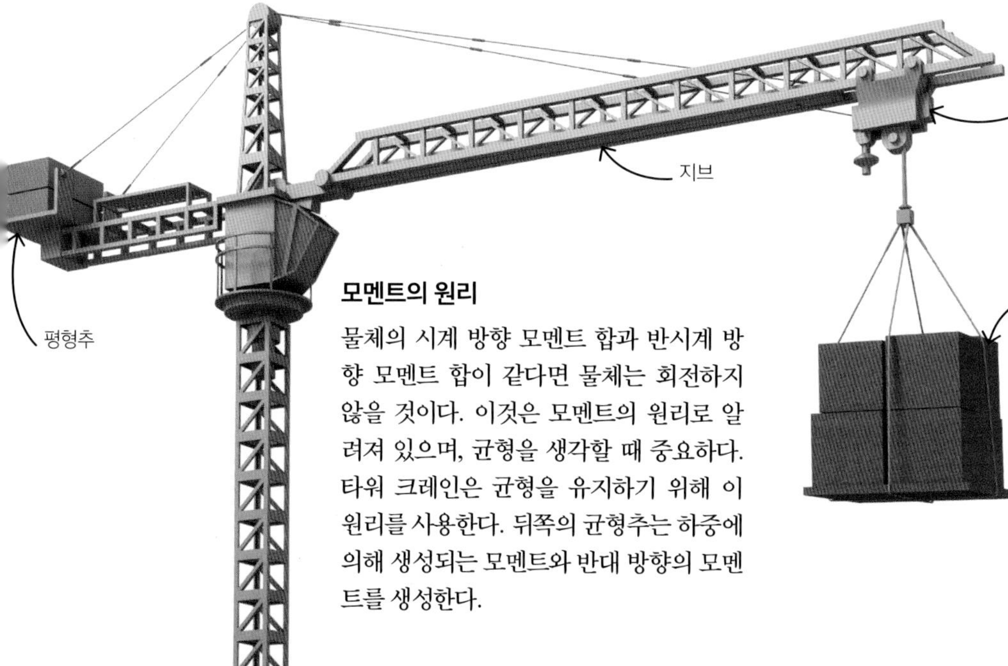

모멘트의 원리

물체의 시계 방향 모멘트 합과 반시계 방향 모멘트 합이 같다면 물체는 회전하지 않을 것이다. 이것은 모멘트의 원리로 알려져 있으며, 균형을 생각할 때 중요하다. 타워 크레인은 균형을 유지하기 위해 이 원리를 사용한다. 뒤쪽의 균형추는 하중에 의해 생성되는 모멘트와 반대 방향의 모멘트를 생성한다.

타워 크레인

균형 유지

문제

이 시소는 균형이 이루고 있다. 오른쪽 사람의 무게는 몇 N인가?

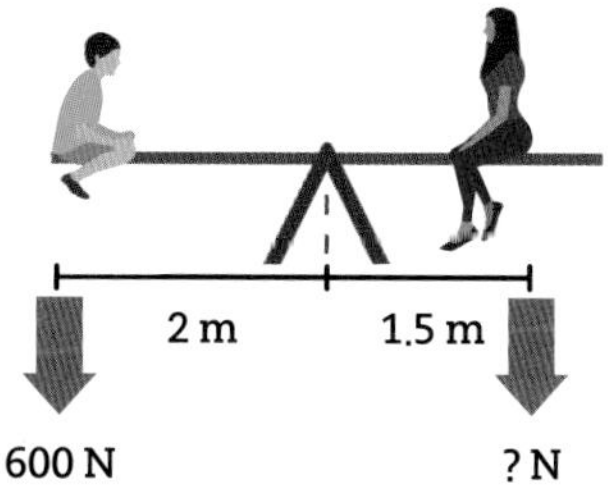

풀이

1. 먼저 왼쪽에 있는 사람에 의한 반시계 방향 모멘트를 계산한다.

$$M = F \times d$$
$$= 600\ \mathrm{N} \times 2\ \mathrm{m}$$
$$= 1{,}200\ \mathrm{Nm}$$

2. 시소가 균형을 이루고 있으므로 시계 방향 모멘트도 1,200 Nm이다. 좌변을 힘이 되도록 모멘트 공식을 재배열하여 답을 찾는다.

$$F = \frac{M}{d}$$
$$= \frac{1200\ \mathrm{Nm}}{1.5\ \mathrm{m}}$$
$$= 800\ \mathrm{N}$$

질량 중심

물체의 무게(또는 물체에 작용하는 다른 힘)는 질량 중심이라는 한 점에서 작용하는 것으로 생각할 수 있다. 물체가 안정적인지는 질량 중심의 위치에 따라 달라진다.

핵심 요약

- 물체의 무게는 한 점에서 작용한다고 생각할 수 있다. 그 지점은 질량 중심이다.
- 질량 중심은 형태에 따라 물체의 내부 또는 외부에 있을 수 있다.
- 물체는 질량 중심이 밑면 위에 있을 때 안정적이다.
- 물체의 질량 중심이 밑면을 벗어나면 물체가 넘어진다.

새의 균형

이 장난감 새는 부리로 균형을 잡을 수 없을 것 같다. 하지만 날개 끝이 앞으로 뻗은 형태이기 때문에 새의 질량 중심은 부리에 위치한다. 무거운 날개와 몸의 뒤쪽이 모두 모멘트를 만들어 내지만(회전력), 이것들은 마치 시소의 반대편 끝에 있는 사람들처럼 서로 균형을 잡는다.

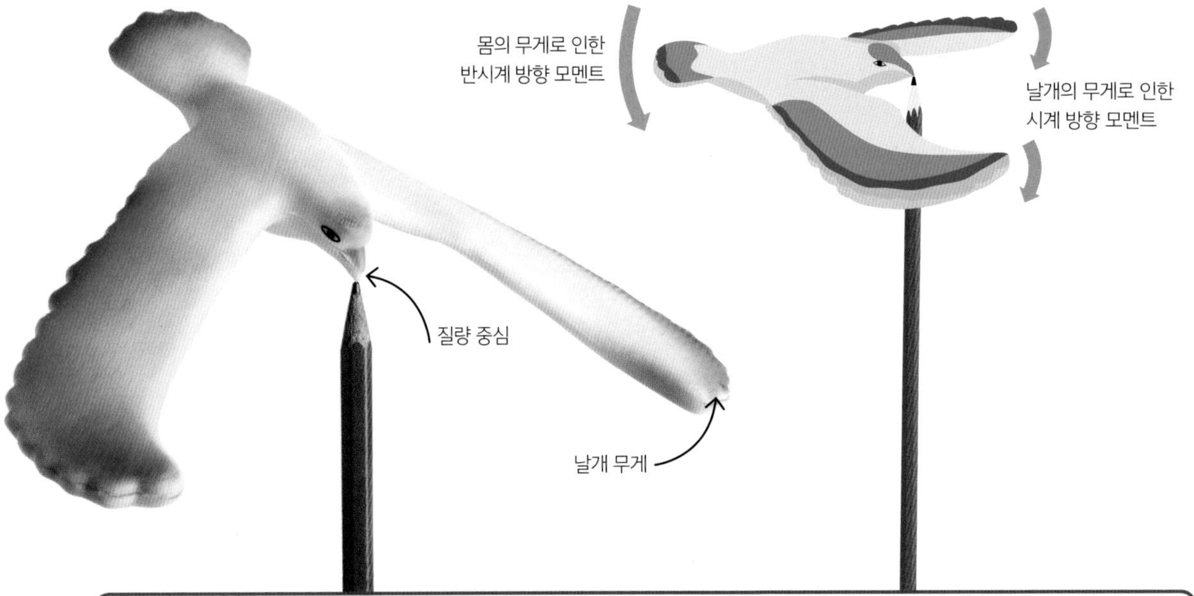

안정성

물체는 질량 중심이 밑면 안에 있을 때 안정적이다. 밑면이 좁은 큰 물체는 작은 움직임으로도 질량 중심을 밑면 밖으로 밀어낼 수 있어서 쉽게 넘어진다. 안정적인 물체는 질량 중심이 낮고 밑면이 넓은 경향이 있다.

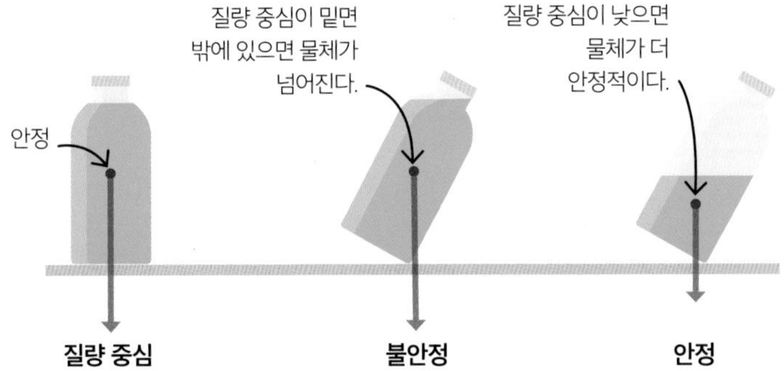

질량 중심 찾기

불규칙한 2D 형태(얇은 판)의 질량 중심을 찾기 위해서 핀으로 수직으로 판을 매달아 자유롭게 움직일 수 있도록 한다. 정지하면 핀에 무게가 있는 끈을 매달고 핀에서부터 끈을 따라 수직선을 그린다. 2개 이상의 다른 지점에 판을 매달아서 반복한다. 질량 중심은 선이 교차하는 지점이다.

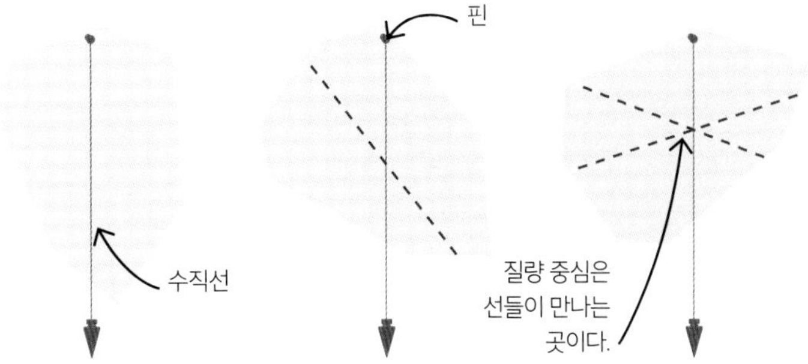

오프로드 안정성

오프로드 차량은 무게중심이 매우 낮고 휠베이스가 넓어 경사가 심하거나 울퉁불퉁한 지형에서 불안정해지지 않고 주행할 수 있다.

지레

지레는 힘의 효과를 확대하거나 감소시키는 간단한 기계이다. 우리는 종종 이를 자신도 모르게 사용하고 있다. 가위, 손수레, 문 손잡이, 그리고 심지어 우리의 팔과 다리도 지레의 역할을 한다.

지레의 작동 원리

손수레는 쉽게 들어올릴 수 있게 해주는 지레 역할을 한다. 다른 지레와 마찬가지로 중심점(또는 받침점)이라고 불리는 지점을 중심으로 회전하는데, 손수레의 경우에는 바퀴이다. 손수레를 들어올리기 위해 손잡이(힘점)에 힘을 가하면 손수레의 부하보다 더 큰 힘이 생성된다. 힘이 부하(작용점)에서 멀어질수록 힘은 더 크게 증폭된다.

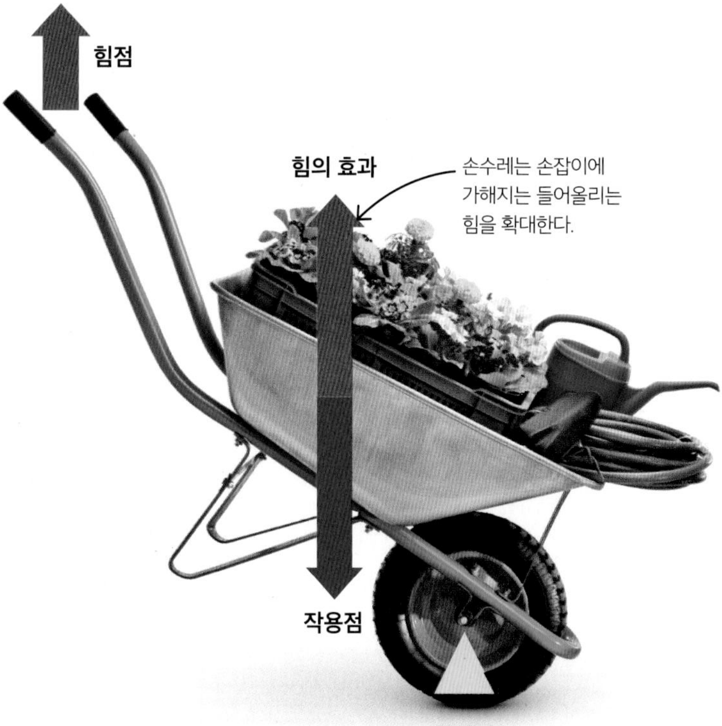

핵심 요약

- ✓ 지레는 중심점 혹은 받침점으로 불리는 고정된 지점을 중심으로 회전할 수 있는 강체이다.
- ✓ 지레는 힘의 효과를 확대하거나 감소시킬 수 있다.
- ✓ 힘을 확대하는 지레는 부하의 이동 거리를 감소시킨다.
- ✓ 힘을 감소시키는 지레는 부하의 이동 거리를 증가시킨다.

힘점 계산하기

문제

바퀴에서 0.5 m 떨어진 지점에 무게 450 N의 흙이 손수레에 채워져 있다. 손잡이가 바퀴에서 1.8 m 떨어진 곳에 있다면 흙을 들어올리는 데 필요한 힘은 얼마인가?

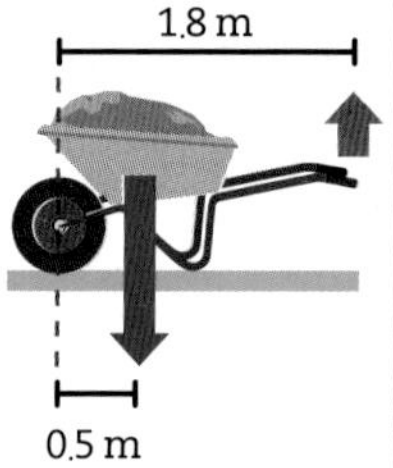

풀이

먼저 부하에 의한 모멘트를 계산하기 위해 모멘트 공식(84쪽 참조)을 사용한다.

모멘트(Nm) = 힘(N) × 거리(m)
= 450 N × 0.5 m
= 225 Nm

다음으로 손잡이에 같은 크기의 모멘트를 만드는 데 필요한 힘을 계산한다. 공식을 재배열하여 물체를 만드는 힘을 구한다.

$$F = \frac{M}{d} = \frac{225\ \text{Nm}}{1.8\ \text{m}} = 125\ \text{N}$$

지레의 종류

지레는 힘점, 작용점, 받침점의 위치 관계에 따라 세 가지 종류로 나뉜다. 힘점이 작용점보다 받침점에서 더 멀리 떨어지면 지레는 힘을 확대한다. 힘점이 더 가까이 있으면 지레는 힘을 줄이지만 움직이는 거리는 늘린다.

1종 지레

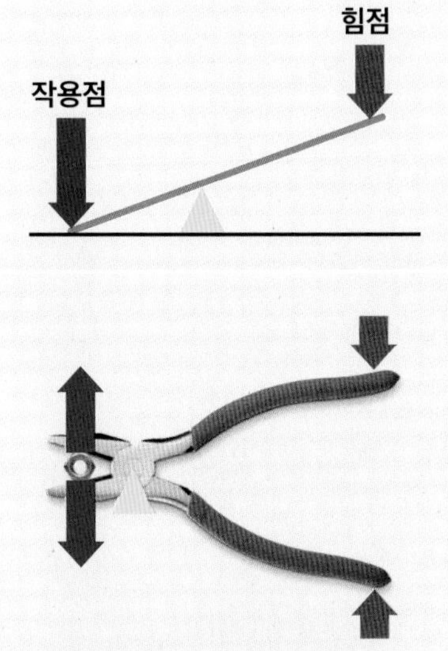

1종 지레는 받침점이 힘점과 작용점 사이에 있다. 1종 지레는 힘을 확대하거나 감소시킬 수 있다. 펜치는 힘을 확대하여 작은 물체를 꽉 잡는다.

2종 지레

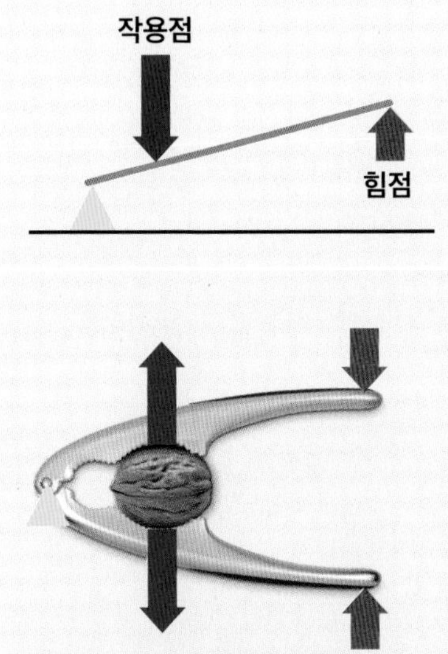

2종 지레는 작용점이 받침점과 힘점 사이에 있다. 2종 지레는 힘을 확대한다. 호두까기는 견과류를 깨기 쉽게 만든다.

3종 지레

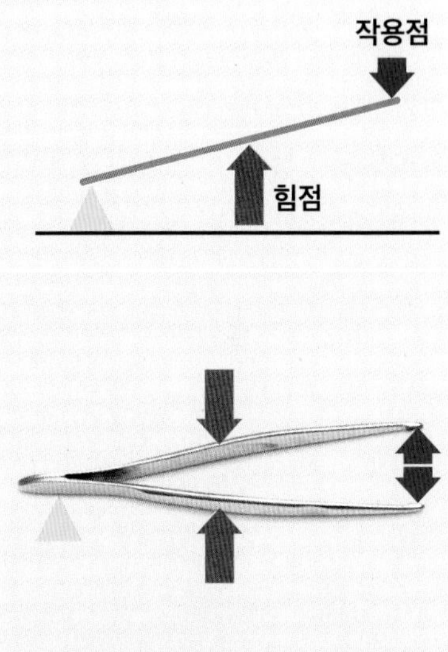

3종 지레는 받침점과 작용점 사이에 힘점이 있다. 핀셋과 같은 3종 지레는 힘을 줄여 섬세한 물건을 다루기 쉽게 만든다.

기계

힘을 확대하거나 줄이는 (또는 힘의 방향을 바꾸는) 기계들이 있다. 지레와 같은 간단한 기계는 여러 개의 움직이는 부품이 있는 더 복잡한 기계의 일부를 구성한다. 오른쪽 사진에서 지레는 기어를 통해 지레가 흔들릴 때 아래로 움직이는 톱니 바에 연결되어 사용자가 오렌지를 짜내는 힘을 확대한다.

기어

기어는 회전력을 전달하기 위해 서로 맞물리는 톱니바퀴이다. 지레와 같이 힘의 회전 효과(모멘트)를 확대하거나 감소시킬 수 있다.

핵심 요약

- ✓ 기어는 톱니바퀴이다.
- ✓ 기어는 회전력을 전달한다.
- ✓ 피동 기어가 구동 기어보다 클 경우 피동 기어는 더 느리게 회전하지만 더 큰 모멘트(더 강한 회전력)로 회전한다.
- ✓ 피동 기어가 구동 기어보다 작을 경우 피동 기어는 더 빠르게 회전하지만 더 작은 모멘트(더 강한 회전력)로 회전한다.

기어의 작동 원리

기어는 톱니가 다른 기어의 톱니와 맞물려서 회전력을 전달한다. 톱니에 작용하는 힘은 두 기어에서 같지만, 연결된 기어의 톱니 수가 다르면 모멘트(축에 작용하는 회전력)가 다르다.

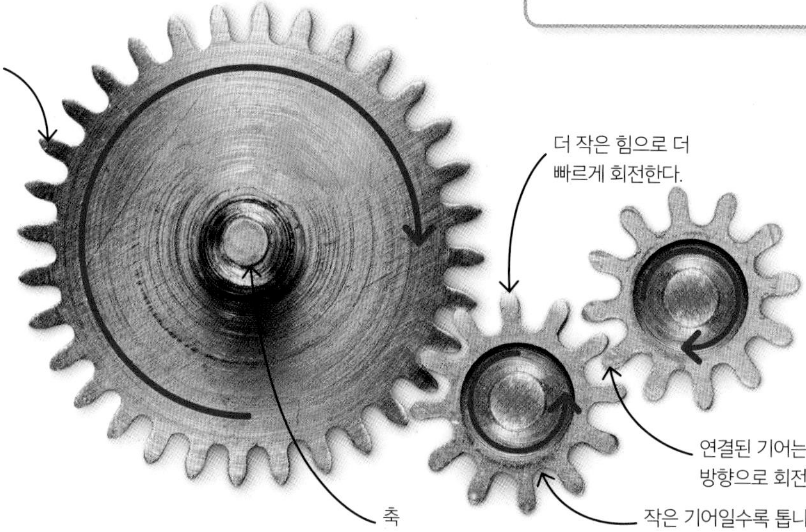

기어의 활용

기어는 모멘트를 확대하거나 회전 속도를 높일 수 있다. 구동 기어보다 작은지 큰지에 따라 피동 기어의 동작이 달라진다.

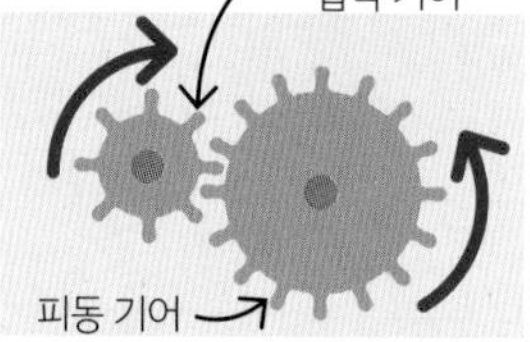

피동 기어가 구동 기어보다 클 경우 톱니와 축 사이의 거리가 길수록 모멘트가 커진다. 이 배열은 입력 회전력을 확대한다.

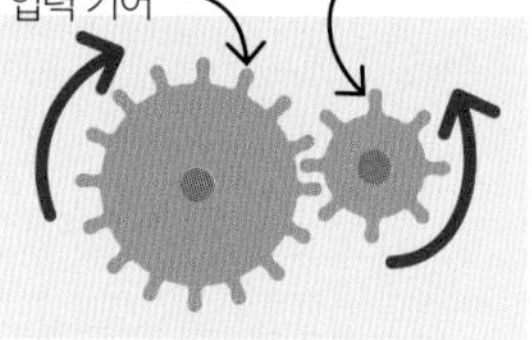

피동 기어가 구동 기어보다 작을 경우 축에 작은 모멘트를 발생시키지만 회전 속도가 빨라진다. 이러한 배열은 속도를 증가시킨다.

자전거의 기어는 체인으로 연결되어 있다. 작은 앞 기어와 큰 뒷 기어를 선택하면 모멘트가 증가하여 언덕을 오르기에 이상적이다. 큰 앞 기어와 작은 뒷 기어를 선택하면 속도가 향상된다.

또 다른 간단한 기계

지레와 기어만 힘을 확대하거나 줄일 수 있는 유일한 기계는 아니다. 이 외에 다른 간단한 기계들도 힘을 바꾸어서 일을 하기 쉽게 만들어 준다.

핵심 요약

- ✓ 간단한 기계로 힘을 확대하거나 줄이거나 방향을 바꾸어 일을 쉽게 할 수 있다.
- ✓ 간단한 기계에는 지레, 기어, 쐐기, 경사로, 나사, 바퀴와 축, 도르래 등이 있다.

쐐기

쐐기는 한쪽 끝은 두껍고 다른 쪽 끝은 얇다. 두꺼운 쪽에 아래쪽으로 힘을 가하면 얇은 쪽에서는 그 힘을 증폭시켜 옆으로 밀어냄으로써 물체를 자르거나 쪼개게 된다.

경사로

경사로의 경사면은 무거운 물건을 들기 쉽게 만든다. 경사가 완만할수록 필요한 힘은 적어진다. 그러나 하중은 더 먼 거리를 이동해야 하므로 물건을 들어올리는 일의 양은 같다.

나사

나사는 원기둥에 감겨 있는 경사면이다. 각 드라이버의 비틀림은 스크루의 끝을 앞으로 아주 조금만 밀지만, 드라이버가 스크루에 가하는 힘보다 더 큰 힘으로 밀어낸다.

바퀴와 축

바퀴와 축은 원 모양의 지레처럼 작동한다. 지레처럼 힘을 증가시키거나 감소시킬 수 있다. 입력 힘은 운전대처럼 가장자리에 가해지면 축 둘레의 회전력이 확대된다. 입력 힘이 축에 가해지면 자전거 바퀴처럼 가장자리의 힘은 적지만 축 둘레보다 빠르게 움직인다.

도르래

도드래는 하나 또는 그 이상의 바퀴 주위를 도는 밧줄 또는 케이블이다. 하나의 바퀴만 사용한다면 도르래는 단지 힘의 방향을 바꿀 뿐이다. 그러나 두 바퀴가 아래와 같이 배열되어 있다면 도르래는 힘을 2배로 증가시킨다. 삼단 도르래는 힘을 3배로 증가시킬 수 있다.

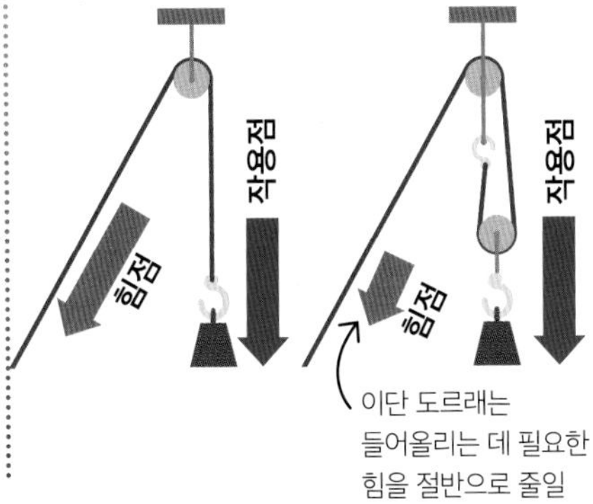

이단 도르래는 들어올리는 데 필요한 힘을 절반으로 줄일 수 있다.

작용-반작용 힘

영국의 과학자 아이작 뉴턴은 힘은 항상 짝을 지어 작용하는 것을 깨달았다. 그는 모든 '작용'(힘을 의미함)은 동등하고 반대되는 '반작용'(반대되는 힘)을 가지고 있다고 했다. 이것을 뉴턴의 제3 법칙이라고 한다.

핵심 요약

- ✓ 뉴턴의 제3 법칙은 모든 힘은 반대 방향으로 작용하는 같은 크기의 힘이 동반된다는 것이다.
- ✓ 작용과 반작용 힘은 항상 같은 종류의 힘이며 물체에 쌍으로 작용한다.
- ✓ 작용과 반작용 힘을 평형과 혼동해서는 안 된다.

작용과 반작용

이 개는 수건을 잡아당기고 있지만, 수건도 개에게 당기는 힘을 가하고 있다. 이 두 힘은 작용-반작용이라고 불리는데, 개가 움직이고 있든 움직이지 않든 존재한다. 개는 무게로 인해 땅에 힘을 가하는데, 여기에도 반작용 힘이 있다. 즉 땅이 개를 밀어 올리고 있다. 작용-반작용 힘은 평형(75쪽 참조)과 같지 않다. 평형은 같은 물체에 작용하지만, 작용과 반작용 힘은 물체의 쌍에 작용한다.

작용-반작용 쌍의 효과

작용-반작용의 두 힘은 실제이며, 관련된 물체의 움직임이나 모양에 변화를 일으킬 수 있다. 예를 들어 스케이트 보더가 벽을 밀 때, 그녀는 벽에 힘을 가하고 벽은 그녀에게 같은 크기의 반대 방향의 힘을 가한다. 벽은 가만히 있지만 스케이트 보더는 반대 방향으로 밀린다. 또한 그녀가 다른 스케이트 보더를 밀면 둘 다 반대 방향으로 움직인다.

스케이트 보더가 움직인다.

스케이트 보더들은 반대 방향으로 움직인다.

장

모든 힘이 물리적인 접촉이 있어야 하는 것은 아니다. 중력과 같은 어떤 힘은 멀리서도 작용한다. 이러한 비접촉 힘은 장이라고 불리는 것을 포함한다. 장은 물체가 힘을 작용할 수 있는 물체 주변의 영역이다.

비접촉 힘

중력, 자기력, 대전된 물체 사이의 인력이나 척력은 모두 장을 통해 작용하는 힘이다. 중력장은 질량이 있는 모든 물체를 둘러싸고 있지만, 중력은 지구와 같은 거대한 물체 주변에서만 두드러진다. 물체에 대한 비접촉 힘의 세기는 장의 세기, 물체의 위치, 물체의 특성에 달려 있다. 예를 들어 지구는 더 가깝고 더 질량이 큰 물체에 더 강한 중력을 작용한다.

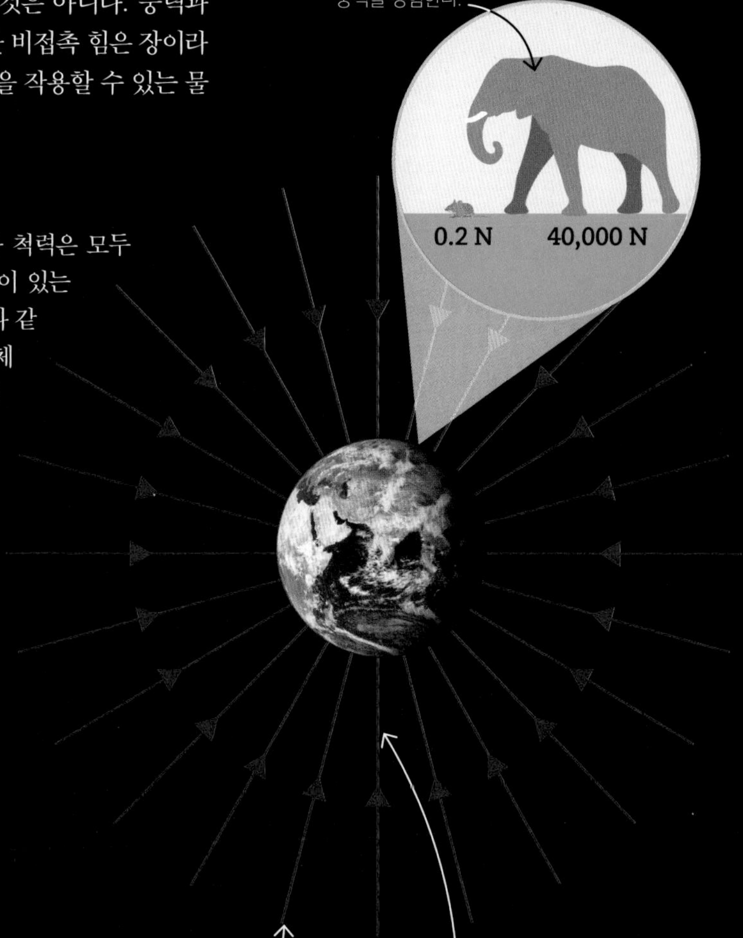

핵심 요약

- ✓ 비접촉 힘은 장을 통해 작용한다.
- ✓ 장은 물체가 힘을 작용할 수 있는 물체 주변의 영역이다.
- ✓ 힘의 크기는 장의 크기, 장 내 물체의 위치, 물체의 특성에 따라 달라진다.

뉴턴의 제3 법칙

뉴턴의 제3 법칙은 모든 힘에는 같은 크기의 반대 방향의 반작용 힘이 있다는 것이다. 이것은 장을 통해 작용하는 비접촉 힘에도 적용된다. 예를 들어 지구는 지표면에 서 있는 사람에게 중력을 가하지만, 그 사람 또한 중력장을 가지고 있고 지구에 동등한 반대의 힘을 가한다. 그러나 지구의 질량이 매우 크기 때문에 반작용 힘이 지구에 미치는 영향은 감지할 수 없다.

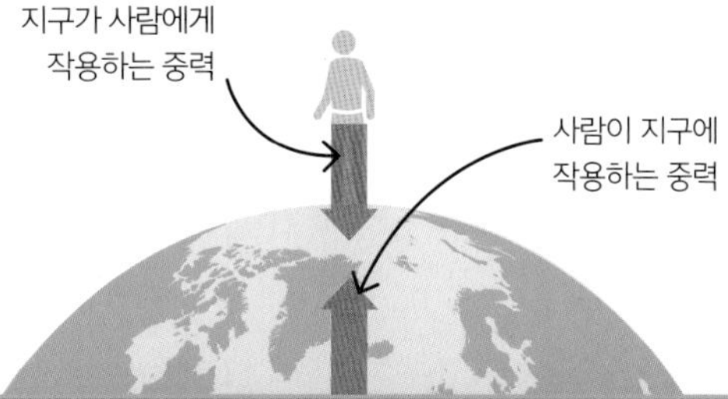

중력 법칙

은하에서 원자에 이르기까지 질량을 가진 모든 물체는 중력장을 통해 질량을 가진 다른 물체에 인력을 가한다. 두 물체 사이의 힘의 크기는 영국의 과학자 아이작 뉴턴이 발견한 뉴턴의 만유인력 법칙에서 구할 수 있다.

핵심 요약

- 질량을 가진 모든 물체는 다른 질량을 가진 물체들이 끌어당기는 중력장으로 둘러싸여 있다.
- 두 물체 사이의 중력은 두 물체 질량의 곱에 비례한다.
- 두 물체 사이의 중력은 두 물체 사이의 거리의 제곱에 반비례한다.

지구와 달

뉴턴은 달과 행성의 관측 결과를 중력 법칙을 계산하기 위해 사용했다. 그는 두 물체 사이의 중력은 두 물체의 질량이 곱해진 것에 비례한다는 것을 깨달았다. 그러나 중력은 물체가 더 멀어짐에 따라 감소하고 중심 사이 거리의 제곱에 비례한다. 이 관계는 공식으로 나타낼 수 있다.

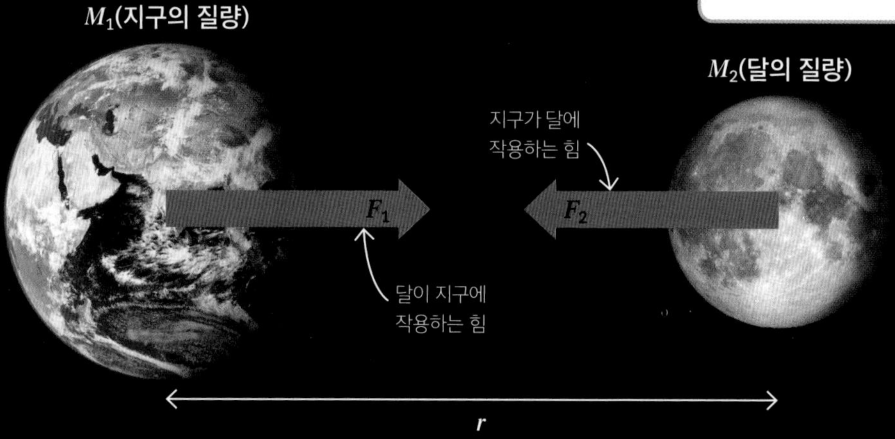

문자 G는 중력 상수라고 불리는 숫자이다.

$$F_1 = F_2 = G\frac{M_1 \times M_2}{r^2}$$

r은 두 물체의 중심 사이의 거리이다.

역제곱 법칙

뉴턴의 만유인력 법칙은 역제곱 법칙을 따른다. 두 물체 사이의 거리가 증가하면 두 물체 사이의 중력은 거리의 제곱에 비례한다. 자연에서는 빛의 세기나 대전된 물체 사이의 정전기력 등과 같이 이 법칙을 따르는 많은 예시가 있다.

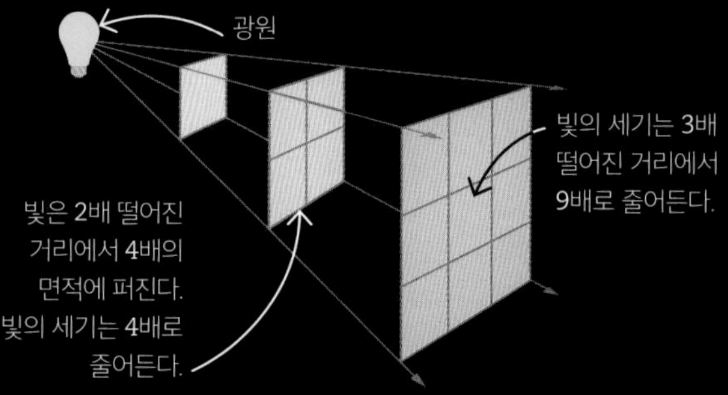

힘과 운동

원운동

많은 물체는 지구를 돌고 있는 달에서부터 놀이기구를 타는 승객에 이르기까지 곡선이나 원형의 길을 따라 움직인다. 물체가 원을 그리며 움직이게 하는 힘을 구심력이라고 한다.

구심력

해머 던지기에서는 무게가 실린 공이 날아가기 전에 원을 그리며 회전한다. 공이 움직이면서 속도가 계속 변화하는데, 이는 공이 가속되고 있다는 것을 의미한다. 모든 가속은 힘에 의해 발생하며, 이 경우 힘은 케이블의 장력이다. 이것은 구심력의 예로, 구심력이 갑자기 없어지면 물체는 직선으로 날아간다.

핵심 요약

- ✓ 원운동은 안쪽으로 작용하는 구심력에 의해 일어난다.
- ✓ 구심력이 없다면 움직이는 물체는 직선으로 이동할 것이다.
- ✓ 원심력은 물체가 곡선 경로를 따라 이동할 때 경험하는 가상의 힘이다.
- ✓ 물체를 원 안에서 계속 움직이게 하는 데 필요한 힘은 물체의 질량과 속도에 따라 증가하지만, 원의 반지름이 증가함에 따라 감소한다.

원심력

회전하는 놀이기구에서 탑승자들은 자신을 바깥쪽으로 끌어당기고 좌석을 상승시키는 힘을 경험한다. 이것은 원심력이라고 불리지만 실제 힘은 아니다. 탑승자의 관점에서는 힘처럼 느껴질 뿐이기 때문에 우리는 이것을 가상의 힘이라고 부른다. 이것은 관성에 의해 질량이 직선으로 멀어지려고 하는 동안 구심력이 중심을 향해 끌어당기면서 발생한다.

뉴턴의 제2 법칙

불평형한 힘이 물체에 작용하면 물체는 가속된다. 영국의 과학자 아이작 뉴턴은 힘의 크기, 물체의 질량, 그리고 가속도 사이의 간단한 관계를 계산했다. 이것을 뉴턴의 제2 법칙이라고 한다.

힘, 질량, 그리고 가속도

짐이 많은 승합차는 짐이 없는 승합차보다 질량이 크기 때문에 속도가 더 느리다. 질량이 클수록 가속도가 더 작아진다. 엔진이 강력한 자동차는 더 큰 미는 힘을 발생시킬 수 있기 때문에 가속이 더 빠르다. 힘이 클수록 가속도도 더 커진다. 힘, 질량, 가속도의 관계는 다음 식과 같다.

$$\text{힘(N)} = \text{질량(kg)} \times \text{가속도(m/s}^2\text{)}$$

$$F = m \times a$$

짐이 없는 승합차는 속도가 더 빨라진다.

핵심 요약

- ✓ 물체에 가해지는 힘이 클수록 가속도가 더 커진다.
- ✓ 물체의 질량이 클수록 가속도는 더 작아진다.
- ✓ 뉴턴의 제2 법칙은 힘 = 질량 × 가속도 라는 공식으로 요약될 수 있다.
- ✓ 관성 질량은 물체의 속도를 변화시키는 것이 얼마나 어려운지를 나타내는 척도이다.

관성 질량

무거운 물체는 움직이기 어렵고 한번 움직이면 멈추기 어렵다. 물체는 큰 관성을 가지고 있다. 물체의 관성 질량은 물체의 속도를 바꾸는 것이 얼마나 어려운지를 나타내는 척도이다. 관성 질량은 가속도에 대한 힘의 비율로 정의된다.

$$m = \frac{F}{a}$$

가속도 계산하기

문제

500 kg의 트롤리가 90 N의 힘으로 밀린다면, 가속도는 얼마인가?

풀이

가속도를 구할 수 있게 공식을 만든다.

$$a = \frac{F}{m} = \frac{90\ \text{N}}{500\ \text{kg}} = 0.18\ \text{m/s}^2$$

가속도 조사

이 실험은 추를 매달아 경사로를 따라 수레를 당김으로써 힘 또는 질량이 운동에 미치는 영향을 보여준다. 가속도는 힘에 비례하고(힘이 2배가 되면 가속도도 2배) 질량에 반비례한다는 것을 알 수 있다(질량이 2배가 되면 가속도는 절반).

핵심 요약

- ✓ 움직이는 물체에 가해지는 힘을 증가시키면 물체의 가속도가 증가한다.
- ✓ 가속도는 힘에 비례한다.
- ✓ 가속도는 질량에 반비례한다.

가속 수레

다음과 같은 설계를 통해 실험을 할 수 있다. 포토 게이트는 경사로 두 지점에서 수레의 속도를 측정하고, 데이터 기록 장치는 두 속도와 측정 사이의 시간을 이용하여 가속도를 계산한다. 경사로의 기울기는 마찰력을 상쇄한다.

교사 감독 필요

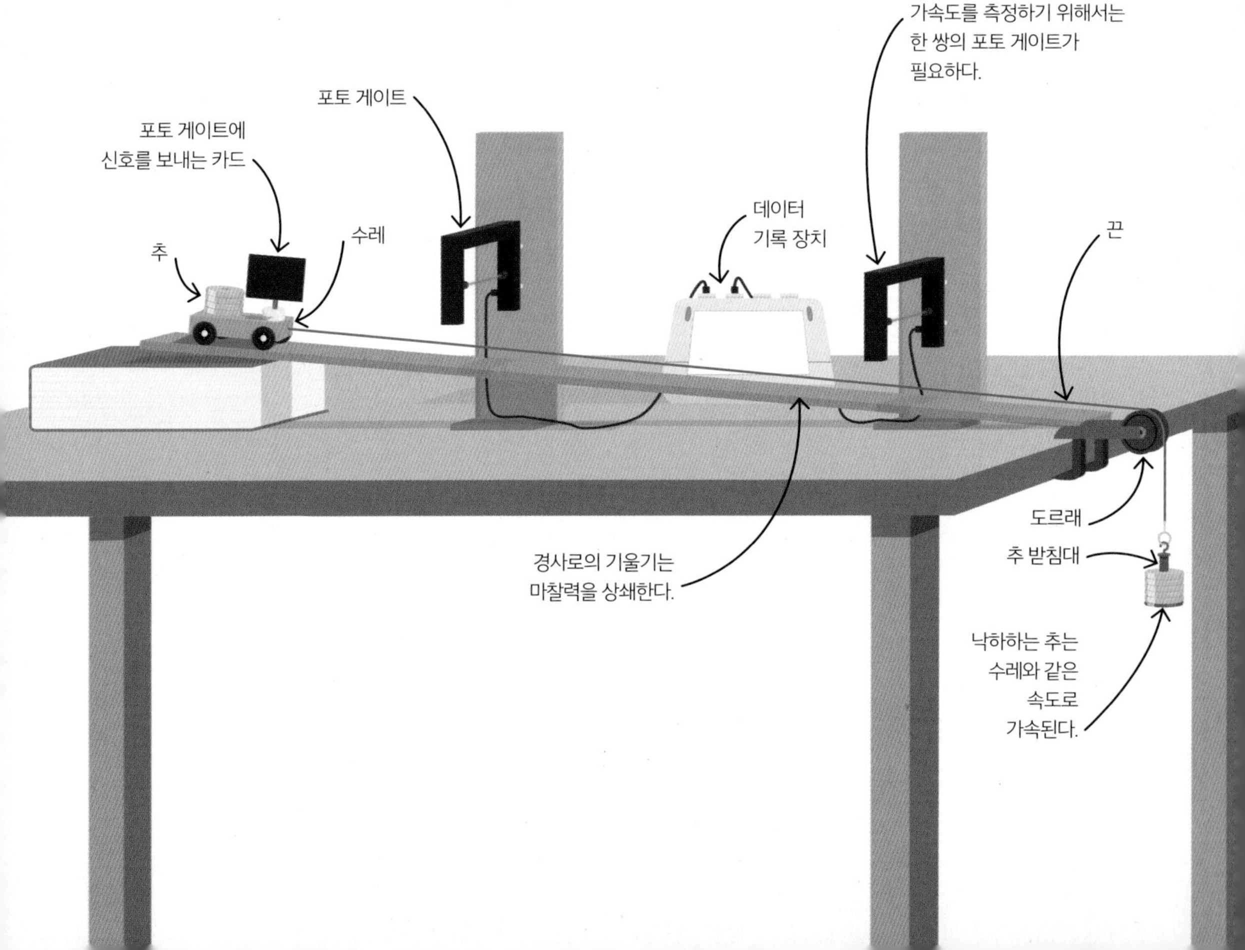

방법

방법 1: 힘이 가속도에 미치는 영향

1. 그림과 같이 장비를 설정하고 데이터 기록 장치를 이용하여 가속도를 계산한다.
2. 부드럽게 밀 때 무게가 없는 수레가 일정한 속도로 굴러갈 때까지 경사로의 기울기를 조정한다.
3. 끈 끝에 하나의 추를 두고 수레 위에 9개의 추를 두는 것으로 시작한다. 하나의 추와 질량이 같도록 설계된 추 받침대를 사용한다면 그것을 첫 번째 추로 사용한다. 시스템의 총 질량(수레 + 모든 추)을 기록한다.
4. 경사로 꼭대기에서 수레를 풀고 가속도를 기록한다. 수레를 경사로 아래로 두 번 더 굴린 후 세 번의 가속도 측정값의 평균을 구한다.
5. 힘을 증가시키기 위해 수레의 추를 끈으로 옮기고 4단계를 반복한다. 10개의 추가 끈에 매달려 있을 때까지 이 작업을 계속한다. 모든 데이터를 표에 기록한다.

방법 2: 질량이 가속도에 미치는 영향

1. 위와 동일하게 설정하되, 끈 끝에 5개의 추를 두고 수레에는 처음부터 하나도 배치하지 않는다.
2. 수레를 경사로 아래로 굴린다. 총 질량(수레 + 추)과 가속도를 기록한다. 수레를 두 번 더 굴리고 세 번의 가속도 평균을 구한다.
3. 수레에 추를 추가하고 2단계를 반복한다. 수레에 추가 5개가 될 때까지 추를 추가로 올려놓는다.

결과

결과 1

첫 번째 방법의 데이터를 사용하여 힘에 대한 가속도의 그래프를 그린다. 가속도는 종속 변수이므로 y축으로 가야 하고, 점들은 원점(0, 0)을 지나는 직선을 형성해야 한다. 이것은 가속도가 힘에 비례한다는 것을 보여준다.

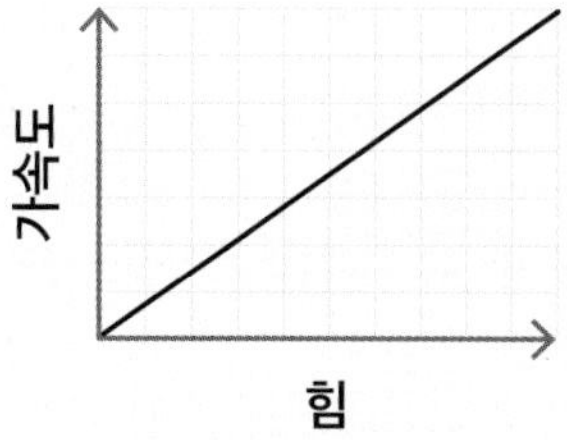

결과 2

그래프에서 질량에 대해 가속도를 표시하면 반비례 관계(질량이 2배로 증가하면 가속도가 절반으로 감소함)를 보여주는 아래를 향하는 곡선이 된다.

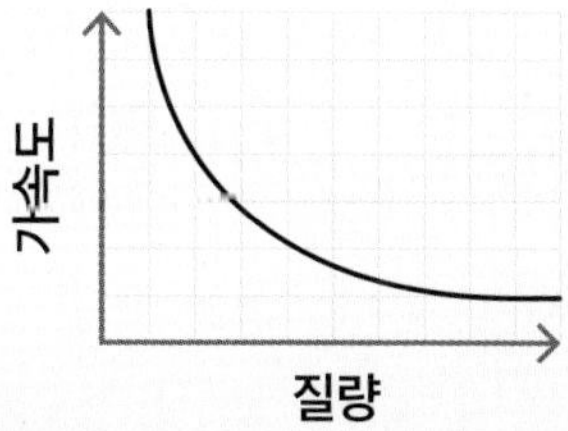

아리엘 원자

일부 스포츠카는 동일한 엔진 출력으로 가능한 한 빨리 가속할 수 있도록 질량을 최소화하도록 설계되었다. 아리엘 원자는 지붕, 문, 창문이 없는 차대를 가지고 있어 해치백 자동차의 절반 정도의 질량을 갖는다.

운동량

물체가 충돌할 때 한 물체가 다른 물체에 미치는 영향은 운동량이라고 불리는 양에 따라 달라진다. 움직이는 물체의 질량이 클수록 또는 물체가 더 빨리 움직일수록 그 물체의 운동량이 커지고 더 큰 영향을 미칠 수 있다.

핵심 요약

- ✓ 물체의 질량이 클수록 또는 물체가 더 빨리 움직일수록 그 물체의 운동량은 더 커진다.
- ✓ 운동량 = 질량 × 속도
- ✓ 운동량 보존 법칙은 외부 힘에 영향을 받지 않는 계에서 충돌 전과 후의 총 운동량이 같다는 것이다.
- ✓ 운동량은 벡터이므로 계산에서는 물체의 이동 방향을 고려해야 한다.

운동량 보존

뉴턴의 요람(진자 실험)은 운동량 보존 법칙을 증명하기 위해 뉴턴이 고안한 장치이다. 이 법칙에 따르면, 계가 외부 힘에 영향을 받지 않을 때 계의 총 운동량은 충돌 전후로 같다. 금속 공 중 하나를 들어올려 다른 공들을 치면 운동량이 공에서 공으로 전달되어 마지막 공이 올라가고 사이클을 반복하게 된다.

운동량 공식

속도와 질량 모두 물체의 운동량에 영향을 미친다. 별똥별은 모래알보다 크지 않은 경우가 많지만 속도 때문에 큰 운동량을 가지고 있다. 화물열차와 같은 대형 차량은 질량이 크기 때문에 엄청난 운동량을 가지고 있으며, 천천히 움직일 때도 위험한 충돌을 일으킬 수 있다. 운동량은 벡터이므로 계산할 때는 물체가 움직이는 방향을 고려해야 한다.

$$\text{운동량(kg m/s)} = \text{질량(kg)} \times \text{속도(m/s)}$$
$$p = m \times v$$

운동량 계산하기

문제 1

1,000 kg의 코뿔소가 초당 15 m의 속도로 이동하고 있다. 코뿔소의 운동량은 얼마인가?

풀이 1

$p = m \times v$
$= 1{,}000 \text{ kg} \times 15 \text{ m/s}$
$= 15{,}000 \text{ kg m/s}$

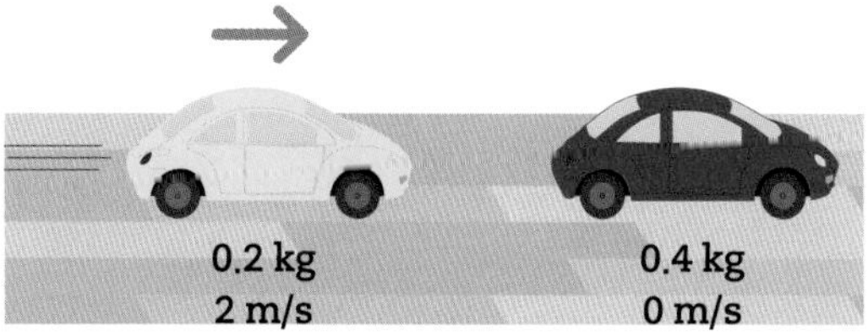

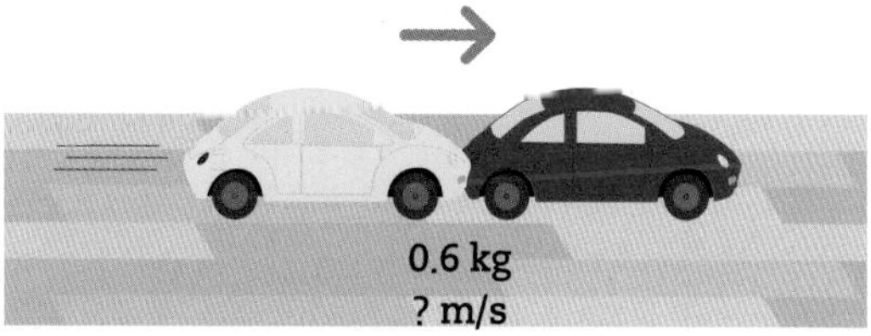

문제 2

0.2 kg의 장난감 자동차가 2 m/s로 이동하여 0.4 kg의 다른 장난감 자동차와 충돌하였다. 두 자동차가 서로 붙어 같은 방향으로 계속 움직인다면 얼마의 속도로 이동하는가?

풀이 2

총 운동량은 보존되므로 다음 식을 사용하여 답을 구한다.

충돌 전 운동량 = 충돌 후 운동량

충돌 전 운동량 = (0.2 kg × 2 m/s) + (0.4 kg × 0 m/s)
= 0.4 kg m/s

충돌 후 운동량 = 0.4 kg m/s

$$v = \frac{p}{m}$$
$$= \frac{0.4 \text{ kg m/s}}{0.2 \text{ kg} + 0.4 \text{ kg}}$$
$$= 0.67 \text{ m/s}$$

탄성 및 비탄성 충돌

물체가 충돌했을 때 충돌 전후의 총 운동량은 보존된다(100쪽 참조). 그러나 운동 에너지는 그렇지 않을 수 있다. 운동 에너지의 보존 여부는 충돌이 탄성적인지 비탄성적인지에 달려 있다.

핵심 요약

- ✓ 충돌은 탄성이거나 비탄성일 수 있다.
- ✓ 탄성 충돌에서는 운동 에너지가 보존되고, 비탄성 충돌에서는 손실된다.
- ✓ 총 운동량은 충돌 전후로 동일하다.

탄성 충돌

탄성 충돌이 일어나는 동안 충돌하는 물체는 모양이 바뀌지만, 다시 원래 모양으로 돌아와 분리된다. 움직이는 물체의 총 운동 에너지는 충돌 전후로 동일하다. 그러나 실제 상황에서는 운동 에너지가 손실되기 때문에 완벽한 탄성 충돌은 거의 일어나지 않는다. 예를 들어 발로 공을 찰 때 운동 에너지는 소리로 전달된다.

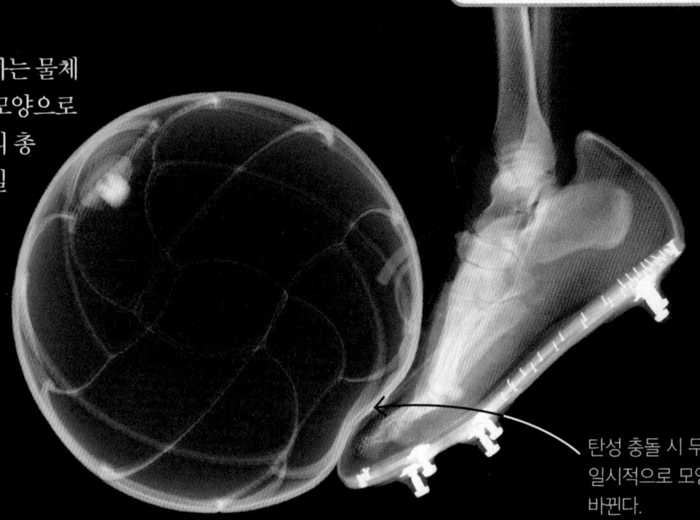

탄성 충돌 시 두 물체 모두 일시적으로 모양이 바뀐다.

운동 에너지 계산하기

대부분의 충돌은 약간의 운동 에너지의 손실을 초래한다. 충돌 전후의 운동 에너지를 계산함으로써 얼마만큼의 손실이 발생하는지 알 수 있다.

문제

스누커 경기 중 1.5 m/s로 이동하는 0.17 kg의 흰색 공이 0.16 kg의 질량을 가진 정지한 빨간색 공에 부딪쳤다. 빨간색 공은 1.2 m/s로 이동하고 흰색 공은 0.37 m/s로 이동했다면, 얼마나 많은 운동 에너지가 손실되었나?

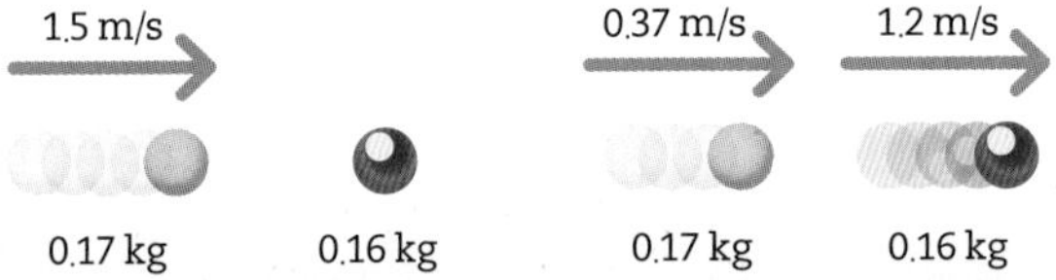

풀이

52쪽의 운동 에너지 공식($E_k = \frac{1}{2} \times m \times v^2$)을 이용하여 충돌 전후의 총 운동 에너지를 계산한다.

충돌 전 운동 에너지 $= \frac{1}{2} \times 0.17 \times 1.5^2$
$= 0.19\ \text{J}$

충돌 후 운동 에너지
$= (\frac{1}{2} \times 0.17 \times 0.37^2) + (\frac{1}{2} \times 0.16 \times 1.2^2)$
$= 0.13\ \text{J}$

손실된 운동 에너지 $= 0.19\ \text{J} - 0.13\ \text{J}$
$= 0.06\ \text{J}$

비탄성 충돌

비탄성 충돌에서 충돌하는 물체는 영구적으로 모양이 바뀔 수 있고 함께 결합될 수도 있다. 운동 에너지는 소리, 내부 에너지 및 기타 다른 에너지로 전환된다. 예를 들어 다음에 나온 자동차의 충돌은 비탄성이다. 신발과 충돌한 공처럼 튀어오르는 대신, 자동차들은 운동 에너지를 잃고 멈춰 선다. 두 자동차의 모양은 영구적으로 바뀐다.

폭발

폭발에서는 운동량은 보존되지만 운동 에너지는 보존되지 않는다. 폭발하지 않은 폭탄이 정지해 있을 때는 운동 에너지가 0이지만, 폭발하는 파편들은 엄청난 양의 운동 에너지를 가지고 있다. 하지만 운동량은 그대로 유지된다. 정지해 있는 폭탄의 총 운동량은 0이고, 파편들의 총 운동량 또한 0이다. (운동량은 벡터의 양이며, 파편들은 모두 다른 방향으로 바깥쪽으로 이동한다.)

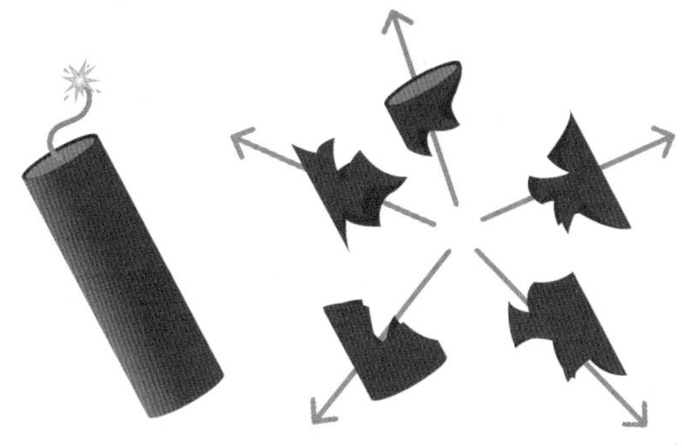

운동량 변화

차를 세우든 테니스 공을 치든, 움직이는 물체의 운동량을 바꾸려면 힘이 필요하다. 운동량의 변화가 크거나 운동량이 더 빠르게 변할수록 필요한 힘은 더 커진다. 자동차 충돌은 운동량의 매우 빠른 변화가 큰 힘을 수반하기 때문에 위험하다.

핵심 요약

- ✓ 물체의 운동량을 바꾸려면 힘이 필요하다.
- ✓ 물체가 운동량이 많을수록 물체를 멈추기 위해 필요한 힘이 커지거나 물체를 멈추게 하는 힘이 더 오래 가해져야 한다.

힘과 운동량

차가 멈추면 운동량은 0으로 떨어진다. 차의 운동량을 변화시키는 데 필요한 힘을 계산할 수 있다. 다음 예에서 볼 수 있듯이 차를 점진적으로 늦추는 것보다 갑자기 멈추기 위해서는 훨씬 더 큰 힘이 필요하다.

$$\text{힘(N)} = \frac{\text{운동량 변화(kg m/s)}}{\text{시간(s)}}$$

$$F = \frac{mv - mu}{t}$$

나중 속도 (v), 처음 속도 (u)

서서히 멈출 때

1,000 kg의 차량이 14 m/s (약 50 km/h)의 속도로 주행하고 있다. 운전자가 10초 동안 제동하여 차량을 정지시킨다면 차량에 작용하는 힘은 얼마인가?

나중 운동량에서 처음 운동량을 빼야 한다.

$$F = \frac{(1{,}000\ \text{kg} \times 0\ \text{m/s}) - (1{,}000\ \text{kg} \times 14\ \text{m/s})}{10\ \text{s}}$$

$$= \frac{0 - 14{,}000\ \text{kg m/s}}{10\ \text{s}}$$

$$= -1{,}400\ \text{N}$$

힘은 자동차의 움직임과 반대 방향으로 작용하기 때문에 마이너스이다.

갑자기 멈출 때

같은 질량의 차량이 14 m/s의 속도로 주행한다. 신호등에 걸려 0.07초 동안 0 m/s까지 감속했을 때 이 차량에 작용하는 힘은 얼마인가?

$$F = \frac{(1{,}000\ \text{kg} \times 0\ \text{m/s}) - (1{,}000\ \text{kg} \times 14\ \text{m/s})}{0.07\ \text{s}}$$

$$= \frac{0 - 14{,}000\ \text{kg m/s}}{0.07\ \text{s}}$$

$$= -200{,}000\ \text{N}$$

차를 멈추게 하는 힘은 코끼리 5마리의 무게와 맞먹는다.

정지거리

비상 상황에서 운전자가 위험을 감지하면 빨리 차를 멈춰야 한다. 위험을 감지한 운전자와 정지한 차 사이의 거리를 정지거리라고 하며, 차의 속력, 질량 및 기타 다른 요인에 영향을 받는다.

핵심 요약

- 정지거리란 운전자가 위험을 감지하는 경우와 차량이 정지하는 경우 사이에 적용되는 거리이다.
- 정지거리는 공주거리와 제동거리의 합이다.
- 공주거리에 영향을 미치는 요인으로는 피로도, 약물이나 알코올 사용, 주의 산만, 차량의 속력 등이 있다.
- 제동거리에 영향을 미치는 요인으로는 차량의 속력, 질량, 상태, 도로 및 기상 조건 등이 있다.

사고와 제동

총 정지거리는 공주거리와 제동거리 두 부분으로 나눌 수 있다. 공주거리는 운전자가 위험을 보고 브레이크를 밟아 반응하기까지 주행한 거리이고, 제동거리는 제동이 시작된 후 주행하는 거리이다.

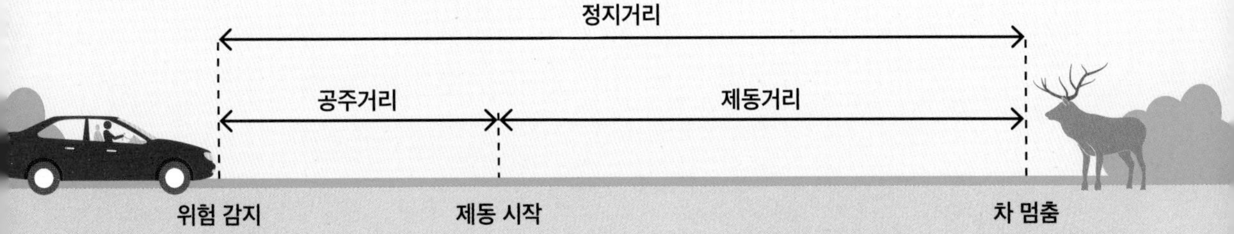

정지거리 및 속력

정지거리에 영향을 미치는 가장 중요한 요소는 속력이다. 차가 빨리 달릴수록 안전하게 정지하는 데 더 오랜 시간이 걸린다. 빠른 차는 느린 차보다 훨씬 더 많은 운동 에너지를 가지고 있어 브레이크가 차를 정지시키기 위해 훨씬 더 많은 일을 해야 하기 때문이다.

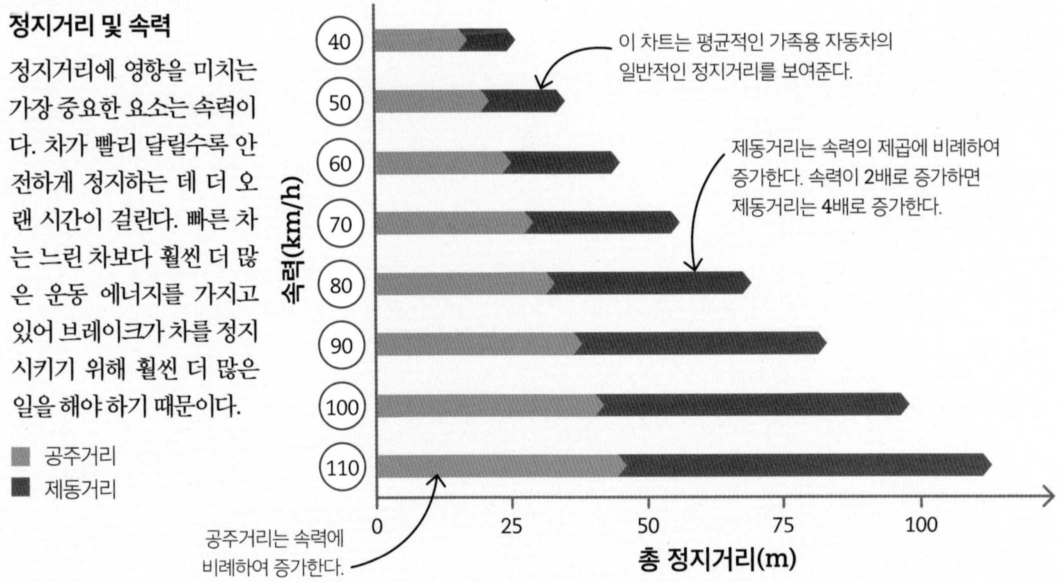

반응 시간

대부분의 운전자들은 위험에 반응하는 데 약 0.7초가 걸리지만, 운전자가 술을 마셨거나 마약을 복용했거나 휴대폰으로 인해 주의가 산만한 상태라면 이 시간은 3배 이상 증가할 수 있다. 반응 시간 또한 사람마다 다르며 피로도에 영향을 받는다. 다음과 같은 간단한 실험으로 반응 시간을 평가할 수 있다. 도우미에게 경고 없이 자를 떨어뜨리게 하고 얼마나 빨리 그것을 잡을 수 있는지 확인한다.

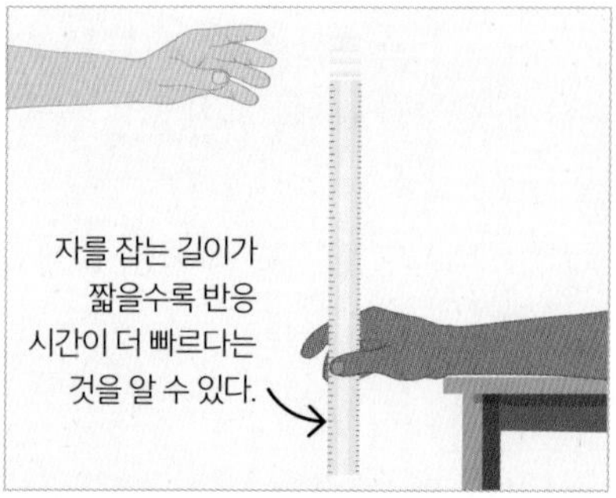
자를 잡는 길이가 짧을수록 반응 시간이 더 빠르다는 것을 알 수 있다.

제동거리에 영향을 미치는 요인

대형 차량은 소형 차량보다 더 많은 운동 에너지를 가지고 있어 더 긴 제동거리를 필요로 한다.

빠른 차량은 느린 차량보다 더 많은 운동 에너지를 가지고 있어 더 긴 제동거리를 필요로 한다.

타이어와 브레이크 상태는 제동거리에 영향을 미치며, 마모되거나 상태가 좋지 않으면 마찰력이 줄어 운동 에너지가 감소한다.

젖은 노면이나 빙판길은 마찰력을 줄여 정지력이 줄어들며, 또한 미끄러움을 유발할 수 있다.

초음속 정지거리

제동거리는 자동차 속력의 제곱에 비례하여 증가한다(속력이 2배로 증가하면 제동거리가 4배로 증가함). 이에 따라 지상 최고 속도 기록을 경신하도록 설계된 초음속 자동차 블러드하운드(Bloodhound) LSR은 제동 낙하산의 도움을 받더라도 제동거리가 7.2 km 안팎에 달한다.

블러드하운드 LSR의 유선형 코는 공기 저항 감소에 도움을 준다.

자동차 안전 기능

자동차 충돌이 일어나는 동안 자동차와 그 안에 있는 모든 것들은 급격한 운동량의 변화를 겪는다. 충돌로 인해 차 안에 있는 사람들이 받는 힘은 그들의 운동량의 변화율과 같다. 심각한 부상을 일으킬 수 있는 이 큰 힘을 최소화하기 위해 자동차에는 운동량의 변화를 늦추는 안전 기능이 있다.

핵심 요약

- ✓ 자동차 충돌은 급격한 운동량의 변화와 크고 위험한 힘을 수반한다.
- ✓ 운동량의 변화를 늦추면 충돌 시 힘이 줄어든다.
- ✓ 자동차 안전 기능에는 에어백, 안전벨트, 범퍼 등이 포함된다.

충돌 테스트

자동차 충돌 시뮬레이션은 엔지니어가 탑승자 신체의 여러 부분에 가해지는 힘을 측정하고 안전 기능이 효과적인지 확인할 수 있다. 주요 안전 기능으로는 안전벨트, 앞뒤 범퍼, 에어백이 있다. 에어백과 범퍼는 신체가 정지하는 데 걸리는 시간을 증가시켜 운동량의 변화를 줄임으로써 승객에게 가해지는 힘을 줄여준다.

안전 케이지

자동차의 많은 부분은 충돌 시 안전하게 변형되도록 설계되어 탑승자에게 가해지는 힘을 줄여준다. 그러나 탑승자가 있는 객실과 연료탱크 또는 배터리를 포함한 일부 부품은 구겨지지 않도록 보호되어야 한다. 이 영역은 큰 변형 없이 엄청난 힘을 견딜 수 있는 안전 케이지라고 불리는 단단한 철골로 둘러싸여 있다.

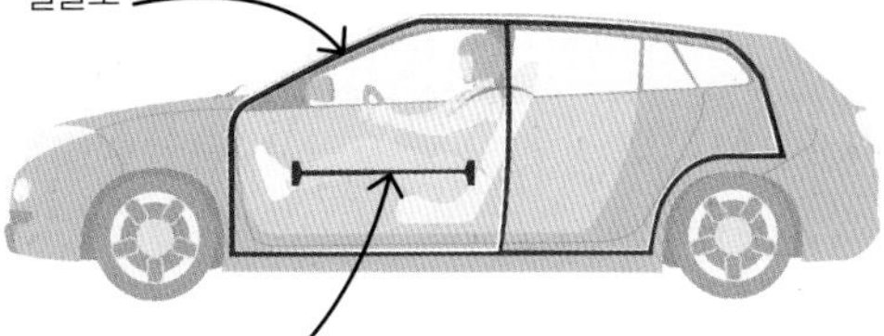

제동거리 및 에너지

차를 멈추려면 차의 운동 에너지가 다른 에너지로 전달되어야 하는데, 차가 빨리 움직일수록 더 많은 운동 에너지가 전달되어야 하고 제동거리도 커진다.

핵심 요약

- ✓ 제동력은 차량의 운동을 변경하기 위해 차량에 작용한다.
- ✓ 제동에서 수행된 일은 운동 에너지의 변화와 동일하다.
- ✓ 차량을 안전하게 정지시키기 위해 필요한 제동거리는 차량 속력의 제곱에 비례하여 증가한다.

운동 에너지

움직이는 자동차는 운동 에너지를 저장하고 있다. 운동 에너지는 52쪽의 공식을 이용하여 계산할 수 있다(운동 에너지 = $\frac{1}{2} \times m \times v^2$). 브레이크가 차의 속도를 늦추기 위해 사용될 때 브레이크는 힘을 주어 일을 한다. 브레이크가 한 일은 운동 에너지의 변화와 같으므로 일에 대한 공식(55쪽 참조)을 운동 에너지에 대한 공식과 결합하여 새로운 공식을 만들 수 있다.

일(J) = 힘(N) × 거리(m)

운동 에너지(J) = $\frac{1}{2}$ × 질량(kg) × 속력^2(m/s)^2

힘(N) × 거리(m) = $\frac{1}{2}$ × 질량(kg) × 속력^2(m/s)^2

$$F \times d = \frac{1}{2} \times m \times v^2$$

이렇게 결합한 공식은 자동차의 속력, 질량 및 브레이크가 가한 힘을 알고 있으면 제동거리 (d)를 계산할 수 있어 유용하다.

제동거리 계산하기

문제

13 m/s (약 47 km/h)의 속력으로 주행하는 1,100 kg 차량의 휠에 2,000 N의 휠을 멈추는 힘이 균일하게 작용한다. 제동거리는 얼마인가? 그 2배의 속력에서 제동거리는 얼마인가?

풀이 1

제동거리를 기준으로 식을 재정렬한다.

$$d = \frac{\frac{1}{2} \times m \times v^2}{F}$$

$$= \frac{\frac{1}{2} \times 1{,}100\ \text{kg} \times 13\ \text{m/s} \times 13\ \text{m/s}}{2{,}000\text{N}}$$

$$= 46\ \text{m}$$

풀이 2

$$d = \frac{\frac{1}{2} \times 1{,}100\ \text{kg} \times 26\ \text{m/s} \times 26\ \text{m/s}}{2{,}000\ \text{N}}$$

$$= 186\ \text{m}$$

속력이 2배가 되면 제동거리는 4배로 증가한다. 제동거리는 속력의 제곱에 비례한다.

차의 속력과 안전성

결합된 공식은 차의 속력의 제곱에 비례하여 제동거리가 증가한다는 것을 보여준다. 다시 말해 속력을 2배로 하면 제동거리가 4배가 되고, 속력을 3배로 하면 제동거리가 9배가 된다. 이것이 고속 주행이 위험한 이유 중 하나이다. 즉 더 빠른 차는 느린 차보다 훨씬 더 많은 운동량을 가지고 있을 뿐만 아니라, 멈추기 위해 훨씬 더 많은 공간이 필요하다.

제동판

자동차가 브레이크를 밟을 때 운동 에너지가 열에너지로 전환되어 브레이크가 뜨거워진다. 포뮬러 1 자동차는 믿을 수 없을 정도로 빠르게 가속 및 감속할 수 있도록 제작되었다. 제동판이 빨갛게 달아오르게 하는 동안 엄청난 양의 에너지가 전달된다.

브레이크를 밟을 때 휠의 제동판이 빨갛게 달아오른다.

종단 속도

낙하 물체는 지구의 중력에 의해 가속도가 붙는다. 그러나 종단 속도에 도달하면 가속도가 붙지 않게 된다. 이때 아래쪽을 향하는 힘인 무게와 위쪽을 향하는 힘인 공기 저항이 균형을 이루게 된다.

스카이다이빙을 할 때 팔다리를 벌리는 것보다 먼저 머리를 숙일 때 스카이다이버는 300 km/h의 종단 속도에 이를 수 있다.

핵심 요약

- ✓ 공기 저항은 공기를 통해 움직이는 물체와 반대 방향으로 작용하는 마찰력의 한 종류이다.
- ✓ 물체가 유체(기체 또는 액체)를 빠르게 통과할수록 저항력이 커진다.
- ✓ 종단 속도는 낙하물에 작용하는 수직 방향의 힘이 균형을 이룰 때 도달하는 일정한 속도이다.

스카이다이버

스카이다이버는 보통 비행기에서 뛰어내리고 약 12초 후에 종단 속도 55 m/s (200 km/h)에 도달한다. 이 속도로 낙하산을 펴기 전까지 1분 정도를 보내고, 8.3 m/s (30 km/h) 미만의 속도로 떨어지는 극한 감속을 경험한다.

공기 저항의 이용

공기 저항은 물체의 움직임과 반대로 작용한다. 비행기와 새는 유선형의 날개로 공기 저항을 최소화하지만, 낙하산은 그 반대이다. 넓은 면은 최대의 공기 저항을 만들어 사람이 매우 느린 종단 속도로 땅에 떨어질 수 있도록 한다.

1. 스카이다이버가 비행기에서 뛰어내릴 때 공기 저항은 처음부터 작다. 스카이다이버의 무게는 공기 저항의 힘보다 크므로 결과적으로 아래쪽으로 힘이 가해진다. 결과적으로 스카이다이버는 가속된다.

2. 스카이다이버의 속도가 빨라지면 공기 저항은 스카이다이버의 무게와 같아질 때까지 증가한다. 힘이 균형을 이루면 스카이다이버는 가속을 멈추고 일정한 속도로 떨어진다. 즉 종단 속도에 도달한다.

3. 스카이다이버가 낙하산을 펼치면 공기 저항이 급격히 증가한다. 이제 스카이다이버의 무게보다 공기 저항이 훨씬 커서 상승시키는 힘이 발생한다. 스카이다이버는 감속되지만 계속해서 낙하한다.

4. 스카이다이버의 속도가 느려지면 공기 저항이 감소한다. 결국 다시 무게와 일치하게 되고, 스카이다이버는 안전하게 착륙할 수 있는 더 낮은 종단 속도에 도달한다.

- 공기 저항
- 무게

속도-시간 그래프

비행기에서 지상까지 스카이다이버의 이동은 속도-시간 그래프로 나타낼 수 있다. 2개의 평평한 구간은 종단 속도를 나타내고, 속도가 급격히 떨어진 구간은 낙하산이 펼쳐진 후이다.

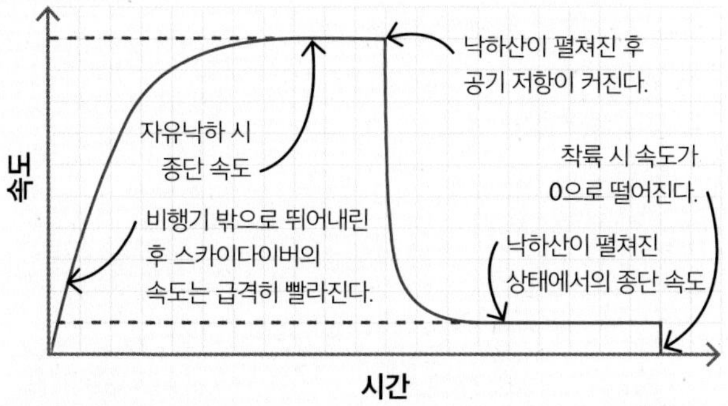

파동

파동

파동은 물질을 전달하지 않으면서 동시에 한 장소에서 다른 장소로 에너지를 전달하는 진동이다. 연못의 물결파나 공기에서의 음파와 같은 파동은 물질을 통해서만 이동할 수 있다. 빛과 같은 종류의 파동은 빈 공간을 통해 이동할 수 있다.

핵심 요약

- ✓ 파동은 물질을 전달하지 않고 에너지를 전달하는 진동이다.
- ✓ 파동의 파장은 마루에서 이웃한 마루까지의 거리이다.
- ✓ 파동의 진폭은 진동 중심에서 마루까지의 높이이다.
- ✓ 파동의 진동수는 1초마다 고정된 점을 통과하는 파동의 수이다.

물속의 파도

연못에 돌을 던지면 바깥으로 퍼지는 원형의 파도를 만든다. 물이 밖으로 이동하는 것처럼 보일 수 있지만, 사실 파도의 에너지가 물을 통해 이동하면서 오르내릴 뿐이다. 물 위에 떠 있는 물체는 파도가 지나갈 때 위아래로 왔다 갔다 한다.

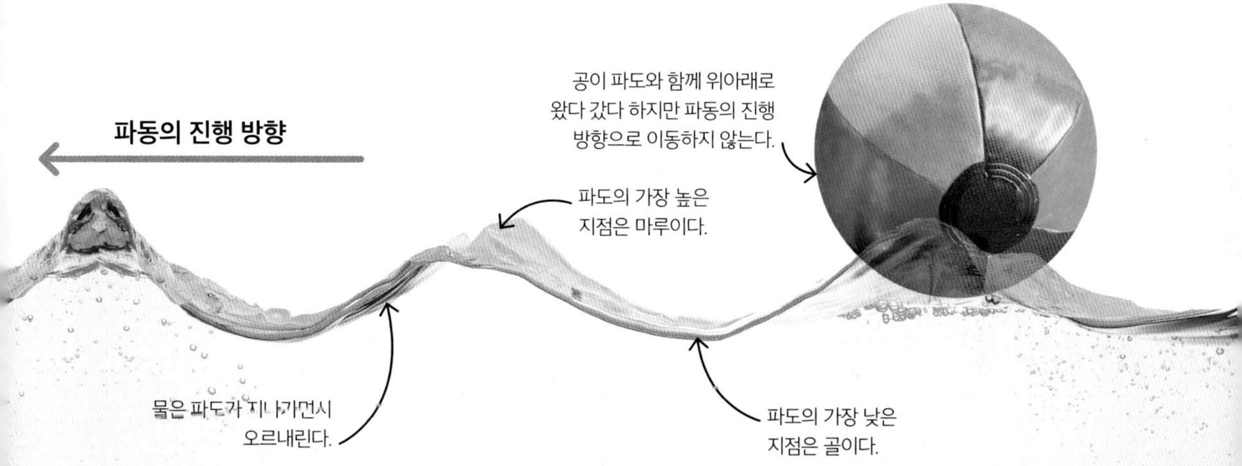

파동 설명

모든 종류의 파동은 세 가지 다른 측정값을 사용하여 설명할 수 있다. 파장은 한 파동의 길이이고, 진동수는 1초마다 고정된 점을 통과하는 파동의 수이다. 파장이 길수록 진동수는 낮아진다. 진폭이 클수록 파동이 전달하는 에너지는 커진다.

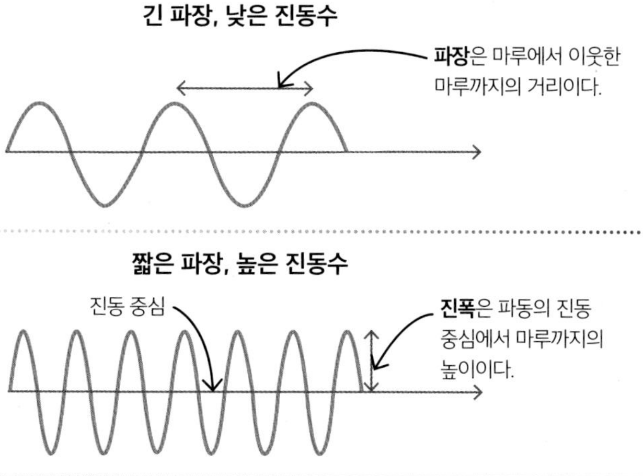

소리

소리는 물질(공기, 물, 고체 물체 포함)을 통해 이동하는 보이지 않는 파동으로, 물체가 진동할 때 생성된다. 예를 들어 기타나 북을 치면 진동을 일으켜 밖을 향하는 모든 방향의 공기 속을 지나가는 파동을 생성한다.

음파

스피커가 음악을 재생할 때 표면은 매우 빠르게 앞뒤로 움직인다(진동한다). 공기 중의 입자들은 번갈아 가며 서로 밀고 당긴다. 움직이는 입자가 이웃하는 입자들과 충돌하면 압축된 파동이 바깥으로 이동하게 되는데, 이것이 음파이다. 소리는 액체와 고체를 같은 방식으로 이동한다.

핵심 요약

- ✓ 소리는 물질을 통과하는 파동으로 이루어져 있다.
- ✓ 음파는 물체가 진동할 때 생성된다.
- ✓ 음파는 종파이다. 진동은 파동이 진행하는 방향과 나란하다.
- ✓ 빛과 같은 횡파에서 진동은 파동이 진행하는 방향과 직각이다.

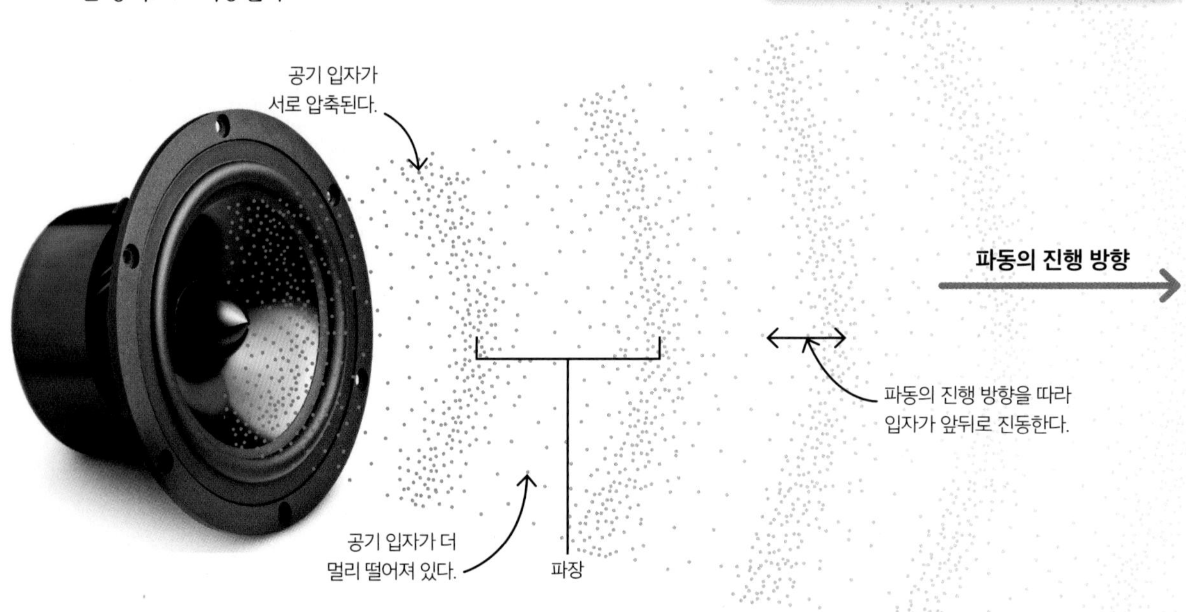

종파와 횡파

파동은 진동의 형태에 따라 분류된다. 음파에서 파동은 진행 방향을 따라 앞뒤로 진동하는데, 이것을 종파라고 한다. 물결파와 빛에서 파동은 진행 방향에 따라 위아래로 진동하는데, 이것을 횡파라고 한다.

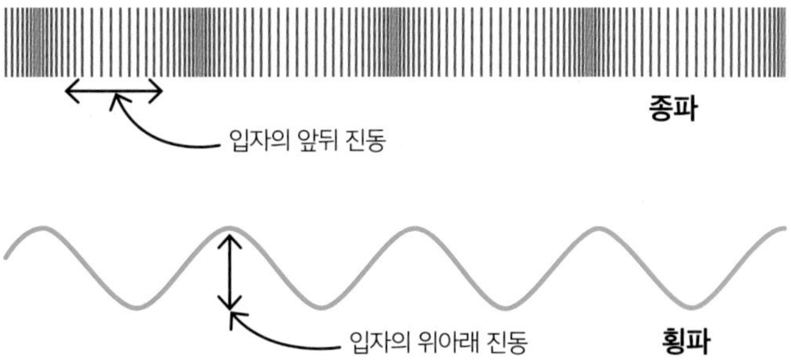

오실로스코프

소리는 작은 것에서 큰 것, 그리고 낮은 것에서 높은 것까지 다양하다. 소리의 크기는 음파의 진폭에 따라 달라지고, 음높이는 진동수에 따라 달라진다. 파동을 움직이는 그래프로 화면에 표시하는 장치인 오실로스코프를 사용하여 이러한 특성을 연구할 수 있다.

핵심 요약

- ✓ 음파의 진폭이 클수록 더 크게 들린다.
- ✓ 음파의 진동수가 높을수록 고음이 난다.
- ✓ 오실로스코프를 사용하면 파동을 시각화할 수 있다.

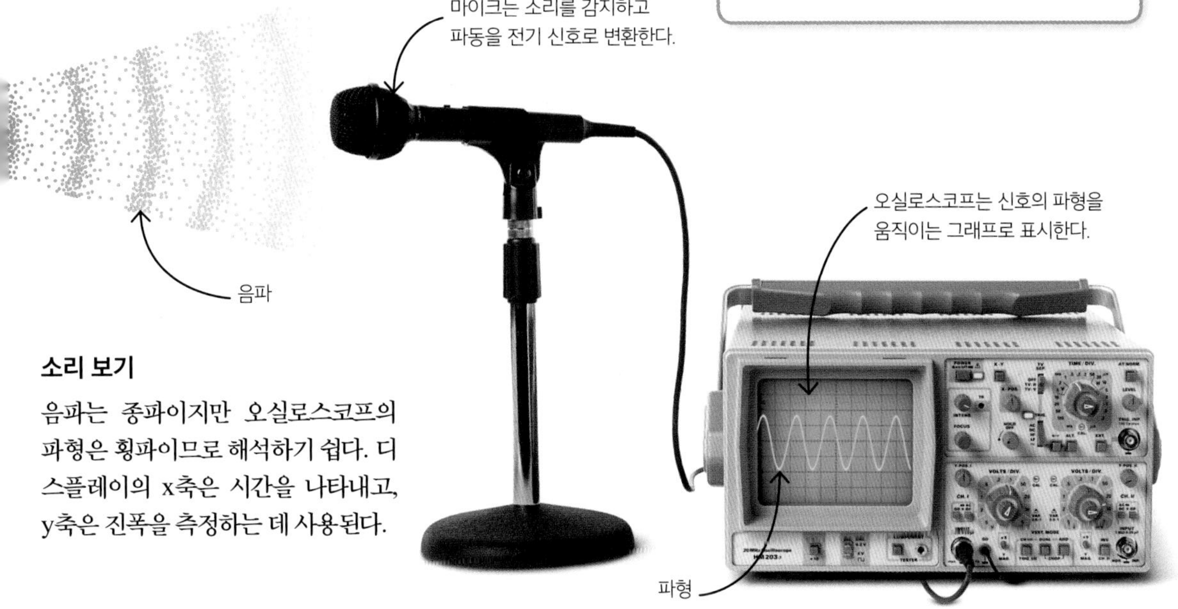

소리 보기

음파는 종파이지만 오실로스코프의 파형은 횡파이므로 해석하기 쉽다. 디스플레이의 x축은 시간을 나타내고, y축은 진폭을 측정하는 데 사용된다.

다른 소리

오실로스코프에서 서로 다른 소리의 진폭, 진동수, 파형을 파악할 수 있다.

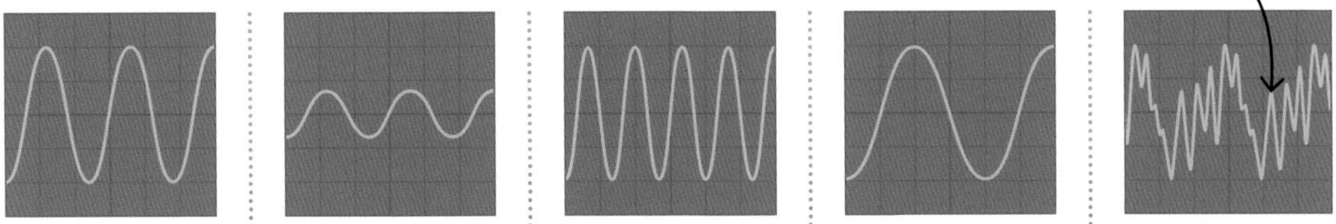

큰 소리는 진폭이 크기 때문에 파형이 높다.

작은 소리는 진폭이 작기 때문에 파형이 낮다.

고음은 진동수가 높아 여러 개의 봉우리가 서로 가깝게 있는 파형을 만든다.

저음은 진동수가 낮아 파장이 길고 봉우리의 개수가 적다.

대부분의 음원은 여러 개의 파동을 만들어 내고, 이들이 결합하여 복잡한 파형을 만든다.

파동 방정식

파동이 이동하는 속력과 파장, 진동수, 주기(한 파장이 통과하는 시간)는 모두 관련이 있다. 여기에서는 방정식을 어떻게 사용하는지 보여준다.

핵심 요약

- ✓ 하나의 파장이 통과하는 데 걸리는 시간이 파동의 주기이다.
- ✓ 파동의 진동수는 1을 파동의 주기로 나눈 것과 같다.
- ✓ 파동의 속력 = 진동수 × 파장

진동수 및 주기

대부분의 파동 그래프와 달리 다음 그래프는 파동이 일정 시간 동안 어떻게 변화하는지 보여준다. 한 파장이 통과하는 데 4분의 1초가 걸리며, 이를 우리는 파동의 주기라고 한다. 매초마다 4개의 파동이 통과하는데, 이것이 우리가 헤르츠(Hz) 단위로 측정하는 파동의 진동수이다. 1Hz는 1초에 한 번의 주기를 의미한다.

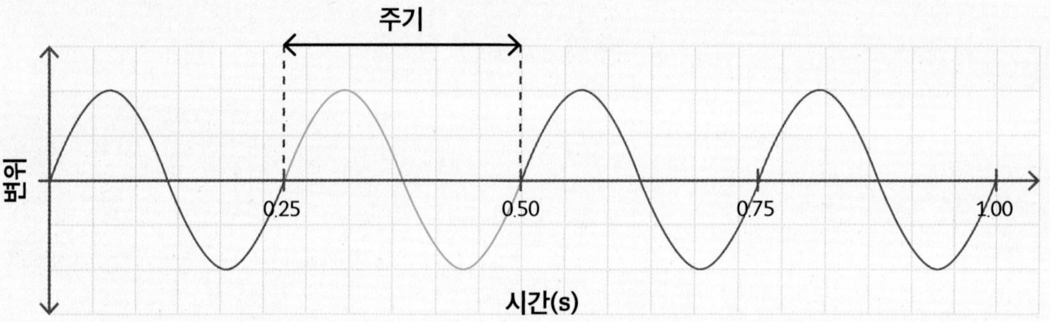

진동수 공식

다음 식은 주기와 진동수가 반비례 관계에 있음을 보여준다. 즉 하나가 반으로 줄면 다른 하나는 2배로 늘어난다.

$$\text{진동수(Hz)} = \frac{1}{\text{주기(s)}}$$

$$f = \frac{1}{T}$$

진동수 계산하기

문제

중간 C로 알려진 피아노 건반은 0.00382초 주기의 음을 연주한다. 음의 진동수는 얼마인가?

풀이

$$f = \frac{1}{T} = \frac{1}{0.00382\ \text{s}} = 262\ \text{Hz}$$

파동의 속력

오른쪽 식은 파동의 속력, 진동수, 파장이 어떻게 연관되어 있는지를 보여준다. 파장의 기호는 그리스 문자 λ(람다)이다.

$$\text{속력(m/s)} = \text{진동수(Hz)} \times \text{파장(m)}$$

$$v = f \times \lambda$$

소리의 속력

소리는 약 343 m/s의 속력으로 공기를 통과하지만, 물속(1,480 m/s)에서는 더 빠르게 움직이며 고체(강철의 경우 5,000 m/s)를 더 빠르게 통과할 수 있다. 반면 빛은 공기 속에서 소리의 속력보다 약 100만 배나 더 빠르게 이동한다. 그 결과 불꽃놀이를 보거나 번개를 볼 때 빛의 섬광이 소리보다 더 빠르게 우리에게 도달한다.

파장 계산하기

문제

바이올린 연주자는 880 Hz 진동수의 음을 연주한다. 공기 중 소리의 속력이 343 m/s라면 음의 파장은 얼마인가?

풀이

파장을 구할 수 있게 식을 구한다.

$$v = f \times \lambda$$

$$\lambda = \frac{v}{f}$$

$$\lambda = \frac{343\ \text{m/s}}{880\ \text{Hz}}$$

$$= 0.390\ \text{m}$$

빛과 소리 사이의 시간(초)을 측정하면 공기 중의 소리의 속력늘 이용하여 번개가 얼마나 멀리 떨어져 있는지 계산할 수 있다(측정된 시간(초)을 3으로 나눈 결과는 떨어져 있는 대략의 거리(km)를 의미한다).

청각

인간의 귀는 음파에 의해 전달된 에너지를 전기적인 자극으로 변환시켜 뇌로 전달하고 그곳에서 소리로 해석된다.

귓속

소리는 공기 중의 파동으로 귀에 들어가지만 고막에 의해 고체 물질의 진동으로 변환된다. 음파가 부딪혔을 때 고체의 진동은 단단함과 같은 물질의 특성에 의존한다. 고막과 귀의 다른 기관들은 특정한 주파수 범위에서만 진동하는데, 이러한 이유로 주파수가 너무 낮거나 높으면 소리를 들을 수 없다. 사람은 나이가 들면서 고주파 소리를 감지할 수 있는 능력을 잃게 된다. 시끄러운 음악을 듣는 것 또한 특정한 소리에 대한 귀의 민감성을 손상시킬 수 있다.

핵심 요약

- ✓ 귀는 음파를 뇌로 보내는 전기 자극으로 바꾸어 사람들이 청각을 느끼게 한다.
- ✓ 어떤 소리는 사람들이 듣기에 음정이 너무 높거나 너무 낮다.
- ✓ 노화와 귀의 손상은 모두 청각을 악화시킨다.

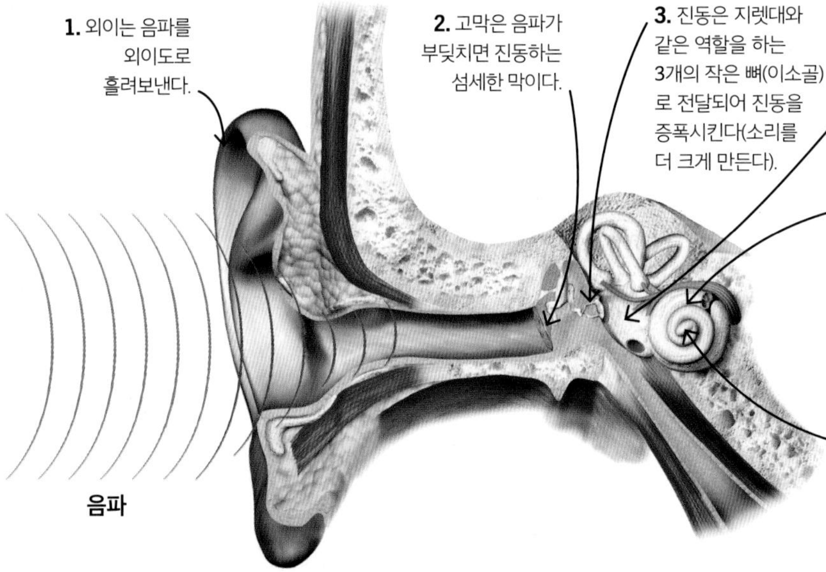

주파수 범위

인간은 대략 20~20,000 Hz 사이의 주파수 범위에서 소리를 들을 수 있다. 인간이 들을 수 없을 정도로 너무 높은 주파수를 초음파라고 하고, 너무 낮은 주파수를 초저주파라고 한다. 동물들은 서로 다른 범위를 가지고 있다. 예를 들어 돌고래와 박쥐는 훨씬 더 높은 초음파를 들을 수 있고, 코끼리는 더 낮은 초저주파를 감지할 수 있다.

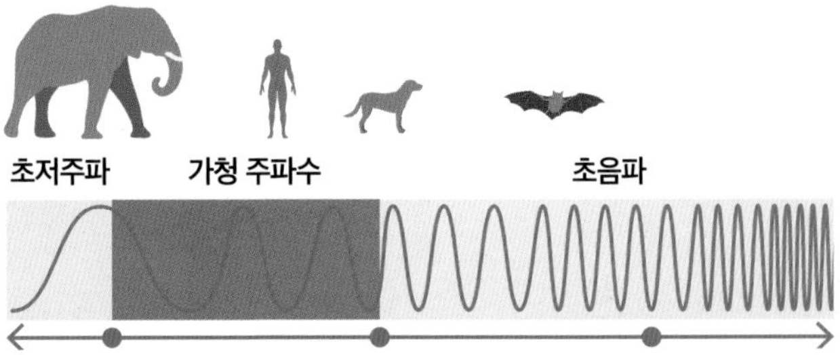

파동의 속력 조사

이 실험은 물결파 투영 장치를 사용하여 물속에서 파동의 속력을 찾는 방법을 보여준다. 먼저 투영 장치를 사용하여 파동의 파장과 진동수를 측정한 다음, 파동의 속력에 대한 공식을 사용하여 답을 계산한다.

물결파 투영 장치

물결파 투영 장치는 바닥이 투명하고 얕은 물통으로 구성되어 있다. 모터가 달린 패들은 파동을 만들고, 탱크 위의 빛은 아래 흰색 종이 위에 파동의 그림자를 드리우므로 파동을 더 쉽게 볼 수 있다.

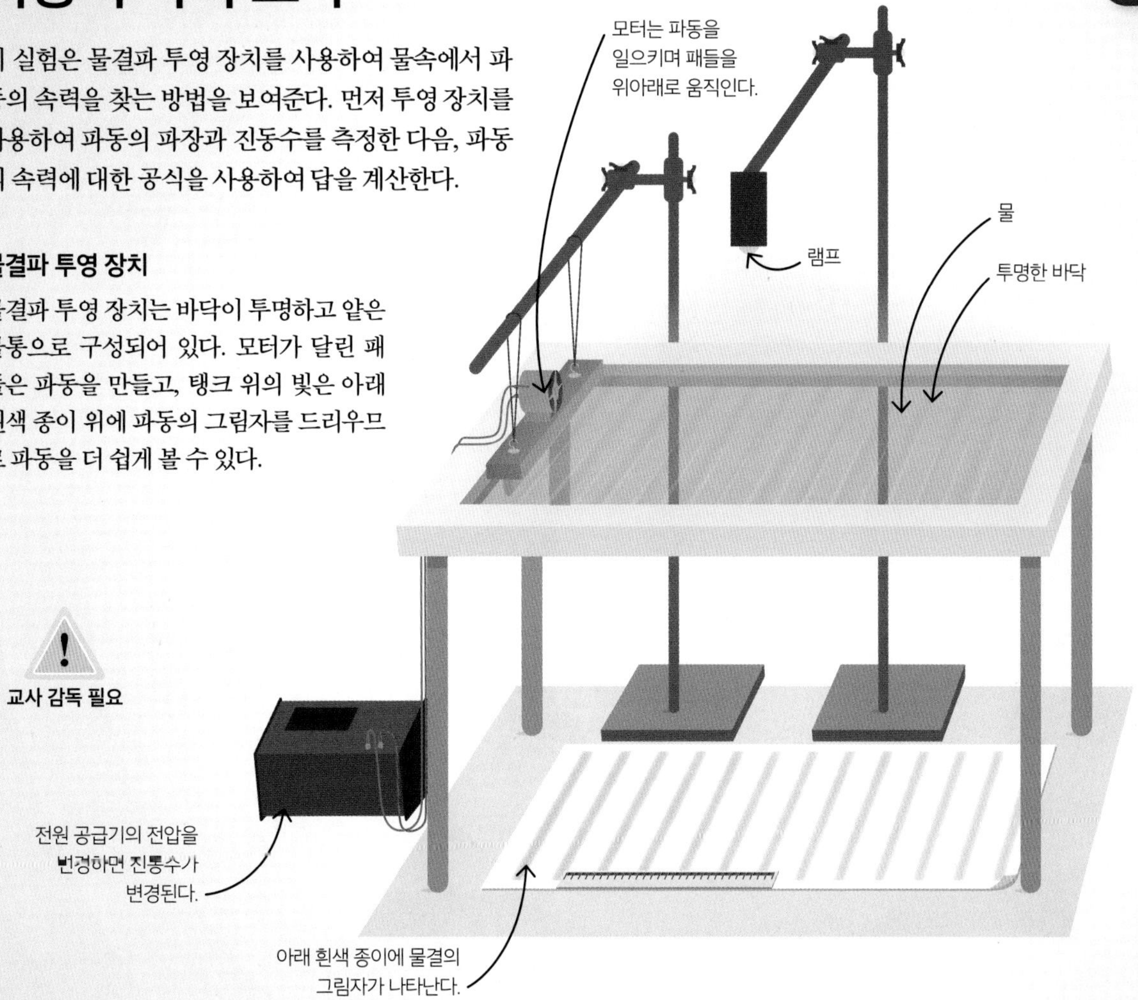

방법

1. 투영 장치를 설치하고 전원 공급 장치의 전압을 조절하여 패들이 투영 장치의 절반 정도 되는 파장을 발생시킨다.
2. 흰색 종이 위에 자를 놓고 파동의 그림자를 사진으로 찍어 움직임을 정지시킨다. 자를 사용하여 파장(두 파동 사이의 거리)을 측정한다.
3. 다음으로 진동수를 측정한다. 흰색 종이 위에 한 점을 표시하고 타이머를 사용하여 10초 안에 몇 개의 파동이 통과하는지 세어본다. 결과를 10으로 나누어 진동수(Hz)를 찾는다.
4. 파동의 속력 공식을 사용하여 정답을 구한다.

$$\text{속력(m/s)} = \text{진동수(Hz)} \times \text{파장(m)}$$

5. 결과를 확인하기 위해 종이 위에서 두 점 사이의 거리와 두 점 사이를 통과하는 데 걸리는 시간을 측정할 수 있다. 그리고 다음 공식을 이용하여 다시 속력을 계산한다.

$$\text{속력(m/s)} = \frac{\text{거리(m)}}{\text{시간(s)}}$$

음속 측정

소리는 고체, 액체, 기체를 통해 이동할 수 있다. 여기에서는 음속을 측정하는 두 가지 방법을 보여준다. 하나는 기체(공기)에서, 다른 하나는 고체에서 측정하는 것이다.

핵심 요약

- ✓ 소리는 고체, 액체, 기체 속에서 이동할 수 있다.
- ✓ 공기 중의 음속은 스톱워치를 사용하여 측정할 수 있다.
- ✓ 고체의 음속은 소리의 진동수와 물체의 크기로 계산할 수 있다.

공기 중의 음속

두 사람이 측정할 거리만큼 떨어져 양쪽 끝에 서 있다. 한 사람은 소리를 내기 위해 심벌즈를 치고, 다른 한 사람은 심벌즈를 치는 것을 보았을 때 타이머를 시작하고 소리를 들었을 때 중지한다. 다음 공식은 소리의 속도를 보여준다. 이 방법은 인간의 반응 시간을 포함하기 때문에 정확하지 않다. 이를 개선하기 위해 두 번째 사람이 첫 번째 사람을 촬영하고 녹화된 영상을 사용하여 시간 간격을 계산할 수 있다.

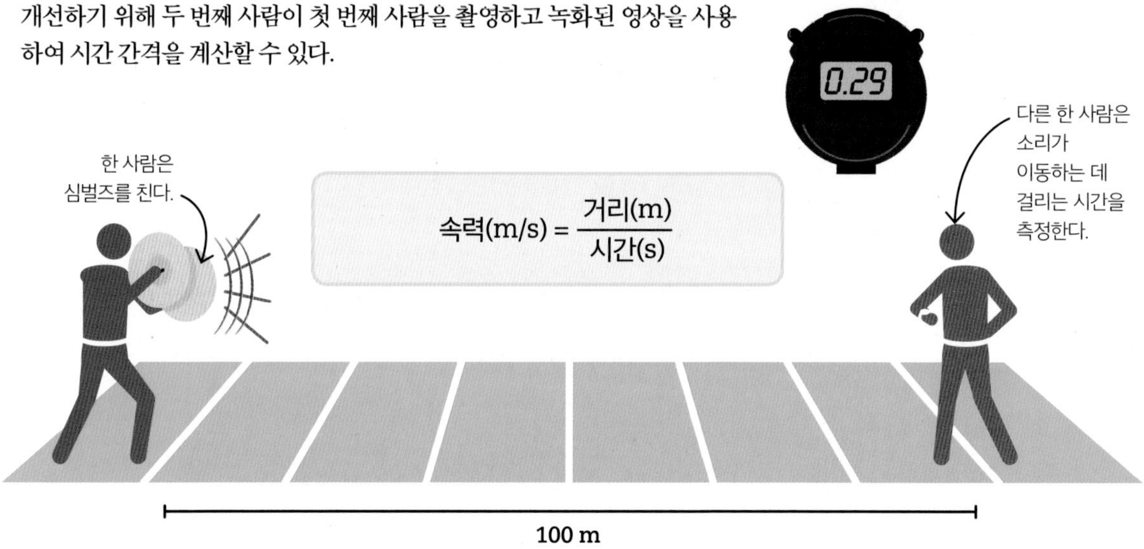

$$\text{속력(m/s)} = \frac{\text{거리(m)}}{\text{시간(s)}}$$

고체의 음속

고체의 음속을 측정하기 위해 얇은 고무줄을 사용하여 금속 막대를 스탠드에 느슨하게 매단다. 망치로 막대를 내리치고, 스마트폰 앱을 사용하여 전화기가 막대 옆에 있을 때 가장 큰 소리가 나는 소리의 진동수를 측정한다. 막대의 진동으로 인해 파장이 막대 길이의 2배인 정상파가 발생한다. 다음 공식을 사용하여 파동의 속력을 계산한다.

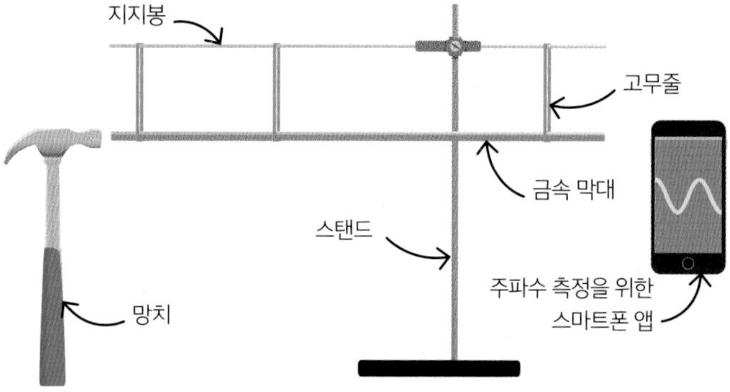

$$\text{파동 속력(m/s)} = \text{진동수(Hz)} \times \text{파장(m)}$$

초음파의 이용

사람이 들을 수 없을 정도로 주파수가 높은 소리를 초음파라고 한다. 초음파는 많은 용도로 사용된다. 인체 내부를 들여다보고, 섬세한 보석류에서 먼지를 제거하며, 관로와 철로에서 틈을 발견하는 데 사용된다.

핵심 요약

- ✓ 초음파 세척은 먼지를 제거하기 위해 초음파 진동을 사용한다.
- ✓ 초음파 스캐너는 의사들이 산모 몸 안에서 아기의 이미지를 얻을 수 있게 해준다.
- ✓ 초음파는 금속 부품의 숨겨진 결함을 감지하는 데 사용될 수 있다.

초음파 검사

초음파 검사 기계는 의사들이 산모 몸 안에서 발달하는 아기의 이미지를 얻을 수 있게 해준다. 일반적인 초음파 스캐너는 2~18 메가헤르츠(2~1,800만 헤르츠)의 주파수를 사용하는데, 이 주파수는 인간의 청력 상한보다 수백 배 높다.

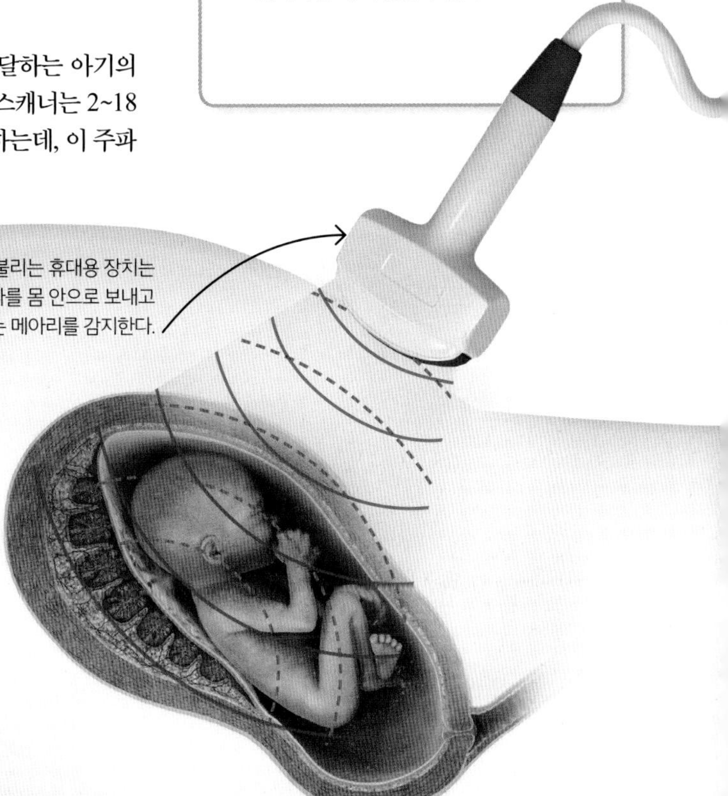

1. 변환기라고 불리는 휴대용 장치는 고주파 음파를 몸 안으로 보내고 돌아오는 메아리를 감지한다.

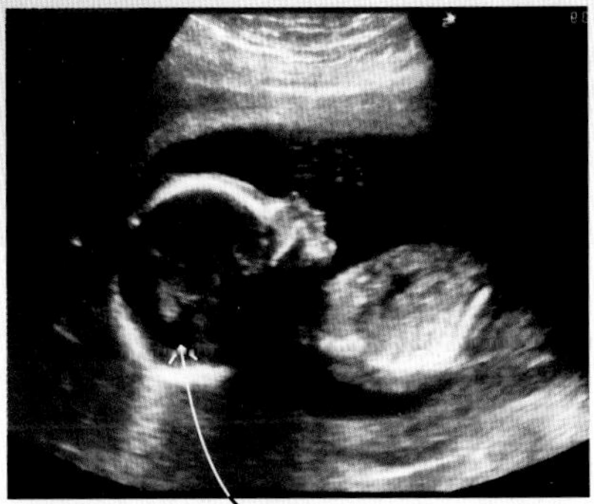

2. 컴퓨터는 그 정보를 처리하고 화면에 초음파를 이용한 검사도라고 불리는 움직이는 이미지를 실시간으로 만들어 낸다.

기계 검사(스캐닝 장비)

초음파는 숨겨져 있는 기계, 관로 및 철도 선로의 균열을 감지하는 데 사용될 수 있다. 초음파가 두 물질 사이의 경계에 부딪힐 때 파동의 일부는 경계에서 반사되고 일부는 통과한다. 균열은 물질 사이에 추가적인 경계를 만들어 추가적인 반사를 생성하며, 이는 그래프에 뾰족하게 나타난다.

수중 음파 탐지기

음파는 물속에서 먼 거리를 이동할 수 있다. 이 능력은 잠수함이 초음파 메아리 기술을 사용하여 바다에서 물체를 감지하는 음파 탐지기에 의해 활용된다.

핵심 요약

- ✓ 수중 음파 탐지기는 초음파 진동을 사용하여 물속의 물체를 탐지한다.
- ✓ 소리는 약 1,500 m/s의 속도로 바닷물을 통과한다.
- ✓ 박쥐는 반향정위를 이용해 길을 찾고 먹이를 찾는다.

소리 찾기

수중 음파 탐지기는 잠수함을 찾기 위해 제1차 세계대전 중에 발명되었지만, 오늘날에는 물고기 떼의 위치를 파악하거나 해저 지도를 만드는 데 사용된다. 수중 음파 탐지기는 소리가 물체에 의해 반사되어 배로 돌아오는 데 얼마나 걸리는지를 측정한다. 소리는 바닷물을 통해 약 1,500 m/s로 이동하기 때문에, 울림이 돌아오는 데 1초가 걸린다면 반사되는 물체는 750 m 떨어져 있어야 한다.

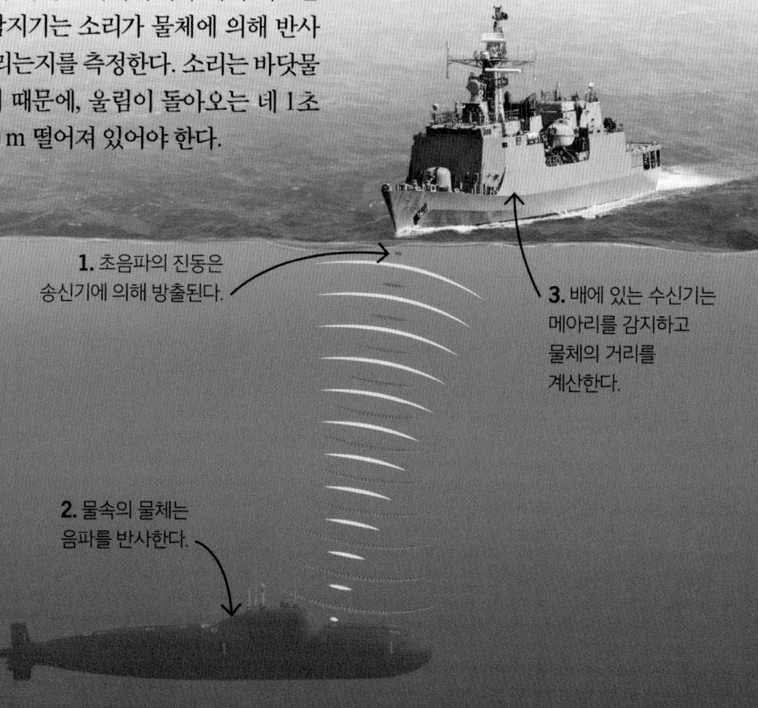

반향정위

박쥐와 돌고래를 포함한 일부 동물은 어둠 속에서 길과 먹이를 찾기 위해 음파 탐지기와 같은 시스템을 사용한다. 박쥐는 비행 중에 입에서 초음파를 보내고 메아리를 사용하여 나방을 찾는다. 메아리가 돌아오는 데 걸리는 시간은 나방의 거리를 알려주고, 메아리의 진동수는 나방이 박쥐를 향해 날아오는지 또는 멀리 날아가는지 알려준다.

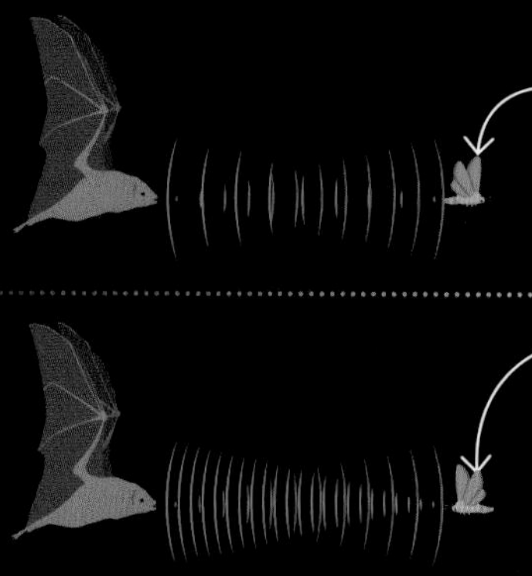

지구 내부 조사

지진은 진동을 일으켜 강력한 지진파를 지구 내부로 이동시킨다. 우리는 이러한 파동의 진행을 연구하여 행성 내부의 모습을 상상할 수 있다.

핵심 요약

- ✓ 지진은 지구의 내부를 지나가는 지진파를 발생시킨다.
- ✓ P파는 고체와 액체 둘 다 통과한다.
- ✓ S파는 고체만 통과한다.
- ✓ P파와 S파가 감지되지 않는 음영 지역은 과학자들이 지구의 내부 구조를 발견하는 데 도움이 되었다.

지구 내부

지구의 구조를 조사하는 데 도움이 되는 지진파에는 P파와 S파 두 종류가 있다.

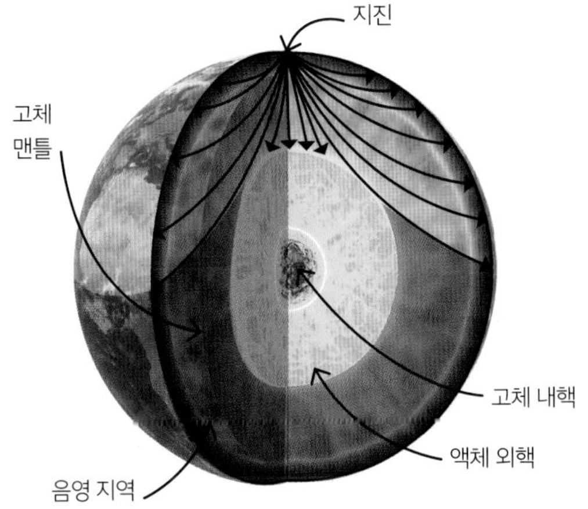

S파는 지진과 같은 방향의 지구에서만 감지된다. S파는 느리게 이동하고 고체만 통과할 수 있어서 지구의 먼 면에 S파가 발견되지 않는 것은 지구가 부분적으로 액체 상태의 내부를 가지고 있다는 것을 보여준다.

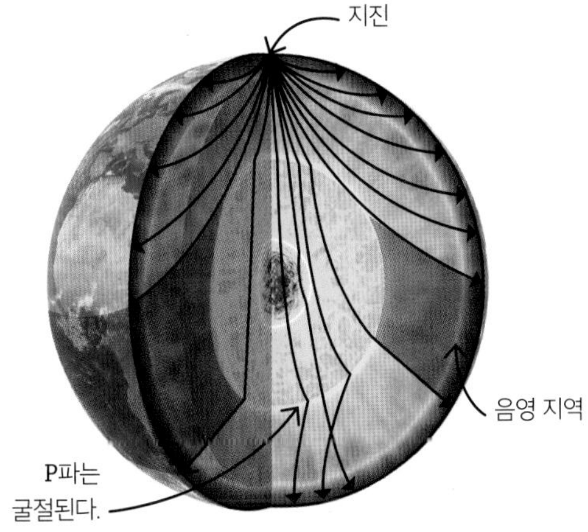

P파는 지진이 일어난 후에 지구의 먼 쪽에서 감지되지만, P파가 도달하지 않는 음영 지역이 있다. 빠르게 움직이는 이 파동은 액체를 통과할 수 있지만, 다른 종류의 물질 사이를 통과할 때 굴절된다. 음영 지역의 패턴은 지구의 액체 상태인 외핵과 고체 상태인 내핵의 크기를 보여준다.

P파와 S파

P파와 S파는 이동하는 방식이 다르다. P파는 음파처럼 고체와 액체를 통해 이동할 수 있는 종파이다. 그러나 S파는 횡파이며 고체 암석과 같은 단단한 물질을 통해서만 이동할 수 있다. S파는 외핵의 녹은 암석에 도달하면 사라진다.

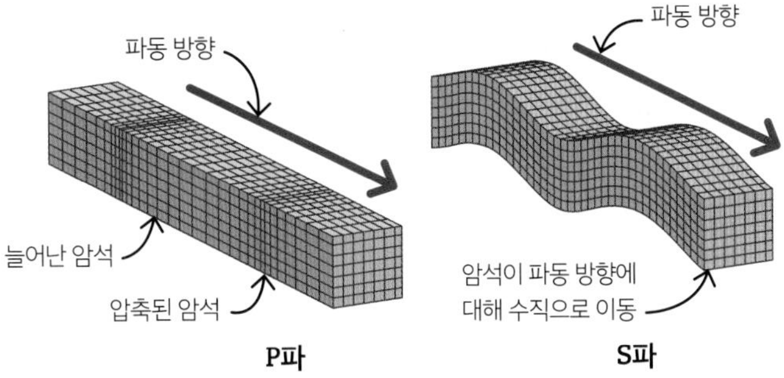

간섭

파동이 만나면 그들 사이에서 간섭이 일어난다. 간섭은 모든 종류의 파동에 영향을 미칠 수 있다. 예를 들어 비눗방울에서 희미하게 빛나는 색깔은 빛의 파동에 의한 간섭이다.

핵심 요약

✓ 보강 간섭은 파동의 결이 맞을 때 발생하며 진폭이 더 커진다.

✓ 상쇄 간섭은 파동이 서로 상쇄되어 진폭이 작아질 때 발생한다.

✓ 파동은 서로 통과한 후에는 바뀌지 않은 원래의 모습이 유지된다.

간섭 무늬

간섭 무늬는 파동이 만나는 곳에서만 존재한다. 만나는 지점을 지나면 파동은 이전과 같은 진폭으로 계속된다. 수면에 닿는 2개의 공을 진동시켜 물결파 투영 장치에서 간섭 무늬를 만들 수 있다. 2개의 봉우리가 만나는 곳에서 파동은 서로를 보강하고 더 높은 봉우리를 만든다(보강 간섭). 봉우리가 골과 만나는 곳에서 그것들은 서로를 상쇄한다(상쇄 간섭).

보강 간섭

파동이 만나면 진폭이 합쳐진다. 파동의 결이 맞으면 결합된 파동은 진폭이 더 커진다.

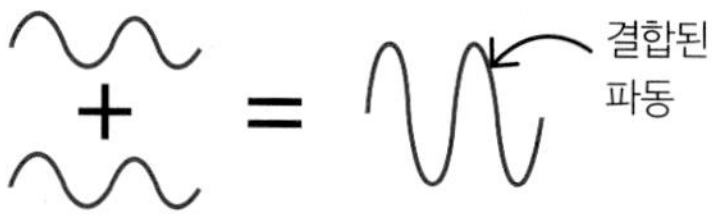

상쇄 간섭

파동의 결이 맞지 않으면 진폭이 작아진다. 소음 제거 헤드폰은 이 원리를 사용하여 배경음을 차단한다.

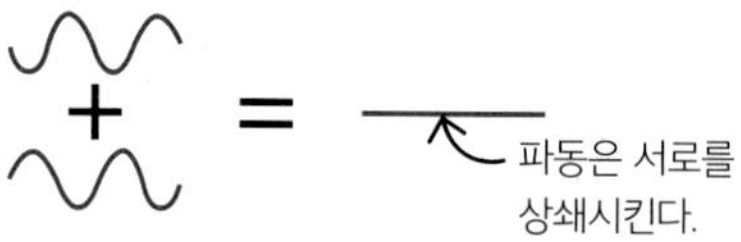

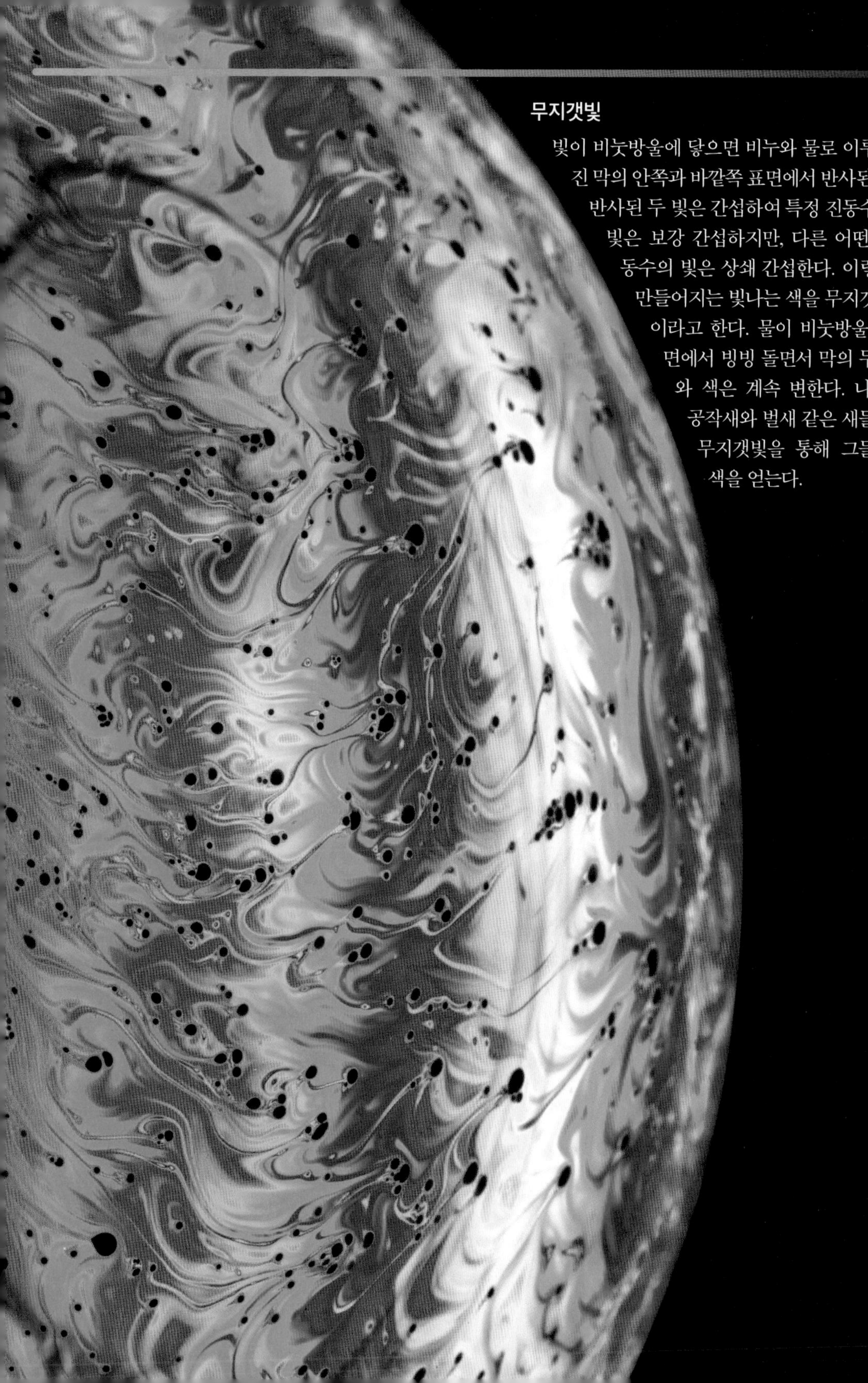

무지갯빛

빛이 비눗방울에 닿으면 비누와 물로 이루어진 막의 안쪽과 바깥쪽 표면에서 반사된다. 반사된 두 빛은 간섭하여 특정 진동수의 빛은 보강 간섭하지만, 다른 어떤 진동수의 빛은 상쇄 간섭한다. 이렇게 만들어지는 빛나는 색을 무지갯빛이라고 한다. 물이 비눗방울 표면에서 빙빙 돌면서 막의 두께와 색은 계속 변한다. 나비, 공작새와 벌새 같은 새들도 무지갯빛을 통해 그들의 색을 얻는다.

빚

빛과 시각

태양이나 전등과 같이 스스로 빛을 내는 물체, 즉 광원은 빛에너지를 방출한다. 빛은 파동의 형태로 퍼져나가고, 공기와 물, 유리와 같은 투명한 물질이나 진공 상태 공간을 통과한다. 특히 진공을 통과하는 빛의 속력은 우주에서 가장 빠르다. 태양에서 지구까지 빛이 1억 5,000만 km의 거리를 이동하는 데 걸리는 시간은 8분 19초이다.

핵심 요약

- ✓ 빛은 파동의 형태로 이동한다.
- ✓ 태양과 같은 광원은 빛에너지를 방출한다.
- ✓ 스스로 빛을 내지 않는 물체는 빛이 물체 표면에서 반사되면서 눈에 보인다.

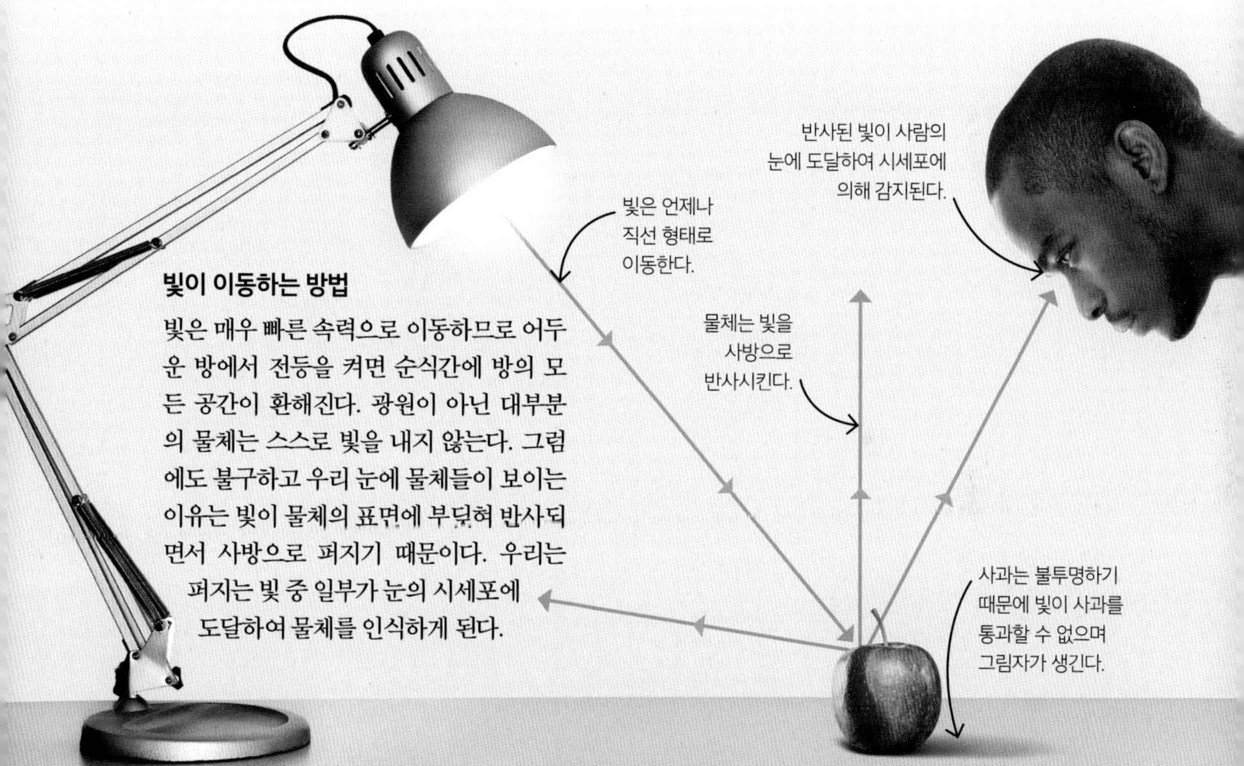

빛이 이동하는 방법

빛은 매우 빠른 속력으로 이동하므로 어두운 방에서 전등을 켜면 순식간에 방의 모든 공간이 환해진다. 광원이 아닌 대부분의 물체는 스스로 빛을 내지 않는다. 그럼에도 불구하고 우리 눈에 물체들이 보이는 이유는 빛이 물체의 표면에 부딪혀 반사되면서 사방으로 퍼지기 때문이다. 우리는 퍼지는 빛 중 일부가 눈의 시세포에 도달하여 물체를 인식하게 된다.

투명, 반투명, 불투명

빛은 대부분 고체 상태의 물질을 통과할 수 없지만, 몇몇 물질은 통과할 수 있다.

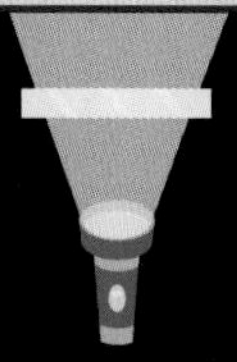

빛은 유리와 같이 **투명한 물질**을 통과한다. 또한 매우 일부분의 빛이 반사되기 때문에 우리는 투명한 물체를 볼 수 있다.

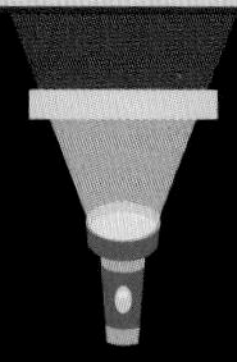

가공된 우윳빛 유리처럼 **반투명한 물질**의 경우 일부의 빛은 물질을 통과하지만, 일부는 통과하지 못하고 흩어진다.

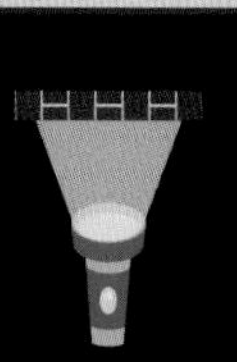

불투명한 물질의 경우 빛이 물질을 통과할 수 없기 때문에 짙은 그림자가 생긴다.

소리와 빛의 비교

소리와 빛은 모두 파동의 형태로 이동하며 에너지가 퍼져나간다. 이 둘은 공통점도 있지만 중요한 차이점도 존재한다.

<table>
<tr><th>소리</th><th>빛</th></tr>
<tr><td>음파는 입자들이 진동하며 퍼져나가기 때문에 진공 상태에서는 들을 수 없다. 소리는 고체, 액체, 기체 상태의 매질을 통해 전달된다.</td><td>빛은 전기장과 자기장의 진동으로 퍼져나가며, 진공 상태에서도 이동할 수 있다. 빛은 공기와 물은 통과할 수 있지만, 대부분의 고체 상태 물질은 통과할 수 없다.</td></tr>
<tr><td>소리는 종파이다. 소리가 퍼져나가는 방향과 나란한 방향으로 입자가 앞뒤로 움직인다.

</td><td>빛은 전자기장의 진동으로 발생한 횡파이다. 진농 방향은 파의 이동 방향과 수직이다.
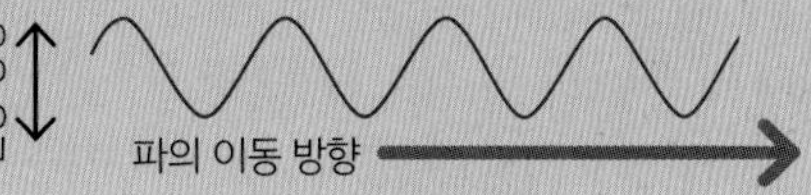
</td></tr>
<tr><td>음파의 진폭은 소리의 크기와 관련이 있다. 진폭이 커질수록 소리는 커진다.</td><td>빛의 진폭은 밝기와 관련이 있다. 진폭이 커질수록 더 밝아진다.</td></tr>
<tr><td>음파의 진동수는 음의 높낮이와 관련이 있다. 진동수가 높을수록 음이 더 높아진다.
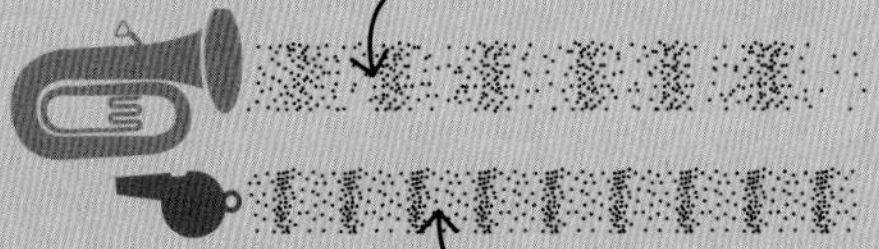
</td><td>가시광선의 주파수는 색깔과 관련이 있다. 낮은 주파수의 가시광선은 빨간색을, 높은 주파수의 가시광선은 보라색을 띤다.
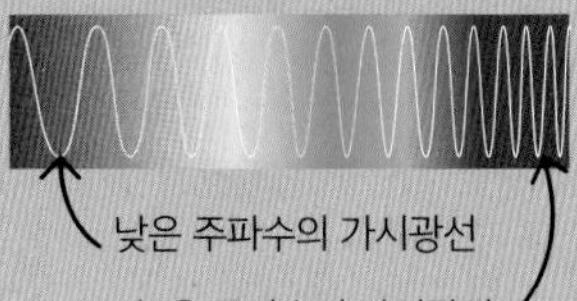
</td></tr>
<tr><td>소리는 공기에서 약 343 m/s로 퍼져나간다. 일부 제트기는 소리의 속력보다 더 빠르게 날아간다.</td><td>빛은 공기 중에서 약 3억 m/s로 이동하며 소리의 속력보다 거의 100만 배 빠르다. 그렇기 때문에 천둥이 치면 번쩍임을 느낀 후에야 소리를 듣는다.</td></tr>
<tr><td>음파는 반사되고 굴절되며 흡수되기도 한다. 반사되는 소리를 메아리라고 한다.
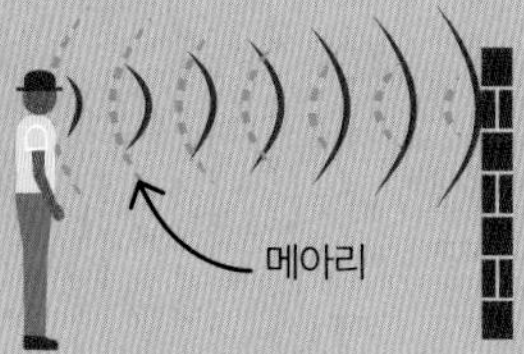
</td><td>빛은 반사되고 굴절되며 흡수되기도 한다. 거울을 통해서 보이는 상은 빛이 반사되며 생긴다.
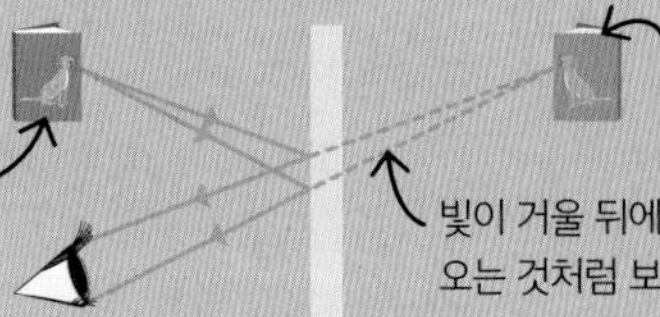
</td></tr>
</table>

바늘구멍 사진기

바늘구멍 사진기는 상자의 앞쪽에 작은 구멍을 내고 뒤쪽에 스크린을 만든 장치이다. 밝은 풍경 쪽으로 바늘구멍 사진기를 비추면 스크린에 희미한 상이 생긴다. 이 기본적인 형태의 장치가 발전하여 오늘날의 카메라가 되었다.

핵심 요약

- ✓ 바늘구멍 사진기는 렌즈가 필요하지 않다.
- ✓ 구멍이 커지면 스크린의 상이 흐려진다.
- ✓ 바늘구멍 사진기를 통해서 빛이 직진함을 알 수 있다.

광선 작도하기

빛의 이동 경로를 직선으로 그린 광선 작도 그림을 통하여 바늘구멍 사진기의 작동 원리를 설명할 수 있다. 광선을 작도할 때는 몇 개의 빛의 경로를 직선으로 나타내며, 빛의 진행 방향은 화살표로 표시한다. 다음 그림에서 2개의 광선이 구멍을 교차하여 지나가게 되어 위아래가 뒤집힌 상이 스크린에 맺히는 것을 확인할 수 있다. 광선 작도는 빛이 반사, 굴절되거나 렌즈를 통과하는 과정을 이해하는 데 도움을 준다.

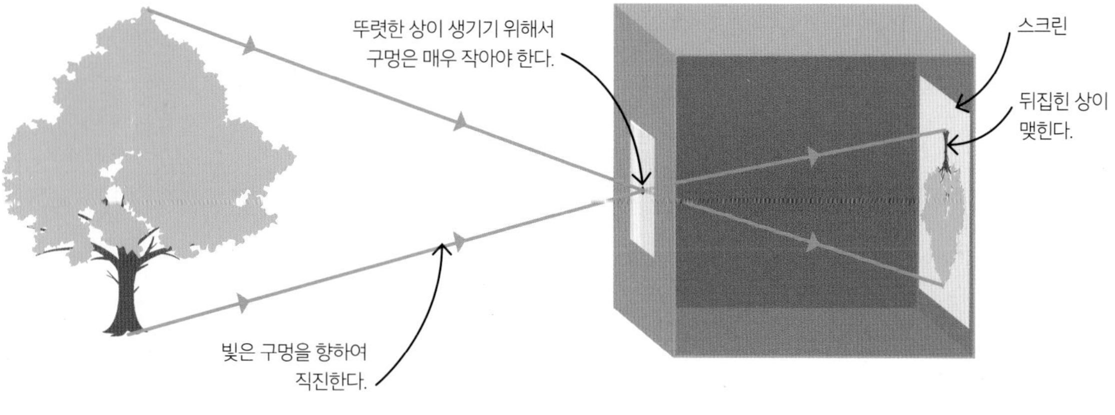

실상과 허상

바늘구멍 사진기를 통하여 생긴 상은 스크린에 직접 맺히기 때문에 실상이라고 하며, 어느 방향에서든지 스크린의 상을 볼 수 있다. 확대경으로 관찰한 확대된 상은 허상이라고 하는데, 실상과 다르게 특정 방향에서만 관찰이 가능하다. 실상과 다르게 허상은 스크린에 상이 맺히지 않는다.

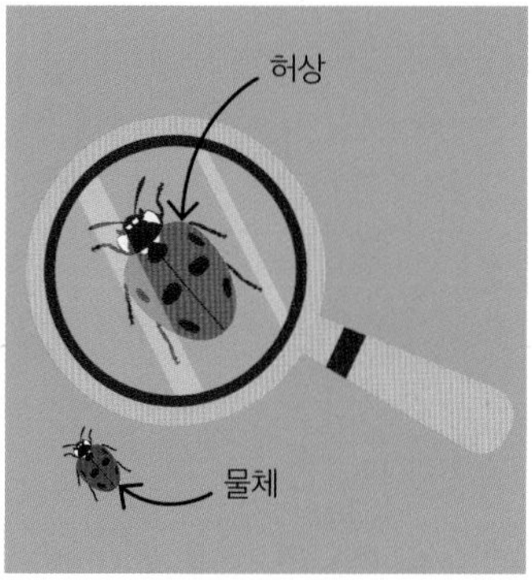

확대된 무당벌레

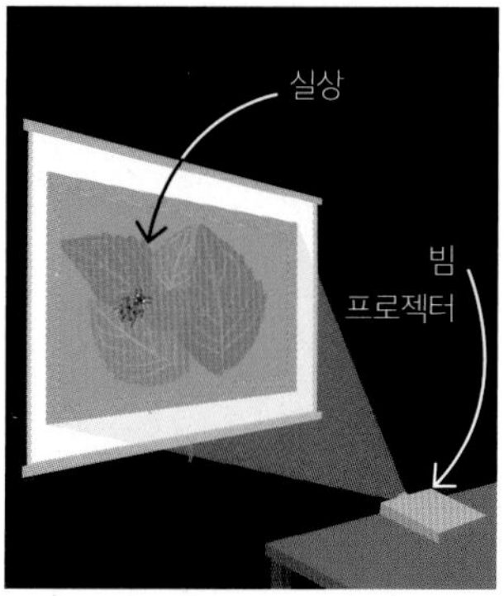

빔 프로젝터가 비춘 스크린

반사

빛이 물체의 표면에 도달하면 일부 빛은 부딪혀 되돌아가게 되는데, 이를 반사라고 한다. 광원은 스스로 빛을 방출하지만, 광원이 아닌 물체는 빛이 반사되며 우리가 볼 수 있다. 대부분의 물체는 표면이 거칠어 빛이 사방으로 반사(난반사)된다. 그러나 거울처럼 표면이 매끄러운 물체는 빛이 특정한 방향으로만 반사(정반사)된다.

핵심 요약

- 정반사는 거울처럼 매끄러운 표면에서 일어나는 균일한 반사 현상이다.
- 난반사는 거친 표면에서 일어나는 불규칙적인 반사 현상이다.
- 빛이 거울 표면에서 반사될 때 입사각과 반사각은 같다.

반사의 법칙

다음 그림은 빛이 거울에서 반사되는 상황을 나타낸 것이다. 거울로 들어오는 빛이 만드는 각도(입사각)는 언제나 반사된 빛이 만드는 각도(반사각)와 같으며, 이를 반사의 법칙이라고 한다. 입사각과 반사각은 빛이 거울의 표면과 수직을 이루는 법선과 만드는 각에 해당한다.

입사각 = 반사각

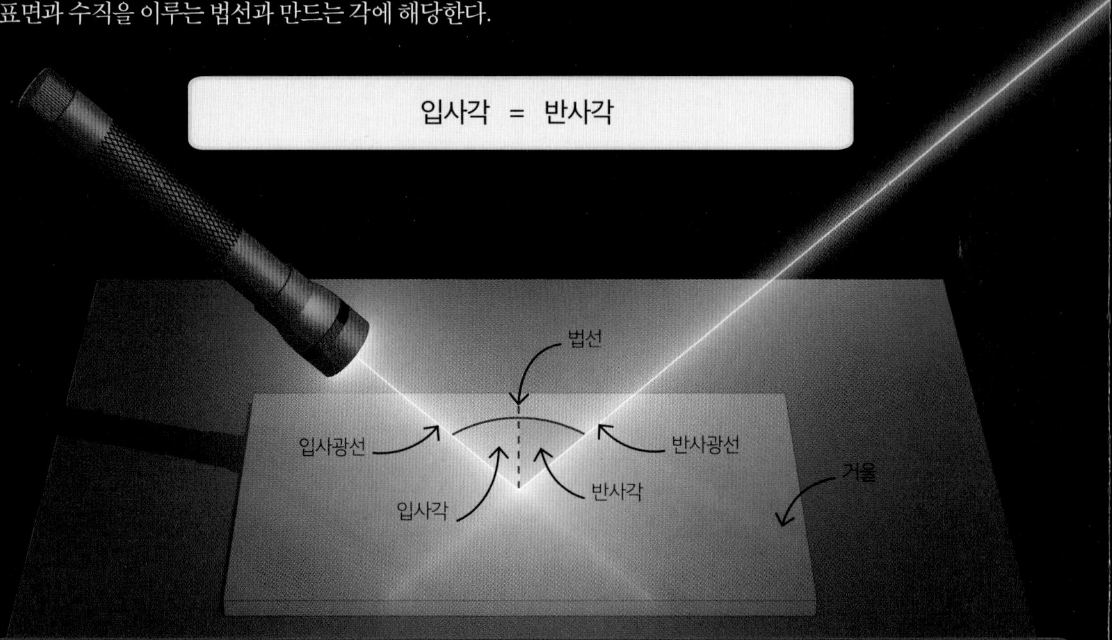

거울이 만드는 상

평평한 거울을 통하여 물체를 관찰할 때 마치 거울 뒤에 물체가 있는 것처럼 보이는 허상(129쪽 참조)을 볼 수 있다. 오른쪽 광선 그림은 거울이 어떻게 허상을 만드는지 보여준다. 점선은 거울 뒤의 한 점에서 빛이 오는 것처럼 보이는 연장선이다. 거울은 물체의 좌우가 바뀌어 보이지 않는다. 글씨의 좌우가 바뀌어 보이는 이유는 글씨가 쓰여 있는 종이나 책을 거울 쪽으로 뒤집었기 때문이다. 오른쪽 그림을 통해서 볼 수 있듯이 거울은 물체의 앞뒤가 대칭되도록 상을 만든다.

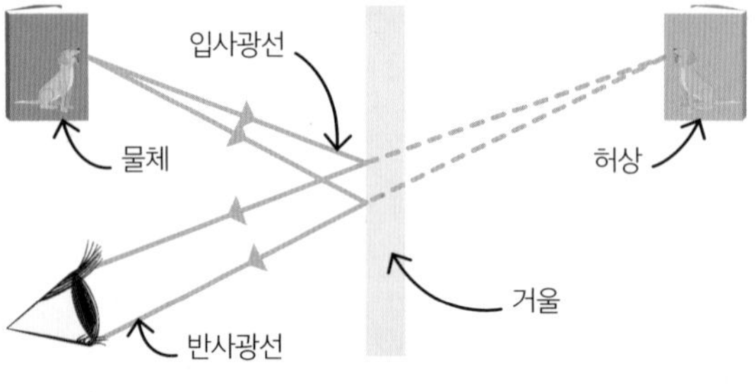

굴절

공기에서 물로 빛이 지나가는 것처럼 빛이 한 매질에서 다른 매질로 진행할 때 빛의 진행 방향이 바뀌는데, 이를 굴절이라고 한다. 굴절의 원리를 이용하여 렌즈로 빛의 진행 방향을 굽게 하거나 빛을 모은다.

빛의 굴절

빨대를 물이 담긴 컵 안에 넣으면 빨대가 꺾인 것처럼 보인다. 이 현상은 빨대로부터 반사된 빛이 우리 눈에 들어오기까지 물, 유리, 공기를 지나며 굴절하기 때문에 발생한다. 우리의 뇌는 빛이 직진하는 것처럼 인식하기 때문에 물속에 있는 빨대의 상이 실제와 다르게 꺾인 것처럼 보인다.

핵심 요약

- 굴절은 파동이 한 매질에서 다른 매질로 지나가며 진행 방향이 꺾이는 현상이다.
- 굴절 과정에서 파동이 느려지면 법선과 가까워지는 방향으로 꺾이고, 파동이 빨라지면 법선과 멀어지는 방향으로 꺾인다.

굴절 광선 작도하기

광선 작도는 빛이 굴절되는 과정을 이해하기 쉽게 보여준다. 오른쪽 작도 그림을 보면 각 매질의 경계면에 수직인 법선을 포함하고 있다. 빛이 공기에서 유리 또는 물로 향하면 속력이 느려지면서 법선과 가까워지는 방향으로 꺾이게 된다. 이 빛이 다시 공기로 빠져나오면 속력이 빨라지면서 법선과 멀어지는 방향으로 꺾인다.

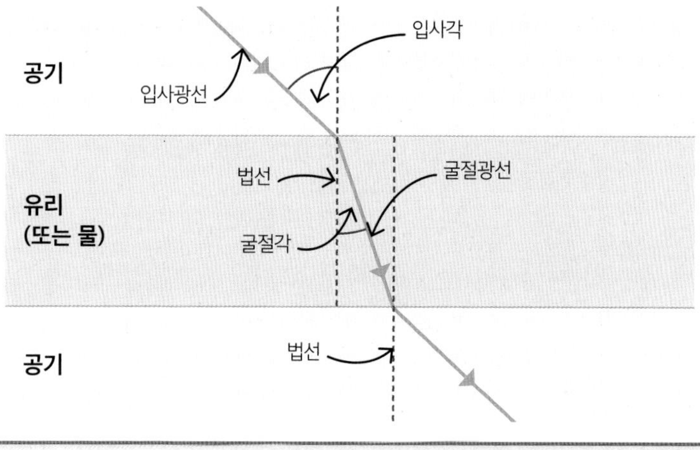

빛의 다양한 현상 탐구

광선 상자에서 나오는 실제 광선을 관찰하여 광선을 직접 작도할 수 있다. 다음 지시 사항을 따라 빛의 반사와 굴절 현상을 탐구해 보자.

반사 현상 탐구

1. 바닥에 큰 종이를 깔고 그 위에 긴 선을 그린다.
2. 처음 그린 직선에 수직인 선을 그린다. 이 두 번째 선이 작도 그림에서의 법선에 해당한다.
3. 첫 번째로 그린 선을 따라 거울을 세우고, 광선 상자에서 나오는 빛이 1번과 2번 단계에서 그린 선들의 교점을 향할 수 있도록 상자를 조정한다. 광선을 뚜렷하게 관찰하기 위해서 방을 어둡게 하는 것이 좋다.
4. 입사광선과 반사광선을 따라 연필로 경로를 그린다.
5. 각도기로 입사각과 반사각을 측정한다.
6. 다양한 입사각에 대하여 위 단계를 반복하여 실험한다. 항상 입사각과 반사각의 크기가 같음을 확인할 수 있다.

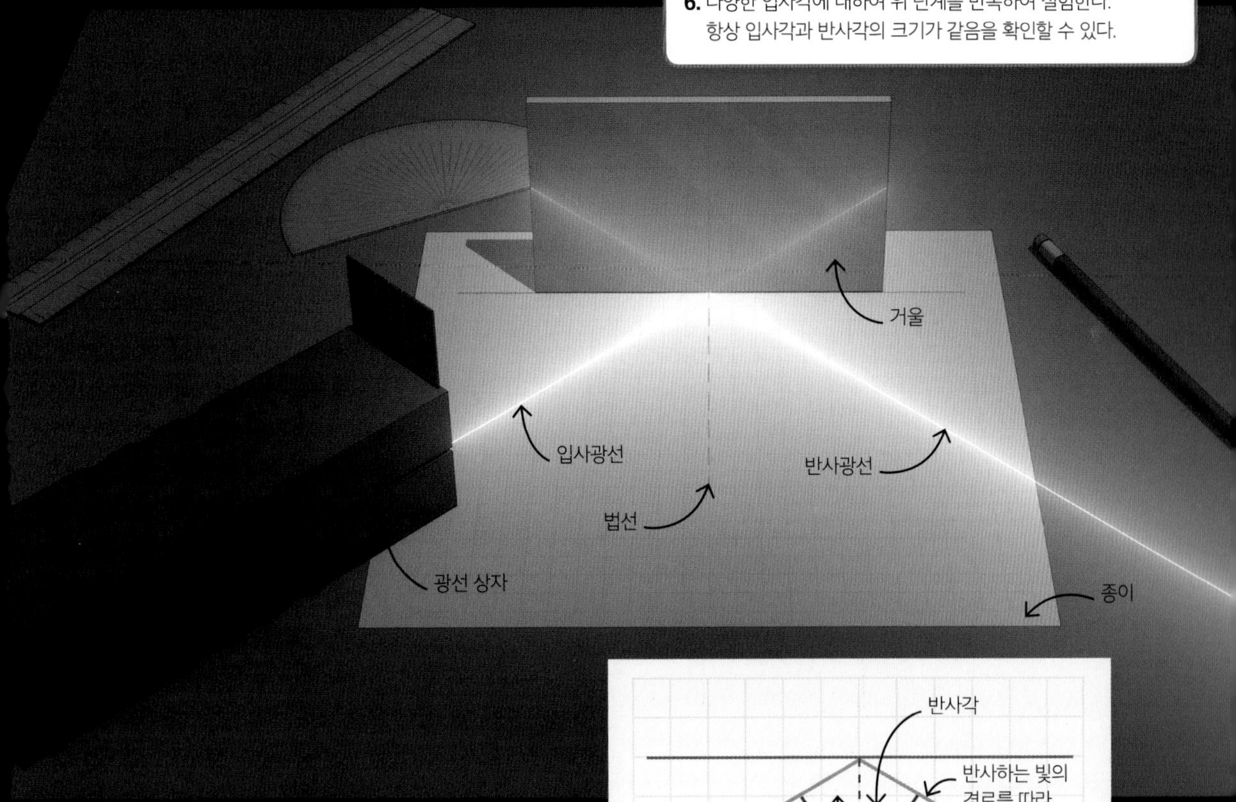

반사의 법칙

광선 상자를 어디에 위치시켜도 입사각(입사광선과 법선이 이루는 각)과 반사각(반사광선과 법선이 이루는 각)의 크기는 늘 같다. 이를 반사의 법칙이라고 한다.

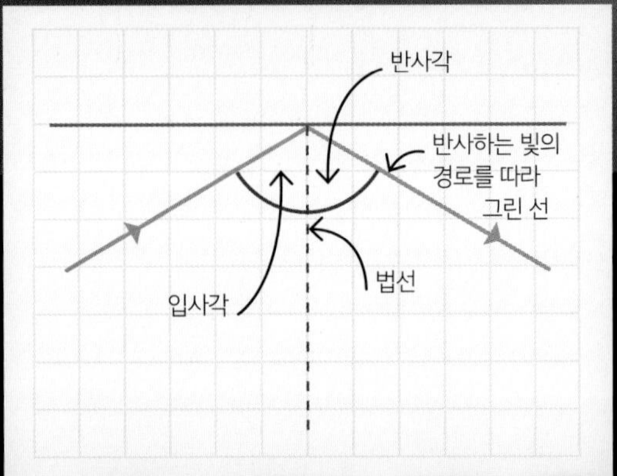

굴절 현상 탐구

1. 바닥 면의 큰 종이 위에 유리블록을 두고 블록의 테두리를 따라 선을 그린다.
2. 블록의 긴 변에 수직인 선을 그린다. 이 선이 광선 작도 그림에서 법선에 해당한다.
3. 방을 어둡게 한 후, 광선 상자로 블록에 대각선 방향으로 빛을 비춘다.
4. 입사광선을 따라 연필로 선을 그리고, 블록 건너편으로 빛이 빠져나오는 부분에 점을 찍는다.
5. 블록을 치운 후, 입사광선의 끝부분과 앞에서 찍어둔 점을 자로 이어 빛이 블록을 통과하는 경로를 그린다.
6. 입사각과 굴절각을 측정한다.
7. 여러 입사각에 대하여 위 단계를 반복한다. 공기에서 유리로 빛이 입사할 때 빛은 법선과 가까워지는 방향으로 굴절하게 되고, 굴절각이 입사각보다 항상 작은 것을 확인할 수 있다.
8. 빛이 유리블록을 빠져나가는 지점에서의 입사각과 굴절각을 측정한다. 유리에서 공기로 빛이 입사할 때 빛은 법선과 멀어지는 방향으로 굴절하게 되고, 굴절각이 입사각보다 큰 것을 확인할 수 있다.

전반사 현상 탐구

1. 바닥 면의 큰 종이 위에 반원형 유리블록을 두고 블록의 테두리를 따라 선을 그린다.
2. 유리블록을 치우고, 자와 연필로 지름에 해당하는 선의 중심을 찾아 점을 찍는다. 이 점에서부터 시작되는 법선을 그린 후, 다시 블록을 원래 위치에 가져온다.
3. 광선 상자로 블록의 곡면에서부터 위에서 표시한 점으로 빛이 진행하도록 빛을 입사시킨다.
4. 빛이 유리를 빠져나가면서 법선과 멀어지는 방향으로 빛이 굴절한다. 동시에 일부 빛은 블록의 평면에서 반사되기도 한다.
5. 입사각이 커지도록 광선 상자를 옮긴다. 입사각이 커지면 굴절각도 커짐을 확인할 수 있다. 굴절광선이 블록의 평면에 닿을 때까지 입사각을 점점 더 키운다.
6. 입사각을 다시 키운다. 이제 굴절되어 빠져나가는 빛 없이 모든 빛이 반사되는데, 이를 전반사라고 한다. 전반사가 시작되는 입사각을 임계각이라고 한다.

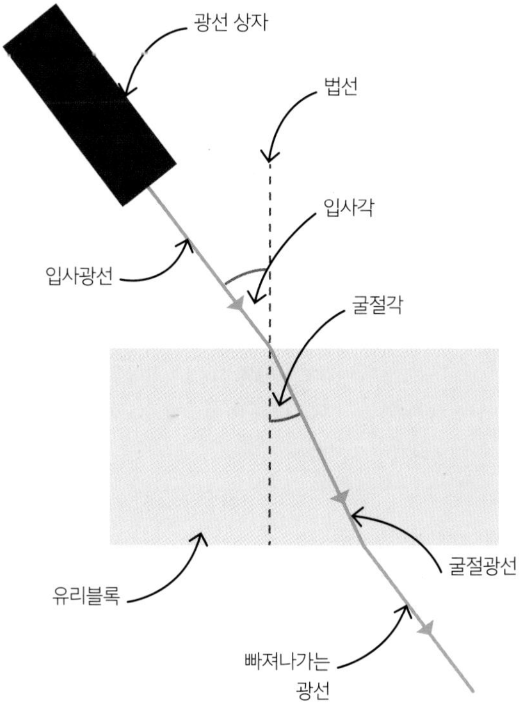

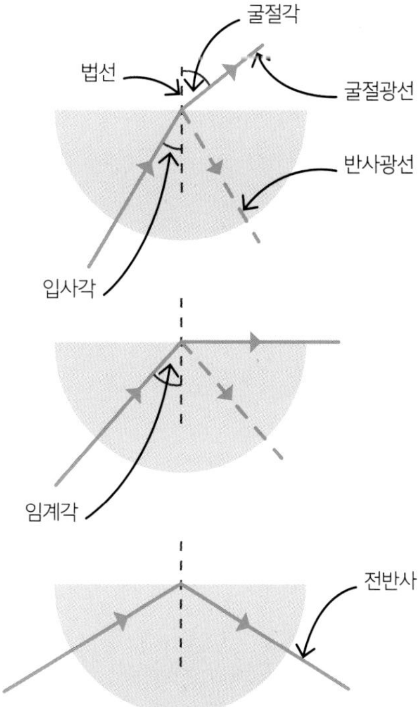

전반사

유리에서 공기 또는 공기에서 물처럼 빛이 한 매질에서 다른 매질로 진행할 때 굴절하게 된다. 그러나 유리나 물에서 공기로 빠져나가려던 빛이 두 매질의 경계면에 가깝게 입사하게 되면 모든 빛이 반사된다. 이 현상을 전반사라고 한다.

핵심 요약

- ✓ 입사각이 임계각보다 커질 때 전반사 현상이 일어난다.
- ✓ 광섬유 내부에서 일어나는 빛의 전반사를 통해 디지털 데이터를 전송한다.

광섬유

광섬유는 사람의 머리카락만큼 가는 유리실 가닥이다. 광섬유 내부의 전반사를 통하여 인터넷 데이터처럼 디지털 정보가 담긴 빛 신호를 전달한다. 광섬유의 한쪽 끝에서 유리와 공기의 경계면에 가깝게 입사된 레이저 빛은 바깥으로 새어나가지 못하고 광섬유의 다른 쪽 끝까지 도달하게 된다.

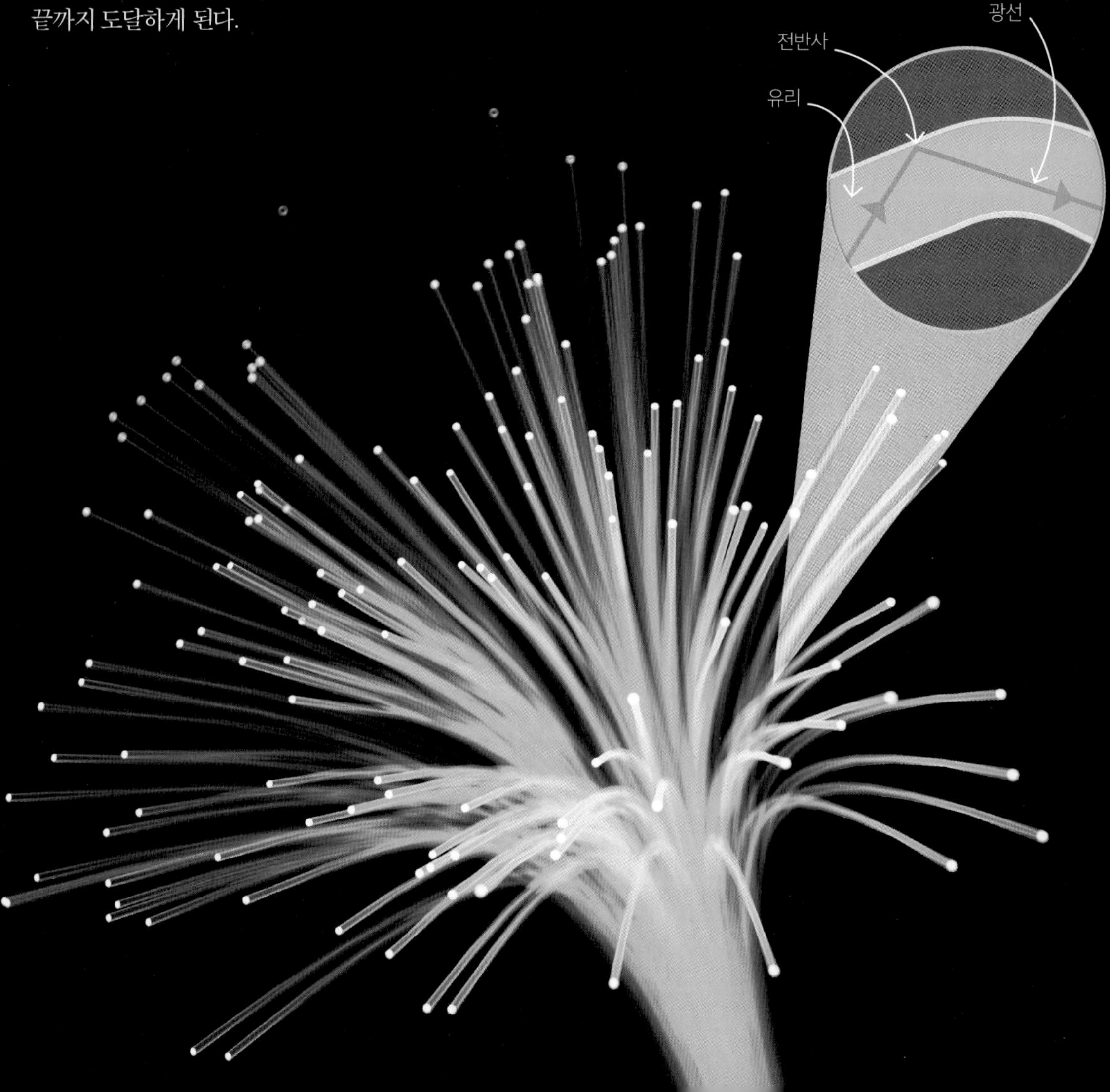

임계각

전반사 현상은 빛의 입사각이 특정 각도보다 커질 때 일어나는데, 이 각도를 임계각이라고 한다. 임계각은 유리, 물, 아크릴 등 물질의 종류에 따라 달라진다. 물에서 공기를 향해 진행하는 빛의 임계각은 49°이다. 공기와 물의 경계면에서 49°보다 작은 각도로 빛이 입사하면 공기로 굴절되기도 하고, 일부는 물로 다시 반사된다. 49°보다 큰 각도로 빛이 입사하면 모든 빛이 반사된다.

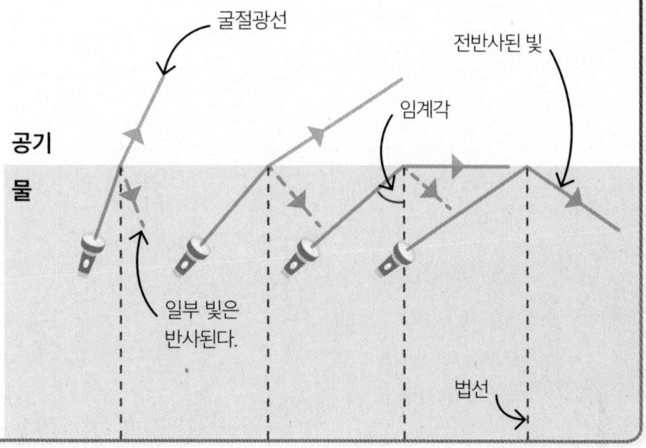

물속에서의 반사

물속에서 수면을 바라보면 전반사 현상으로 인하여 수면이 거울처럼 보이게 된다. 아래 사진에서 볼 수 있듯이, 2개의 다른 물결이 만든 수면에서 각각 돌고래가 반사되며 2개의 돌고래 상이 생긴다.

렌즈

렌즈는 투명하면서도 바깥쪽이 곡면을 이루는데, 이 곡면으로 인하여 빛이 굴절되고 상이 생길 수 있다. 눈과 카메라는 가운데가 볼록한 볼록 렌즈를 포함하고 있으며, 볼록 렌즈는 빛이 한 점에 모이도록 한다.

핵심 요약

- ✓ 렌즈는 투명하면서도 바깥쪽이 곡면을 이루어 빛이 굴절되는 장치이다.
- ✓ 눈과 카메라는 볼록 렌즈를 포함하고 있어 빛이 한 점에 모여 상이 생긴다.
- ✓ 사람의 눈은 렌즈의 모양을 바꿔서 초점을 맞춘다.
- ✓ 카메라는 렌즈의 위치를 조절하여 초점을 맞춘다.

눈 내부에서 일어나는 일

인간 눈 속에 있는 렌즈는 빛을 굴절시켜 모여서 상을 형성하는데, 이를 초점 조절(focusing)이라고 한다. 먼 물체의 한 점에서 온 여러 빛은 망막에 모이게 되는데, 망막은 시세포가 모여 있는 안구 가장 안쪽의 막이다. 빛을 감지한 망막은 신경 신호를 뇌에 전달하여 시각을 느끼게 한다.

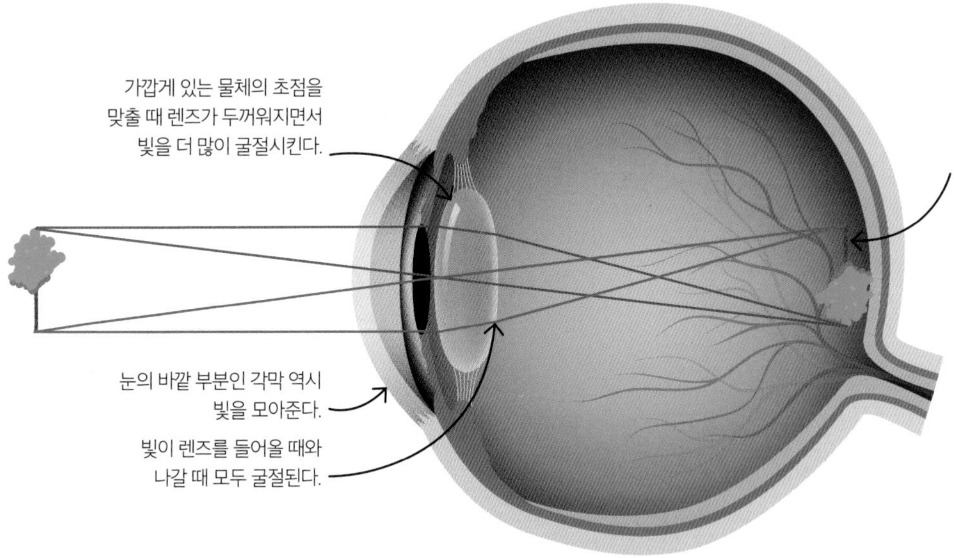

카메라

카메라는 인간의 눈과 비슷한 방식으로 작동한다. 카메라로 들어온 빛은 볼록 렌즈를 통해 굴절되어 카메라 뒤쪽의 감광 센서에 상이 맺히고, 상은 메모리 칩에 저장된다. 인간의 눈과 차이점이 있다면, 카메라는 렌즈의 굴절되는 정도를 조절하기 위해 모양을 바꿀 수 없다는 것이다. 대신 카메라는 렌즈를 앞뒤로 움직여서 초점을 조절한다.

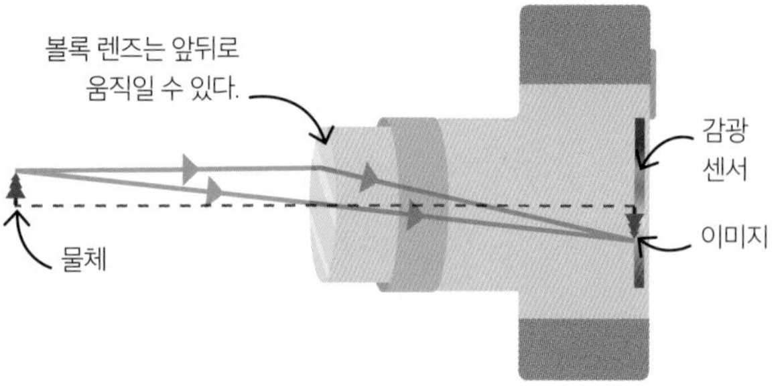

파동과 굴절

굴절은 파동이 빨라지거나 느려질 때 파의 진행 방향이 바뀌는 현상이다. 빛은 진행하는 매질이 달라질 때 굴절하고, 물결파는 진행하는 물의 깊이가 달라졌을 때 굴절한다.

핵심 요약

- ✓ 굴절은 파동의 속력이 변하면서 발생한다.
- ✓ 굴절이 발생해도 파동의 진동수는 변하지 않지만, 파장과 속력은 변한다.
- ✓ 파동이 느려지면 법선과 가까워지는 방향으로 굴절된다.
- ✓ 파동이 빨라지면 법선과 멀어지는 방향으로 굴절된다.

물에서의 굴절

빛을 수조의 물 위에 비추어 물결이 뚜렷하게 보이는 물결파 투영 장치를 사용해서 물에서의 굴절을 관찰할 수 있다. 유리블록을 수조 바닥에 비스듬히 두면 물의 깊이가 얕아지면서 블록 위를 통과하는 물결파의 속력이 느려진다. 파동이 느려지면 파동은 법선과 가까워지는 방향으로 굴절되고, 파동이 빨라지면 파동은 법선과 멀어지는 방향으로 굴절된다. 굴절한 후에도 파동의 진동수는 같지만, 파동이 느려질수록 파장은 짧아진다.

교사 감독 필요

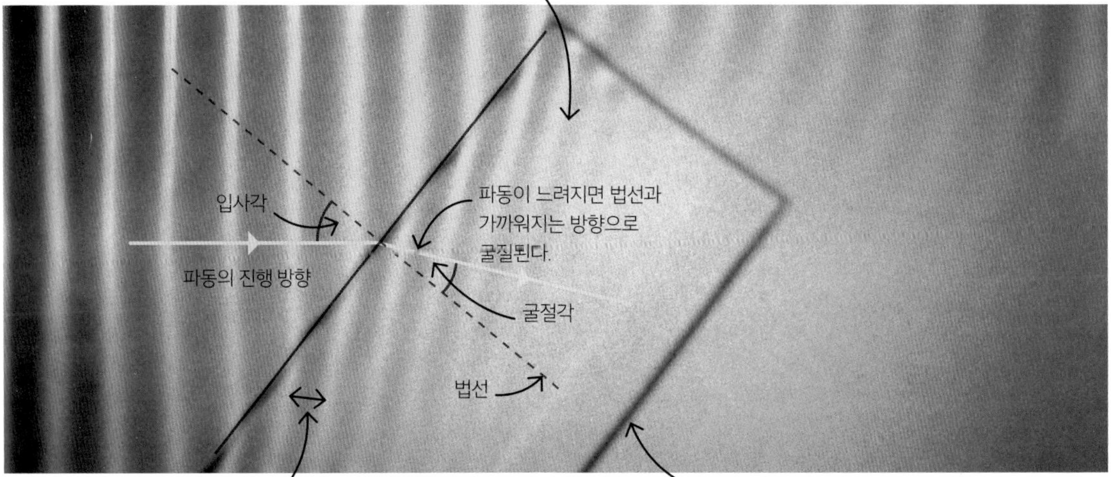

굴절 현상이 발생하는 이유

속력의 변화가 파동의 방향을 바꾸는 이유를 이해하기 위해서, 열을 맞추며 행진하는 밴드가 단단한 땅에서 질퍽거리는 땅으로 이동하는 상황을 상상해 보자. 그림처럼 밴드가 땅의 경계면에 비스듬하게 행진했을 때 왼쪽 행진자는 오른쪽 행진자보다 먼저 행진 속력이 느려진다. 왼쪽이 진흙에 도달하여 느리게 행진하는 동안 오른쪽은 빠른 속력으로 진흙까지 조금 더 행진해야 하므로 전체 밴드의 행진 방향이 꺾이게 된다.

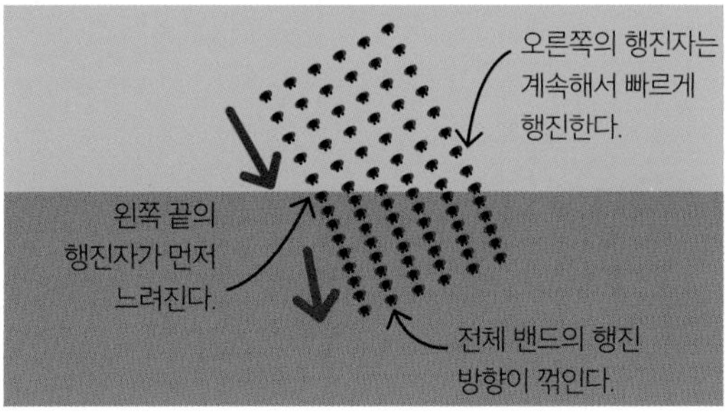

굴절률

빛은 진공 상태에서 3×10^8 m/s(초당 3억 m)의 속력으로 이동한다. 공기에서도 진공에서만큼 빠르게 이동하지만, 유리나 물, 투명한 매질에서는 눈에 띄게 느려진다. 매질의 굴절률은 매질에서 빛이 얼마나 느려지는지 정량적으로 나타내는 지표이다.

핵심 요약

- ✓ 매질의 굴절률은 매질에서 빛이 얼마나 느려지는지 정량적으로 나타내는 지표이다.
- ✓ 굴절률은 진공에서의 빛의 속력을 매질에서의 빛의 속력으로 나눈 값이다.
- ✓ 스넬의 법칙을 사용하면 입사각과 굴절각을 통해 굴절률을 계산할 수 있다.

굴절률 계산하기

매질에 따라 빛의 속력이 달라지므로 모든 매질은 고유한 굴절률을 가지고 있다. 매질의 굴절률이 클수록 해당 매질에서 빛의 속력이 더 느려지고 빛이 더 많이 굴절된다. 빛의 속력을 바탕으로 다음 식과 같이 굴절률을 계산할 수 있다.

$$\text{매질의 굴절률}(n) = \frac{\text{진공에서의 빛의 속력}}{\text{매질에서의 빛의 속력}}$$

굴절률은 두 속력의 비율이므로 단위가 없다.

매질	빛의 속력(m/s)	굴절률
공기	2.997×10^8	1.0003
아크릴	2×10^8	1.5
유리	$(1.8–2.0) \times 10^8$	1.5–1.7
다이아몬드	1.25×10^8	2.4

물의 굴절률

문제

진공 상태에서 빛의 속력은 3×10^8 m/s이고,
물에서의 빛의 속력은 2.3×10^8 m/s이다.
물의 굴절률은 얼마인가?

풀이

$$n = \frac{3 \times 10^8 \text{ m/s}}{2.3 \times 10^8 \text{ m/s}}$$
$$= 1.3$$

스넬의 법칙

빛이 공기에서 유리처럼 굴절률이 더 큰 매질로 입사되면 법선과 가까워지는 방향으로 꺾인다. 따라서 굴절각이 입사각보다 작아진다. 스넬의 법칙에 따라 다음 식은 굴절률과 입사각, 반사각 사이의 관계를 나타낸다.

$$n_1 \times \sin i = n_2 \times \sin r$$

첫 번째 매질의 굴절률 (n_1)

두 번째 매질의 굴절률 (n_2)

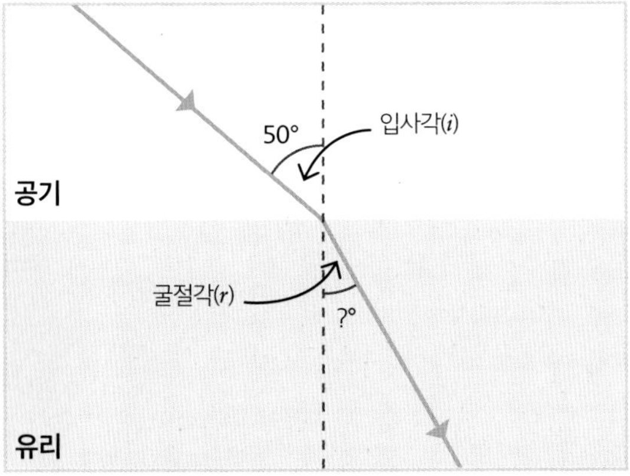

전반사

빛이 유리에서 공기처럼 굴절률이 더 작은 매질로 입사되면 법선과 멀어지는 방향으로 꺾인다. 입사각이 임계각이라고 부르는 특정 각도보다 커지면 빛은 완전히 반사된다. 다음 식은 임계각과 굴절률 사이의 관계를 나타낸다.

$$\sin c = \frac{n_2}{n_1}$$

임계각 (c)

두 번째 매질의 굴절률 (n_2)

첫 번째 매질의 굴절률 (n_1)

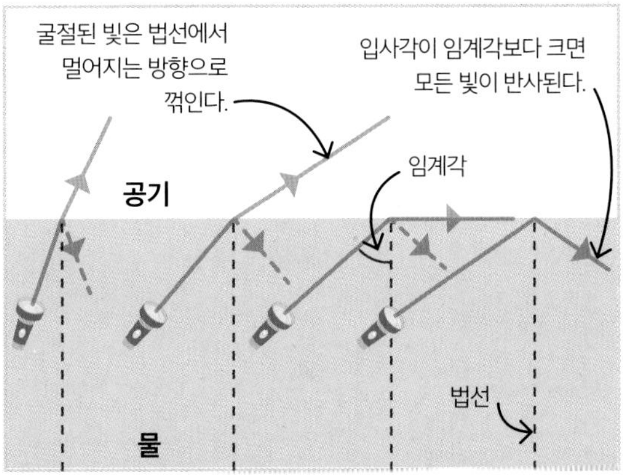

굴절각 계산하기

문제

빛이 유리에 입사각 50°로 입사했다. 공기의 굴절률이 1이고 유리의 굴절률이 1.6이라고 할 때, 굴절각의 크기는?

풀이

1. 먼저 스넬의 법칙에 따라 sin r에 대하여 식을 나타내면 다음과 같다.

$$\sin r = \frac{n_1 \times \sin i}{n_2}$$

2. 각 굴절률에 값을 대입하고 sin 50°의 값을 계산기로 찾아 계산하면 다음과 같다.

$$\sin r = \frac{1 \times \sin 50°}{1.6} = 0.479$$

3. 계산기에서 $\sin^{-1}$ 함수를 찾아 계산하면 답은 다음과 같다.

$r = 29°$

임계각 계산하기

문제

다이아몬드는 굴절각이 크고 임계각이 작으며, 빛이 다이아몬드를 빠져나와 우리 눈에 도달하기에 앞서 많은 빛들이 전반사되므로 반짝거려 보인다. 다이아몬드의 굴절률이 2.4일 때, 임계각의 크기는?

풀이

$$\sin c = \frac{1}{2.4}$$

1 ← 공기의 굴절률

$\sin c = 0.42$

$c = 25°$

볼록 렌즈와 오목 렌즈

렌즈는 굴절을 통하여 빛의 진행 방향이 바뀌도록 제작된다. 볼록 렌즈는 렌즈의 가운데가 볼록하며 빛을 모이게 한다(수렴). 반면 오목 렌즈는 가운데가 얇으며 빛을 퍼뜨린다(발산).

핵심 요약

- 볼록 렌즈는 렌즈의 가운데가 볼록하며 평행하게 입사한 빛을 모은다.
- 오목 렌즈는 렌즈의 가운데가 얇으며 평행하게 입사한 빛을 퍼뜨린다.
- 렌즈는 초점이 있다. 볼록 렌즈는 초점에서 평행하게 입사한 빛이 모이고, 오목 렌즈는 초점에서 나오는 것처럼 빛이 굴절된다.

볼록 렌즈

볼록 렌즈는 수렴 렌즈라고도 한다. 평행한 빛이 볼록 렌즈를 통과하면 초점이라고 부르는 한 점에 모인다. 렌즈의 곡률이 커질수록 빛이 더 많이 꺾여서 초점이 렌즈에 가까워진다.

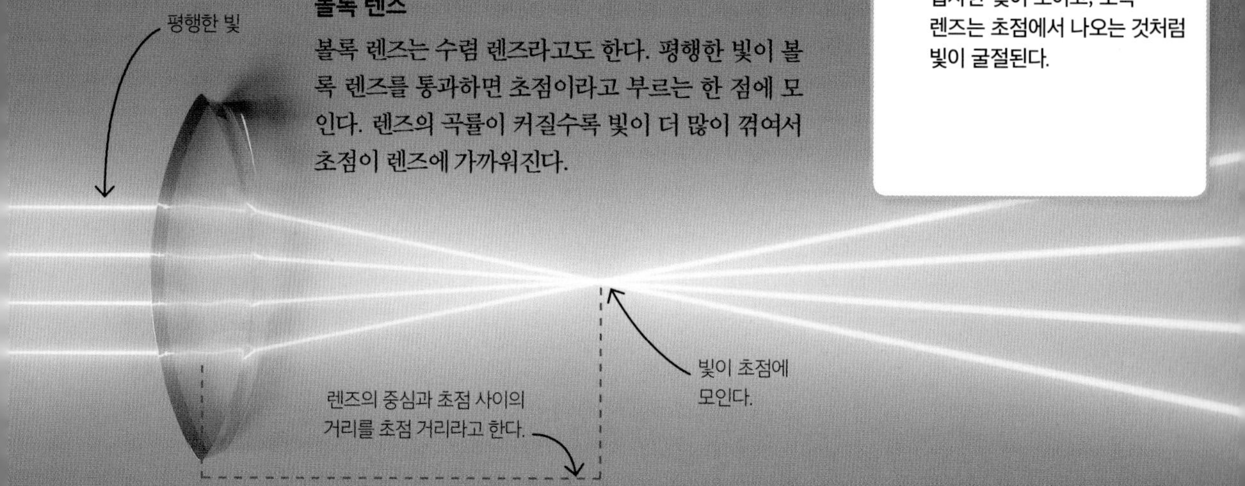

오목 렌즈

오목 렌즈는 발산 렌즈라고도 한다. 평행한 빛이 오목 렌즈를 통과하면 퍼진다. 오목 렌즈에서의 초점은 퍼지는 광선을 연장시켰을 때 모이는 점이다. 렌즈의 곡률이 커질수록 빛이 더 많이 꺾여서 초점이 렌즈에 가까워진다.

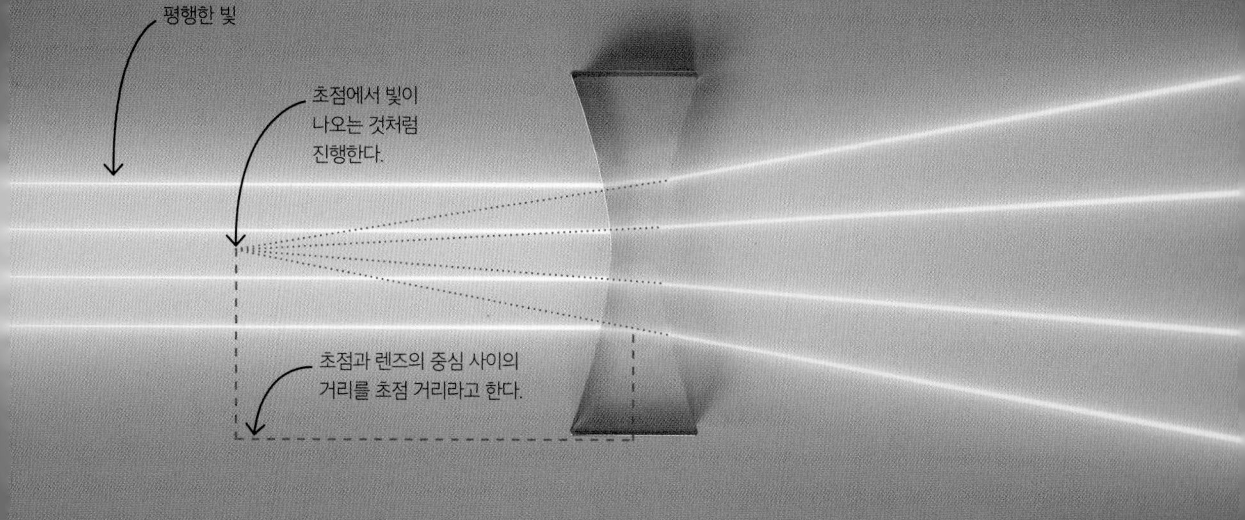

시력 교정

볼록 렌즈와 오목 렌즈는 시야가 흐려지는 대표적인 증상인 근시와 원시를 교정하기 위해 안경이나 콘택트렌즈에 쓰인다.

핵심 요약

- ✓ 볼록 렌즈와 오목 렌즈는 시력 교정을 위해 안경과 콘택트렌즈에 쓰인다.
- ✓ 볼록 렌즈는 원시를 교정하는 데 사용된다.
- ✓ 오목 렌즈는 근시를 교정하는 데 사용된다.

원시

원시인 눈은 가까운 물체에서 나온 빛의 상이 망막 뒤쪽에 맺혀 가까이 있는 물체가 흐리게 보인다. 눈이 빛을 충분히 굴절시키지 못하거나 안구의 길이가 너무 짧아서 생기는 현상이다. 볼록 렌즈는 빛이 눈으로 들어오기 전에 빛을 더 굴절시켜 시력을 교정한다.

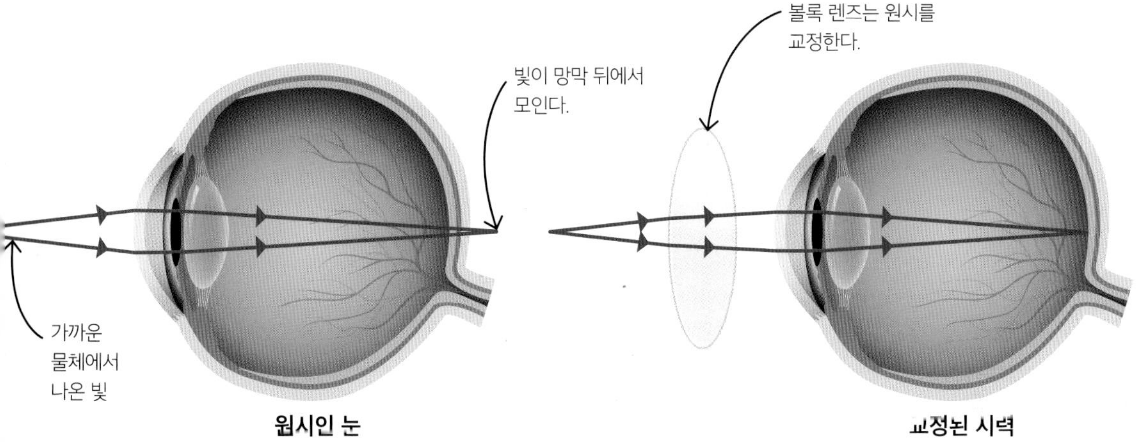

근시

근시인 눈은 먼 물체에서 나온 빛의 상이 망막 앞쪽에 맺혀 멀리 있는 물체가 흐리게 보인다. 눈이 빛을 너무 많이 굴절시키거나 안구의 길이가 너무 길어서 생기는 현상이다. 오목 렌즈는 빛이 눈으로 들어오기 전에 빛을 퍼뜨려서 시력을 교정한다.

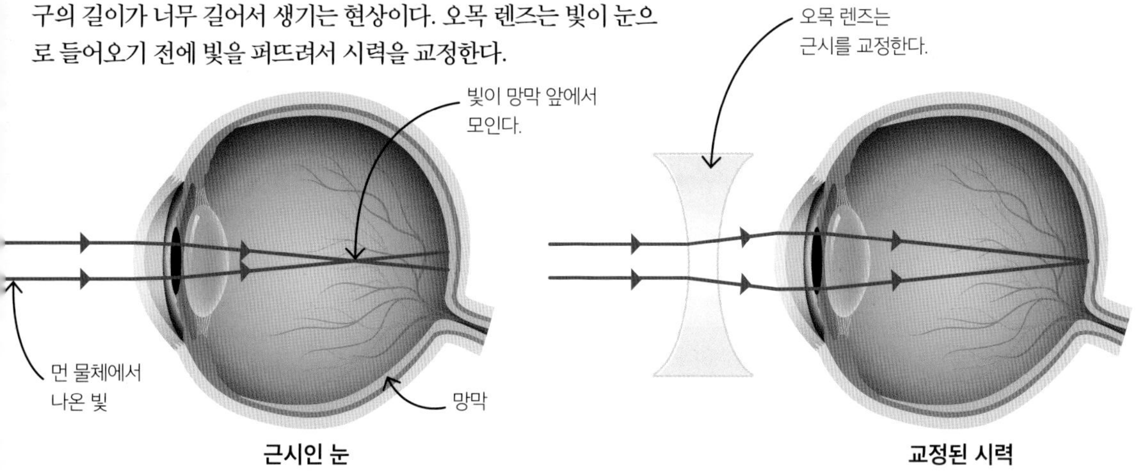

볼록 렌즈가 만드는 상 작도

볼록 렌즈가 만드는 상이 어디에 생기는지 알아보기 위해 광선을 작도할 수 있다. 다음 그림은 렌즈의 초점보다 물체가 멀리 있을 때 상이 형성되는 과정을 작도한 것이다. 볼록 렌즈는 위아래가 뒤집히고 크기가 축소된 실상(129쪽 참조)을 만든다.

핵심 요약

- ✓ 광선을 작도하여 렌즈가 만드는 상의 위치를 알 수 있다.
- ✓ 축과 평행하게 입사한 광선은 초점을 지나도록 굴절된다.
- ✓ 초점을 지나 렌즈로 입사한 광선은 축과 평행하게 진행하도록 굴절된다.
- ✓ 렌즈의 중심을 향해 입사한 광선은 그대로 직진한다.

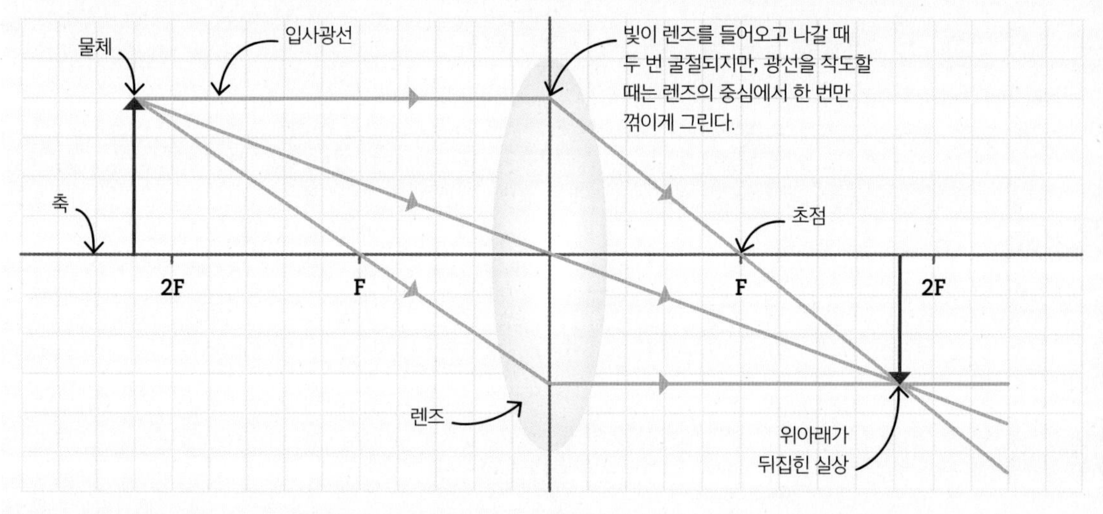

오목 렌즈가 만드는 상 작도하는 방법

1. 렌즈의 중심을 통과하는 수평축을 그린다.
2. 렌즈의 양쪽에 초점(F)을 표시한다.
3. 물체를 위로 향하는 화살표로 그린다.
4. 물체의 끝에서 축과 평행하게 렌즈로 입사하는 광선을 그린다. 굴절되는 광선이 초점을 지나도록 그려준다.
5. 두 번째 광선은 물체의 끝에서 렌즈의 중심을 향하는 직선으로 그린다. 빛은 굴절되지 않는다.
6. 두 광선이 만나는 곳에서 위아래가 뒤집힌 상의 끝이 생긴다. (상이 꼭 초점에서 생기는 것은 아니다.)
7. 추가로 물체의 끝에서 초점을 지나 렌즈로 입사하는 세 번째 광선을 그려본다. 이 광선은 축과 평행하게 진행하도록 굴절된다.

확대경이 만드는 상 작도

물체가 렌즈로부터 초점 거리보다 가까이 있으면 볼록 렌즈가 확대경 역할을 한다. 크기가 더 크고 똑바로 서 있는 허상(129쪽 참조)이 생기기 때문에 직접 확대경을 바라본 사람만이 상을 관찰할 수 있다.

핵심 요약

- ✓ 확대경은 볼록 렌즈이다.
- ✓ 확대경은 크기가 더 크고 똑바로 서 있는 허상을 만든다.
- ✓ 확대된 상을 만들기 위해서는 물체가 초점 거리보다 더 가깝게 있어야 한다.

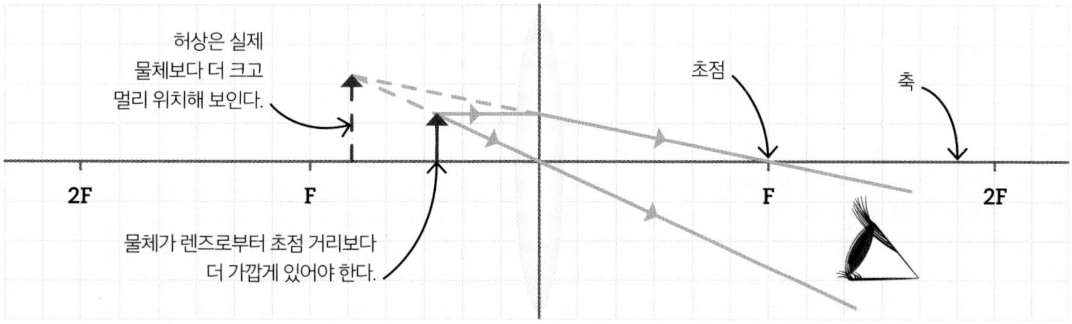

확대경이 만드는 상 작도하는 방법

1. 렌즈의 중심을 통과하는 수평축을 그린다.
2. 렌즈의 양쪽에 초점(F)을 표시한다.
3. 렌즈로부터 초점 거리보다 가까운 위치에 물체를 위로 향하는 화살표로 그린다.
4. 물체의 끝에서 축과 평행하게 렌즈로 입사하는 광선을 그린다. 굴절되는 광선이 초점을 지나도록 그려준다.
5. 두 번째 광선은 물체의 끝에서 렌즈의 중심을 향하는 직선으로 그린다. 빛은 굴절되지 않는다.
6. 자를 이용해서 두 광선을 뒤로 연장하여 점선으로 그려준다. 점선이 만나는 곳에서 허상의 끝이 생긴다. 허상은 똑바로 서 있고 물체보다 크기가 더 크다.

배율 계산하기

다음 공식을 이용해서 상의 배율을 계산할 수 있다.

$$\text{배율} = \frac{\text{상의 높이}}{\text{물체의 높이}}$$

문제

확대경으로 9 mm 길이의 딱정벌레를 관찰했더니 28 mm 허상이 생겼다. 확대경의 배율은?

풀이

$$\text{배율} = \frac{28\ \text{mm}}{9\ \text{mm}}$$

$$\text{배율} = 3.1$$

배율은 길이의 비율이므로 단위가 없다.

오목 렌즈가 만드는 상 작도

오목 렌즈로 주변을 관찰하면 물체들이 더 작아 보인다. 오목 렌즈는 똑바로 서 있지만 크기가 더 작은 허상을 만든다. 광선 작도를 통하여 상의 위치와 크기를 알 수 있다.

핵심 요약

- ✓ 광선을 작도하여 렌즈가 만드는 상의 위치를 알 수 있다.
- ✓ 축과 평행하게 입사한 광선은 초점에서 나온 것처럼 바깥쪽으로 굴절된다.
- ✓ 렌즈의 중심을 향해 입사한 광선은 그대로 직진한다.

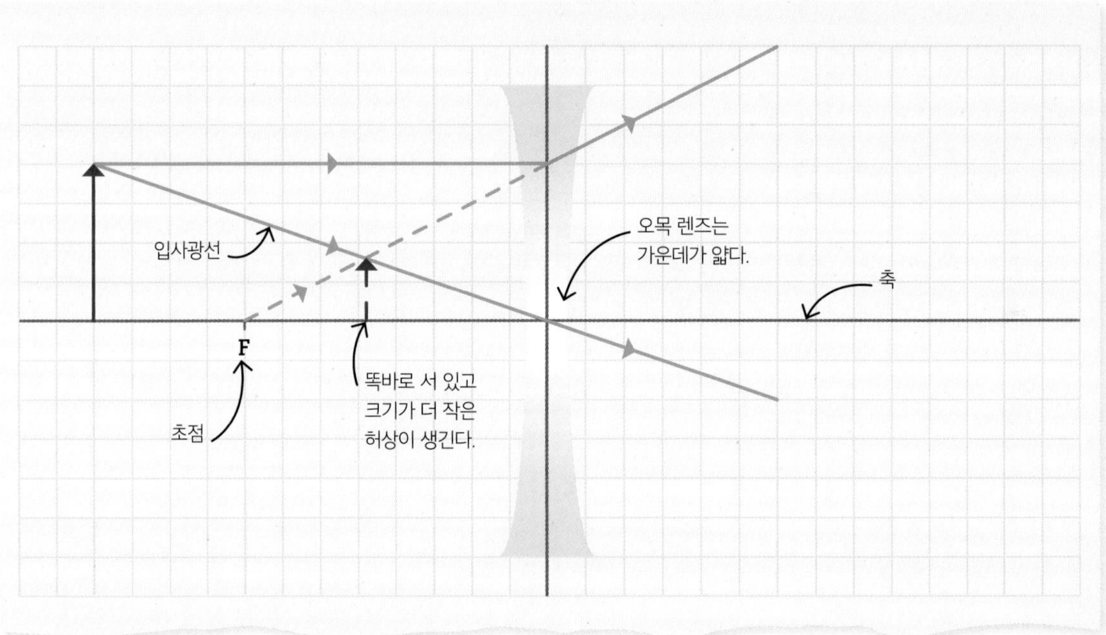

오목 렌즈가 만드는 상 작도하는 방법

1. 렌즈의 중심을 통과하는 수평축을 그린다.

2. 렌즈의 왼쪽에 초점(F)을 표시한다.

3. 물체를 위로 향하는 화살표로 그린다.

4. 물체의 끝에서 축과 평행하게 렌즈로 입사하는 광선을 그린다.

5. 굴절된 광선은 렌즈 왼쪽의 초점에서 나온 것처럼 진행한다. 자를 이용하여 초점부터 렌즈까지는 점선으로 그리고, 렌즈의 오른쪽부터는 실선으로 그린다.

6. 두 번째 광선은 물체의 끝에서 렌즈의 중심을 향하는 직선으로 그린다. 빛은 굴절되지 않는다.

7. 점선과 두 번째 광선이 만나는 곳에서 허상의 끝이 생긴다.

빛과 색깔

햇빛에는 넓은 범위에 걸쳐서 다양한 값의 주파수의 빛들이 섞여 있는데, 이를 스펙트럼이라고 한다. 그중에서 우리가 볼 수 있는 가시광선은 전체 스펙트럼의 극히 일부분이다. 가시광선 범위 내에서 주파수에 따라 우리 눈은 다른 색으로 인식한다. 볼 수 있는 모든 주파수의 빛이 섞이면 백색광이 된다.

핵심 요약

- ✓ 가시광선 범위 내에서 주파수에 따라 우리 눈은 다른 색으로 인식한다.
- ✓ 다양한 주파수의 빛이 섞이면 백색광이 된다.
- ✓ 프리즘은 백색광을 굴절시켜 다양한 색의 빛으로 분산시킨다.

가시광선 스펙트럼

프리즘이라고 부르는 삼각형 유리블록에 백색광을 비춰서 다양한 색의 빛으로 나눌 수 있다. 유리는 주파수에 따라 다른 각도로 빛을 굴절시킨다. 보라색처럼 높은 주파수의 빛은 빨간색처럼 낮은 주파수의 빛보다 더 많이 굴절된다. 따라서 백색광은 화려한 스펙트럼으로 퍼지게 된다. 가시광선 스펙트럼은 보통 일곱 가지 색으로 나타내지만, 보통 파란색과 남색을 뚜렷하게 구별하기 어렵기 때문에 여섯 가지 색으로 보인다.

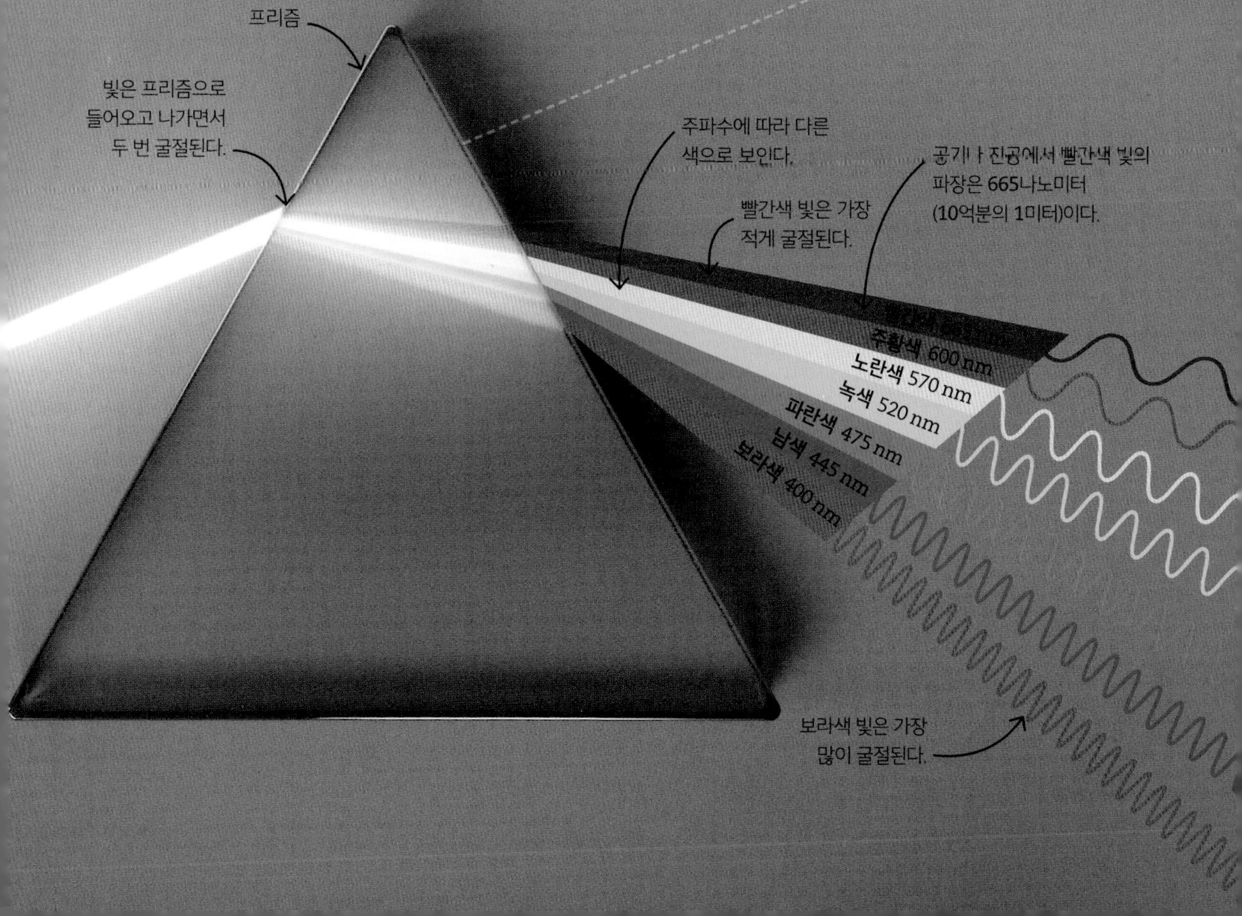

무지개

빛의 굴절과 반사 현상의 조합이 무지개의 아름다움을 만들어 낸다. 햇빛이 물방울에 특정 각도로 입사하면 빛이 굴절되고 물방울 내부에서 한 번 반사되며, 다시 물방울 바깥으로 빛이 빠져나오며 굴절된다. 적절한 위치에 서 있으면 굴절된 빛을 무지개로 볼 수 있다.

1차 무지개 바깥쪽에서 색깔의 순서가 뒤집힌 2차 무지개를 가끔 관찰할 수 있다. 1차 무지개와 다르게 물방울 내부에서 빛이 두 번 반사되면 2차 무지개가 생긴다.

흡수와 반사

가시광선 스펙트럼의 모든 빛이 섞이면 백색광이 된다. 빛이 물체에 부딪히면 일부 파장의 빛은 흡수되고 나머지 빛들은 반사된다. 어떤 파장의 빛이 반사되는지에 따라 물체의 색이 달라진다.

핵심 요약

- ✓ 가시광선 스펙트럼의 모든 빛이 섞이면 백색광이 된다.
- ✓ 물체가 일부 파장의 빛을 흡수하고 나머지는 반사하면서 색을 띠게 된다.
- ✓ 색 필터는 특정 색깔의 빛만 통과시키고 나머지는 모두 흡수한다.

흡수와 반사

다음 공들은 다른 범위에 해당하는 파장의 빛을 흡수하기 때문에 색깔이 달라 보인다. 흡수되지 않은 파장의 빛은 반사되면서 물체가 색을 띤다.

빨간색 공은 표면에서 빨간색 빛을 반사시키고 나머지 가시광선 파장의 빛을 모두 흡수하기 때문에 빨갛게 보인다.

검은색 공은 모든 색의 빛을 흡수하고 빛을 거의 반사시키지 않기 때문에 검게 보인다.

흰색 공은 가시광선 파장의 모든 빛을 반사시키기 때문에 하얗게 보인다.

색 필터

투명한 물체의 색깔은 어떤 파장의 빛을 흡수하고 통과시키는지에 따라 색이 달라진다. 스테인드 글라스 같은 색 필터는 특정 색의 빛을 더하는 것이 아니라 나머지 빛을 흡수하는 원리를 갖고 있다. 예를 들어 빨간색 필터는 빨간색 빛을 제외한 모든 파장의 빛을 흡수한다.

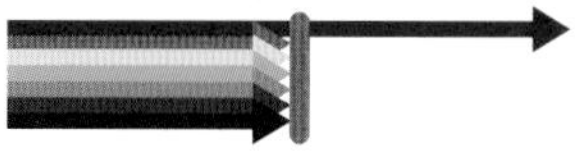

빨간색 필터는 빨간색 빛을 제외한 모든 색의 빛을 흡수한다.

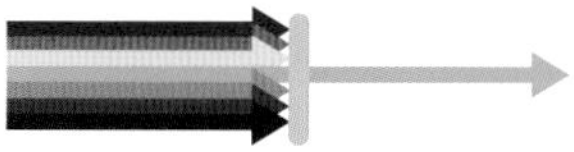

녹색 필터는 녹색 빛을 제외한 모든 색의 빛을 흡수한다.

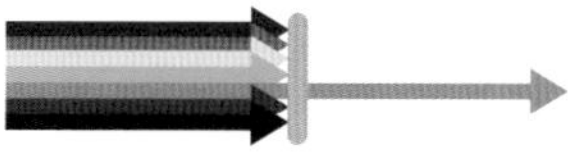

파란색 필터는 파란색 빛을 제외한 모든 색의 빛을 흡수한다.

전자기파

전자기파 전체 스펙트럼에서 우리가 볼 수 있는 빛은 극히 일부분이다. 전자기파를 방출하는 원자에서 전자기파를 흡수하는 원자로 에너지가 전달된다. 파가 전달되기 위해서 매질이 필요하지 않으며, 진공에서도 전파가 가능하다. 모든 유형의 전자기파는 빛의 속도(공기 또는 우주에서 약 3억 m/s)로 이동한다.

핵심 요약

- ✓ 전자기파 전체 스펙트럼에서 우리가 볼 수 있는 빛은 극히 일부분이다.
- ✓ 전자기파는 원자 내부에서 생기는 변화로 발생한다.
- ✓ 전자기파는 빛의 속도로 이동하며 매질이 필요하지 않다.

전자기파 스펙트럼

전자기파는 라디오파(mm에서 몇천 km의 파장)에서 감마선(원자의 크기보다 짧은 파장)까지 파장이 분포한다. 전자기파의 파장이 짧을수록 주파수가 크고 전달되는 에너지가 커진다.

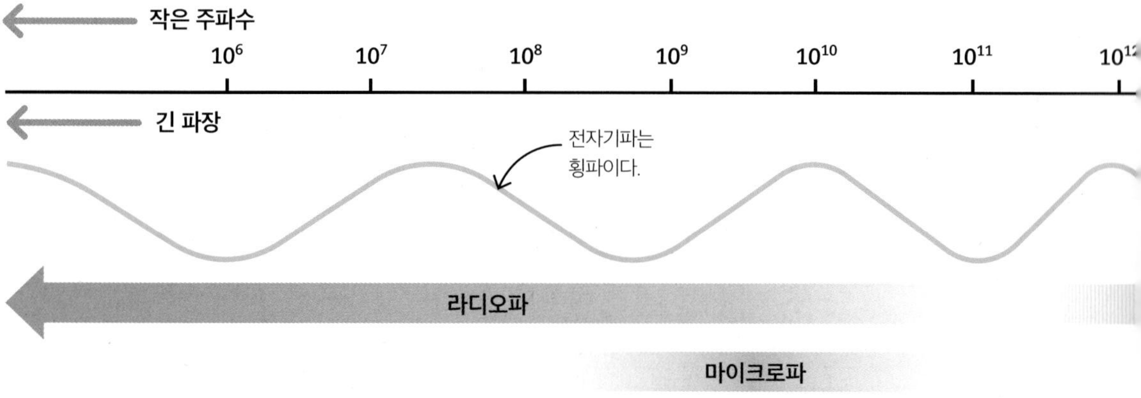

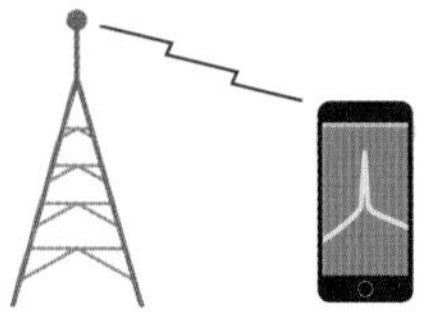

라디오파는 전화, TV, 인터넷 데이터와 같은 통신에 쓰인다. 파장이 긴 라디오파는 언덕과 같은 장애물을 피해 전파될 수 있다.

마이크로파는 파장이 짧은 라디오파이며, 통신에 쓰인다. 음식 안의 물 분자는 특정 주파수의 마이크로파를 흡수하기 때문에 마이크로파 오븐(전자레인지)에서 음식을 데울 때 사용된다.

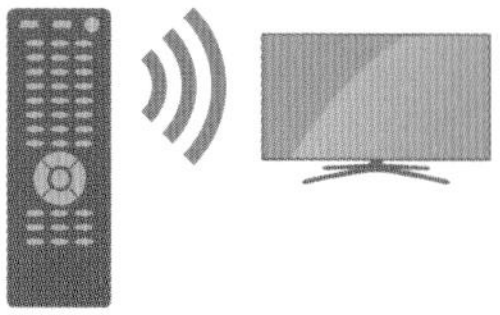

적외선은 난로 앞에서 손을 따뜻하게 하거나 태양 아래 서 있을 때 열로 느낄 수 있다. 리모컨에서 적외선 신호를 보내서 TV 조작이 가능하고, 야간 투시경을 쓰면 적외선을 감지하여 어두운 곳에서도 주변을 볼 수 있다.

전자기파

전자기파는 원자 내부에서 생기는 변화로 발생한다. 예를 들어 전자가 높은 에너지 레벨에서 낮은 에너지 레벨로 이동하면 빛이 방출된다. 전자가 얼마나 많은 에너지 레벨의 차이를 이동하는지에 따라 빛의 주파수와 파장이 달라진다. 태양에서 오는 높은 에너지의 입자들이 지구 북극 근처 대기의 산소 원자와 충돌하면 에너지를 방출하며 녹색 빛을 내뿜는데, 이 빛이 오로라이다.

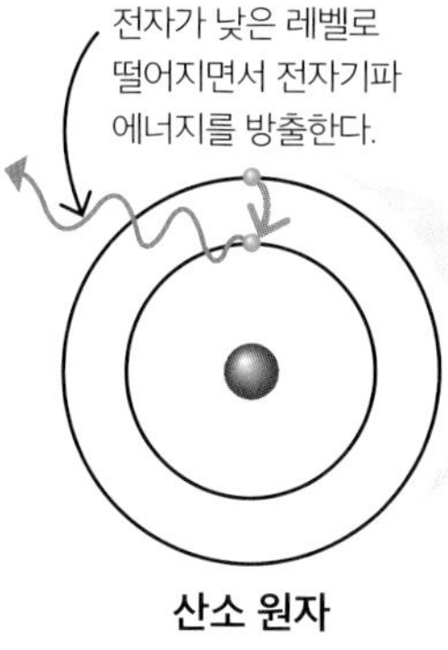

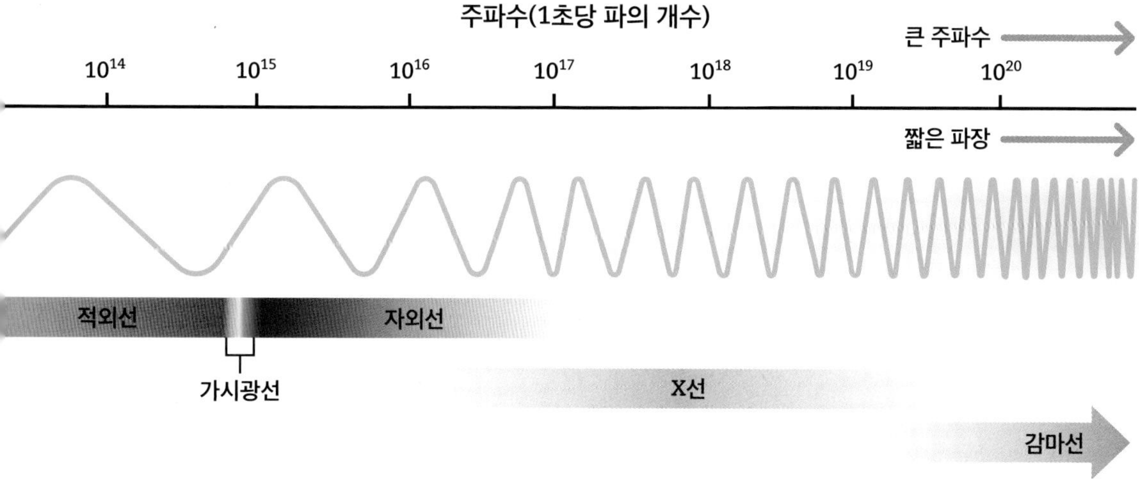

가시광선은 우리가 볼 수 있는 아주 작은 범위의 스펙트럼이다. 가시광선으로 주변을 밝히거나 TV, 휴대폰 스크린의 상을 만든다.

자외선(UV)은 태닝과 일광 화상을 유발한다. UV 램프는 바이러스나 박테리아를 죽이거나 위조지폐 탐색, 형광 물체 제작에 사용된다.

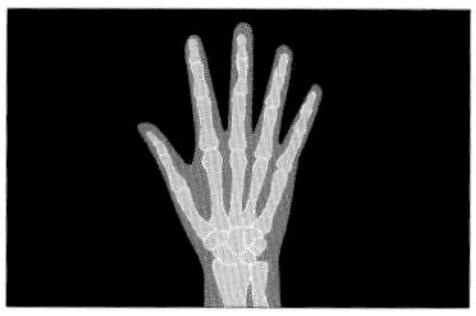

X선은 뼈나 치아 같은 딱딱한 곳은 통과하지 못하지만 몸의 부드러운 조직을 통과하는 고에너지 전자기파이다. 의료영상 촬영이나 공항에서 수하물 수색에 쓰인다.

감마선은 방사성 물질에서 방출되는데(240-241쪽 참조), 의료기구 소독, 의료영상 촬영, 암세포 치료에 쓰인다.

라디오파

전자기파는 원자 바깥의 음전하를 띠고 있는 입자인 전자의 가속 운동에 의해 발생한다. 전자가 특정 주파수(진동수)로 앞뒤로 진동하면서 라디오파가 방출된다. 이 파는 통신에 쓰인다.

핵심 요약

- ✓ 라디오파는 교류에 의해 발생한다.
- ✓ 라디오파는 안테나에 전류를 유도한다.
- ✓ 라디오파의 주파수는 파를 발생시키는 교류의 주파수와 같다.

라디오파가 통신에 사용되는 방식

라디오파는 교류에 의해 발생하는데, 교류는 안테나에서 전자가 앞뒤로 진동하게 한다. 라디오파는 교류와 같은 주파수를 갖고, 전파되는 파를 받아들이는 안테나에서도 같은 주파수의 전류가 발생하게 한다. 데이터는 파의 진폭이나 주파수를 다양하게 조합하여 전달한다.

라디오파가 전달되는 방법

통신에 쓰이는 라디오의 주파수는 낮은 주파수(수 km 정도의 파장)에서 높은 주파수(수 cm 정도의 파장)까지 다양하다. 고주파는 직선으로만 전파되기 때문에 위성과 통신을 주고받을 수 있다. 저주파는 지구 대기의 상층부에 전하를 띠고 있는 전리층에서 반사되기 때문에 지평선 너머로 전파될 수 있다.

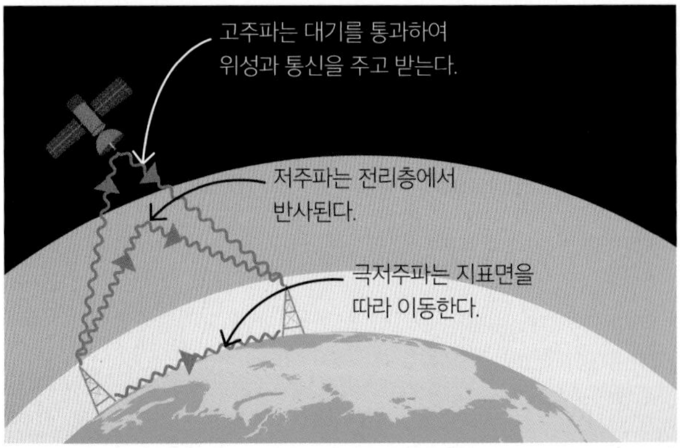

위험한 방사선

높은 에너지의 전자기파에 노출되면 생명체가 위험해질 수 있다. 파의 에너지가 높을수록 더 많은 에너지가 전달되며 해로울 수 있다.

인체로의 영향

라디오파와 같은 저주파는 흡수되지 않고 신체 조직을 통과하기 때문에 위험하지 않다. 그러나 감마선, X선, 자외선과 같은 고주파는 모두 이온화 방사선에 해당하는데, 원자의 전자를 제거시킬 만큼 높은 에너지를 가지고 있어 화학 결합을 파괴하여 세포 내의 분자를 손상시킬 수 있다.

핵심 요약

- ✓ 방사선은 비이온화 방사선과 이온화 방사선으로 구분된다.
- ✓ 비이온화 방사선은 원자의 전자를 제거시킬 만큼의 에너지를 가지고 있지 않다.
- ✓ 이온화 방사선은 원자의 전자를 제거시킬 만큼 충분한 에너지를 가지고 있어 화학 결합을 파괴한다.
- ✓ 이온화 방사선에 노출되면 조직이 파괴되거나 암에 걸릴 수 있다.

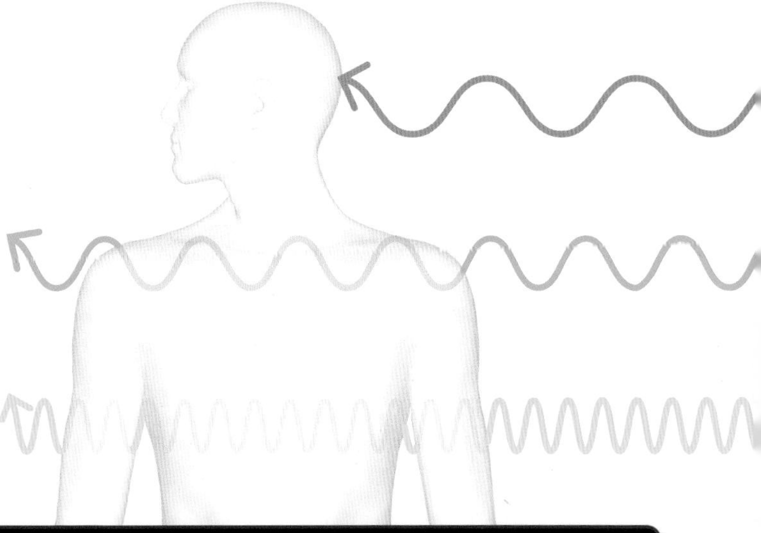

자외선은 신체를 통과할 수는 없지만 피부의 세포를 파괴시켜 화상을 입거나 피부암에 걸릴 수 있다. 인간의 눈에도 영향을 미쳐 시력이 손실될 수 있다.

X선은 신체를 통과하고 세포 안의 DNA를 파괴시켜 암의 원인이 되는 돌연변이를 발생시킨다. X선의 위험성은 시버트(sievert, Sv)라는 단위로 측정되는 양에 따라 다르다. 병원의 X선 장치는 신체에 매우 적은 양의 방사선을 노출시킨다.

감마선은 방사선 중 가장 위험하다. DNA를 파괴시켜 암의 확률을 높인다. 많은 양의 감마선에 노출되면 큰 통증을 유발하며 목숨이 위험해질 수 있다.

이로움과 위험성

자외선, X선, 감마선은 위험하지만 이로운 점도 있다. 햇빛의 자외선에 적절히 노출되면 신체에서 비타민 D가 합성된다. X선 장치는 치과의사가 충치를 확인하거나 의사가 뼈의 골절 또는 신체 상태를 확인하는 데 사용되며, 감마선은 암세포를 감지하여 파괴하는 데 사용된다. 하지만 항상 방사선의 위험성에 주의를 기울여 사용해야 한다.

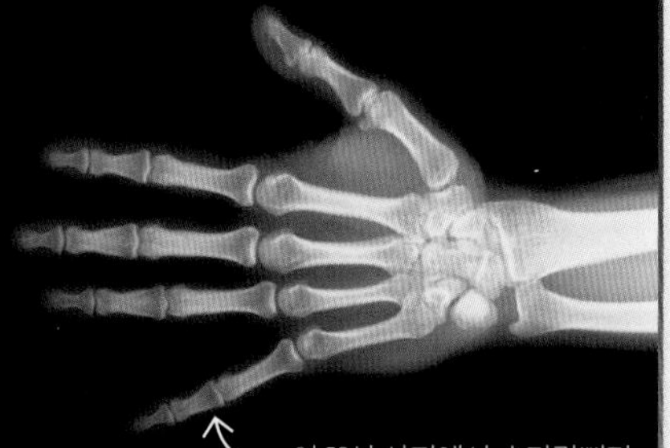

이 X선 사진에서 손가락뼈가 부러진 곳 없이 깨끗하다.

전기 회로

전류

한곳에 머물러 있는 정전기와 다르게 전류는 항상 움직인다. 우리가 사용하는 전기 장치에는 전류가 흐른다. 헤드폰이나 휴대폰과 같은 장치들은 적은 전류가 흐르지만, 요리 기구나 전기히터 같은 장치는 많은 양의 전류가 흘러야 한다.

움직이는 전자

전류는 전자의 움직임으로 발생한다. 금속에서는 전자가 자유롭게 이동할 수 있다. 이 자유 전자들은 보통 임의의 방향으로 움직이지만, 전류가 흐르도록 스위치를 켜면 같은 방향으로 움직인다. 전자 자체는 느리게 움직이지만, 도선 안의 전자가 모두 동시에 움직이며 전자기파가 회로를 따라 빛의 속력에 가깝게 빠르게 퍼진다.

핵심 요약

- ✓ 전류는 금속과 같은 물질 안의 자유 전자의 움직임으로 발생한다.
- ✓ 전압이 자유 전자에 가해지면 모두 한 방향으로 움직이게 되는데, 이를 전류라고 한다.
- ✓ 전류가 흐르는 물질을 도체라고 한다.
- ✓ 전류가 흐르지 않는 물질을 부도체라고 한다.

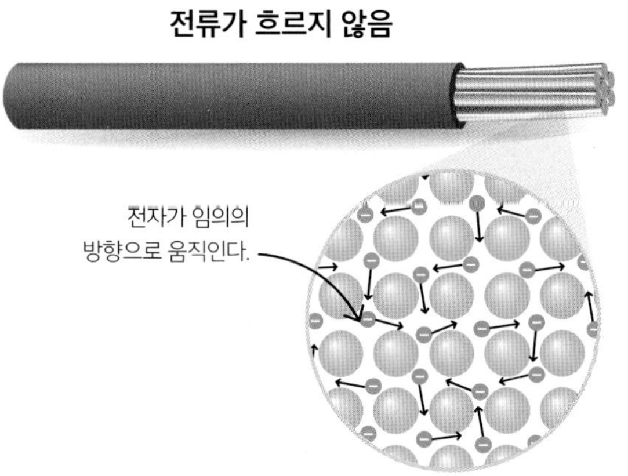

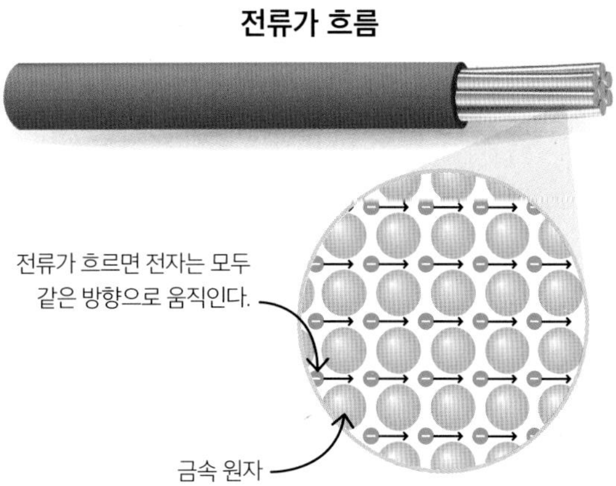

도체와 부도체

전류가 흐르는 물질을 도체라고 한다. 금속은 전자들이 원자를 벗어나 자유롭게 움직일 수 있기 때문에 좋은 도체이다. 이온이 용해된 용액도 전류가 흐른다. 자유 전자가 없는 물질은 전류가 흐르지 않으며 부도체라고 한다.

전기 회로

현대의 삶은 전기와 전기 회로의 도움을 많이 받고 있다. 일부 회로는 다음에 보이는 바와 같이 단순하지만, 휴대폰, 컴퓨터와 같은 많은 전기 장치들은 복잡한 회로로 구성되어 있다.

핵심 요약

- ✓ 모든 전기 회로는 전지와 같은 에너지 공급원이 필요하다.
- ✓ 2개 이상의 전지가 모여서 배터리가 된다.
- ✓ 끊어지지 않은 도선으로 구성된 회로를 따라서만 전류가 흐른다.
- ✓ 많은 전기 회로에는 유용한 작업을 수행하기 위해 에너지를 전환하는 전구나 모터와 같은 장치가 포함되어 있다.

간단한 회로

손전등은 전기화학 전지와 같은 전력 공급원, 스위치, 전구로 구성된 간단한 회로로 이루어져 있다. 이는 회로도상에 기호로 나타낼 수 있으며, 긴 선은 도선을 나타낸다. 회로의 전력 공급원은 한 쌍의 전지이다. 일상생활에서는 각 전지를 배터리라고 부르지만, 과학적으로는 전지를 합친 전체를 배터리라고 한다. 스위치가 닫혀 회로에 끊긴 부분이 없을 때만 전류가 흐를 수 있다.

회로도

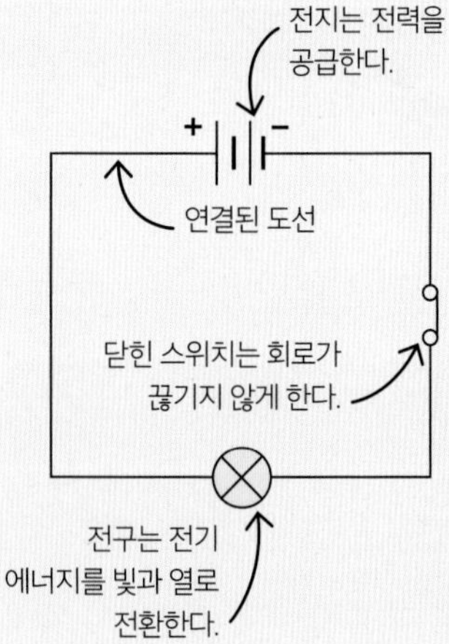

전압

전지의 전압은 회로에 전류를 얼마나 강하게 흐르게 하는지를 나타낸다. 전지를 한 개 더 추가하면 전압이 2배가 되고, 회로에 흐르는 전류 역시 2배가 되며, 따라서 전구가 더 밝아진다.

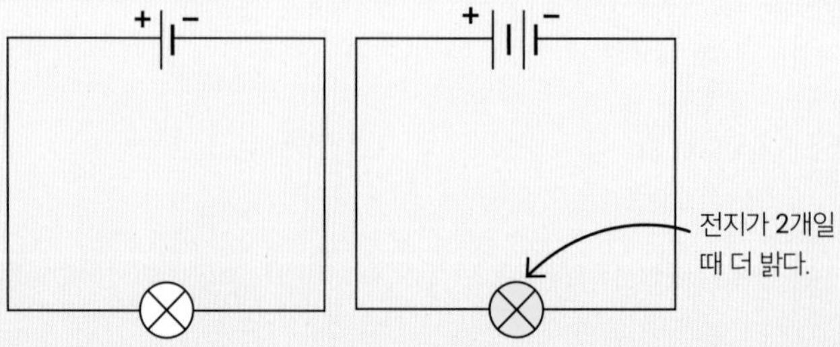

회로의 직렬, 병렬 연결

회로는 기본적으로 두 가지 방법으로 연결될 수 있다. 회로의 구성 요소들이 하나의 고리로 연결되면 직렬 연결되었다고 하고, 회로가 중간에 가지들로 나뉘면 병렬 연결되었다고 한다.

핵심 요약

- ✓ 전기 회로는 직렬이나 병렬 연결된다.
- ✓ 직렬 회로에서는 회로의 구성 요소들이 하나의 고리로 연결되고, 동시에 켜지거나 꺼질 수 있다.
- ✓ 병렬 회로에서는 회로 구성 요소들이 다른 가지로 나뉘어, 한 가지가 끊어져도 다른 쪽 가지는 전류가 흐를 수 있다.

직렬 회로

직렬 회로에서는 회로의 구성 요소들이 하나의 고리로 연결된다. 다음 두 전구는 직렬로 연결되어 있기 때문에 전구 하나가 꺼지면 전류가 흐를 수 없어 다른 쪽 전구도 꺼지게 된다. 전구를 하나 더 연결하면 회로의 각 전구에 흐르는 전류가 작아져서 어두워진다.

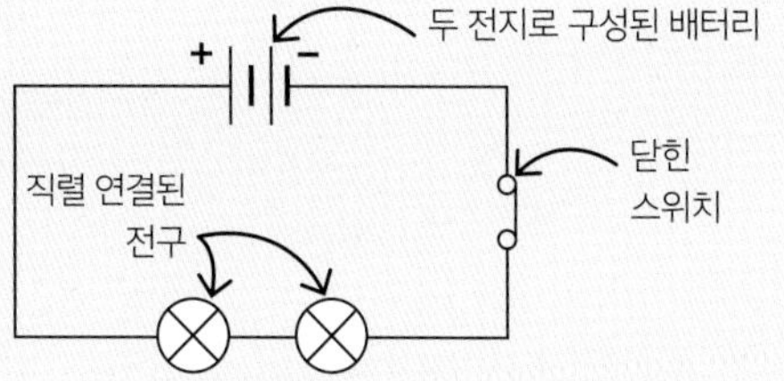

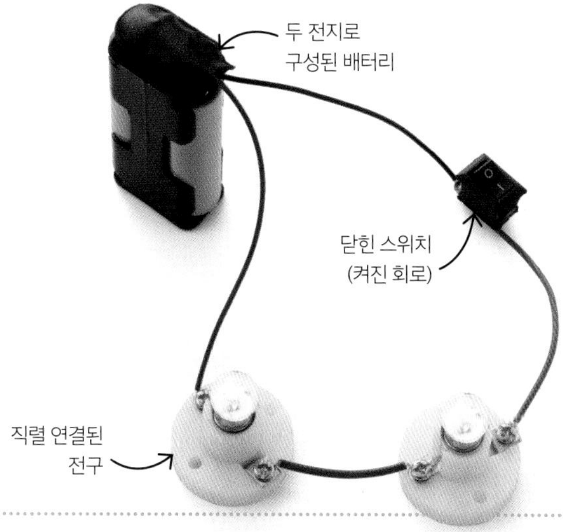

병렬 회로

병렬 회로에서는 회로의 구성 요소들이 다른 가지로 나뉘게 된다. 전류가 흐르는 길이 여러 개 있기 때문에 전구 하나가 꺼져도 다른 전구는 꺼지지 않는다. 전류가 각 가지에서 한 전구로만 흐르게 되고, 이는 직렬 회로에서보다 더 많은 전류가 흐른다는 것을 의미한다. 따라서 전구들이 더 밝아진다. 가정에서의 도선은 병렬 회로로 구성되어 있다.

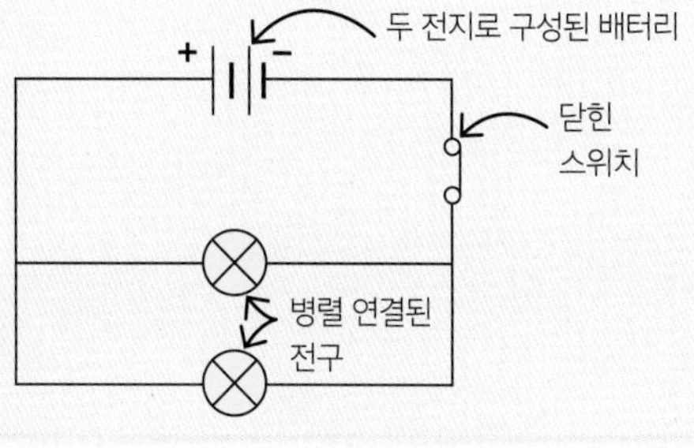

전기 측정

전기 측정은 탱크에서 파이프를 통해 흐르는 물로 비유할 수 있다. 회로를 따라 흘러가는 전하의 속도를 전류라고 하며, 암페어(A) 단위로 측정한다. 전류의 크기는 전압의 세기와 저항의 크기에 따라 달라진다. 전압은 전위차라고도 하며 전하를 얼마나 세게 밀어내는지를 나타낸다. 저항은 전류가 회로에서 얼마나 많은 방해물에 부딪히는지 나타낸다.

핵심 요약

- ✓ 전류는 전하가 흘러가는 속도이며, 암페어(A) 단위로 측정한다.
- ✓ 전류는 전류계로 측정하며, 전류계는 회로에 직렬 연결한다.
- ✓ 전압(전위차)은 회로에서 전하를 얼마나 세게 밀어내는지를 나타내며, 볼트(V) 단위로 측정한다.
- ✓ 전압은 전압계로 측정하며, 전압계는 회로에 병렬 연결한다.
- ✓ 저항은 전기 에너지를 소비하는 장치이며, 전류의 크기가 작아지게 한다. 옴(Ω) 단위로 측정한다.

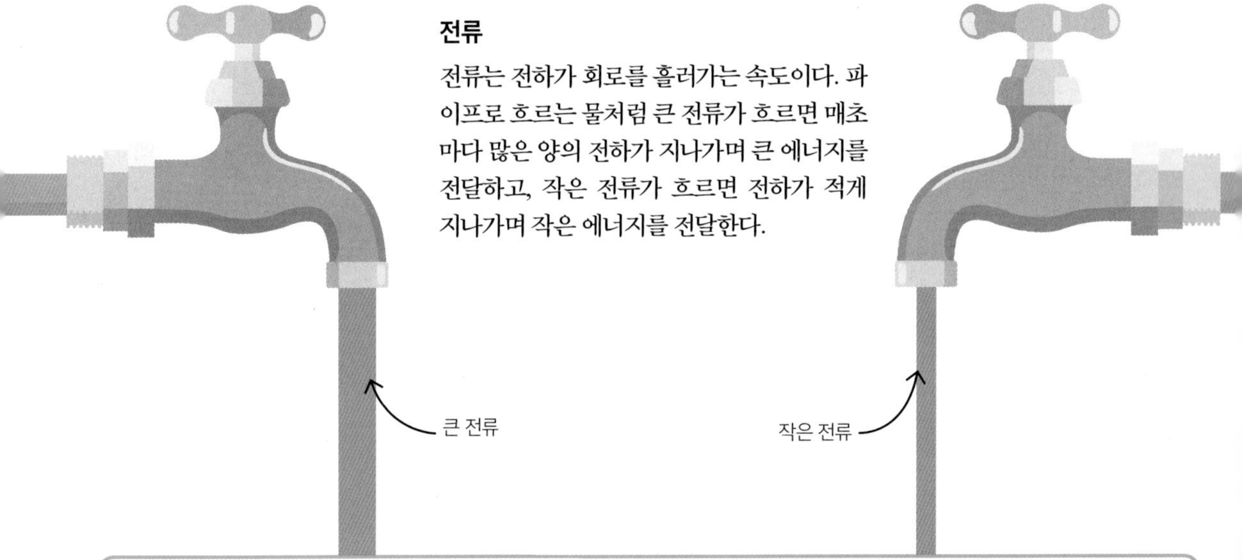

전류

전류는 전하가 회로를 흘러가는 속도이다. 파이프로 흐르는 물처럼 큰 전류가 흐르면 매초마다 많은 양의 전하가 지나가며 큰 에너지를 전달하고, 작은 전류가 흐르면 전하가 적게 지나가며 작은 에너지를 전달한다.

전류 측정

전류는 전류계로 측정하며, 단위는 암페어(A)이다. 전류를 측정하려면 전류계를 회로에 직렬로 연결해야 한다. 직렬 회로에서는 전류의 크기가 모두 같기 때문에 어느 부분에 전류계를 연결하든지 상관없다. 회로도에서 전류계의 기호는 원 안에 A란 글자가 쓰여 있다.

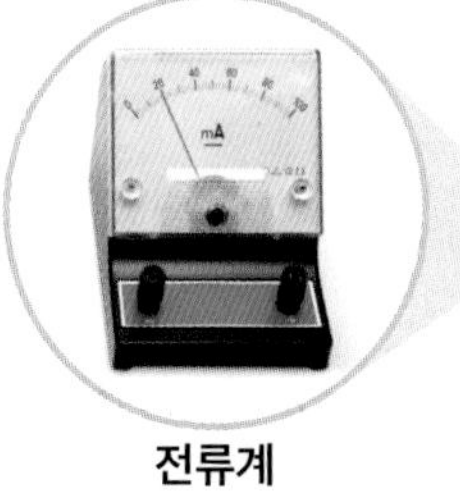

전류계

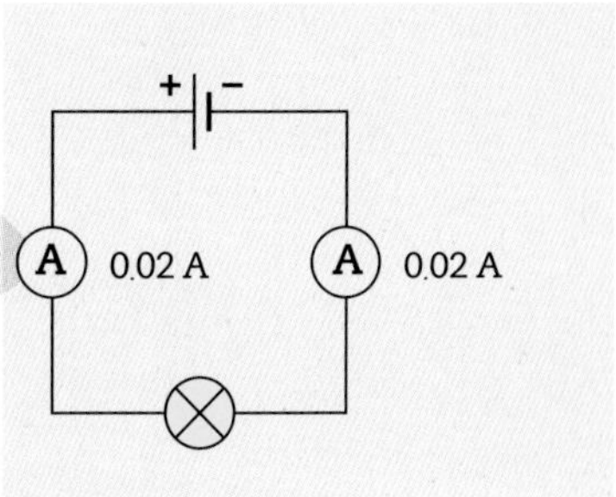

전압(전위차)

전류는 전하를 밀어주는 원동력 없이 흐를 수 없다. 회로의 시작 부분부터 끝부분까지 전기 퍼텐셜 에너지의 차이가 전하를 밀어주게 되고, 이를 전압 또는 전위차라고 한다. 전압은 수압에 비유할 수 있다. 물탱크가 높이 있으면 중력으로 인해 수압이 커져서 같은 시간 동안 수도꼭지로 나오는 물의 양이 더 많아진다.

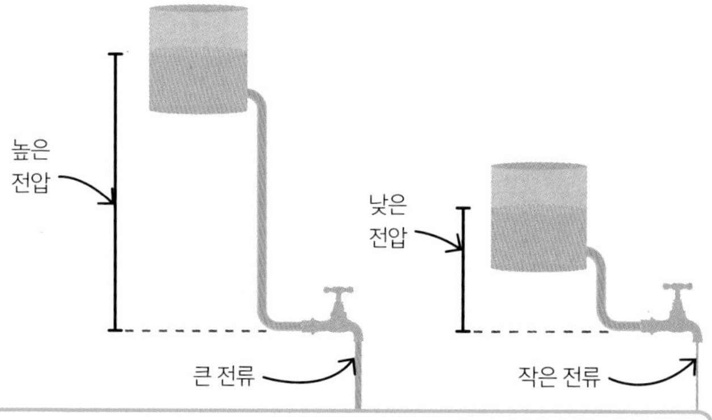

전압 측정

전압은 전압계로 측정하며, 단위는 볼트(V)이다. 전압계는 회로에 병렬로 연결한다. 회로도에서 변압계의 기호는 원 안에 V란 글씨가 쓰여 있다.

전압계

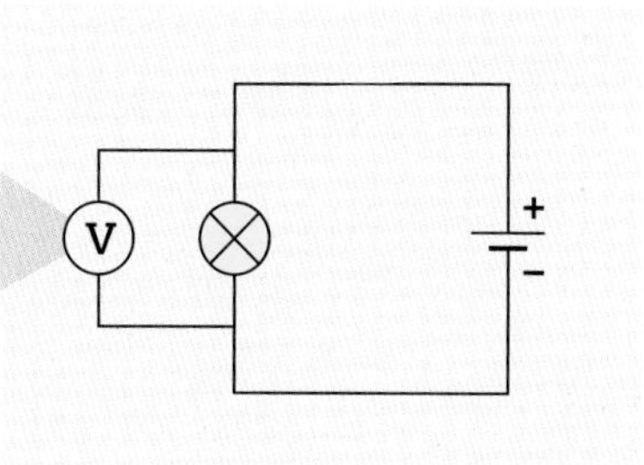

저항

회로에서 전기 에너지를 소비하는 장치는 전류가 작아지게 하는데, 이를 저항이라고 한다. 좁은 관이 물의 흐름을 느리게 만드는 것처럼, 얇은 도선은 저항이 커서 전류가 작아지게 한다. 또 도선이 길어질수록 저항이 커진다. 저항은 옴(Ω) 단위로 측정한다.

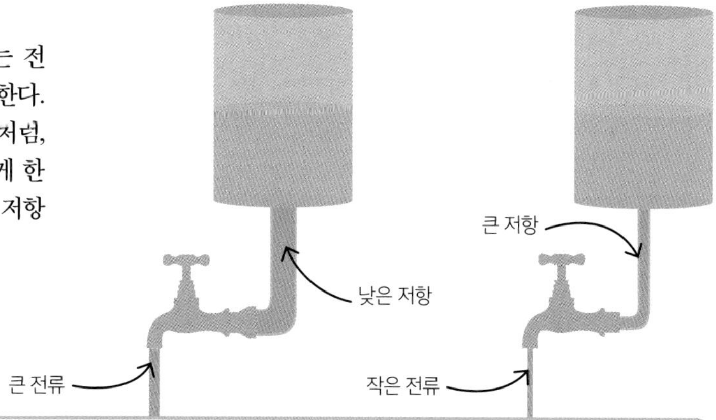

저항기

일부 회로에서는 적절한 크기의 전류가 흘러 부품이 손상되지 않도록 저항기를 추가한다. 회로도에서 저항기의 기호는 직사각형이다.

저항기

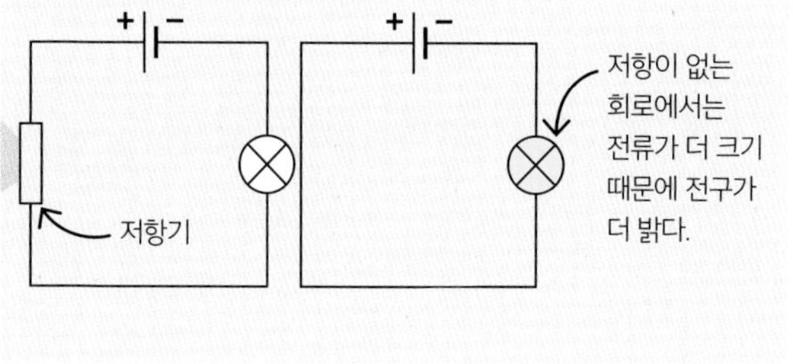

직렬, 병렬 회로에서의 규칙

직렬과 병렬 회로에서 전류와 전압의 크기를 구할 때 알아야 하는 규칙은 다음과 같다.

규칙 1: 들어오는 전류와 나가는 전류는 동일하다

회로의 어떤 지점으로 흘러 들어오는 전류는 흘러 나가는 전류의 합과 언제나 같다. 다음 회로에서 250 mA(밀리암페어)의 전류가 A로 흘러 들어와서 두 군데로 나누어진다. A에서 흘러 나가는 두 전류 150 mA와 100 mA를 더하면 250 mA가 된다.

핵심 요약

- ✓ 회로의 어떤 지점으로 흘러 들어오는 전류는 그 지점에서 흘러 나가는 전류의 합과 같다(들어오는 전류와 나가는 전류는 동일하다).
- ✓ 직렬로 연결된 구성 요소의 전압은 전원의 전압과 더해진다.
- ✓ 병렬로 연결된 구성 요소는 동일한 전압을 갖는다.

$$I_{전체} = I_1 + I_2$$

전류를 나타내는 문자는 대문자 I이다.

회로 1

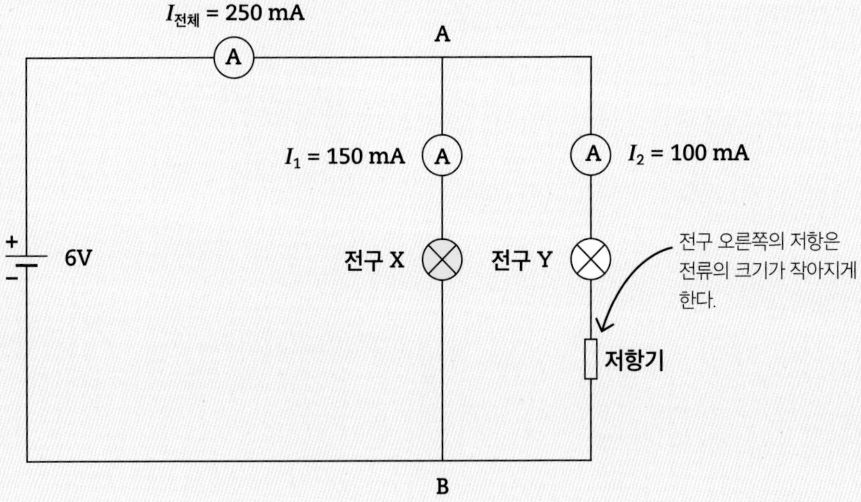

전류 계산하기

문제 1

회로 1의 B에서 나가는 전류의 크기는?

풀이 1

들어오는 전류와 나가는 전류는 같기 때문에 답은 250 mA이다.

규칙 2: 직렬에서의 전압은 더한다

오른쪽 회로의 두 전구와 저항기와 같이, 장치들을 직렬 연결했을 때 각 장치들에 걸리는 전압을 더하면 전원 공급원의 전압과 같다.

$$V_{전체} = V_1 + V_2 + V_3$$

회로 2

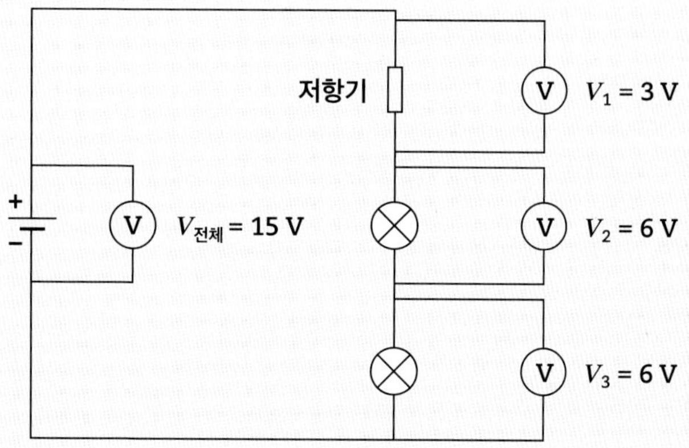

규칙 3: 병렬에서의 전압은 같다

병렬로 연결된 회로의 평행한 가지에는 같은 전압이 걸린다. 오른쪽 회로에서 볼 수 있듯이 2개의 전구에는 같은 전압이 걸린다.

회로 3

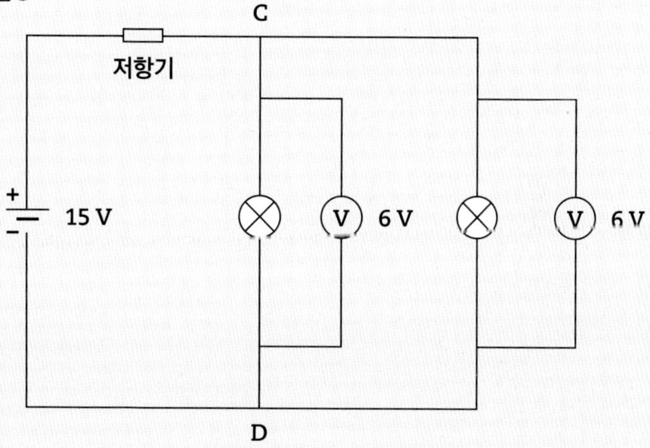

전압 계산하기

문제 2

회로 3에서 저항기에 걸리는 전압의 크기는?

풀이 2

회로 전체에 15 V의 전압이 걸리고, C와 D 사이에는 6 V의 전압이 걸린다. 따라서 저항기에는 15 V – 6 V로 9 V 전압이 걸려야 한다.

문제 3

회로 1에서 저항기에 걸린 전압은 4 V이다. 전구 Y에 걸리는 전압의 크기는?

풀이 3

회로의 병렬 연결된 각 가지에 걸린 전압은 6 V이다. 오른쪽 가지에서 6 V가 전구 Y와 저항기에 나눠지므로 전구 Y에 걸리는 전압은 6 V – 4 V = 2 V이다.

전하

전자는 모두 음전하를 띤다. 회로에 스위치가 닫히면 전자들이 움직이며 전하가 회로를 따라 흐르게 한다. 전하는 쿨롬(coulomb, C)이라고 하는 단위로 측정한다. 전류는 전하가 흘러가는 속도이고, 1 A는 매초마다 1 C의 전하가 흘러가는 것을 의미한다. 아래 두 식은 전하, 전류, 전압, 에너지의 관계를 나타낸다.

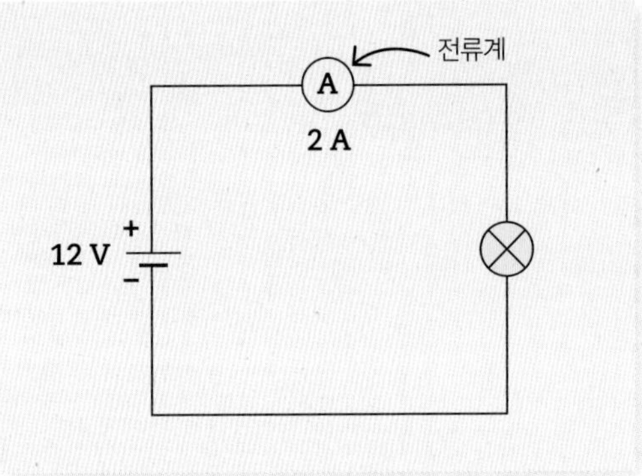

전하와 전류

전류의 크기는 매초마다 회로의 한 지점에서 전하가 얼마나 지나갔는지를 말한다. 위 회로에서 전류계가 2 A를 나타내는 것을 통하여 매초 2 C의 전하가 전구와 전지를 지나감을 알 수 있다. 전하, 전류, 시간의 관계식은 다음과 같다.

$$\text{전하(C)} = \text{전류(A)} \times \text{시간(s)}$$
$$Q = I \times t$$

전하량과 에너지

전자 기구는 에너지를 전달하여 일상에 유용하게 사용된다. 예를 들어 위 회로를 통하여 전지의 에너지가 빛으로 전환된다. 회로의 구성 요소를 지나가는 전하의 양과 전하를 미는 전압(전위차)의 크기를 안다면, 다음 식으로 회로에서 전환되는 에너지의 크기를 계산할 수 있다.

$$\text{전환되는 에너지(J)} = \text{전하(C)} \times \text{전압(V)}$$
$$E = Q \times V$$

핵심 요약

- ✓ 전하의 단위는 쿨롬(C)이다.
- ✓ 1 A는 매초마다 1 C의 전하가 흘러가는 것을 의미한다.
- ✓ 1 C의 전하가 1 V의 전위차를 따라 움직이면 1 J의 에너지를 전달한다.

전하와 에너지 계산하기

문제

1. 손전등에서 3 V의 배터리를 사용하고 전구에 0.25 A의 전류가 흘렀다. 손전등을 5분 동안 켰을 때 전구를 따라 이동한 전하의 양은?

2. 5분 동안 배터리에서 전구로 전달되는 에너지의 크기는?

풀이

1. 먼저 시간을 초로 바꾼다.

5분 = 300초

$Q = I \times t$

$= 0.25\ \text{A} \times 300\ \text{s}$

$= 75\ \text{C}$

2. 두 번째 식을 사용하여 전환되는 에너지를 계산한다.

$E = Q \times V$

$= 75\ \text{C} \times 3\ \text{V}$

$= 225\ \text{J}$

가변 저항

회로의 전류를 조절하기 위해 저항을 바꿀 수 있다. 저항을 조절하여 램프의 밝기, 모터의 속도, 라디오의 음량을 조절할 수 있다.

가변 저항

저항을 조절하기 위한 장치를 가변 저항이라고 한다. 가변 저항은 저항을 만들어 내는 긴 코일과, 좌우로 움직이며 전류가 흐를 수 있는 코일의 범위를 조절하는 슬라이더로 구성된다.

핵심 요약

- ✓ 가변 저항은 저항 코일과 슬라이더로 구성된다.
- ✓ 전류, 전압, 저항의 관계식은 전압 = 전류 × 저항이다.

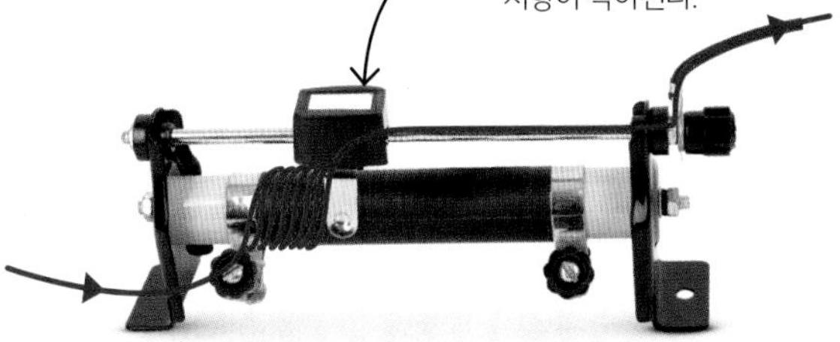

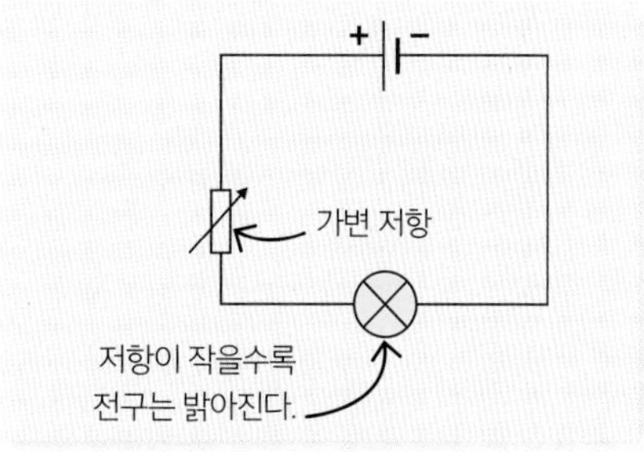

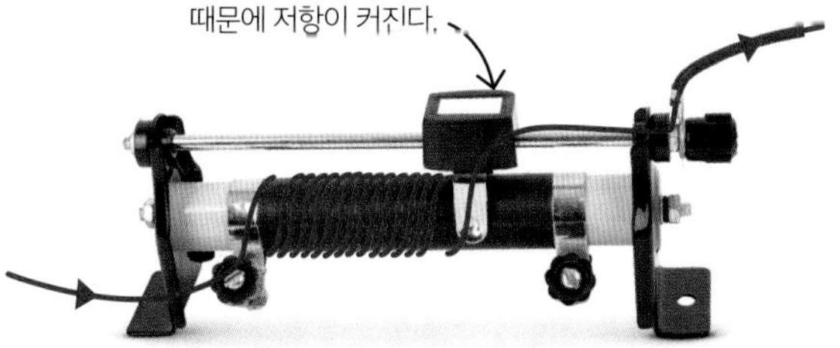

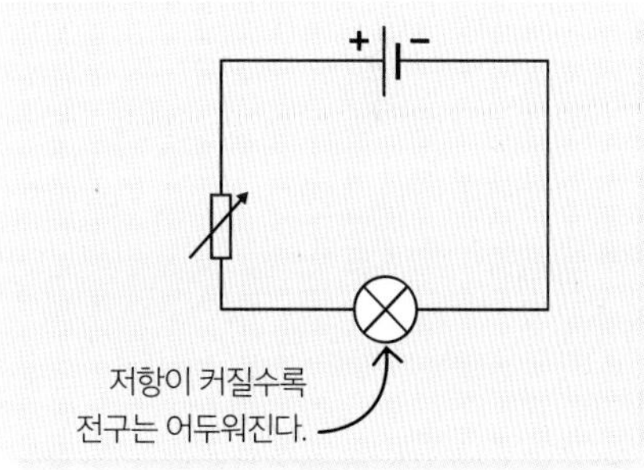

전류, 전압, 저항 계산하기

회로 전체나 회로의 구성 요소에서의 전류, 전압, 저항은 옴의 법칙이라고 부르는 다음 식으로 구할 수 있다.

전압(V) = 전류(A) × 저항(Ω)

$$V = I \times R$$

질문

전구에 6 V의 전압이 걸릴 때 0.5 A의 전류가 흐른다면, 전구의 저항은?

풀이

저항을 구하기 위해 왼쪽 식을 저항에 대하여 정리한다.

$$R = \frac{V}{I}$$

$$R = \frac{6\text{ V}}{0.5\text{ A}}$$

$$R = 12\,\Omega$$

도선의 저항 탐구

회로 구성 요소의 저항의 변인은 다양하다. 다음 활동을 통하여 도선의 길이가 도선의 저항에 어떤 영향을 미치는지 탐구한다.

핵심 요약

✓ 도선의 길이가 길수록 저항이 커진다.

✓ 저항은 전압을 전류로 나눠 계산할 수 있다.

회로

이 회로에서 두 악어클립 케이블은 전류가 흐를 수 있는 도선의 길이를 조절한다. 전압계는 도선에 걸리는 전압(전위차)을 측정하고, 전류계는 전체 회로에 흐르는 전류를 측정한다.

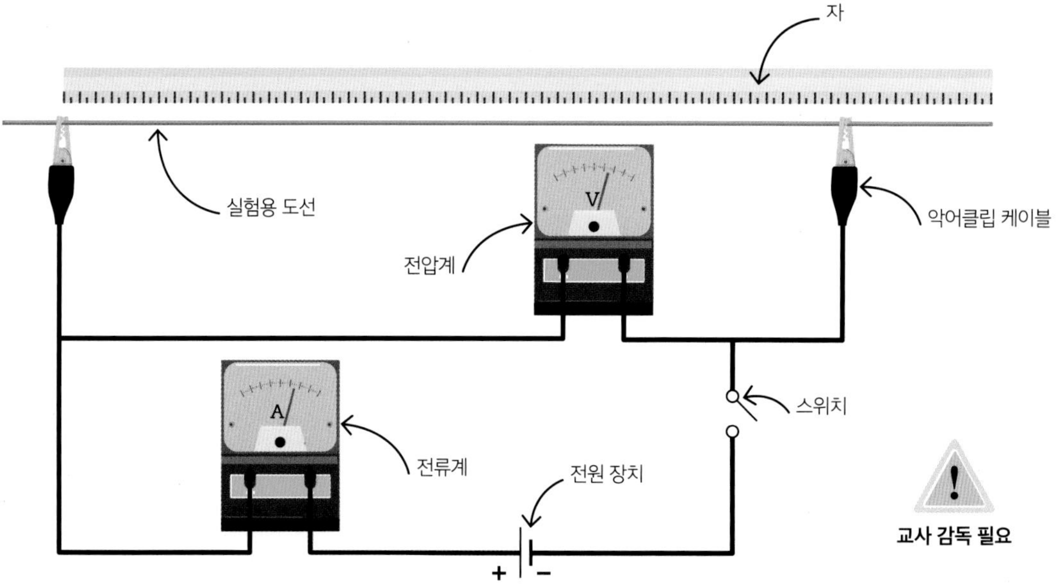

교사 감독 필요

방법

1. 교사의 도움을 받아 위의 회로를 구성한다.
2. 악어클립 케이블 하나를 자의 영점 위치의 도선에 물리고, 다른 케이블은 30 cm 지점에 물린다.
3. 전원 장치를 낮은 전압(3~4 V)에 맞추거나 전지를 연결한다.
4. 스위치를 닫고 전류계와 전압계를 읽는다. 측정하는 즉시 도선이 뜨거워지기 전에 스위치를 연다.
5. 도선의 길이, 전류, 전압 측정 결과를 표에 기록한다.
6. 악어클립 케이블을 40 cm 지점으로 옮기고 4, 5번 단계를 반복한다.
7. 100 cm까지 10 cm 간격으로 반복한다.

주의

이 실험에서는 저항으로 사용해도 안전한 특수 도선을 사용한다(일반 도선을 사용하지 않는다). 전기전도성이 없는 재질로 된 내열 매트 위에 도선을 올려두어야 한다. 도선이 뜨거워지지 않도록 빠르게 측정한 후 전원을 끈다. 스위치가 켜진 상태에서 도선을 만지지 않는다.

결과

1. 다음 옴의 법칙으로 각 도선의 길이에 대한 저항을 계산하여 새로운 표에 답을 작성한다.

$$저항(\Omega) = \frac{전압(V)}{전류(A)}$$

도선 길이 (cm)	30	40	50	60	70	80	90	100
계산된 저항(Ω)	44	53	71	88	95	112	127	138

2. 도선의 길이에 대한 저항 값의 점을 찍고 점을 가장 자연스럽게 지나는 직선을 잇는다. 점들은 원점을 지나는 직선 위에 있어야 한다. 도선의 저항이 도선의 길이에 비례함을 알 수 있다. 도선의 길이가 2배가 된다면 저항도 2배가 된다.

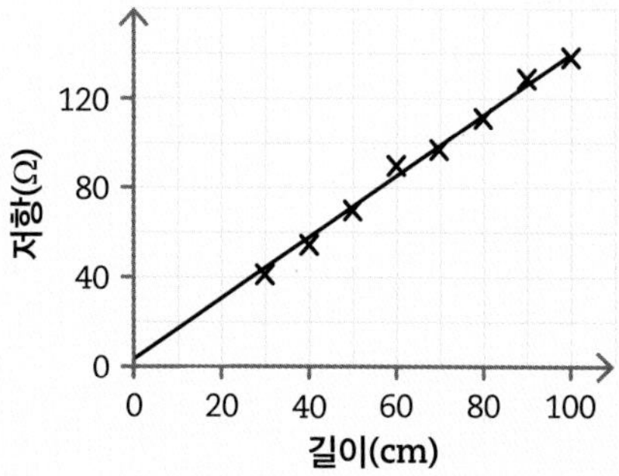

3. 2번 단계의 설명과 다르게 직접 그린 직선이 원점을 지나지 않음을 확인할 수 있다. 이는 모든 측정에 영향을 주는 계통 오차로 인한 것이다. 악어클립 케이블을 정확하게 자의 영점에 물리지 않아서 모든 길이 관련 측정값이 그만큼 오차가 생겼을 수 있다. 또 저항을 측정하려는 도선 이외의 도선이 특히 긴 경우 저항 측정에 오차가 생겼을 수 있다.

쓰임새가 많은 저항

저항은 도선의 자유 전자와 고정된 금속 이온 격자의 충돌로 인해 발생한다. 충돌로 인해 에너지가 이온으로 전달되고 이온에 저장되는 열에너지가 증가한다. 전기 히터나 전구는 이 과정을 통하여 열이나 빛을 발생시킨다. 전구 내 필라멘트는 너무 뜨거워져서 주변에 하얗게 빛을 방출한다.

도선의 저항

일부 물질에서는 왜 전류가 잘 흐르지 않을까? 금속은 자유 전자가 매우 많지만, 부도체는 전하를 이동시킬 자유 전자가 없어 저항이 매우 크다. 물질의 종류 이외에도 저항에 영향을 주는 요소들이 있다.

핵심 요약

- ✓ 금속의 저항은 자유 전자가 도선을 통해 이동하면서 금속 이온과 충돌하기 때문에 발생한다.
- ✓ 짧은 도선은 긴 도선보다 저항이 작다.
- ✓ 두꺼운 도선은 가는 도선보다 저항이 작다.
- ✓ 어떤 금속은 다른 금속보다 전류가 잘 흐른다.

도선의 길이

도선이 길어지면 이동하는 자유 전자가 고정된 금속 이온과 부딪히며 전자의 에너지가 이온으로 이동하게 되고 도선에 저항이 생긴다. 도선이 길어질수록 저항이 더 커진다. 저항은 도선의 길이에 비례한다.

짧은 도선

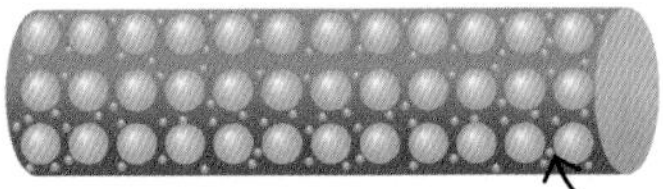

전자와 금속 이온의 충돌은 저항을 일으킨다.

긴 도선

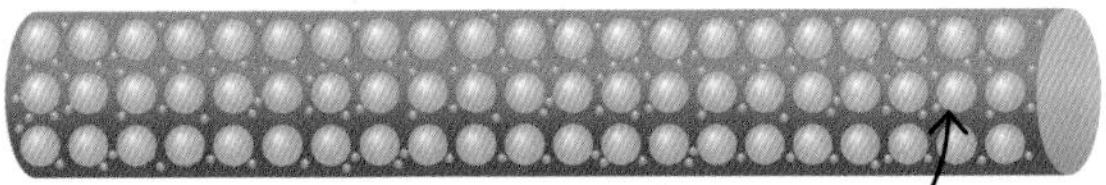

도선이 길어질수록 저항이 더 커진다.
(직렬 연결된 저항과 같다. 165쪽 참조)

도선의 두께

두꺼운 도선에서는 전자가 많이 흘러갈 수 있어 전류가 더 커지고 저항은 작아진다. 저항은 도선의 단면적에 반비례한다. 단면적이 2배가 되면 저항은 절반이 된다. 또한 도선의 지름이 2배가 되면 저항은 $\frac{1}{4}$배가 된다.

가는 도선

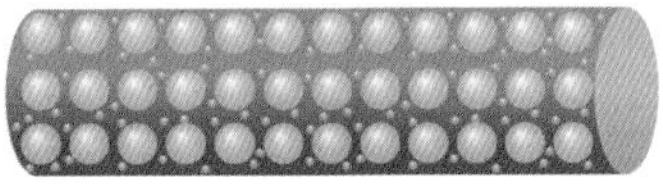

두꺼운 도선

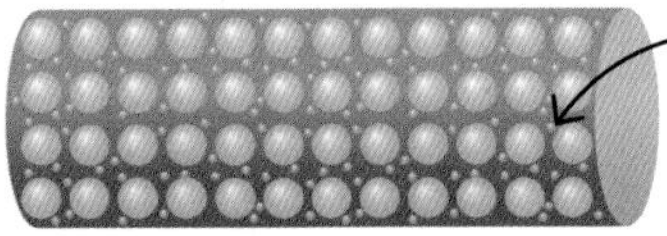

두꺼운 도선에서는 전자가 많이 흘러갈 수 있다.
(병렬 연결된 저항과 같다. 166쪽 참조)

자유 전자

금속 원자는 규칙적인 격자 형태로 배열되어 있다. 원자의 가장 바깥쪽의 전자는 쉽게 분리되어 자유 전자가 되며 원자가 양이온이 되게 한다. 자유 전자는 일반적으로 금속 안에서 여기저기 무질서하게 돌아다니지만, 전압(전위차)이 걸리면 모두 같은 방향으로 흐르게 된다. 구리나 은 같은 일부 금속은 전자들이 원자로부터 쉽게 분리되어 전류가 잘 흐른다.

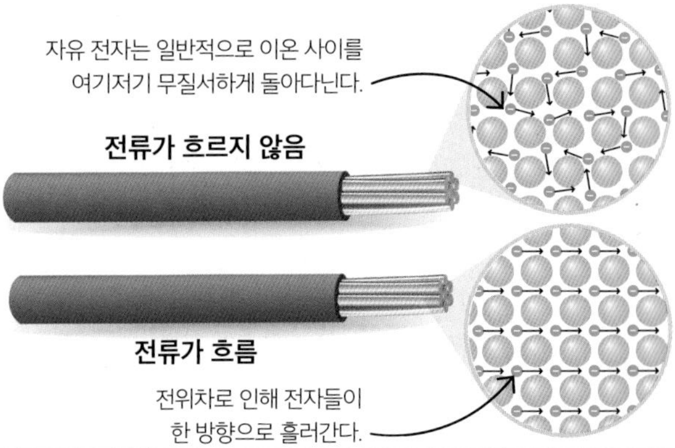

직렬 및 병렬 연결 저항기 탐구

회로에 흐르는 전류의 크기를 조절하기 위해 저항기를 사용한다. 다음 탐구 활동에서 여러 저항기를 직렬 또는 병렬로 연결하면 저항의 크기가 어떻게 변하는지 확인해 보자.

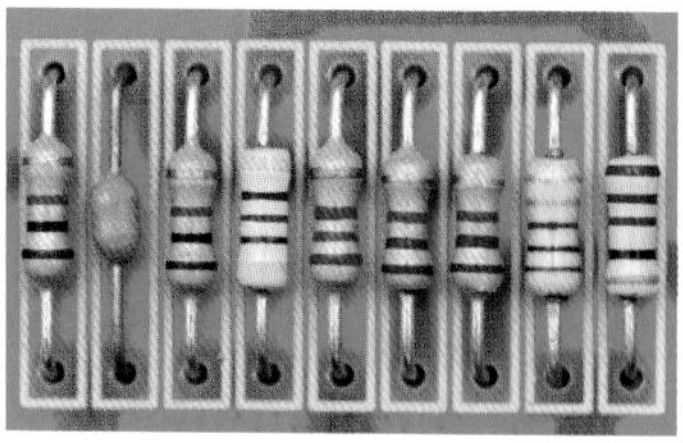

회로 보드의 저항기

직렬 연결된 저항기

다음과 같이 연결된 회로를 통하여 저항기를 직렬로 연결했을 때의 변화를 살펴보자. 이 실험은 저항기를 직렬로 연결하면 회로의 저항이 증가함을 알려준다.

교사 감독 필요

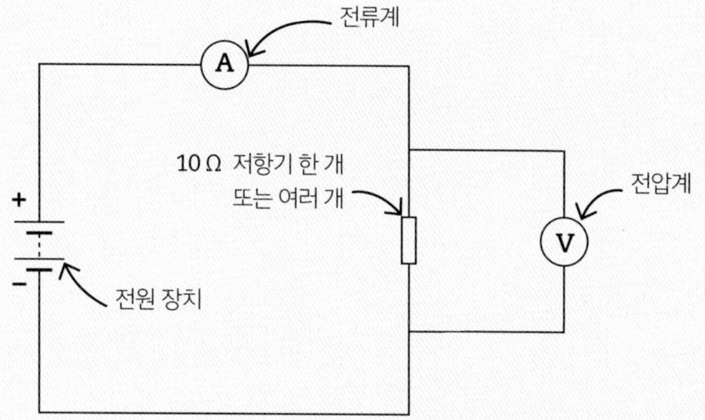

방법

1. 왼쪽 회로와 같이 10 Ω 저항기 한 개만 연결된 회로를 구성한다.
2. 전원 장치의 스위치를 켜고 저항기에 걸리는 전압과 전류를 기록한다.
3. 스위치를 끈 후 10 Ω 저항기를 하나 더 직렬 연결한다. 다시 스위치를 켜서 전류와 전압을 기록한다.
4. 직렬 연결된 저항기가 총 4개가 될 때까지 3번 단계를 반복한다.
5. 다음 식을 이용하여 각 단계마다 회로의 총 저항을 계산한다.

$$저항 = \frac{전압}{전류}$$

결과

측정 결과를 오른쪽 표와 같이 기록한다. 표를 통하여 10 Ω 저항기가 직렬로 연결될 때마다 저항이 10 Ω씩 증가함을 알 수 있다. 직렬 연결된 전체 저항의 크기는 각 저항기의 합과 같다. 이는 다음 식으로 나타낼 수 있다.

$$R_{전체} = R_1 + R_2 + \cdots$$

연결된 10Ω 저항기 개수	전압 (V)	전류 (A)	계산된 저항 (Ω)
1	2.0	0.200	10
2	2.0	0.100	20
3	2.0	0.067	30
4	2.0	0.050	40

병렬 연결된 저항기

다음 회로를 통하여 저항기를 병렬로 연결했을 때의 효과를 알아보자. 회로에서 전구는 저항기의 역할을 하며 실제 저항기를 사용했을 때와 비슷한 결과를 얻을 수 있다. 이 실험을 통하여 저항기를 병렬 연결했을 때 회로 전체의 저항이 감소하고 전류가 증가함을 확인할 수 있다.

회로 1

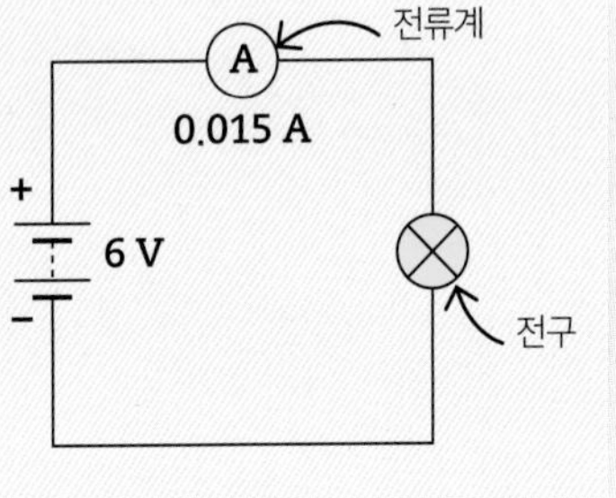

교사 감독 필요

방법

1. 전구 한 개가 연결된 회로를 만들고 전류계의 전류값을 기록한다.
2. 전원을 끄고 전구를 한 개 더 병렬로 연결한다. 스위치를 켜고 전류를 다시 기록한다. 새로 연결한 도선을 통하여 회로에 전류가 더 흐르므로 전류가 2배가 될 것이다.
3. 세 번째 전구를 추가로 병렬 연결하여 전류를 기록한다. 전류는 3배가 될 것이다.

회로 2

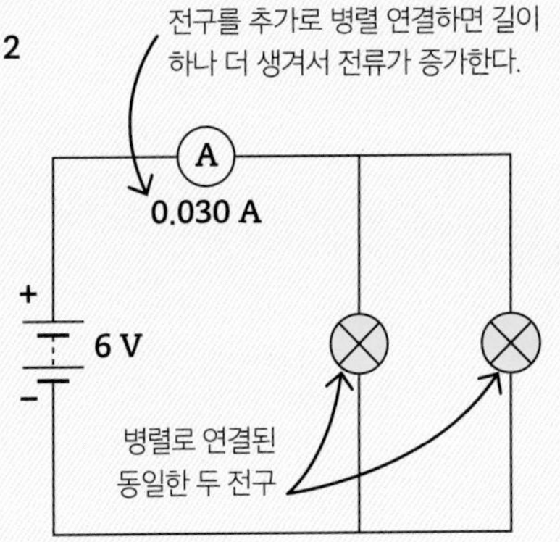

회로 3

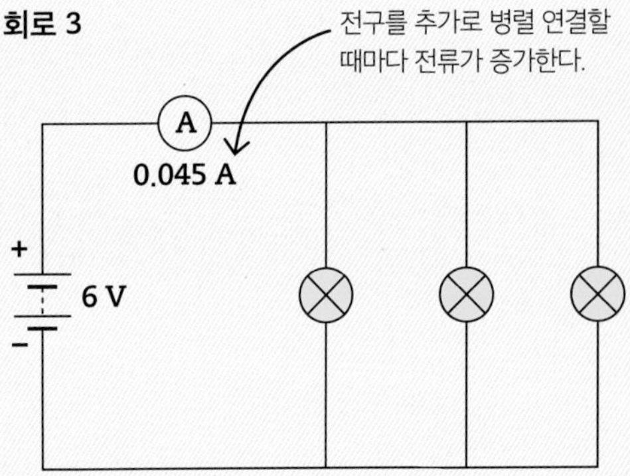

병렬 연결된 저항 계산하기

병렬 연결된 전체 저항의 크기는 다음 식과 같이 계산할 수 있다.

$$\frac{1}{R_{전체}} = \frac{1}{R_1} + \frac{1}{R_2} + \cdots$$

문제

위 회로의 각 전구의 저항은 400 Ω이다. 병렬 연결된 두 전구의 전체 저항의 크기는?

풀이

$$\frac{1}{R_{전체}} = \frac{1}{400\ \Omega} + \frac{1}{400\ \Omega}$$

$$= \frac{2}{400\ \Omega}$$

$$R_{전체} = \frac{400\ \Omega}{2}$$

$$= 200$$

동일한 저항을 병렬 연결하면 저항이 절반이 된다.

$V = I \times R$(전압 = 전류 × 저항) 식을 이용하여 답을 확인해 보자.
이 회로에서 $I = 0.030$ A, $V = 6$ V이다.

$$V = 0.030\ \text{A} \times 200\ \Omega$$

$$= 6\ \text{V}$$

전류와 전압 계산

앞에서 직렬, 병렬 회로에 대한 개념과 식에 대해 알아보았다. 여기에서는 다양한 회로에서 이 개념을 어떻게 적용하여 계산할 수 있는지 살펴보자. 먼저 등장하는 3개의 문제는 직렬 회로에 관한 것이고, 나머지는 병렬 회로에 관한 것이다.

핵심 요약(직렬 회로)

- ✓ 직렬 연결한 각 저항을 더하면 전체 저항이 된다.

  $R_{전체} = R_1 + R_2$.
- ✓ 전압 = 전류 × 저항($V = I \times R$)이다. 이것을 옴의 법칙이라고 한다.
- ✓ 옴의 법칙은 회로를 구성하는 각 요소, 회로의 한 부분, 전체 회로 모든 곳에 적용된다.

회로 1

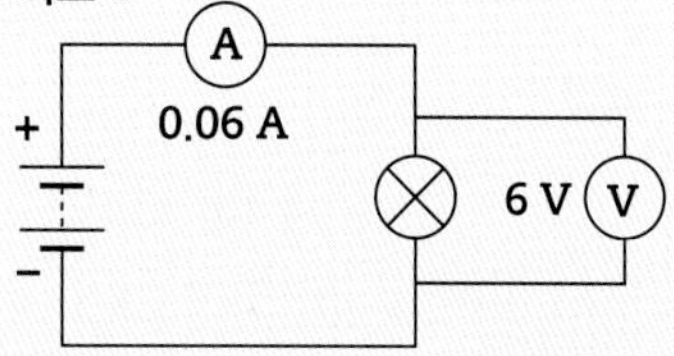

문제

이 회로에서 전구의 저항 크기는?

풀이

전구에 걸리는 전압과 전구에 흐르는 전류를 알고 있으니 $V = I \times R$(옴의 법칙)을 이용하여 저항을 계산한다.

$$R = \frac{V}{I} = \frac{6\text{ V}}{0.06\text{ A}} = 100\ \Omega$$

회로 2

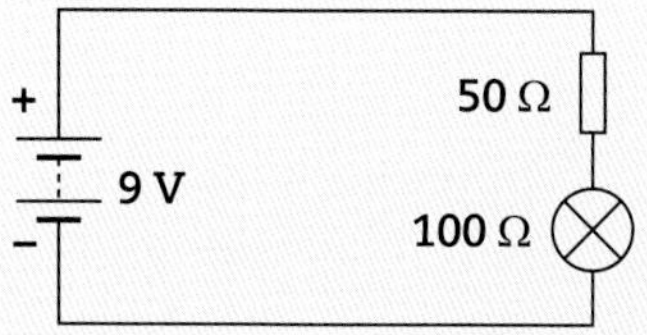

문제

이 회로에서 전체 저항의 크기는? 답을 활용하여 회로에 흐르는 전류도 계산하시오.

풀이

직렬 연결된 저항을 더한다.

$$R_{전체} = R_1 + R_2 = 100\ \Omega + 50\ \Omega = 150\ \Omega$$

저항과 전압을 알고 있으니 $V = I \times R$을 이용하여 전류를 계산한다.

$$I = \frac{V}{R} = \frac{9\text{ V}}{150\ \Omega} = 0.06\text{ A}$$

회로 3

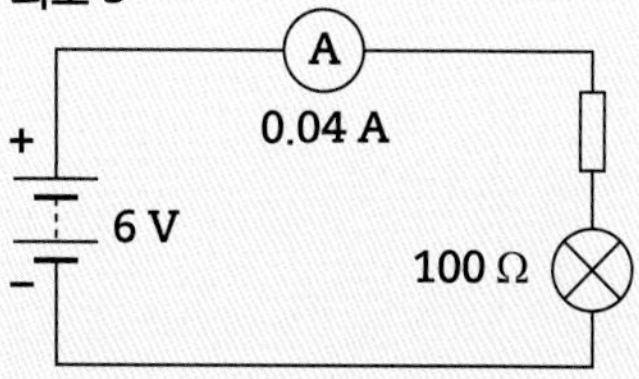

문제

이 회로에서 전구의 저항은 100 Ω이다. 전구와 함께 연결된 저항의 크기는?

풀이

배터리의 전압과 전류를 이용하여 회로의 전체 저항을 계산한다.

$$R = \frac{V}{I} = \frac{6\text{ V}}{0.04\text{ A}} = 150\ \Omega$$

전구와 저항을 더해서 150 Ω이 되어야 하므로

$$R_{저항} = 150\ \Omega - 100\ \Omega = 50\ \Omega$$

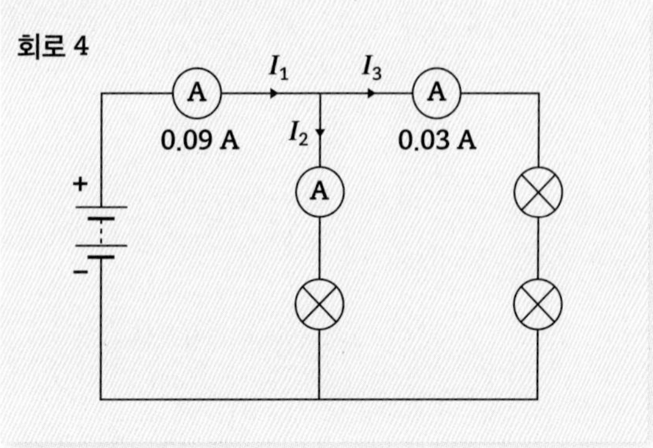

핵심 요약(병렬 회로)

- ✓ 직렬 연결한 각 저항을 더하면 전체 저항이 된다.
  $I_1 = I_2 + I_3$
- ✓ 병렬 연결된 전체 저항의 크기는 각 저항의 크기보다 작다.
- ✓ 병렬 연결된 회로의 각 가지에는 같은 전압이 걸린다.

문제

이 회로의 모든 전구는 동일하다. 전류 I_2의 크기는?
I_2가 I_3보다 큰 이유는?

풀이

회로의 한 점에 들어오는 전류와 나가는 전류는 같다.

$$0.09\ \text{A} = I_2 + 0.03\ \text{A}$$
$$I_2 = 0.06\ \text{A}$$

I_2는 전구를 하나만 지나지만, I_3는 전구 2개를 지난다.
두 병렬 연결된 가지는 같은 전압이 걸리는데, 전구가 2개면 저항이 2배가 된다. 따라서 전류 I_3는 값이 절반이 된다.

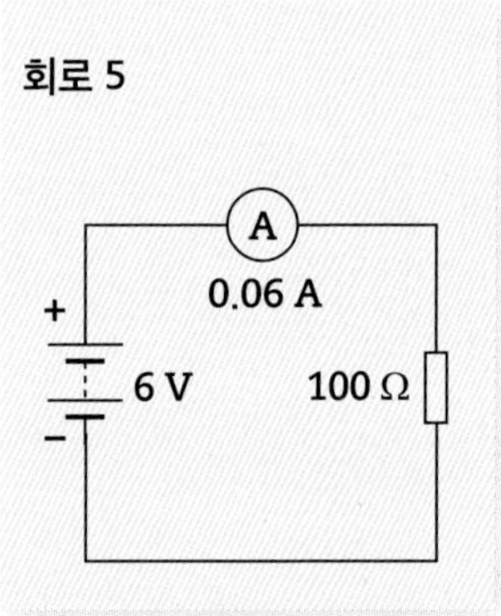

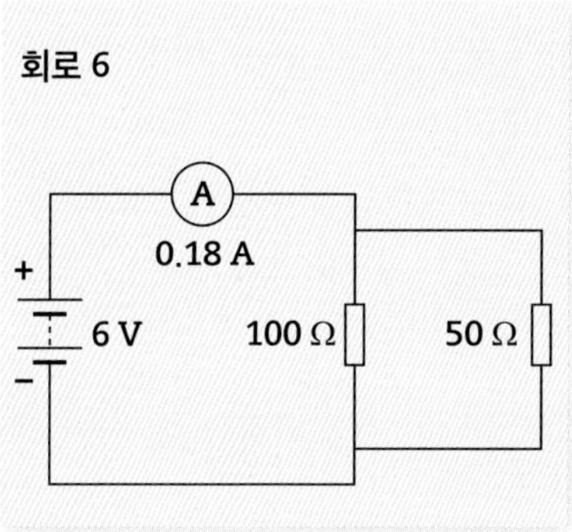

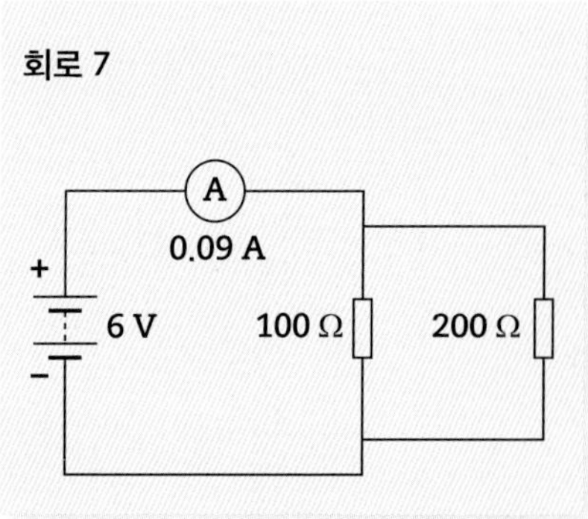

문제

1. 위 3개 회로 중 전체 저항이 가장 작은 것은?
2. 가장 높은 전압이 걸린 저항은?
3. 회로 6에서 전류가 가장 큰 이유는?

풀이

1. 회로 6이다. 3개 회로 모두 배터리와 같은 전압이 걸리는데, 회로 6에서 전류가 가장 크다.
2. 모든 저항에 6 V 전압이 걸린다. 병렬 연결된 회로에서는 각 가지에 같은 전압이 걸린다.
3. 3개 회로 모두 100 Ω 저항에 흐르는 전류는 같다. 회로 6, 7에서 100 Ω에 추가로 연결된 저항에 전류가 더 흐른다. 회로 7의 200 Ω 저항보다 회로 6의 50 Ω 저항에 흐르는 전류가 더 크므로 전체 전류는 회로 6에서 가장 크다.

전류, 전압 그래프

저항이나 도선은 옴의 법칙($V = I \times R$)을 따르기 때문에 선형 소자라고 한다. 저항과 도선은 일정한 저항을 가지고 있으며, 전류가 전압에 비례하여 흐른다. 모든 회로의 구성 요소들이 옴의 법칙을 따르는 것은 아니다. 다음 회로를 통하여 다양한 특성의 소자들에 대해 탐구해 보자.

핵심 요약

- ✓ 선형 소자의 전압에 대한 전류 그래프는 원점(0, 0)을 지나는 직선이다.
- ✓ 필라멘트 전구와 다이오드는 비선형 소자의 대표적인 예이다.
- ✓ 온도가 올라가면 금속의 저항은 커진다.
- ✓ 다이오드는 전류가 한 방향으로만 흘러가게 한다.

교사 감독 필요

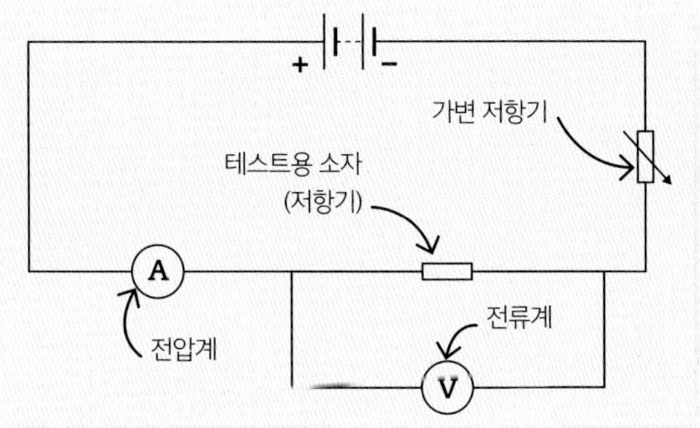

방법

1. 왼쪽 그림과 같은 회로를 구성한다.
2. 가변 저항기를 이용하여 전류 값이 10개가 되도록 전류를 변화시킨다. 각 전류마다 전압을 표에 기록한다.
3. 연결된 배터리의 방향을 바꿔서 2번 단계를 반복한다. 전류와 전압 값을 음의 값으로 읽는다.
4. 2번과 3번 단계를 저항 대신 필라멘트 전구, 다이오드로 각각 반복한다.
5. 각 소자의 전압에 대한 전류 그래프를 그린다.

저항에 대한 결과

저항의 전류와 전압에 대한 그래프는 원점(0, 0)을 지나는 직선이다. 전압을 전류로 나눠 저항을 계산하면 저항은 상수이고 전압과 전류의 방향과 관계없이 변하지 않는다. 저항은 선형 소자이다.

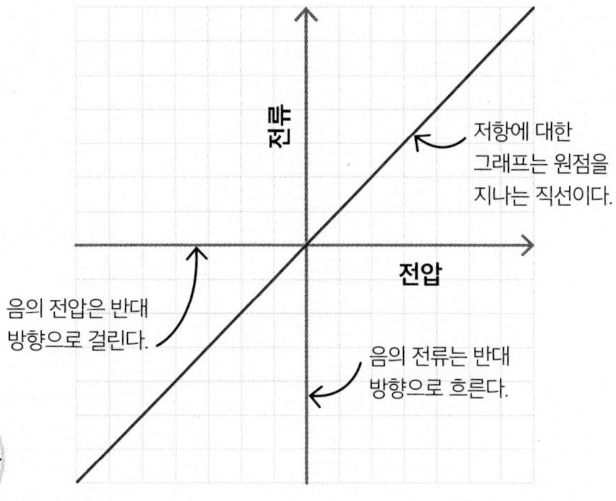

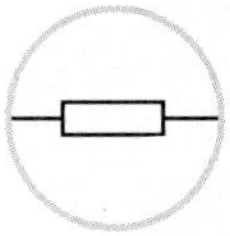

필라멘트 전구에 대한 결과

필라멘트 전구에 대한 그래프는 전압이 높을수록 휘어지는 곡선 형태이다. 이는 저항이 점점 커지는 것을 보여주고, 전구가 선형 소자가 아님을 알 수 있다. 전류가 흐를수록 전기 에너지를 빛으로 전달하며 전구 안의 필라멘트가 뜨거워진다. 온도가 높아질수록 금속 원자가 진동하며 자유 전자의 흐름을 방해하기 때문에 저항이 커진다.

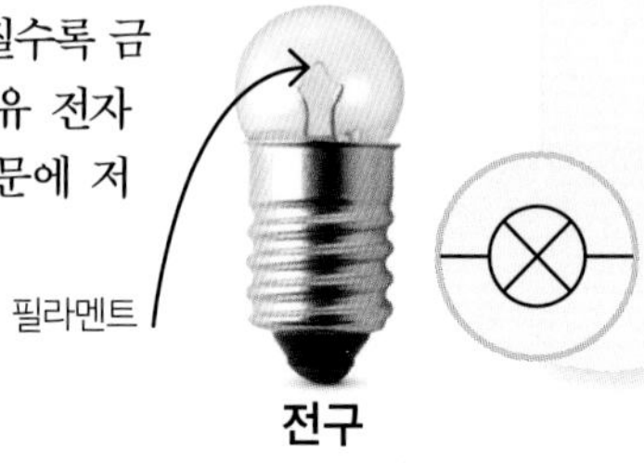

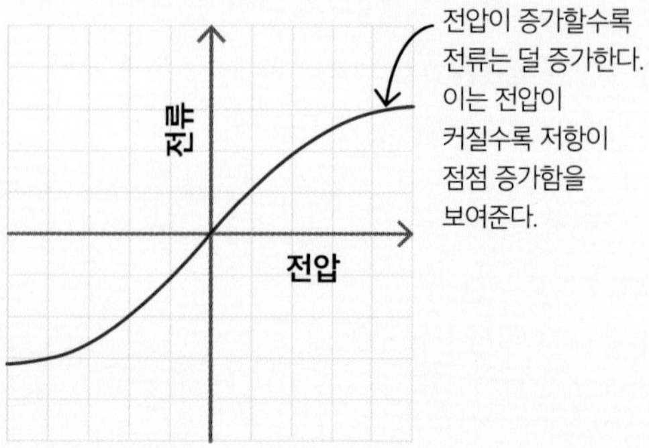

다이오드에 대한 결과

다이오드는 일방통행과 같다. 전류는 한 방향으로는 자유롭게 흐를 수 있지만, 반대 방향으로는 흐르지 않는다. 그래프에서 볼 수 있듯이 다이오드는 선형 소자가 아니다.

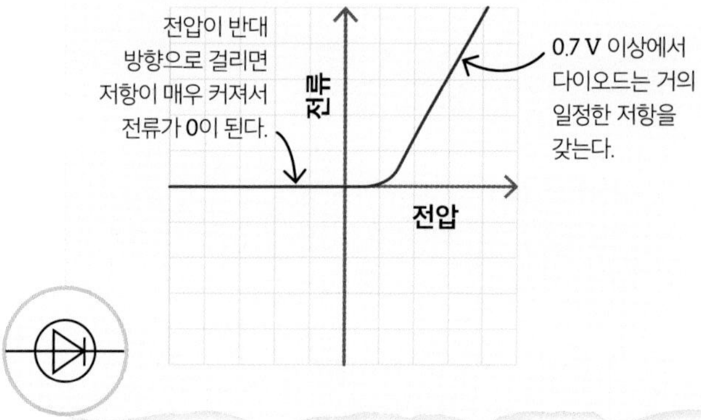

정류

다이오드는 정류 회로에 사용되는데, 정류 회로는 전원에서 공급된 교류를 직류로 바꿔준다.

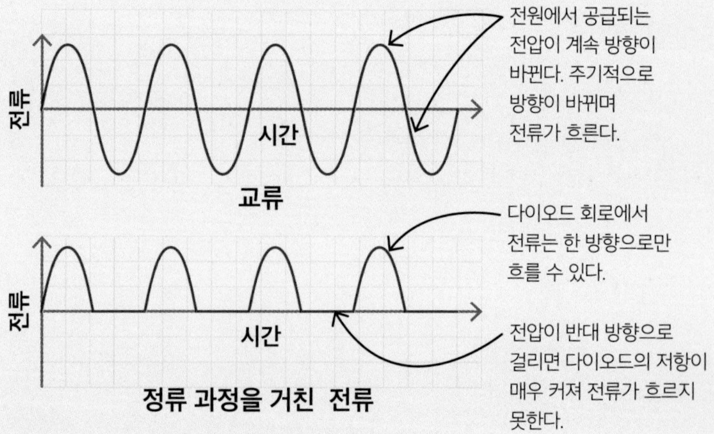

회로에서의 전력

전자 기구는 배터리와 같은 전원 장치의 에너지를 램프, 히터, 모터와 같은 장치로 전달한다. 전력은 매초당 전달받는 에너지의 크기로, 와트(W) 단위로 측정한다.

핵심 요약

- ✓ 전력은 와트(W) 단위로 측정한다.
- ✓ 1 W는 매초당 전달되는 1 J의 에너지를 의미한다. 1 W = 1 J/s
- ✓ 전력은 다음 세 가지 식으로 계산할 수 있다.

  전력 = 전류 × 전압

  전력 = $(전류)^2$ × 저항

  전력 = $(전압)^2$ ÷ 저항

전력 계산 식

전자 기구로부터 전달받는 에너지는 전류, 전압과 관련이 있다. 매초당 전달받는 에너지인 전력은 다음 식으로 계산할 수 있다. 전력 식은 매초당 전하의 흐름을 의미하는 전류 항을 포함하고 있어서 시간 항을 포함하지 않는다.

전력(W) = 전류(A) × 전압(V)

$$P = I \times V$$

위의 식을 옴의 법칙(전압 = 전류 × 저항)과 결합하면 전력에 대한 새로운 2개의 식을 유도할 수 있다. 다음 식은 전류와 저항으로 전력을 계산하는 과정을 보여준다. 또한 전압과 저항으로 전력을 계산할 수 있다.
전력 = $(전압)^2$ ÷ 저항

선압 = 전류 × 저항　　　　전력 = 전류 × 전압

전력(W) = $전류^2(A^2)$ × 저항(Ω)

$$P = I^2 \times R$$

전력 계산하기

문제

손전등이 6 V 배터리를 사용하고 있고 램프에 300 mA의 전류가 흐른다면, 손전등의 전력은? 또 램프의 저항은?

풀이

전력의 첫 번째 식을 사용한다. 300 mA는 0.3 A이다.

$$P = I \times V = 0.3\text{ A} \times 6\text{ V} = 1.8\text{ W}$$

저항을 찾기 위해서 $V = I \times R$이나 $P = I^2 \times R$을 R에 대해 정리한다.

$$R = \frac{P}{I^2} = \frac{1.8\text{ W}}{(0.3\text{ A})^2} = 20\ \Omega$$

에너지 계산

손전등, 전화기부터 전기차, 고속철도에 이르기까지 모든 전자 기구들은 에너지를 전달한다. 전달받은 에너지의 크기는 다음 여러 관계 식으로 계산할 수 있다.

핵심 요약

- ✓ 전자 기구로부터 전달받은 에너지는 전력과 기구를 사용한 시간의 곱과 같다.
  $E = P \times t$
- ✓ 전자 기구로부터 전달받은 에너지는 기구를 통과한 전하와 기구에 걸린 전압의 곱과 같다.
  $E = Q \times V$
- ✓ 전자 기구로부터 전달받은 에너지는 전류 × 전압 × 시간과 같다.
  $E = I \times V \times t$

식 1

전자 기구의 전력은 초당 사용된 에너지이므로, 전력에 전자 기구를 작동시킨 초를 곱하면 전달받은 에너지를 계산할 수 있다.

에너지(J) = 전력(W) × 시간(s)

$$E = P \times t$$

식 2

기구에 공급되는 전압은 1 C씩 기구가 전달하는 에너지이므로,
전하에 전압을 곱하면 전달받은 에너지를 계산할 수 있다.

에너지(J) = 전력(W) × 시간(s)

$$E = Q \times V$$

식 3

전자 기구의 전력은 전류와 전압을 곱해서 구할 수 있다.
에너지 = 전력 × 시간 식과 결합해서 다음 식을 구할 수 있다.

에너지(J) = 전류(A) × 전압(V) × 시간(s)

$$E = I \times V \times t$$

에너지, 전하, 전류 계산하기

문제

사과 파이를 만들기 위해서 3 kW 오븐을 30분 돌려야 한다. 공급되는 전압은 230 V이다. 전달받은 에너지와 30분 동안 흐른 총 전하 및 전류는?

풀이

구해야 하는 것들이 많다. 먼저 알고 있는 정보를 적고 계산하기 쉬운 단위로 변환한다.

전력 = 3 kW = 3,000 W
시간 = 30분 = 1,800 s
전압 = 230 V

첫 번째 식으로 전달받은 에너지를 계산한다.

$$E = P \times t$$
$$= 3{,}000\ \mathrm{W} \times 1{,}800\ \mathrm{s}$$
$$= 5{,}400{,}000\ \mathrm{J}\ (5.4\ \mathrm{MJ})$$

두 번째 식으로 전하를 구한다.

$$E = Q \times V$$
$$Q = \frac{E}{V}$$
$$= \frac{5{,}400{,}000\ \mathrm{J}}{230\ \mathrm{V}}$$
$$= 23{,}478\ \mathrm{C} = 23{,}000\ \mathrm{C}\ (\text{유효 숫자 2개})$$

마지막 식(또는 $P = I \times V$)을 이용하여 전류를 구한다.

$$E = I \times V \times t$$
$$I = \frac{E}{V \times t}$$
$$= \frac{5{,}400{,}000\ \mathrm{J}}{230\ \mathrm{V} \times 1{,}800\ \mathrm{s}}$$
$$= 13\ \mathrm{A}$$

전기화된 철도

우리나라의 KTX나 프랑스의 TGV 같은 고속철도는 기차 위의 케이블로부터 전력을 공급받으며, 기차 앞부분에 9.3메가와트(930만 와트)의 전력을 공급한다.

조도 센서

조도 센서는 빛의 밝기를 감지하는 저항으로, 빛이 밝아질수록 센서의 저항이 감소한다. 조도 센서는 다양한 곳에 활용되는데, 야간 램프, 가로등, 도난경보기, 스마트폰 화면 밝기 조절 등에 쓰인다.

핵심 요약

- ✓ 조도 센서의 저항은 빛이 밝아질수록 감소한다.
- ✓ 조도 센서는 야간 램프, 가로등, 도난경보기, 스마트폰 화면 밝기 조절 등에 쓰인다.

조도 센서의 작동 원리

광센서라고도 불리는 조도 센서는 반도체로 만들어진 작은 소자이다. 빛이 반도체를 밝히면 전자들이 원자를 벗어나게 되고, 전류가 점점 커지며 저항이 감소한다. 아래 그래프에서 볼 수 있듯이 빛의 세기(밝기)가 커질수록 저항은 작아진다. 어두울 때 일반적인 조도 센서의 저항은 1,000,000 Ω이지만, 햇빛에서는 수백 옴 정도로 감소한다.

조도 센서의 기호는 빛을 나타내는 화살표와 함께 원 안에 직사각형이 있다.

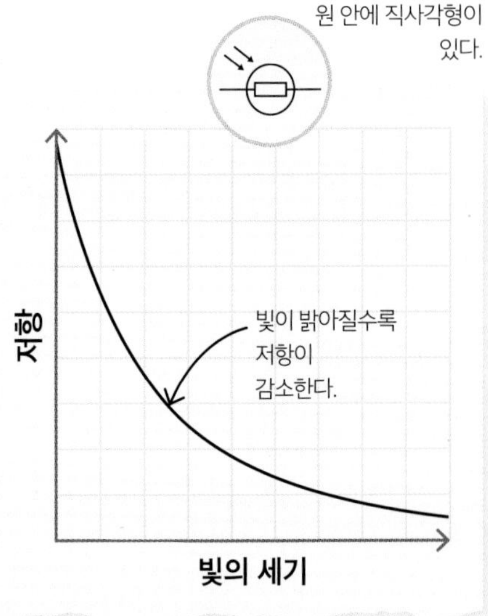

조도 센서 탐구하기

오른쪽과 같은 장치로 조도 센서 저항의 변화를 탐구할 수 있다. 조도 센서에 손전등 빛만 비춰질 수 있도록 어두운 방에서 실험을 한다. 조도 센서로부터 다양한 거리에서 손전등을 비추고, 조도 센서에 저항계를 연결하여 저항을 측정한다. 빛의 세기를 측정하기 위해 조도 센서 바로 옆에 조도계를 놓는다. 수집한 데이터로 빛의 세기에 대한 저항 그래프를 그린다.

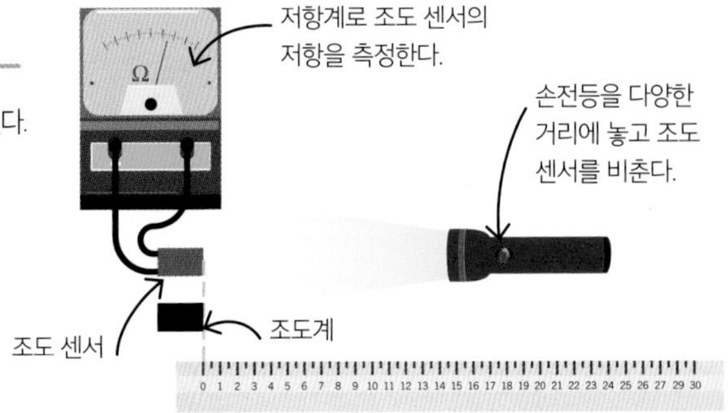

서미스터

서미스터는 온도 변화에 반응하는 저항이다. 온도가 상승하면 서미스터의 종류에 따라 저항이 커지거나 작아진다. 서미스터는 디지털 온도계, 냉장고, 오븐, 온도 조절기 등 다양한 장치에서 온도 감지 센서로 사용된다.

핵심 요약

- ✓ 온도가 올라가면 서미스터의 저항이 변한다.
- ✓ 서미스터는 온도를 측정하거나 조절하는 장치에 사용된다.

서미스터의 작동 원리

서미스터는 디지털 온도계의 끝에서 볼 수 있다. 온도가 올라가면 자유 전자를 더 방출하는 반도체로 만들어져서 전류가 더 많이 흐른다. 오른쪽 그래프에서 볼 수 있듯이 온도가 올라갈수록 저항은 더 작아진다.

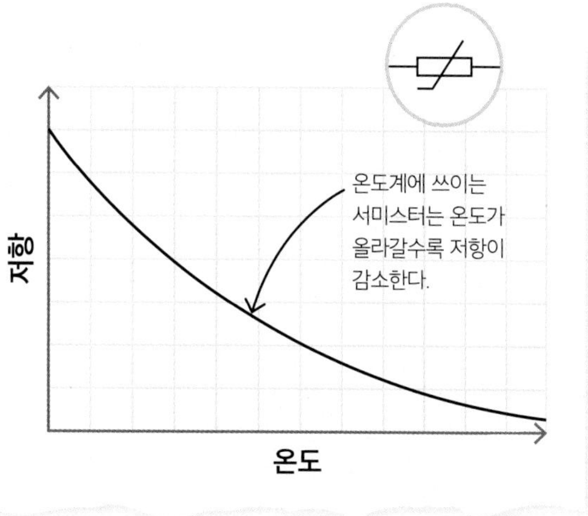

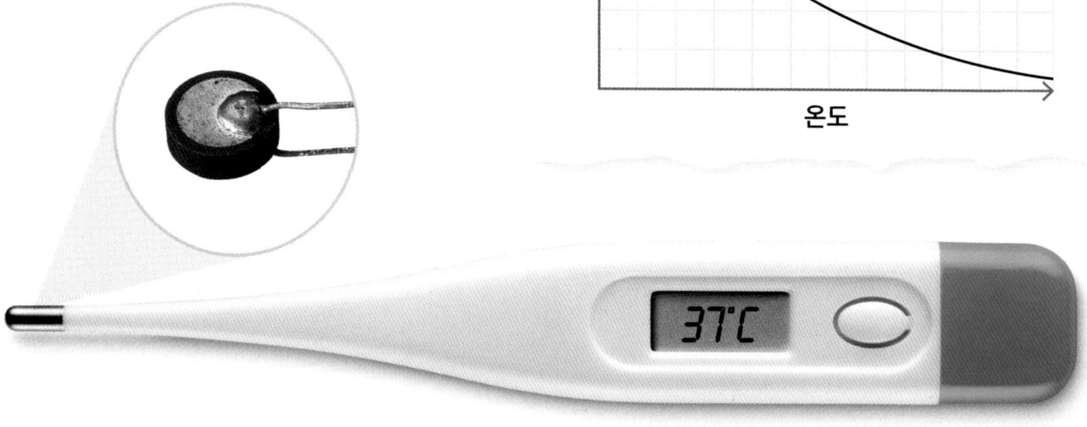

서미스터 탐구하기

오른쪽 장치를 통하여 서미스터의 저항 변화를 탐구할 수 있다. 서미스터를 물이 들어 있는 비커 안에 넣고 열을 가하여 물의 온도를 높인다. 다양한 온도에서 물의 온도와 저항을 동시에 측정한다. 수집한 데이터로 온도에 따른 저항 그래프를 그린다.

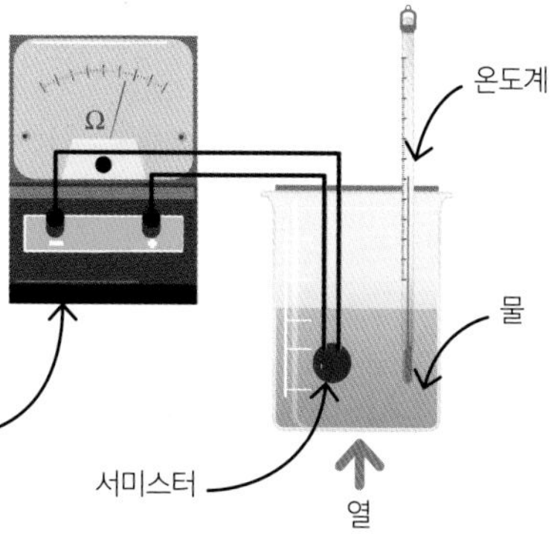

교사 감독 필요

감지 회로

감지 회로는 연중 건물의 적정 온도를 유지하는 온도 조절 시스템이나 어두워졌을 때 불이 켜지는 가로등처럼 자동으로 전자 기구를 조절하기 위해 사용된다.

핵심 요약

- ✓ 조도 센서와 서미스터는 빛이나 온도를 제어하는 장치에 사용된다.
- ✓ 조도 센서나 서미스터는 다른 저항과 직렬로 연결되어 분압기를 만든다.
- ✓ 분압기는 저항이 직렬로 연결되어 회로 부분별로 공급되는 전압을 조절하는 회로이다.

분압기

감지 회로는 분압기를 사용하기도 한다. 분압기는 저항이 직렬로 연결되어 회로에 병렬 연결된 부분에 공급되는 전압을 조절하는 회로이다. 직렬 연결된 부분은 전압을 나눠 갖지만 병렬로 연결된 부분은 전압이 같은 원리를 이용한다. 저항의 구성을 바꾸면 병렬 연결된 부분의 전압도 바뀐다.

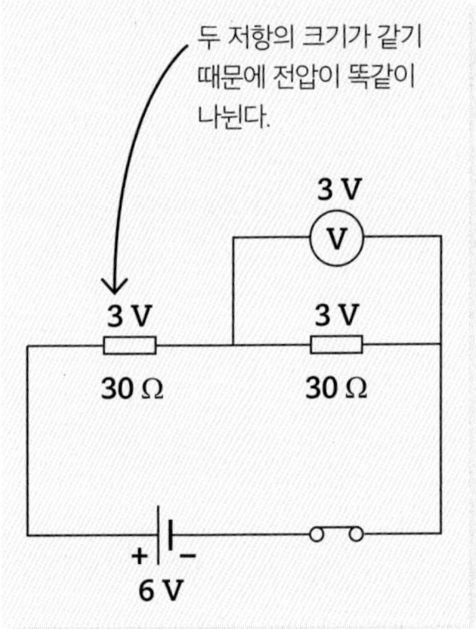

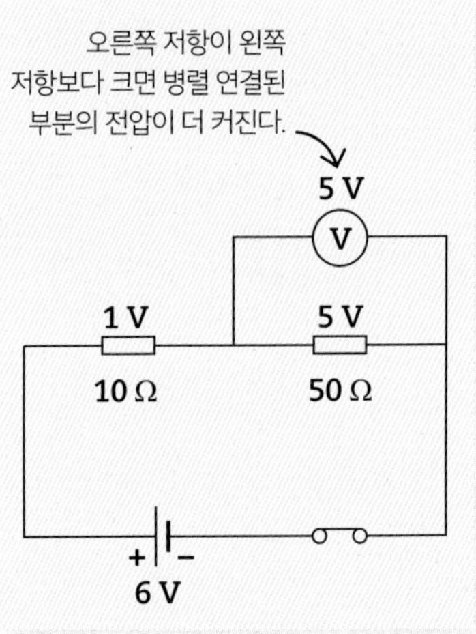

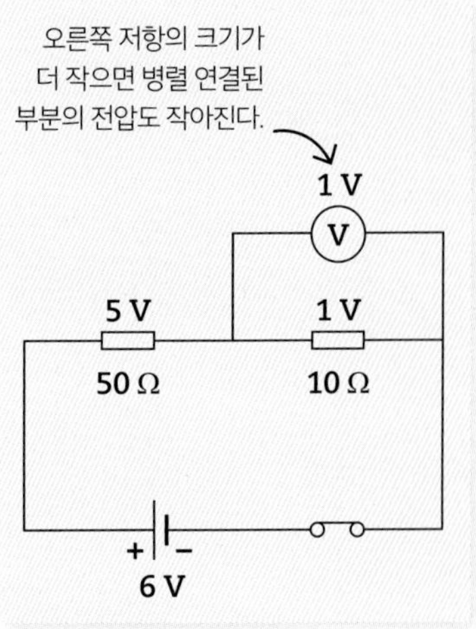

제어 회로

조도 센서나 서미스터가 분압기 내의 한 저항에 사용되면 회로에 병렬 연결된 부분의 전압이 빛의 세기나 온도에 따라 달라진다. 특정 기준보다 전압이 커지거나 작아지면 회로가 작동하도록 설계하는 데 사용될 수 있다. 제어 회로는 감지 회로로부터 전류를 공급받지 않는다. 가로등, 히터, 팬과 같은 장치들이 작동하려면 제어 회로는 더 큰 전류가 필요하므로 별도의 전원 장치가 연결된다.

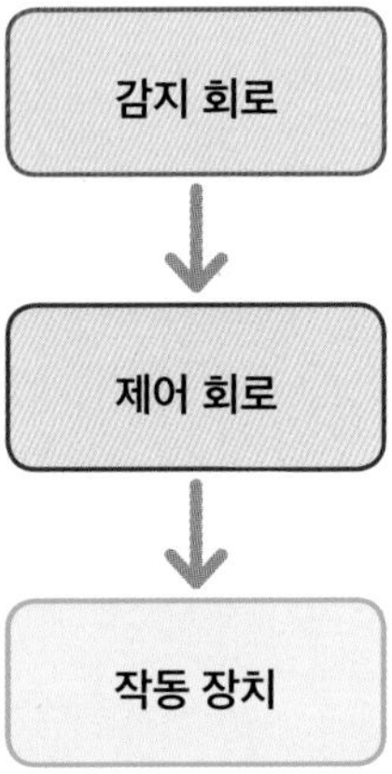

빛 조절하기

다음 회로는 밤에 어두워지면 전등 스위치가 켜지도록 제어 회로에 전압이 전달될 수 있게 조도 센서와 분압기가 사용되고 있다.

조도 센서

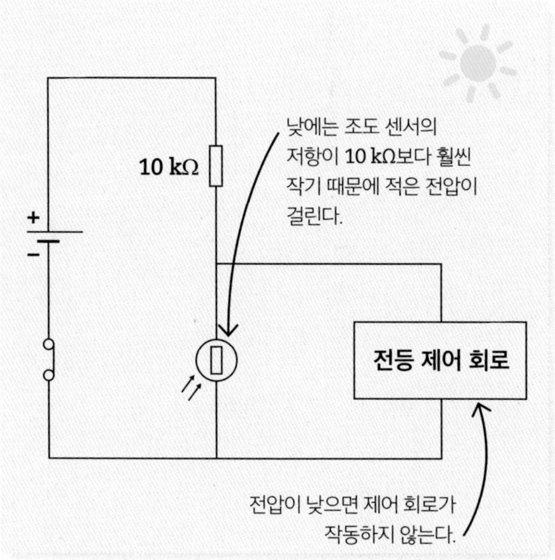

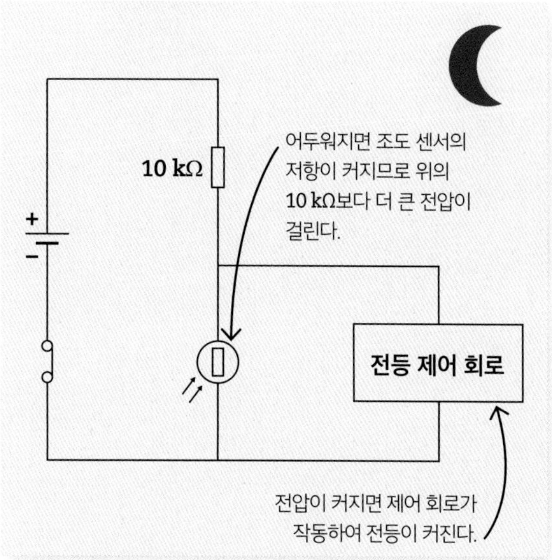

온도 조절하기

다음 회로는 팬의 동작을 조절하기 위해 제어 회로에 전압이 전달될 수 있게 서미스터와 분압기가 사용된다. 냉장고나 에어컨의 동작을 제어하는 데 비슷한 회로가 사용된다.

서미스터

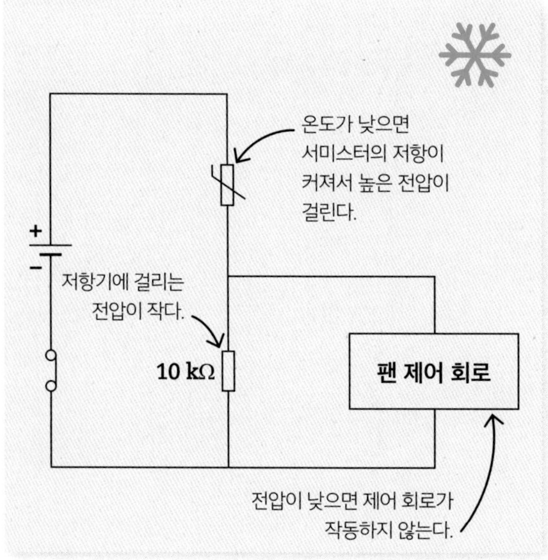

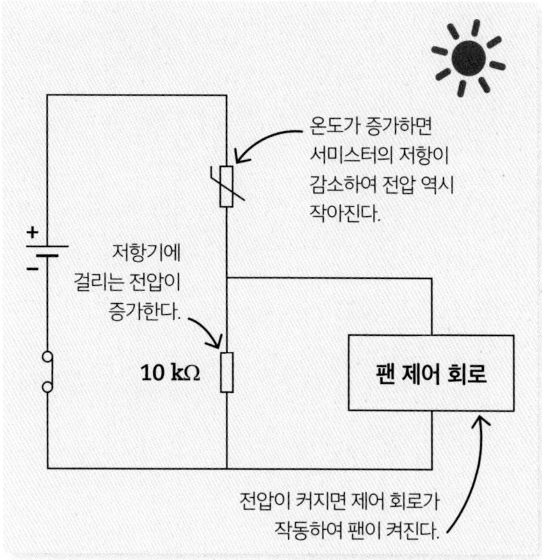

일상에서의 전기 사용

직류와 교류

전기가 만들어지는 방식에 따라 직류와 교류로 나뉜다. 작은 휴대용 전자 기구에는 보통 직류가 사용되지만, 가정에 공급되는 전기는 교류이다.

핵심 요약

- ✓ 직류는 한 방향으로만 흐르는 전기이다.
- ✓ 교류는 매초마다 흐르는 방향이 여러 번 바뀌는 전기이다.
- ✓ 교류의 전압은 계속해서 변한다.

직류

배터리는 직류를 만드는데, 이는 한 방향으로만 연속적으로 흐르는 전류이다. 배터리로부터 공급되는 직류는 일정한 전압을 갖고 있지만, 교류를 직류로 바꿔주는 장치가 만드는 전압은 계속해서 크기가 바뀌면서도 부호가 바뀌지 않기 때문에 한 방향으로 전류가 흐르게 된다.

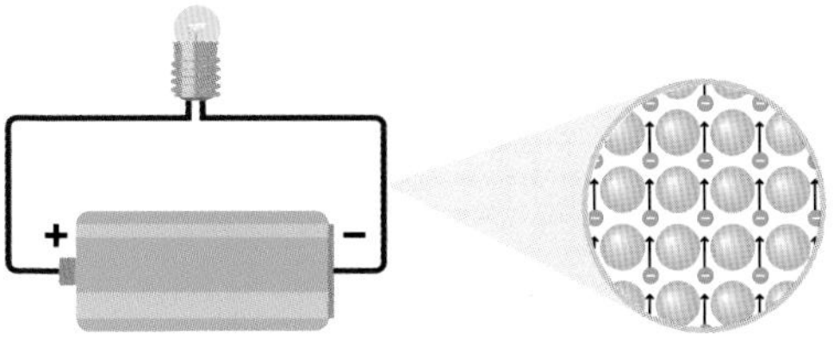

교류

발전소에서 가정으로 공급하는 전기는 교류이다. 교류의 전압이 양에서 음으로 바뀌어 다시 양으로 돌아오는 사이클이 1초당 50 또는 60번(50 또는 60 Hz)이므로 전류가 흐르는 방향이 1초당 100 또는 120번 바뀐다. 가정에서 사용하는 대부분의 전자 기구들은 교류를 사용하지만, 컴퓨터 같은 전자 장치는 교류를 직류로 변환하여 전력을 공급받는다.

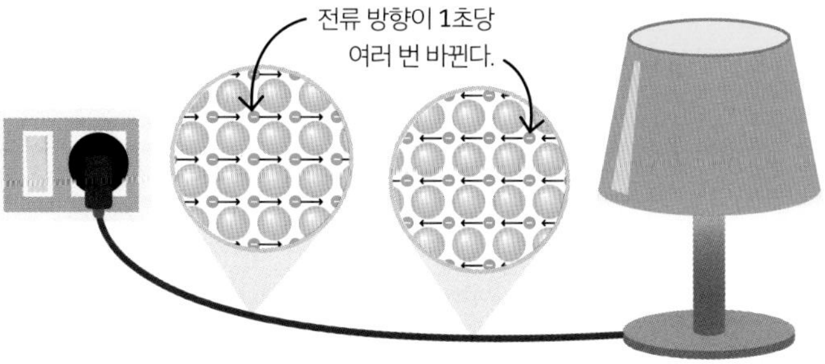

전압 그래프

오른쪽 그래프는 교류 전압의 변화를 나타낸 것이다. 거주하는 국가에 따라 공급되는 실효 전압은 100 V에서 240 V 사이이다. 그림에서 점선은 제곱 평균 제곱근 값으로, 교류에서의 실효 전압에 해당한다.

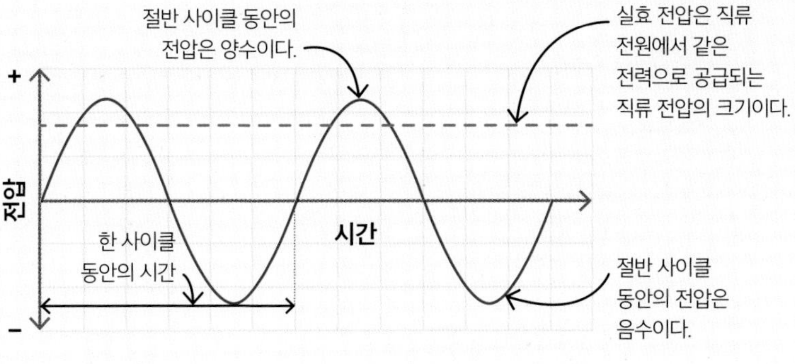

전기 배선

전자 기구는 케이블과 플러그를 통하여 전원을 공급받는다. 전기 케이블은 서로 다른 기능을 하는 2개 또는 3개의 전선으로 구성된다. 이 전선들은 플러그에서 금속 핀들과 붙어 있어 콘센트에 플러그를 꽂으면 전선을 통하여 전기가 공급된다.

핵심 요약

- ✓ 전자 기구와 플러그를 연결하는 케이블 안에는 2개 또는 3개의 전선이 있다.
- ✓ 활선은 메인 전압(국가에 따라 100 V에서 240 V 사이의 전압)을 공급한다.
- ✓ 중성선의 전압은 보통 0 V이다.
- ✓ 안전을 위한 접지선의 전압은 보통 0 V이다.

플러그 내부

모든 플러그는 적어도 2개의 전선으로 이루어져 있다. 활선과 중성선은 기구가 켜지면 회로를 형성하고, 접지선은 전기적인 결함이 발생하면 전류가 땅으로 흘러가도록 길을 만드는 안전을 위한 선이다. 몇몇 기구들은 접지선이 필요하지 않아서 많은 나라에서는 2핀 플러그가 사용된다. 예를 들어 이중 절연 기구는 외부와 내부 회로 사이에 절연 플라스틱 층이 있어 고장이 발생하더라도 만졌을 때 안전하다.

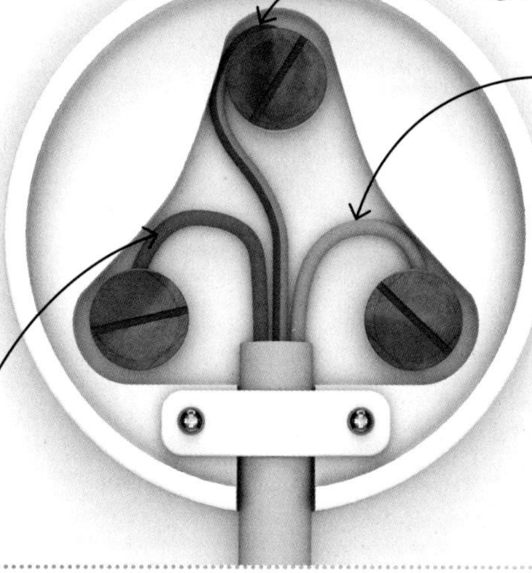

색상 코드

케이블 내부의 각 전선이 플러그의 바른 핀에 연결이 되어야만 콘센트에 바르게 연결될 수 있다. 따라서 각 전선은 대표적인 색상을 가지고 있다. 국가별로 색상이 다르지만 세 전선의 역할은 같다. 색상 코드 시스템은 바뀔 수 있기 때문에 배선 작업을 하기 전에 국가별 가이드라인을 참고하거나 믿을 수 있는 전문가에게 의뢰해야 한다.

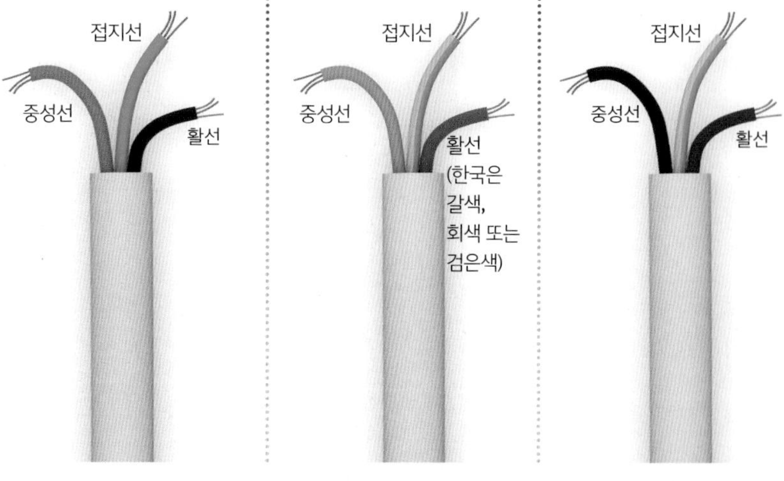

퓨즈와 회로 차단기

퓨즈와 회로 차단기는 전기적 결함으로 갑자기 전류가 위험하게 많이 흐를 때 전기 흐름을 자동으로 차단시키는 안전장치이다.

핵심 요약

- ✓ 퓨즈와 회로 차단기는 전기 케이블이 과열되지 않도록 방지해 준다.
- ✓ 퓨즈는 전자 기구에 맞는 용량의 퓨즈를 골라야 한다.

퓨즈

전자 기구에서 도선이 끊어지는 등의 고장이 나면 전류가 기구 표면의 금속으로 흐르며 갑자기 전류가 급격하게 증가할 수 있고, 화재가 발생하거나 사람을 감전시킬 수도 있다. 퓨즈를 구성하고 있는 얇은 도선은 과전류가 흐르면 녹게 되어 회로가 끊어진다. 퓨즈를 고를 때 해당 전자 기구가 일반적으로 사용하는 전류 바로 위의 용량을 고르는 것이 중요하다. 용량이 너무 크면 많은 전류가 흐르게 되어 과열될 수 있다.

이 차량용 퓨즈는 금속이 녹아 끊어졌다.

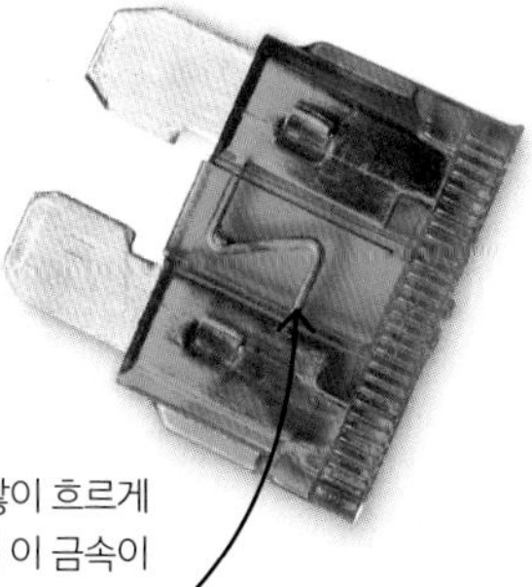

전류가 너무 많이 흐르게 되면 퓨즈 안의 이 금속이 녹아 끊어진다.

회로 차단기

회로에 과전류가 흐르게 되면 회로 차단기는 자동으로 전원 공급을 차단한다. 많은 회로 차단기는 전자석을 만들기 위하여 코일을 사용한다. 전류가 급격하게 증가하면 전자석의 세기가 강해지면서 접촉점을 분리시키고 트립 스위치가 내려가며 회로가 끊어진다.

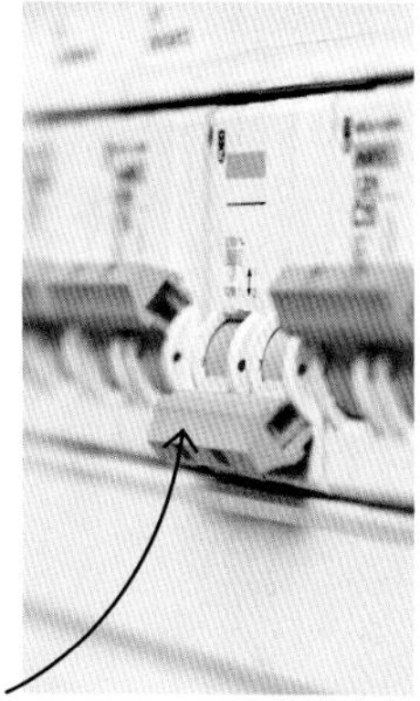

결함을 고치면 트립 스위치를 올릴 수 있다.

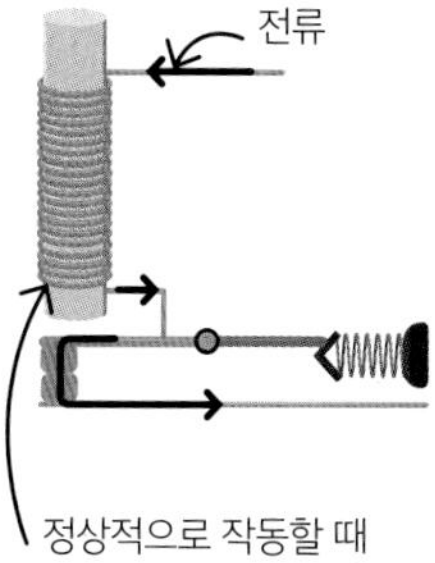

정상적으로 작동할 때 접촉점을 분리시킬 만큼 전자석이 강하지 않다.

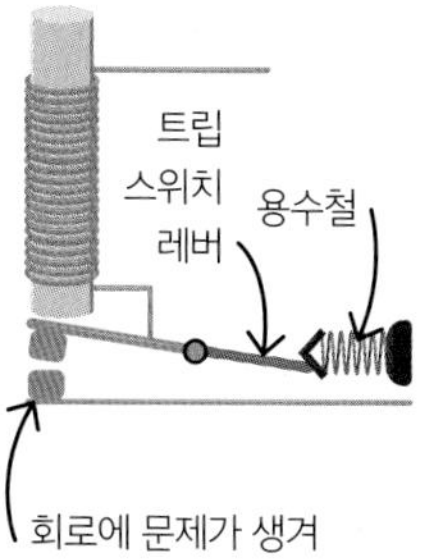

회로에 문제가 생겨 과전류가 흐르면 전자석이 접촉점을 분리시키며 회로가 끊어진다.

감전 방지

전자 기구가 고장 나면 표면에 전류가 흘러 기구를 만졌을 때 감전될 수 있다. 감전이 되면 화상을 입거나 심하면 사망할 수도 있다. 감전을 막기 위해 접지선이나 퓨즈(181쪽 참조)를 사용한다.

접지선

표면이 금속인 전자 기구에 문제가 발생하면 전류가 표면을 따라 흐를 수 있다. 물체를 만지면 신체가 땅까지 전류가 흐르는 길 역할을 하여 회로가 구성되고 감전이 된다. 전력이 큰 세탁기 같은 기구는 감전을 방지하기 위하여 접지선과 3핀 플러그를 갖추고 있다. 접지선은 땅까지 연결된 저항이 작은 길을 만든다. 플라스틱은 절연체이기 때문에 표면이 플라스틱인 기구는 접지선이 필요하지 않다.

핵심 요약

- ✓ 접지선은 전자 기구에 결함이 발생했을 때 전기가 흐를 수 있는 길을 만들어서 감전을 방지한다.
- ✓ 플라스틱은 절연체이기 때문에 표면이 플라스틱인 기구는 접지되지 않아도 된다.

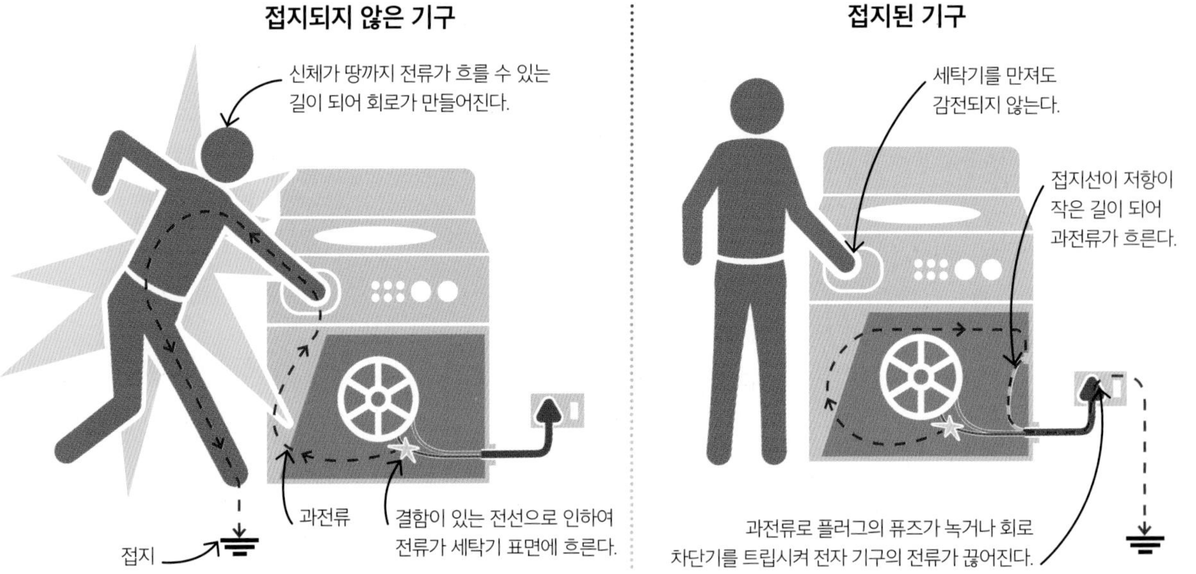

피뢰침

높은 빌딩에는 천둥이 쳤을 때 전류가 저항이 작은 길을 따라 흐르도록 땅까지 연결된 피뢰침이 있다. 전자 기구의 접지선처럼 피뢰침은 건물이나 건물 안의 사람들이 위험하지 않도록 전기 에너지가 안전하게 흘러가게 해준다.

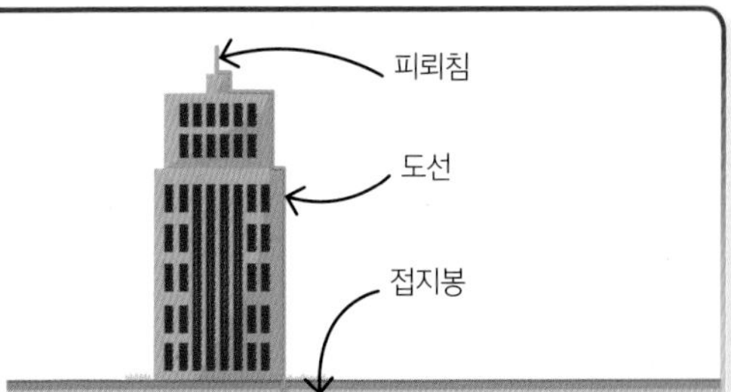

전자 기구

전자 기구는 공급된 전기 에너지를 빛, 소리, 움직임, 열로 변환한다. 전자 기구의 정격 소비전력은 기구가 작동하기 위해 매초 당 얼마만큼의 전력을 소비해야 하는지 알려준다.

정격 소비전력

전자 기구는 와트 단위로 전력이 얼마나 소비되는지 기구의 아래나 뒷면에 정격 소비전력 스티커가 붙어 있다. 기구가 전기 에너지를 빛, 소리, 움직임, 열 등 전환하는 방식에 따라 소비전력이 각기 다르다. 전기 히터를 제외한 모든 전자 기구는 에너지의 일부가 열로 손실된다.

디지털 라디오
라디오, TV, 전구 같은 기구는 에너지를 주로 빛, 소리로 전환하기 때문에 에너지를 거의 소비하지 않아 정격 소비전력이 작다. 디지털 라디오의 소비전력은 5 W이다.

ROY RADIOS 99
AC: 230-240V~50Hz
전력: 5W
Made in UK

5 W의 정격 소비전력은 라디오가 매초 5 J의 에너지를 변환함을 의미한다.

믹서기
믹서기, 드릴, 팬과 같은 기구는 에너지를 주로 움직임으로 전환하기 때문에 정격 소비전력이 크다.

CHOPRA CHOPPER Z50
AC: 220-240V~50Hz
전력: 500W
Made in India

믹서기는 라디오보다 초당 100배 많은 에너지를 소비한다.

커피 메이커
커피메이커, 오븐, 히터와 같은 기구는 에너지를 주로 열로 전환하기 때문에 에너지를 가장 많이 사용하여 정격 소비전력이 매우 크다.

BARISTA BREWS 66
AC: 220-240V~50Hz
전력: 1200W
Made in South Africa

정격 소비전력이 클수록 커피 머신이 물을 데우는 속도가 빠르다.

핵심 요약

- ✓ 기구에 공급된 전력은 빛, 소리, 움직임, 열로 바뀐다.
- ✓ 전기 히터를 제외한 모든 전자 기구는 에너지의 일부가 열로 손실된다.
- ✓ 와트가 단위인 기구의 정격 소비전력은 매초 에너지가 얼마나 변환되는지 알려준다.

퓨즈

기구가 고장 나면 공급되는 전원으로부터 너무 많은 전류가 흘러 전선이 과열된다. 이를 방지하기 위하여 소비전력이 큰 기구의 플러그에 퓨즈를 넣기도 한다. 퓨즈는 급격하게 전력이 높아지면 녹으면서 회로가 끊어져 기구가 꺼질 수 있도록 얇은 도선이 들어 있다. 기구의 정격 소비전력과 전력 = 전류 × 전압 ($P = I \times V$) 식을 사용해서 기구에 맞는 퓨즈를 고를 수 있다.

문제
헤어 드라이기의 정격 전압은 230 V이고 정격 소비전력은 1800 W이다. 5 A, 10 A, 15 A 중 플러그에 들어갈 퓨즈의 용량으로 알맞은 것은?

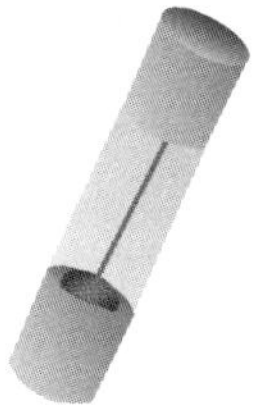

풀이
전력 식을 전류(I)에 대하여 정리한다.

$$I = \frac{P}{V}$$

$$= \frac{1{,}800\ \text{W}}{230\ \text{V}}$$

$$= 7.8\ \text{A}$$

5 A 퓨즈는 너무 작고 15 A 퓨즈는 너무 크다. 따라서 10 A짜리 퓨즈가 적절하다.

가정에서 사용하는 에너지

에너지의 단위는 줄(J)로, 1 J은 매우 적은 양의 에너지이다. 1 L의 물을 끓이려면 적어도 340,000 J의 에너지가 필요하다. 따라서 전력 회사에서는 줄(J) 대신에 킬로와트시(kWh)로 에너지를 측정한다.

킬로와트시

킬로와트(kW)는 전력 단위지만 킬로와트시(kWh)는 에너지 단위이다. 1 kWh는 1시간 동안 1 kW의 정격 소비전력 기구를 사용했을 때 전달되는 에너지이다. 대부분의 가정에서 사용하는 기구는 1 kW보다 정격 소비전력이 작다. 그러나 냉장고처럼 하루종일 켜놓고 사용하는 제품들은 에너지를 많이 소비한다. 가정마다 소비되는 에너지의 양은 집의 크기나 구성원의 수에 따라 다르며, 전열기나 냉방장치 사용에도 영향을 받기 때문에 기후에 따라서도 달라진다.

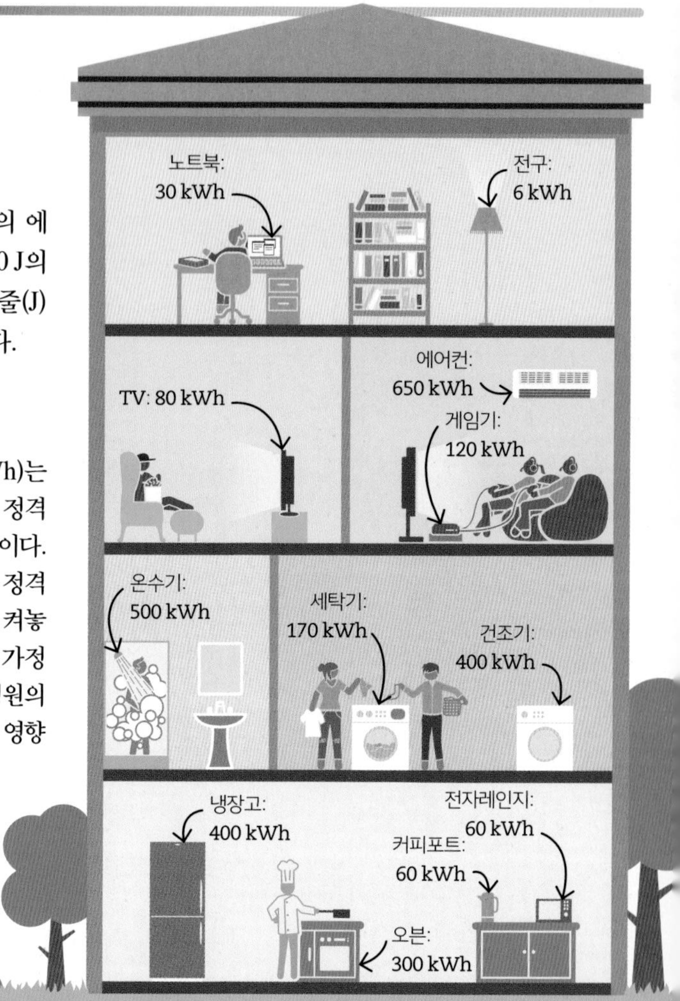

1년 동안 가정에서 사용되는 에너지

핵심 요약

- ✓ 전기세 고지서에 사용되는 에너지 단위는 킬로와트시(kWh)이다.
- ✓ 1 kWh = 3,600,000 J (3.6 MJ)

에너지 소비량 계산하기

전자 기구의 정격 소비전력에 기구 사용 시간을 곱해서 기구의 에너지 소비량을 계산할 수 있다.

전달된 에너지(kWh) = 전력(kW) × 시간(h)

문제

정격 소비전력이 7.2 kW인 온수기를 매일 15분씩 사용하였다. 일주일 동안 샤워하는 데 전달된 에너지는?

풀이

일주일 동안 온수기를 쓴 총 시간 = 0.25 h × 7일
= 1.75 h

전달된 에너지 = 7.2 kW × 1.75 h = 12.6 kWh

소모되는 에너지

모든 전자 기구는 사용 과정에서 에너지가 소모된다. 소리나 빛 형태로 소모되기도 하지만, 대부분의 소비된 에너지는 주변으로 퍼져나가는 열로 전달된다.

열과 전기

전자가 도선이나 소자를 지나갈 때 금속 원자와 충돌하며 일부 에너지를 전달하게 되고, 금속과 그 주변에 열이 발생한다. 일부 기구는 의도적으로 에너지를 열로 전달하지만, 대부분의 기구에서는 열로 에너지가 소모된다. 열로 전달되는 에너지는 도선의 길이를 짧게 하거나 금, 은, 구리 같은 좋은 도체를 사용하여 줄일 수 있다.

핵심 요약

- ✓ 모든 전자 기구는 에너지가 소모된다.
- ✓ 에너지 손실은 유용하지 않게 전달되는 에너지를 말한다.
- ✓ 대부분의 에너지 손실은 원하지 않는 열로 인해 발생한다.

소모되는 열

전구는 에너지를 빛과 열로 전달하지만, 빛만 유용하다.

대형 컴퓨터는 중앙 처리 과정에서 발생하는 원치 않은 열이 퍼지도록 팬을 사용한다.

거품기에는 열과 소리가 발생하며 에너지가 소모되는 전기 모터가 들어 있다.

유용한 열

커피포트는 대부분의 에너지가 물에 저장되는 열에너지로 전달되지만, 일부 열은 주변으로 빠져나간다.

토스터기는 빵을 굽기 위해 열을 사용하지만, 많은 에너지가 빠져나간다.

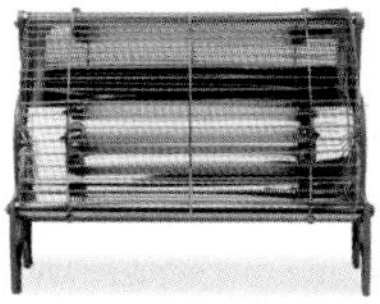

전기히터는 공급되는 거의 모든 에너지가 열로 전달되므로 효율적이다.

과열(과부하)

전기 기구나 전선에서 발생하는 열은 계속해서 쌓이면 위험하다. 전선 주변의 플라스틱 절연체가 녹아서 화재가 발생할 수 있다. 소비전력이 큰 여러 기구를 멀티탭을 이용하여 하나의 콘센트에 연결하면 콘센트에 과부하가 걸리게 되고 전류가 지나치게 많이 흘러서 열이 발생한다. 좋은 도체와 짧은 전선을 사용하거나 콘센트마다 기구를 분산시켜 연결하면 과열을 방지할 수 있다. 연장 케이블을 사용하기 전에는 감겨 있는 전선을 풀어야 하고, 적절한 용량의 퓨즈를 사용해야 한다.

멀티탭에 과부하가 걸려서 플라스틱이 녹아내렸다.

송전

발전소는 전기가 사용되는 곳으로부터 멀리 떨어져 있기 때문에 전기는 케이블을 타고 멀리 전달된다. 모든 케이블은 저항이 있기 때문에 열이 발생하여 에너지가 소모된다. 변압기를 이용하여 케이블의 전류와 전압의 크기를 바꿔서 소모되는 에너지를 줄일 수 있다.

소모되는 에너지 줄이기

케이블에서 발생하는 열로 인해 손실되는 전력은 171쪽의 전력 식 손실 전력 = 전류^2 × 저항($P = I^2 \times R$)으로 계산할 수 있다. 손실 전력은 전류의 제곱에 비례하기 때문에 손실 전력을 줄이는 가장 효율적인 방법은 전류를 감소시키는 것이다. 이것이 변전소의 변압기가 하는 역할이다. 큰 전류와 작은 전압 또는 작은 전류와 큰 전압으로 같은 전력을 전달할 수 있기 때문에, 변압기는 먼 거리를 이동할 때는 전압을 높였다가 가정에서 전기가 사용될 때는 다시 전압을 낮춰준다.

핵심 요약

- ✓ 케이블을 통해 전기가 전달되며 에너지가 소모된다.
- ✓ 전압을 높이고 전류를 낮춰서 에너지 손실을 줄일 수 있다.
- ✓ 원거리 전력 전달 과정에서 변전소의 승압 변압기와 강압 변압기가 전압과 전류를 바꾼다.

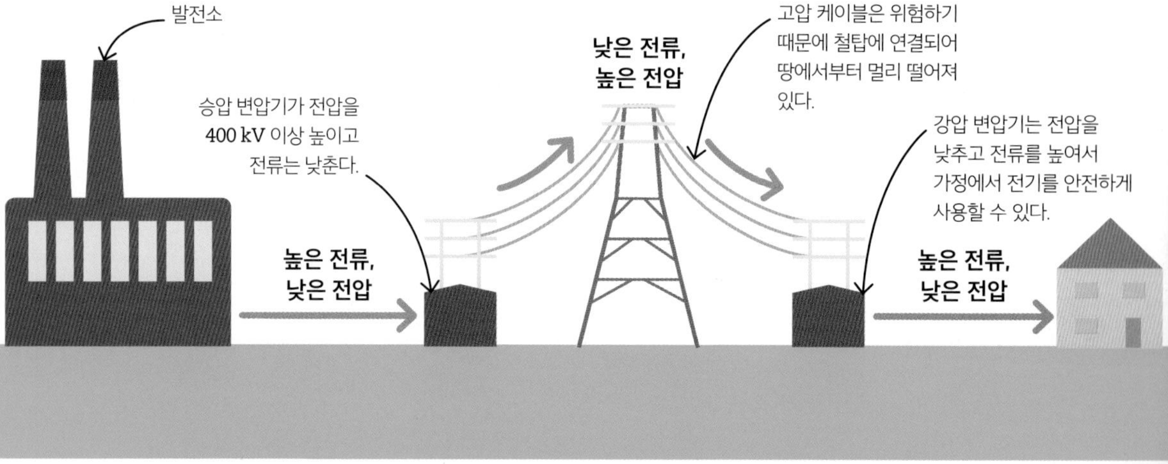

손실 전력 계산하기

문제

송전 케이블의 저항이 20 Ω이고 10 A의 전류가 흐른다면, 열로 소모되는 전력은 얼마인가? 전류가 변압기를 거치며 1 A로 감소했을 때, 손실되는 전력은 얼마인가?

풀이

두 문제에 답하기 위해 $P = I^2 \times R$ 식을 사용한다.

10 A일 때

$P = (10\ A)^2 \times 20\ \Omega$

$= 2{,}000\ W$

1 A일 때

$P = (1\ A)^2 \times 20\ \Omega$

$= 20\ W$ ← 케이블의 저항은 같지만 손실 전력이 1/100로 작아진다.

정전기

당김과 밀어냄

겨울철에 점퍼를 벗을 때 탁탁 소리가 나거나 머리를 빗을 때 머리끝이 빗에 달라붙는 경험을 종종 할 수 있다. 이 현상은 정전기로 인한 것이다. 멈춰 있는 전하는 접촉 없이 다른 물체를 당기거나 밀어낼 수 있다.

핵심 요약

- ✓ 일부 물체는 문질렀을 때 정전기로 인하여 대전될 수 있다.
- ✓ 대전된 물체는 양전하나 음전하를 띤다.
- ✓ 대전된 물체끼리 힘이 작용하며, 같은 전하를 띠면 밀어내고 다른 전하를 띠면 당긴다.

정전기 현상

정전기는 플라스틱이나 고무 같은 절연체에서 쉽게 발생한다. 이 현상은 대기 중에 습도가 낮은 건조한 날에 잘 관찰된다.

플라스틱 물체는 문질렀을 때 정전기로 인하여 잘 대전된다. 예를 들어 머리를 빗을 때 빗이 대전될 수 있다.

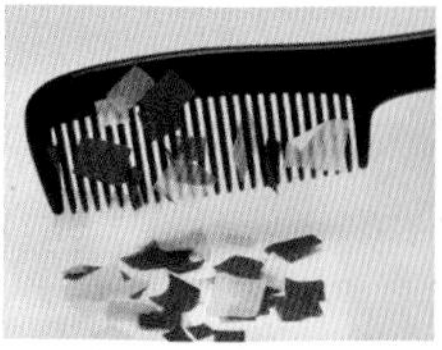

플라스틱 랩은 펼쳤을 때 대전된다. 랩이 음식이나 반대편 랩에 쉽게 달라붙을 수 있도록 정전기가 도와준다.

다른 전하는 잡아당김

정전기는 양전하나 음전하를 띤다. 두 물체가 서로 다른 전하를 띠면 두 물체는 서로 잡아당긴다. 일부 물체는 문질렀을 때 정전기로 인하여 대전된다. 예를 들어 유리 막대를 문지르면 막대가 대전되어 수도꼭지에서 나오는 물을 끌어당긴다. 막대를 문질렀던 물체의 전자들이 유리로 모이면서 대전된다.

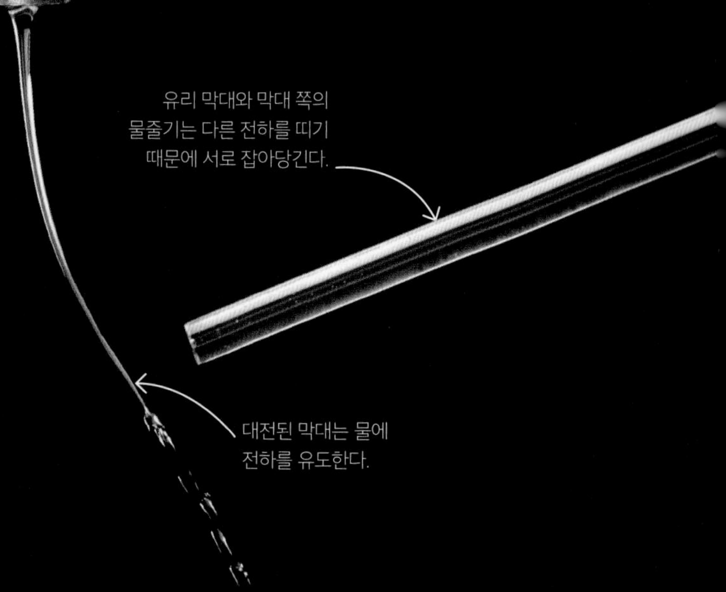

같은 전하는 밀어냄

같은 전하로 대전된 물체는 서로 밀어낸다. 금속 구에서 양전하를 만들어 내는 오른쪽 반데그라프 발전기를 통하여 실험적으로 확인할 수 있다. 땅으로부터 절연된 상태에서 구를 만지면 사람도 양전하로 대전되고 머리카락 끝이 서게 된다.

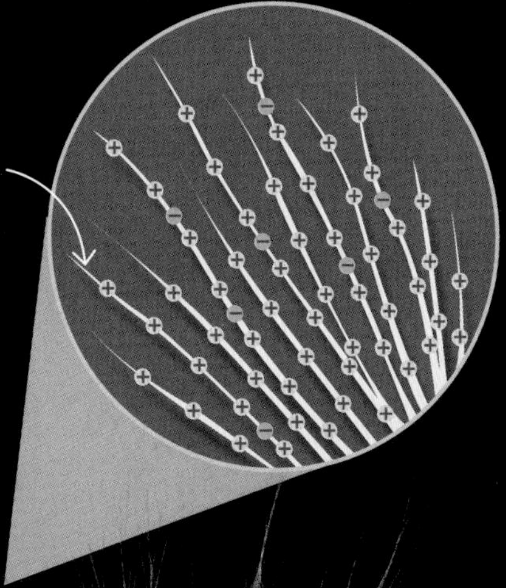

양전하로 대전된 머리카락이 서로 밀어내기 때문에 머리카락 끝이 선다.

반데그라프 발전기

반데그라프 발전기는 고무와 같이 절연체로 이루어진 벨트로 구성되어 있어서 벨트가 두 롤러 주위를 움직이며 정전기를 모은다. 전하는 작은 브러시를 통해서 알루미늄 구로 옮겨진다.

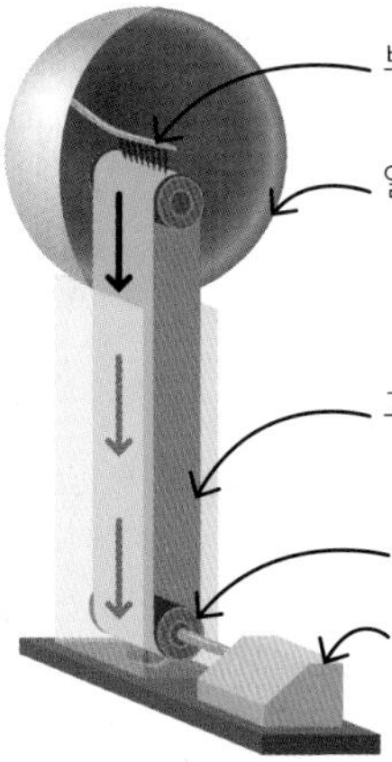

정전기 유도로 인한 끌어당김

울 점퍼에 풍선을 문지르면 풍선에 전하가 쌓이게 된다. 그 풍선을 벽에 가까이 가져가면 벽에 달라붙는데, 대전된 전하는 근처에 있는 물체에 반대의 전하를 유도하기 때문에 발생하는 현상이다.

달라붙는 풍선

대부분의 물체는 같은 양의 양전하와 음전하를 갖고 있어서 전체적으로 전하를 띠지 않는다. 그러나 어떤 물체들을 문지르면 전자가 원자로부터 벗어나면서 다른 물체로 옮겨가게 되고, 두 물체가 전하를 띠게 된다. 대전된 물체가 다른 물체로 가까이 다가가면 전하를 유도하게 되어 두 물체가 서로 끌어당긴다.

핵심 요약

- ✓ 어떤 물체들을 문지르면 전자가 물체 사이에서 이동한다.
- ✓ 물체가 전자를 얻으면 음전하로 대전되고, 전자를 잃으면 양전하로 대전된다.
- ✓ 대전된 물체는 다른 물체에 전하를 유도하게 되어 두 물체가 서로 끌어당긴다.

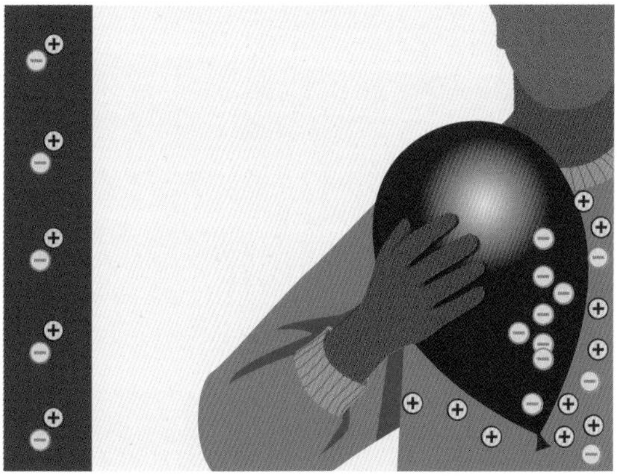

점퍼에 풍선을 문지르면 풍선에 전자가 쌓여서 음전하로 대전된다.

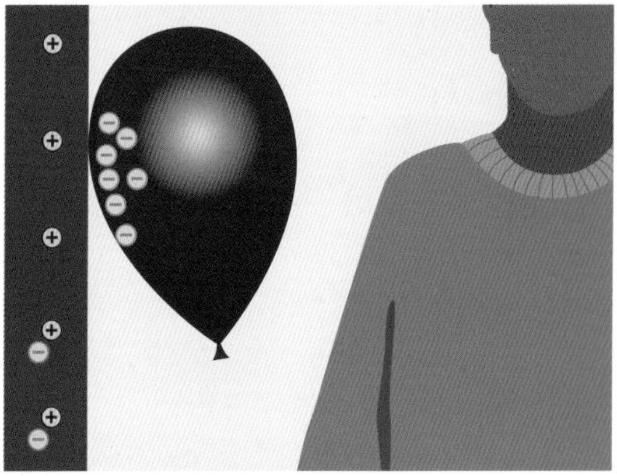

풍선이 벽에 가까이 다가가면 풍선의 음전하가 벽의 전자를 밀어내서 풍선 쪽의 벽 표면이 양전하를 띤다. 두 다른 전하는 서로를 끌어당겨 풍선이 벽에 달라붙는다.

정전기는 어디에서 올까?

원자는 원자핵 속의 양성자(양전하)와 원자 주변의 전자(음전하) 개수가 같기 때문에 보통 중성이다. 어떤 물체들을 문지르면 물체 사이에서 전자가 이동하는데, 전자가 옮겨와 쌓인 물체는 음전하를 띠고 전자를 잃은 물체는 전체적으로 음전하를 띤다.

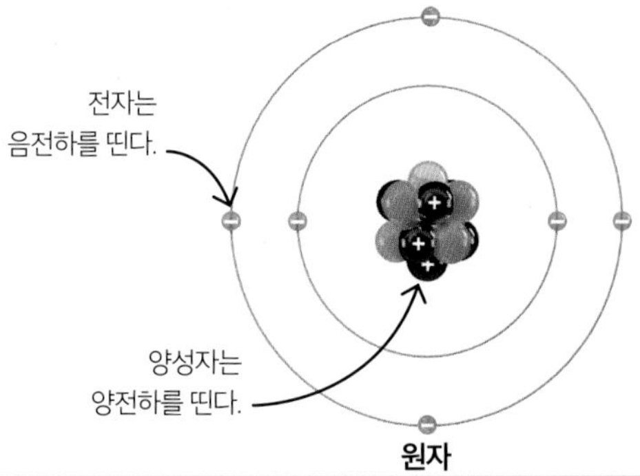

정전기 활용

정전기는 전류만큼 많이 쓰이진 않지만 몇몇 기구들에 활용된다. 예를 들어 복사기, 잉크젯 프린터, 페인트 분무기는 의도하는 위치로 물질을 분사하기 위해 정전기를 이용한다.

핵심 요약

- ✓ 정전기 페인트 분무기는 페인트 방울을 대전시키며 방울끼리 밀어내어 페인트가 균일하게 퍼진다.
- ✓ 복사기와 잉크젯 프린터는 정전기끼리 끌어당기는 현상을 이용하여 토너나 잉크가 종이의 올바른 위치에 분사되도록 한다.

정전기 페인트 분무기

자동차 제조회사에서는 차 표면에 균일하게 페인트를 칠하기 위해 정전기 분무기를 사용한다. 분무기는 미세한 페인트 방울을 대전시키는데, 입자끼리 서로 밀어내어 페인트가 넓고 균일하게 퍼진다. 페인트가 칠해지는 부분의 반대 전하는 페인트를 끌어당겨 전체 표면이 칠해진다.

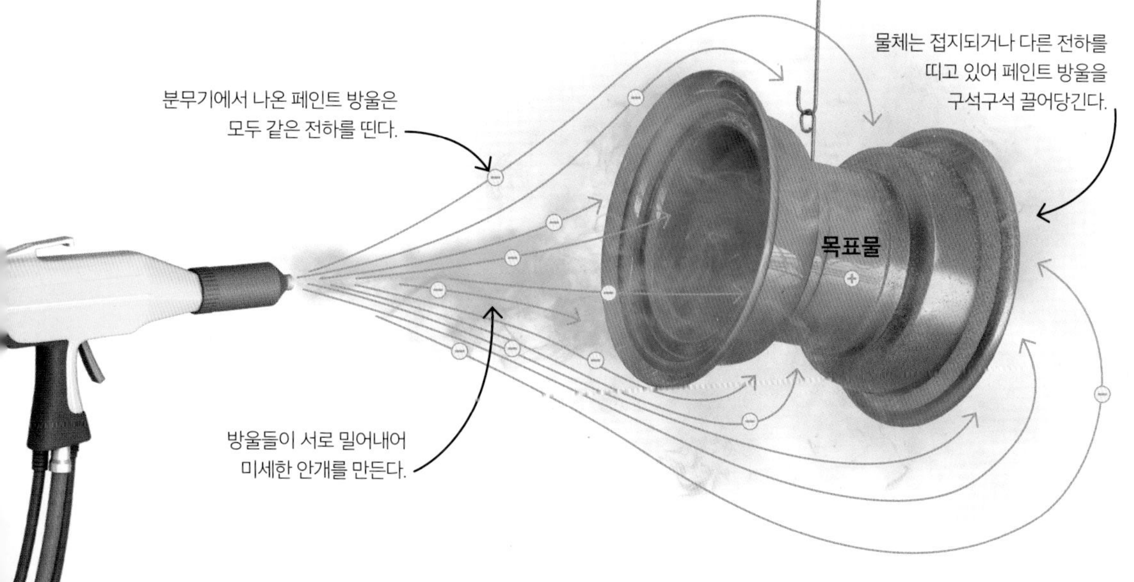

잉크젯 프린터

종이가 잉크젯 프린터로 들어가면서 프린트헤드가 레일을 따라 좌우로 움직이고 종이에 미세한 색깔 잉크 방울을 분사한다. 잉크 방울은 전하를 띠고 있어 대전된 판으로 인해 종이의 올바른 위치로 향할 수 있도록 조정된다.

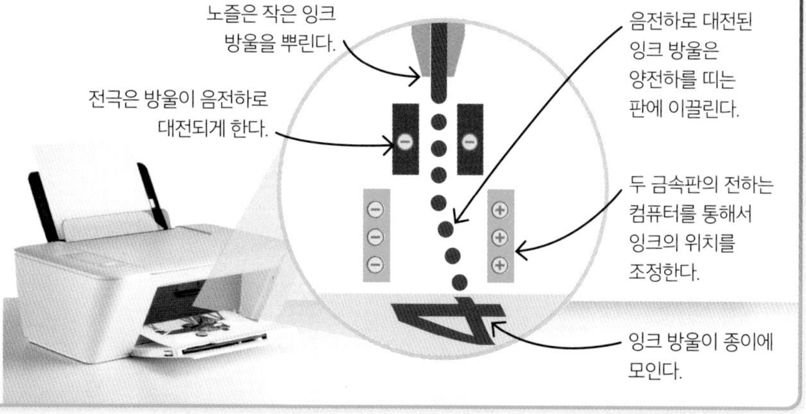

정전기의 위험성

정전기는 때로는 위험할 수 있다. 정전기가 많이 모이면 방출되는 과정에서 불꽃이 발생할 수 있다. 이 불꽃은 사람이 화상을 입게 하거나 화재를 일으킬 수 있다.

핵심 요약

- ✓ 정전기의 갑작스러운 방전으로 인해 번개와 불꽃이 발생할 수 있다.
- ✓ 불꽃은 사람이 화상을 입게 하거나 화재를 일으킬 수 있다.
- ✓ 주유하는 동안 차량에 쌓인 정전기는 위험할 수 있다.

번개

먹구름 안의 물방울과 얼음 결정이 서로 부딪히며 정전기가 쌓여 번개가 발생한다. 번개가 직접 사람에게 치면 치명적일 수 있으며, 건물에 치면 화재가 발생할 수 있다. 번개는 구름에서 구름으로 치거나 구름에서 땅으로 친다. 다음 그림은 구름에서 땅으로 번개가 치는 과정을 보여준다.

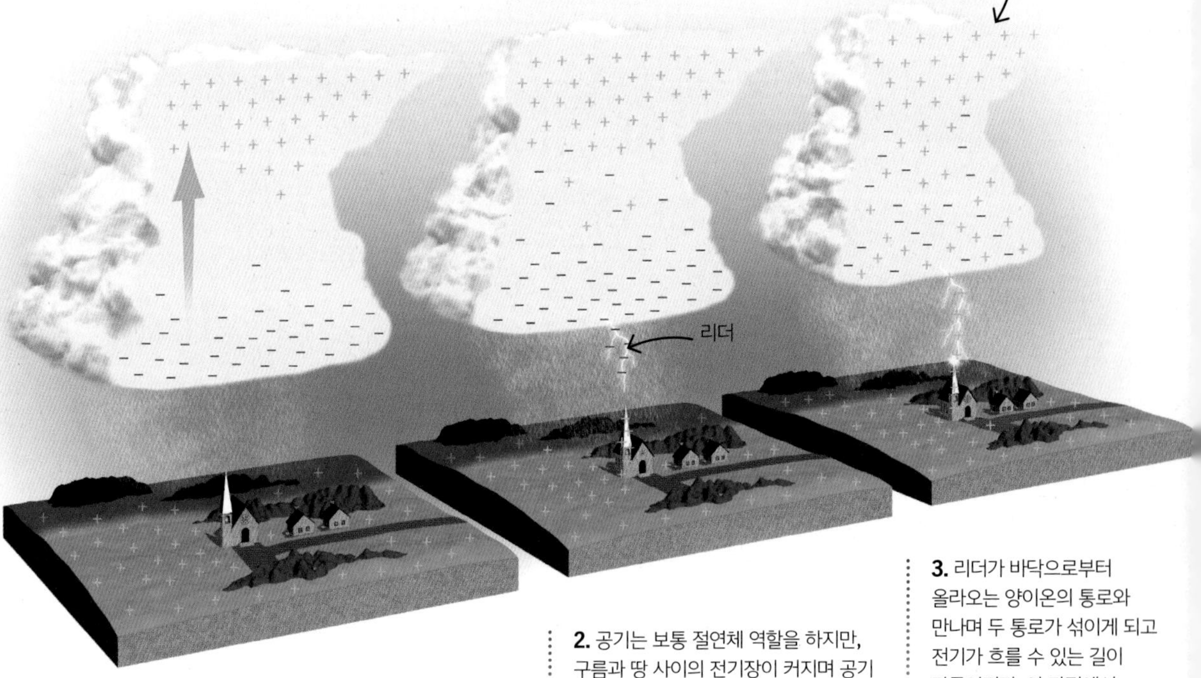

1. 구름 속 폭풍은 얼음 결정과 물방울이 섞이게 하며 정전기가 발생한다. 구름 아래쪽에 음전하가 모여서 땅에 양전하가 유도된다.

2. 공기는 보통 절연체 역할을 하지만, 구름과 땅 사이의 전기장이 커지며 공기 분자가 이온화(전하를 띠는 입자로 나뉘는 것)된다. 리더라고 불리는 이온화된 공기 통로가 구름 바닥에서부터 아래로 뻗어나간다.

3. 리더가 바닥으로부터 올라오는 양이온의 통로와 만나며 두 통로가 섞이게 되고 전기가 흐를 수 있는 길이 만들어진다. 이 과정에서 번개가 발생한다.

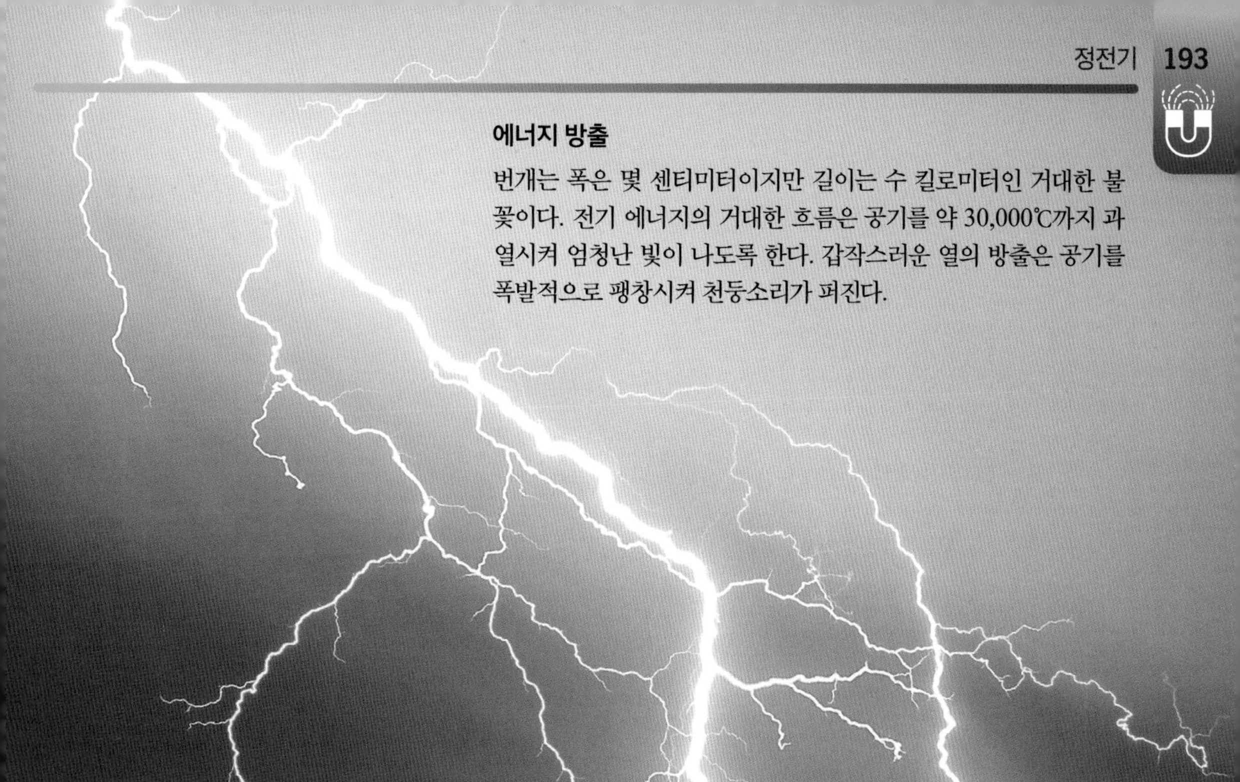

에너지 방출

번개는 폭은 몇 센티미터이지만 길이는 수 킬로미터인 거대한 불꽃이다. 전기 에너지의 거대한 흐름은 공기를 약 30,000℃까지 과열시켜 엄청난 빛이 나도록 한다. 갑작스러운 열의 방출은 공기를 폭발적으로 팽창시켜 천둥소리가 퍼진다.

항공기 접지

주유 중에 정전기가 쌓이는 것은 매우 위험할 수 있다. 작은 불꽃이 큰 폭발을 일으킬 수 있기 때문이다. 비행기 연료 탱크를 채우는 동안 트럭과 비행기 사이를 전선으로 연결하는데, 이 전선은 연료가 빠르게 이동하며 생기는 마찰로 인해 비행기와 트럭에 정전기가 쌓이는 것을 방지한다.

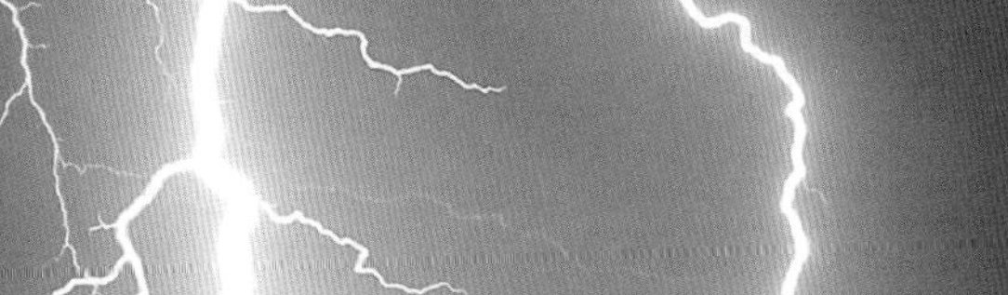

전기장

전하를 띠는 모든 물체는 주변에 전기장을 만들고, 그 전기장 안에 있는 대전된 다른 물체에는 힘이 작용한다. 끌어당기고 밀어내고 불꽃이 발생하는 등의 정전기 효과는 전기장으로 인해 발생한다.

핵심 요약

- 전하를 띠는 물체는 주변에 전기장을 만들고, 그 전기장 안에 있는 대전된 다른 물체에는 힘이 작용한다.
- 물체의 전기장은 가까울수록 강해지고 멀어질수록 약해진다.
- 끌어당기고 밀어내고 불꽃이 발생하는 현상은 전기장으로 인해 발생한다.
- 전기장의 크기와 방향은 화살표를 이용하여 그림으로 나타낸다.

전기장 그림

전기장은 눈에 보이지 않기 때문에 전기장을 나타내기 위해 선과 화살표로 그린다. 화살표는 양전하를 전기장에 두었을 때 양전하가 받는 힘의 방향을 나타낸다. 다음 3개의 예시는 한 점에 있는 전하 주변에 생기는 전기장을 보여준다. 화살표를 통해 양전하는 다른 양전하를 밀어내지만 음전하는 양전하를 끌어당기는 것을 알 수 있다. 선의 밀도는 전기장이 얼마나 강한지(따라서 힘이 얼마나 강한지)를 나타낸다.

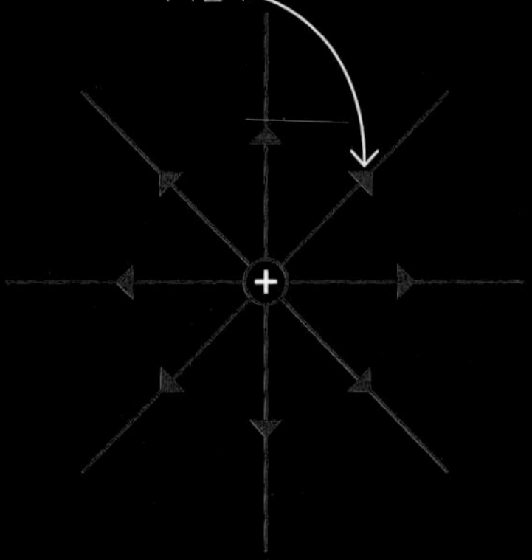

양전하 주위의 전기장

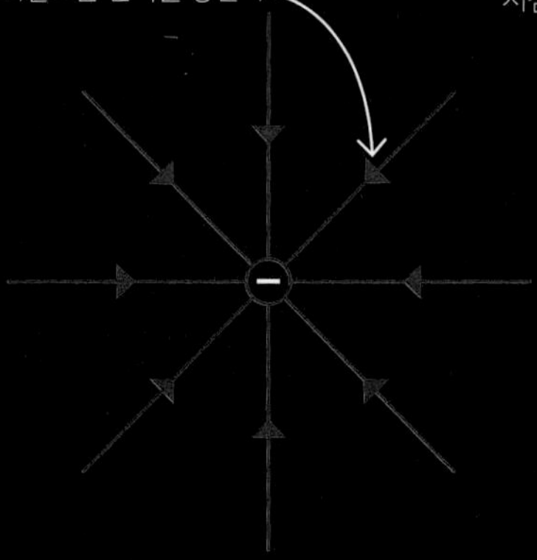

음전하 주위의 전기장

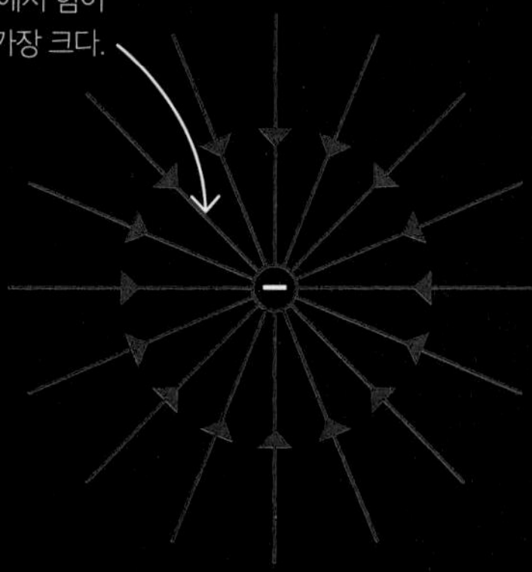

전하량이 큰 음전하 주위의 전기장

평행판

서로 반대 전하를 띠는 한 쌍의 평행판은 균일한 전기장을 만든다. 판 테두리 근처를 제외하고 판 사이의 어느 지점에서도 같은 크기의 전기장이 작용한다. 오른쪽 사진에서 피마자유 위에 떠 있는 밀가루 알갱이들은 두 대전된 판 사이에 균일한 전기장이 형성됨을 보여준다.

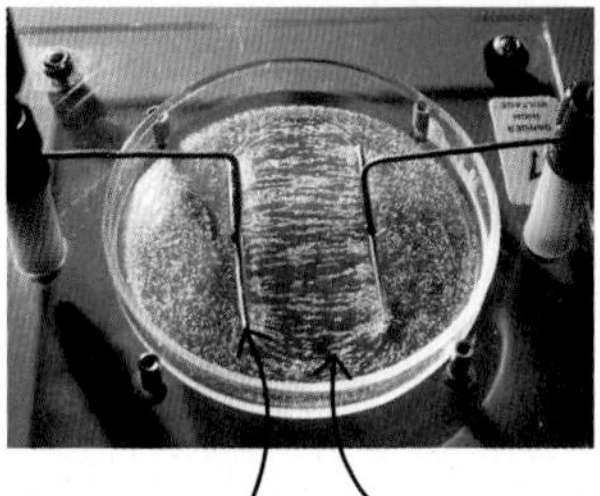

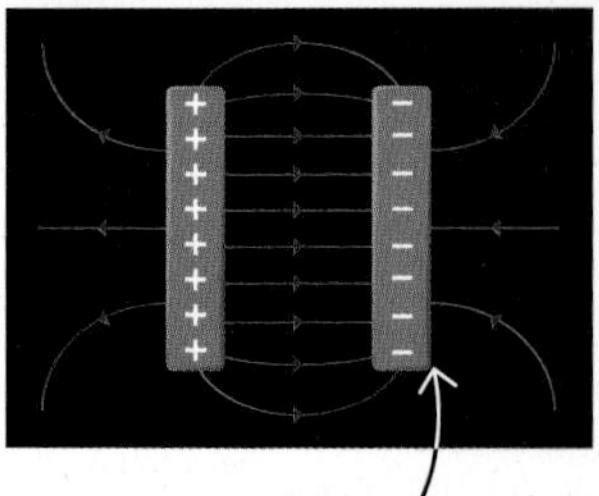

자기와 전자기

자석

자석은 철, 니켈, 코발트 같은 자성을 띠는 물체를 끌어당긴다. 자석은 모양과 크기가 다양하지만, 공통적으로 양 끝에 N극, S극이 있다.

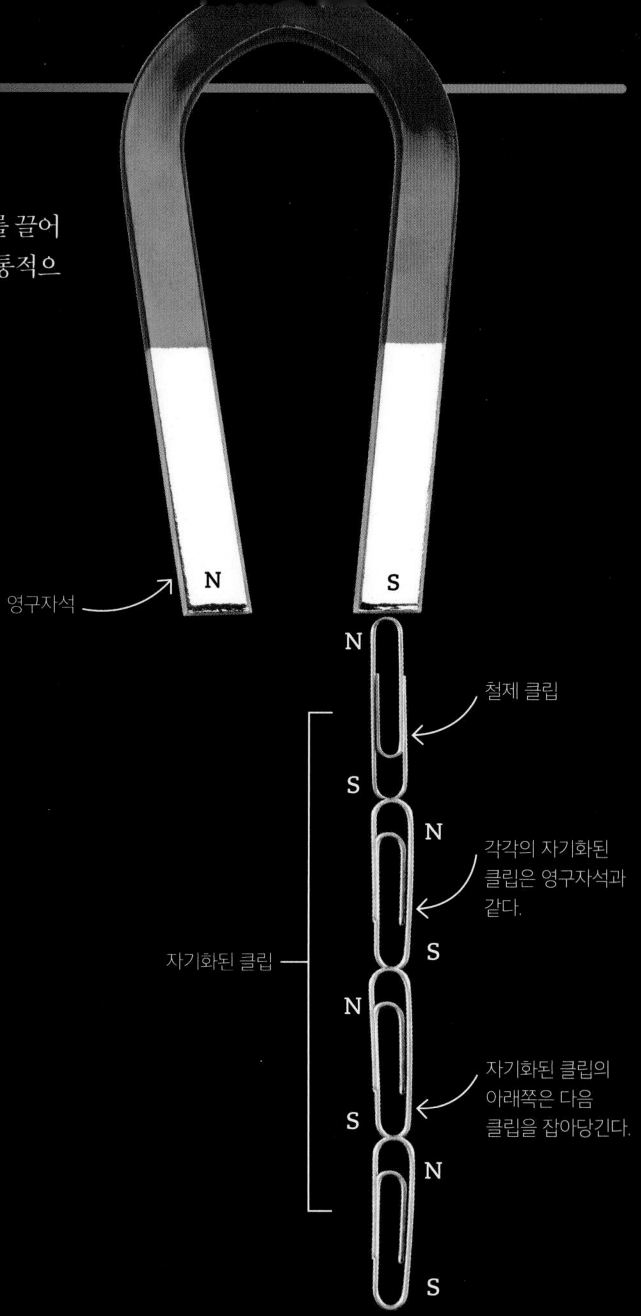

핵심 요약

- 자석은 N극과 S극을 갖는다.
- 서로 다른 극은 끌어당기고, 같은 극은 밀어낸다.
- 자성을 띠는 물체를 자석에 가까이 가져가면 자기화된다.

끌어당기기와 밀어내기

두 막대자석의 N극과 S극을 가까이하면 서로 끌어당긴다. 그러나 2개의 N극끼리 또는 2개의 S극끼리 가까이하면 서로 밀어낸다.

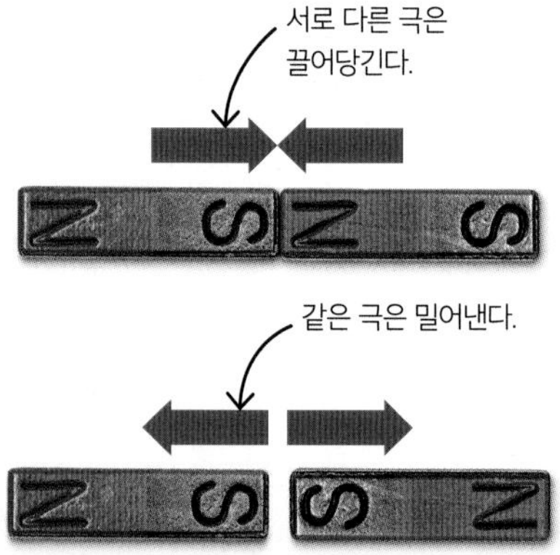

자기력

클립은 자성을 띠는 물질인 철로 이루어져 있어 자석에 달라붙는다. 자기력은 멀리 떨어져 있어도 작용하는 힘이므로 클립은 자석에 닿기도 전에 끌어당겨진다. 말굽자석, 막대자석은 항상 자기화되어 있는 영구자석이다. 자성을 띠는 물체를 영구자석에 가까이 가져가면 물체가 자석이 된다. 이 현상을 유도 자기라고 부른다. 물체를 영구자석으로부터 멀리 떨어지게 하면 자석의 성질을 잃는다.

자기장

자기력은 물리적인 접촉 없이 멀리 떨어져 있어도 특정 물체나 물질끼리 작용할 수 있는 힘이다. 모든 자석은 주변에 자기장을 만드는데, 주변의 또 다른 자석이나 자성을 띠는 물체에 힘이 작용한다. 막대자석 주변의 자기장은 철가루를 뿌려서 확인할 수 있다.

핵심 요약

- ✓ 자석은 주변에 자기장을 만든다.
- ✓ 자기력선은 항상 자석의 N극에서 S극을 향한다.
- ✓ 자기장을 추적하기 위해 나침반을 사용한다.

막대자석 주위의 자기장

자석은 자성을 띠는 물체에 영향을 미치는 자기장을 만든다. 자기장은 자석의 N극에서 빠져나와 S극으로 향한다.

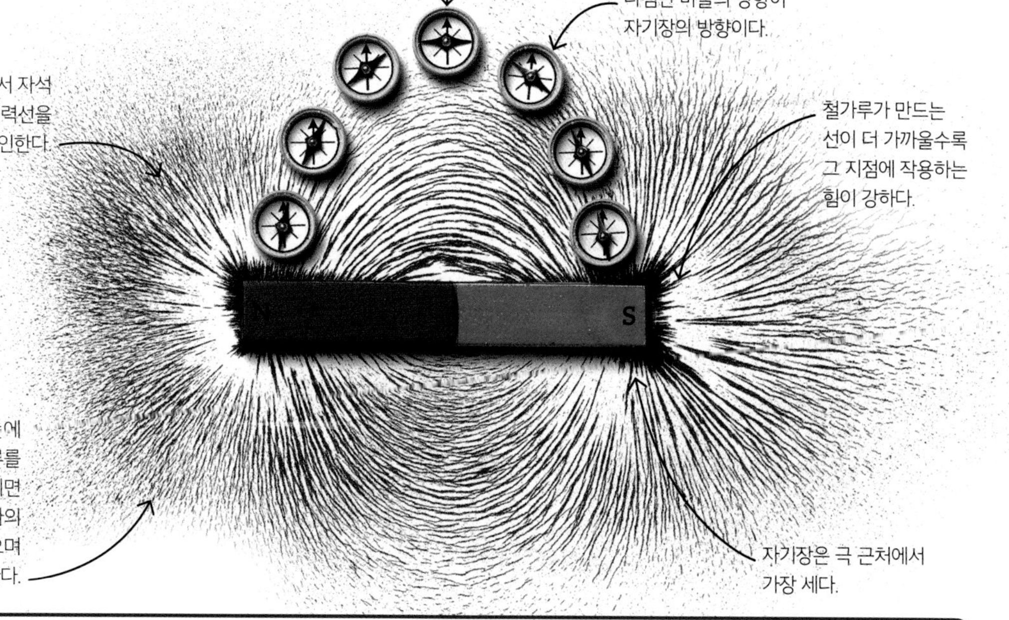

자기력선

자석 주변의 자기장은 자기력선으로 나타낼 수 있다. 화살표는 방향을 나타내며, 항상 자석의 N극에서 S극을 향한다.

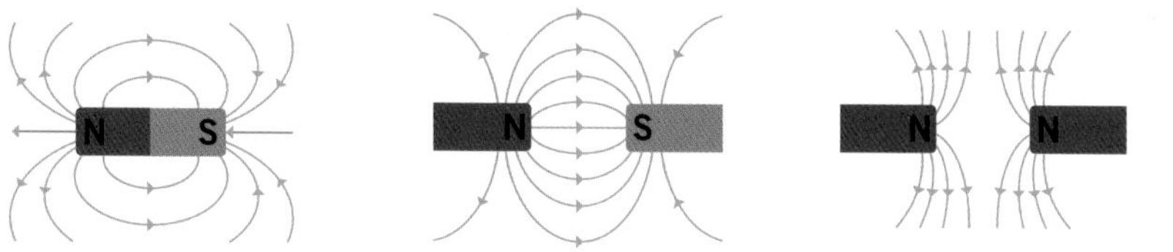

막대자석에서 자기력선은 N극에서 S극을 향해 휘어진다.

반대 극이 가까워지면 자기력선은 자석의 N극에서 S극으로 향한다. 자석은 서로 끌어당긴다.

두 자석의 같은 극이 가까워지면 자기력선은 바깥 방향을 향하게 된다. 자석은 서로 밀어낸다.

지구의 자기장

수백 년 동안 선원들은 북쪽을 가리키는 작은 자석인 나침반을 사용하여 항해하였다. 지구는 주변에 자기장을 만드는 거대한 자석과 같기 때문에 나침반은 북쪽을 가리킨다.

핵심 요약

- ✓ 지구의 자기장은 막대자석의 자기장과 형태가 비슷하다.
- ✓ 자기장의 형태를 확인하기 위해 나침반을 사용한다.

지구의 자기장 형태

지구 중심에는 매우 뜨겁고 부분적으로 녹아 있는 철로 된 핵이 있어 지구는 거대한 자석처럼 작용하고 매우 큰 자기장을 만든다. 이 자기장은 우주를 향해 수천 킬로미터 범위에 작용하며 막대자석 주변의 자기장과 닮아 있다. 지구의 자기장은 유동적이어서 극이 계속해서 움직이고 크기도 시간에 따라 변하며, 평균적으로 수십만 년에 한 번씩 자기장의 북극과 남극이 바뀐다.

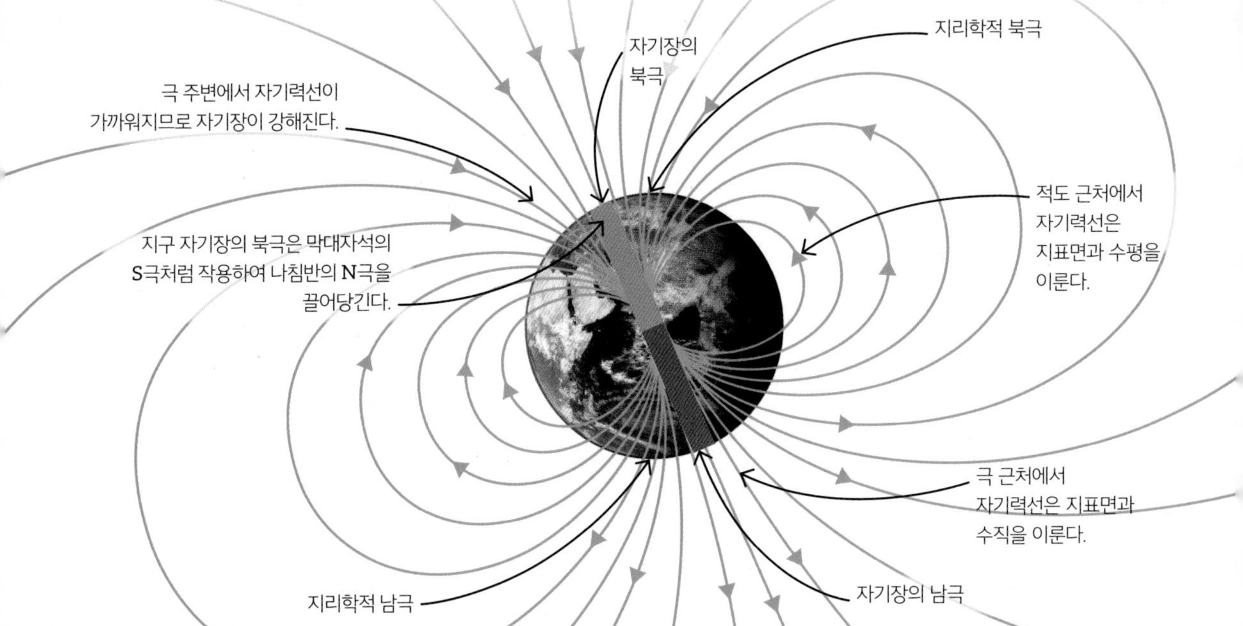

자기 복각

나침반은 축 위에 얹어져 돌아가는 작은 자석 바늘을 가지고 있다. 바늘은 지구의 자기장 방향으로 정렬하고 북극을 가리키기 때문에 북반구에서는 아래로 기울어지고 남반구에서는 위로 기울어진다. 이 기울어진 각을 자기 복각이라고 부르며, 적도에서의 0°부터 극에서의 90°까지 달라진다. 과학자들은 자기 복각을 연구하여 지구 자기장의 형태를 파악한다.

전자석

전기와 자기는 서로 연결되어 있다. 전류는 주변에 자기장을 만들며 자기장을 강하게 하기 위해 도선을 코일 형태로 감은 솔레노이드를 이용한다. 솔레노이드에 철심을 넣으면 자기장이 더욱 강해져 강력한 전자석이 된다. 전자석은 켜고 끌 수 있는 자석이라는 점에서 유용하다.

핵심 요약

- ✓ 도선에 흐르는 전류는 주변에 원형의 자기장을 형성한다.
- ✓ 솔레노이드에 전류가 흐르면 각 고리가 만드는 자기장이 합쳐지며 코일 내부의 자기장이 강해진다.
- ✓ 솔레노이드 안의 철심은 전자석의 자기장을 강하게 만든다.

도선 주위의 자기장

도선에 전류가 흐르면 도선 주위에 원형의 자기장이 만들어진다. 도선 근처에 나침반을 가져가서 자기장의 모양을 확인할 수 있다. 전류가 증가하면 자기장의 세기도 증가한다. 전류의 방향을 바꾸면 자기장의 방향도 바뀐다.

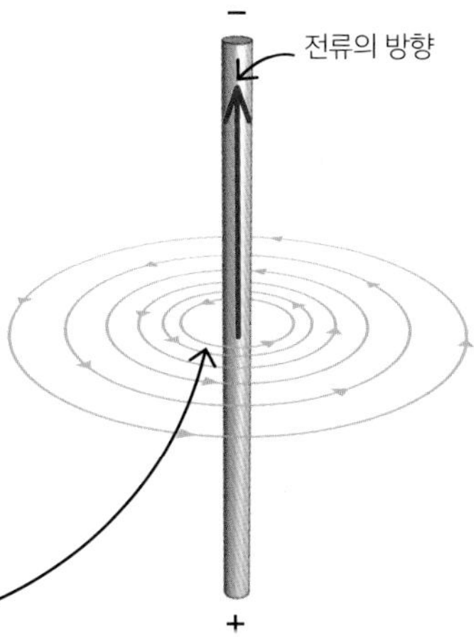

오른손의 네 손가락을 감아 전류가 만드는 자기장의 방향을 기억할 수 있다.

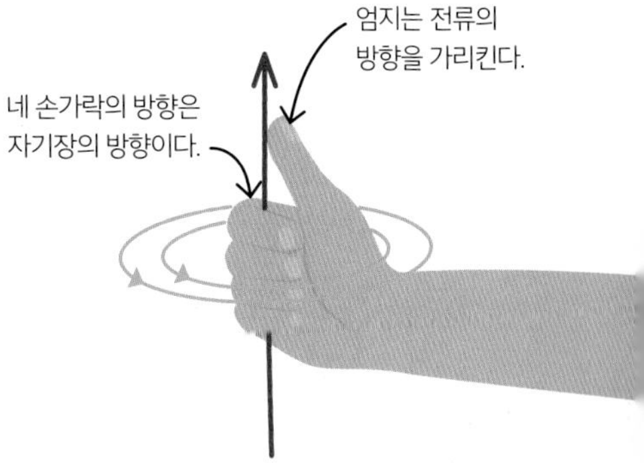

코일 주위의 자기장

도선 한 개 주위의 자기장은 약하지만, 도선을 코일 형태로 감으면(솔레노이드) 각 고리의 자기장들이 합쳐져 코일 안에는 강하고 균일한 자기장이 만들어진다. 코일 바깥쪽의 자기장은 양쪽 끝에 N극과 S극이 있는 막대자석이 만드는 자기장과 비슷하다.

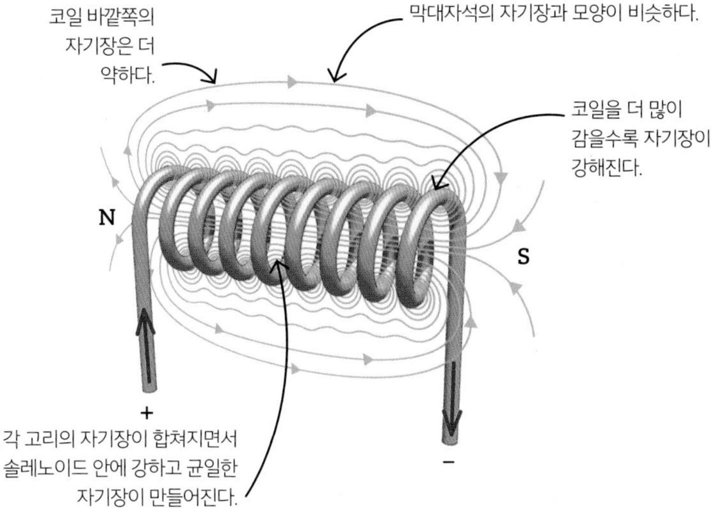

철심

전자석의 한 형태로 솔레노이드에 자성을 띠는 물질로 된 심을 넣는데, 이는 자기장을 더 강하게 만든다. 보통 철심을 많이 사용하며, 쉽게 자기화되고 또 쉽게 자석의 성질을 잃는다. 자석을 켜고 끌 수 있다는 점에서 이 특성은 전자석으로서 매우 적합하다.

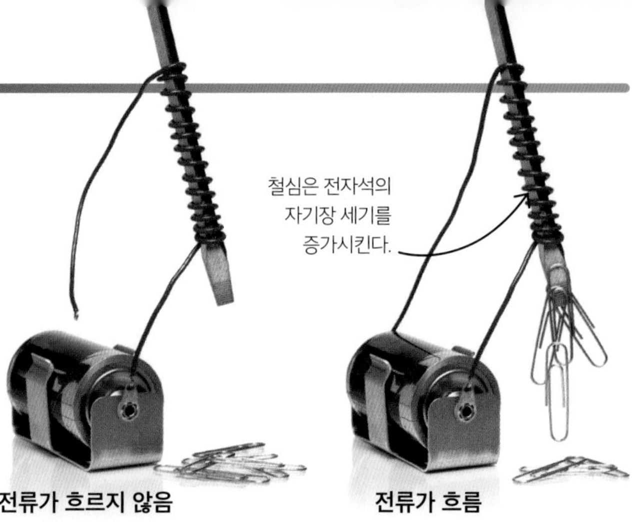

분리수거장의 자석

분리수거장에서 사용되는 자석은 강력한 전자석이다. 전자석은 자성을 띠지 않는 구리, 알루미늄, 납과 같은 물체들에서 철과 철 합금 같은 자성을 띠는 금속을 분리하는 데 사용된다. 이렇게 분리된 물질들은 재활용된다.

전자석 활용

전자석은 자석을 켜고 끌 수 있고 자기력의 크기를 조절할 수 있다는 장점을 가지고 있다. 스피커, 전자 벨, 부저, 릴레이, 자기부상열차 등 많은 전자 장치에서 사용되고 있다.

릴레이

릴레이는 큰 전류가 흐르는 다른 회로를 작은 전류를 사용하여 켜고 끌 수 있는 전기적 스위치이다. 예를 들어 자동차 운전자가 시동을 걸면 릴레이 스위치의 저전류 회로가 연결되고, 그 후 모터를 작동시키는 고전류 회로가 활성화된다.

핵심 요약

- ✓ 전자석은 자석을 켜고 끌 수 있고 자기력의 크기를 조절할 수 있다.
- ✓ 릴레이는 한 회로의 스위치를 사용하여 다른 회로를 켜고 끌 수 있게 한다.
- ✓ 자기부상열차는 열차가 선로 위에 뜨도록 전자석을 사용하여 매우 빠른 속력을 낼 수 있다.

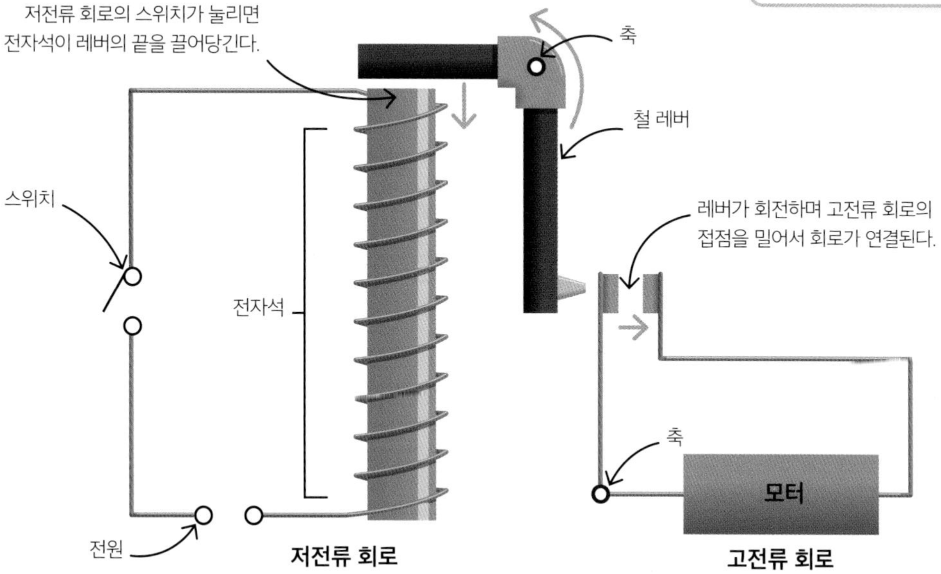

자기부상열차

자기부상열차에는 열차가 선로 위로 뜰 수 있도록 열차와 트랙에 전자석이 사용된다. 일부 전자석은 열차가 앞으로 움직이도록 한다. 자기부상열차는 선로 위에 떠 있기 때문에 마찰이 없어 400 km/h 속도에 도달할 수 있다. 이는 일반 열차보다 훨씬 빠른 속도이다.

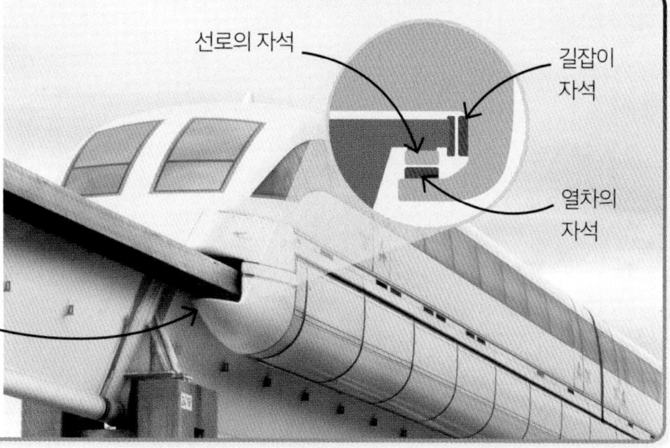

모터 효과

도선을 따라 전류가 흐를 때 도선 주위에 자기장이 형성된다. 도선이 영구자석 근처에 있다면 두 자기장이 상호작용하여 도선이 움직이게 되는데, 이를 모터 효과라고 부른다.

핵심 요약

- ✓ 자기장 속에서 전류가 흐르는 도선에는 힘이 작용한다.
- ✓ 자석과 전류가 흐르는 도선 사이에 힘이 작용하는 것을 모터 효과라고 한다.
- ✓ 플레밍의 왼손 법칙으로 힘의 방향을 찾을 수 있다.

뛰어오르는 도선

다음 도선 실험에서 도선이 영구자석에 코일 형태로 감겨 있다. 회로가 켜지면 영구자석이 도선 주위의 자기장을 밀어내며 도선이 튀어 오른다. 이 실험은 모터 효과를 보여준다.

교사 감독 필요

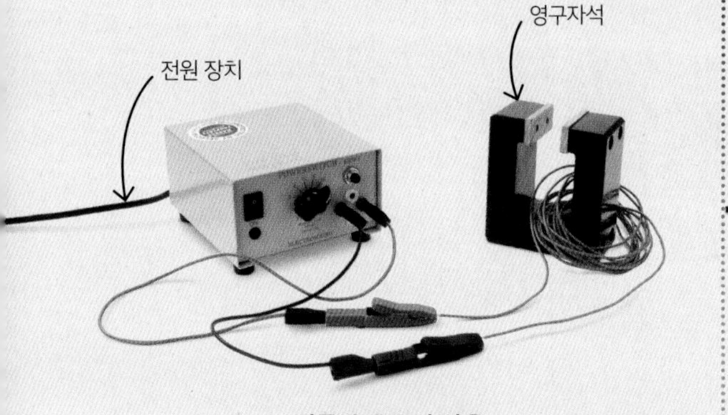

전류가 흐르지 않음

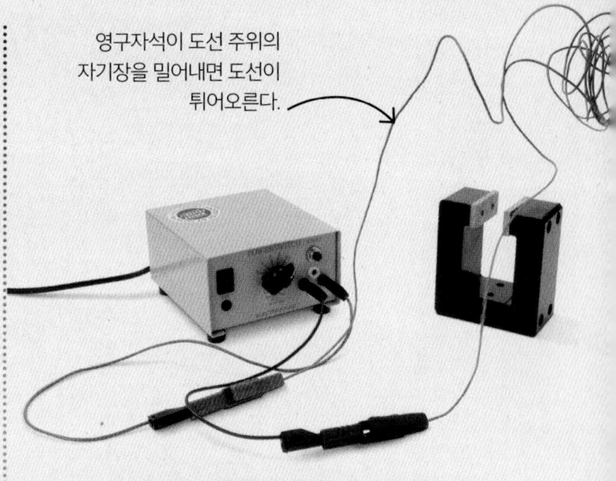

전류가 흐름

힘의 방향

모터 효과에 의해 작용하는 힘은 도선과 영구자석의 자기장이 수직을 이룰 때 가장 크다. 힘의 방향은 전류와 자기장에 대하여 모두 직각이다. 플레밍의 왼손 법칙(203쪽 참조)을 통하여 힘, 전류, 자기장의 방향을 쉽게 기억할 수 있다.

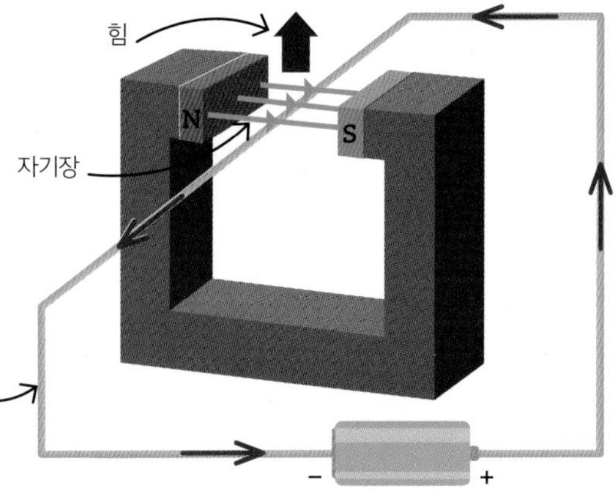

플레밍의 왼손 법칙

플레밍의 왼손 법칙을 이용하면 모터 효과에 의해 작용하는 힘의 방향을 알 수 있다. 왼손을 들어서 엄지, 검지, 중지가 모두 직각이 되게 한다. 엄지는 힘의 방향, 검지는 자기장의 방향, 중지는 전류의 방향을 나타낸다.

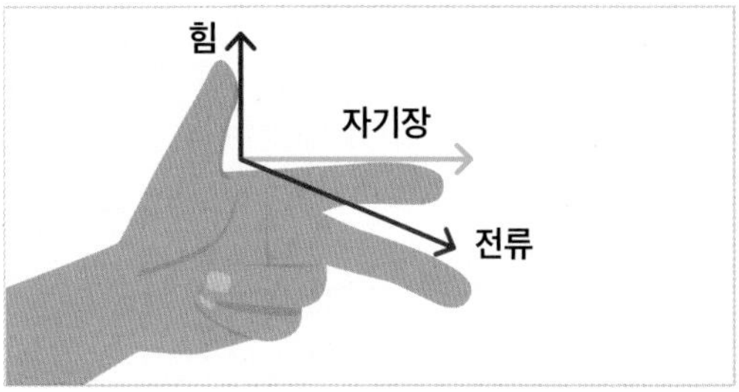

힘의 크기

모터 효과에 의해 작용하는 힘의 크기는 전류의 세기, 자기장의 세기, 도선의 길이와 연관되어 있다. 다음 식은 그 관계를 나타낸 것이다. 자기장의 세기는 자기장 선속 밀도라고도 부르며, 단위는 테슬라(T)이다.

자기장 세기의 단위는 테슬라(T)이고, 기호는 B이다.

자기장에 90°로 전류가 흐르는 도체에 작용하는 힘(N) = 전류(A) × 길이(m) × 자기장 세기(T)

$$F = I \times l \times B$$

전류의 기호는 I(i의 대문자)이다.

이것은 L의 소문자이다.

식 활용하기

문제 1
자석이 만드는 자기장 선속 밀도가 0.4 T이다. 3 A의 전류가 흐르는 2 m 길이의 도선이 자기장에 수직으로 있을 때, 도선에 작용하는 힘의 크기는?

풀이 1

$$F = I \times l \times B = 3\ \text{A} \times 2\ \text{m} \times 0.4\ \text{T} = 2.4\ \text{N}$$

문제 2
자기장에 수직으로 0.2 A의 전류가 흐르는 도선에 1 N의 힘이 작용한다. 자기장 속 도선의 길이는 0.5 m일 때, 자기장 선속 밀도의 크기는?

풀이 2
식을 정리하면 다음과 같다.

$$B = \frac{F}{I \times l} = \frac{1\ \text{N}}{0.2\ \text{A} \times 0.5\ \text{m}} = 10\ \text{T}$$

전기 모터

전기 모터는 자기장 속의 코일을 돌리는 데 모터 효과(202쪽 참조)를 적용한 장치이다. 시계에 쓰이는 작은 모터에서부터 전기 자동차에 쓰이는 큰 모터까지 다양한 디자인의 모터들이 있다. 이 모든 모터들은 자기장 속에서 도선에 전류가 흐르며 힘을 받는다.

핵심 요약

- ✓ 전기 모터는 코일을 회전시키기 위해 모터 효과를 사용한다.
- ✓ 자기장은 영구자석이나 전자석을 통해 형성된다.
- ✓ 코일이 계속 회전하기 위해서는 반 바퀴 돌 때마다 전류의 방향이 바뀌어야 한다.

전기 모터 모형

자기장 안에서 코일에 전류가 흐르면 모터 효과에 의해 작용하는 힘이 코일을 회전시킨다. 코일이 멈추지 않고 계속 회전하려면 반 바퀴를 돌 때마다 전류의 방향이 바뀌어야 한다. 정류자가 그 역할을 한다.

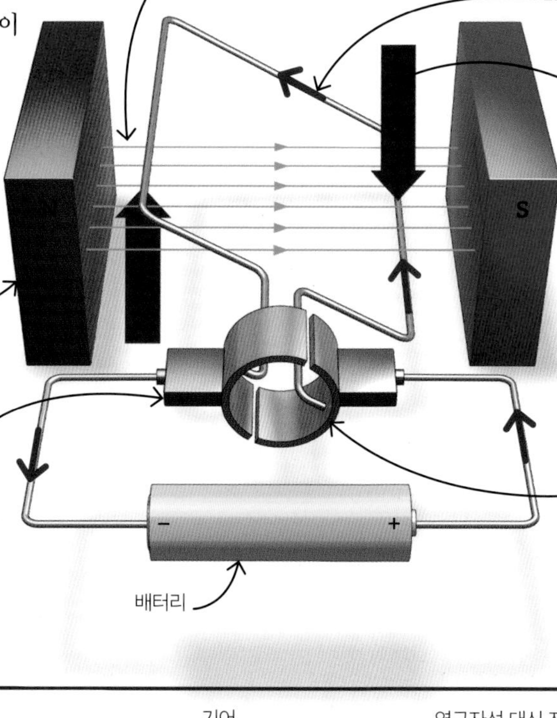

강력한 모터

전기 모터는 코일을 감는 횟수를 늘리거나 전류 및 자석의 세기를 증가시켜 회전을 더 향상시킬 수 있다. 전기 드릴은 모터 효과에 의해 작용하는 힘을 최대로 증가시키기 위해 다양한 각도로 여러 번 감긴 코일을 사용한다.

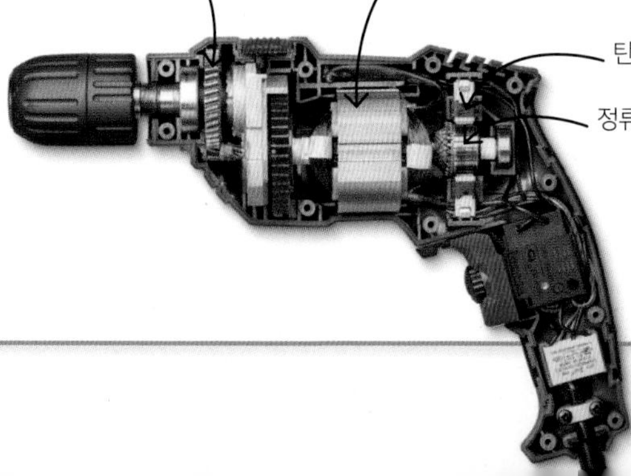

전자기 유도

전기는 전자기 유도 과정을 통해 생성된다. 회로를 구성하고 있는 도선이 자기장 내에서 움직이면(또는 도선을 가로질러 자기장이 이동하면) 도선에 전압이 유도되어 전류가 흐른다.

핵심 요약

- ✓ 회로를 구성하고 있는 도선이 자기장 내에서 움직이면 도선에 전압이 유도된다.
- ✓ 유도되는 전압의 크기는 자기장의 세기와 도선이 움직이는 속력과 관련이 있다.
- ✓ 도선의 운동 방향이 바뀌면 유도 전압의 방향도 바뀐다.

움직이는 도선 실험

다음과 같이 전류계에 연결된 도선이 영구자석의 자기장을 가로질러 움직이게 한다. 도선을 아래로 움직이면 작은 전류가 흐르게 되어 전류계의 바늘이 움직인다. 도선을 위로 움직이면 바늘이 반대 방향으로 움직이고, 도선을 자기장과 평행하게 움직이면 전류는 흐르지 않는다. 강한 자석을 사용하거나 도선을 빠르게 움직이면 유도되는 전류가 더 커진다.

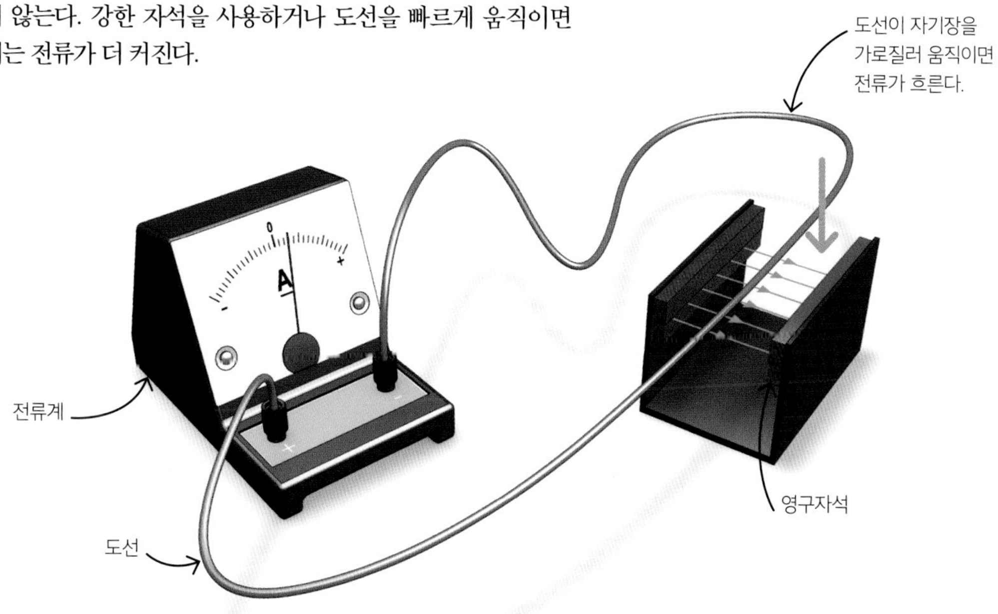

방해하는 힘

코일을 향해 자석을 움직이면 자기장 안에서 도선을 움직일 때와 같이 도선에 전류가 유도된다. 유도되는 자기장은 자석이 어느 방향으로 움직이든 그 움직임을 방해한다.

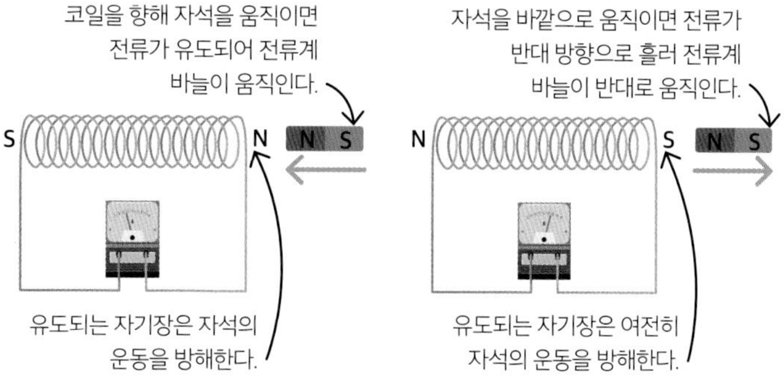

발전기

발전기는 전자기 유도(205쪽 참조)를 통해 움직이는 물체의 운동 에너지를 이용하여 전기를 생산하는 장치이다. 교류를 생성하는 발전기를 교류 발전기, 직류를 생성하는 발전기를 다이너모(dynamos)라고 한다. 가정에 공급되는 거의 모든 전기가 발전기에서 생성된다.

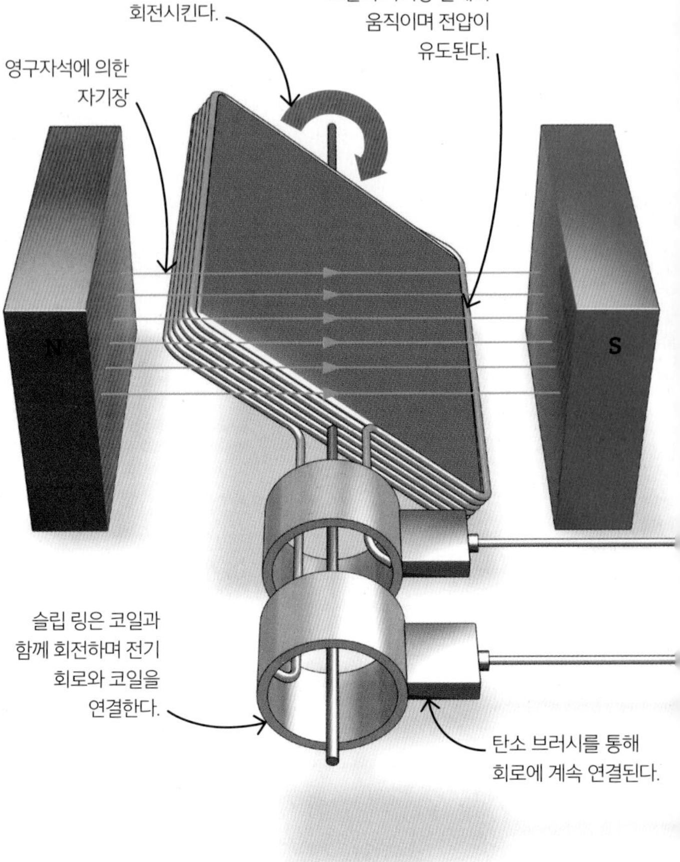

핵심 요약

- 발전기는 전자기 유도를 통해 운동 에너지로부터 전기를 생성하는 장치이다.
- 코일이 회전하며 코일에 유도되는 전압이 변한다.
- 교류 발전기는 교류를 생성한다.
- 다이너모는 직류 전류를 생성한다.

교류 발전기

교류 발전기는 자기장 안에서 회전하는 큰 코일로 구성되어 있다. 코일이 회전하면서 도선에 전류가 유도된다. 반 바퀴 돌 때마다 코일을 통과하는 자기장의 방향이 바뀌며, 전류의 방향도 바뀐다. 이렇게 흐르는 방향이 바뀌는 전류를 교류라고 한다.

교류 생성

오실로스코프(115쪽 참조)는 교류 발전기의 코일이 회전하면서 유도 전압이 바뀌는 것을 보여준다. 코일이 자기장에 평행할 때 전압이 최대이고, 코일이 자기장에 수직일 때 전압이 0이 된다. 코일이 뒤집어지며 전류의 방향이 바뀌고, 전압이 양에서 음으로 바뀌게 된다.

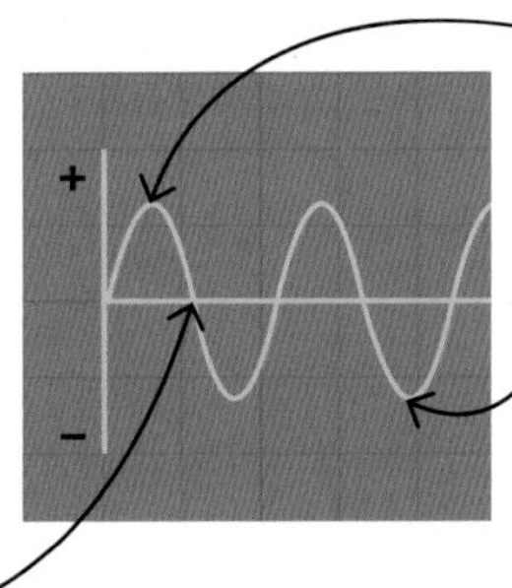

다이너모

많은 전자 기구는 항상 한 방향으로 흐르는 직류를 사용한다. 발전기가 정류자에 의해 외부 회로로 연결되어 있으면 코일에 흐르는 전류의 방향이 바뀔 때마다 회로의 연결 방향 역시 바뀐다. 외부 회로의 전류는 항상 같은 방향을 유지하며 흐른다. 이러한 형태의 발전기를 다이너모라고 한다.

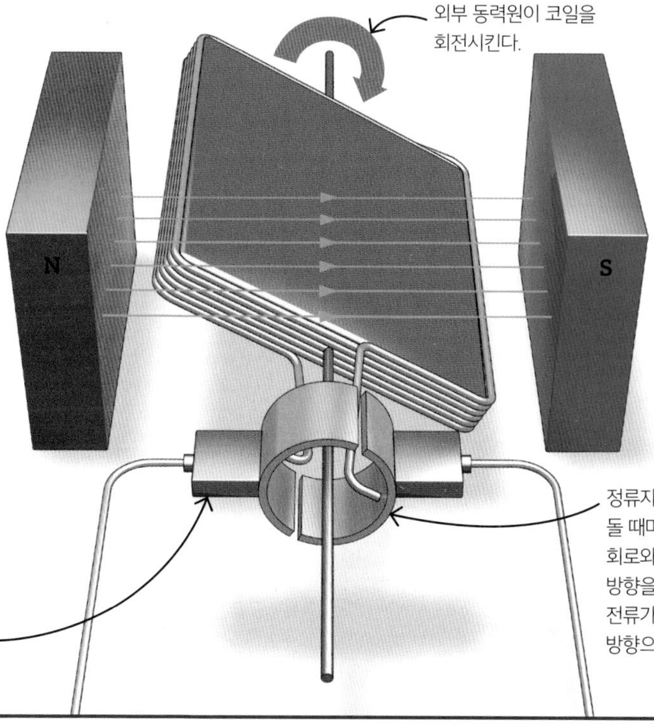

직류 생성

교류 발전기와 달리 다이너모는 직류를 생성한다. 오실로스코프는 코일이 반 바퀴 돌 때마다 전류가 상승하고 하강하는 것을 보여주는데, 전류의 방향이 바뀌지 않으므로 항상 양의 부호를 유지한다.

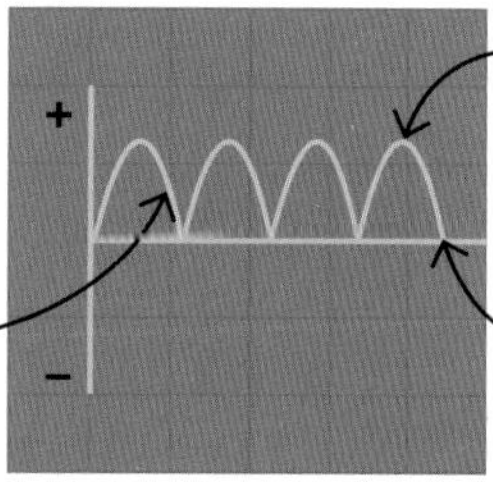

발전소의 발전기

발전소의 거대한 발전기는 더 강한 자기장을 만들기 위해 영구자석 대신 전자석을 사용한다. 외부 동력원이 자석 안의 코일이 아닌, 거대한 구리 도선을 감은 코일 안의 전자석을 회전시킨다. 오른쪽 사진은 건설 중인 발전기의 코일 모습을 보여준다.

스피커와 마이크

스피커와 헤드폰은 모터 효과를 이용하여 크기가 변하는 전류를 음파로 변환한다. 마이크는 반대로 전자기 유도를 이용하여 음파를 크기가 변하는 전류로 변환한다.

핵심 요약

- ✓ 스피커는 모터 효과를 이용하여 크기가 변하는 전류를 음파로 변환한다.
- ✓ 마이크는 전자기 유도를 이용하여 음파를 크기가 변하는 전류로 변환한다.

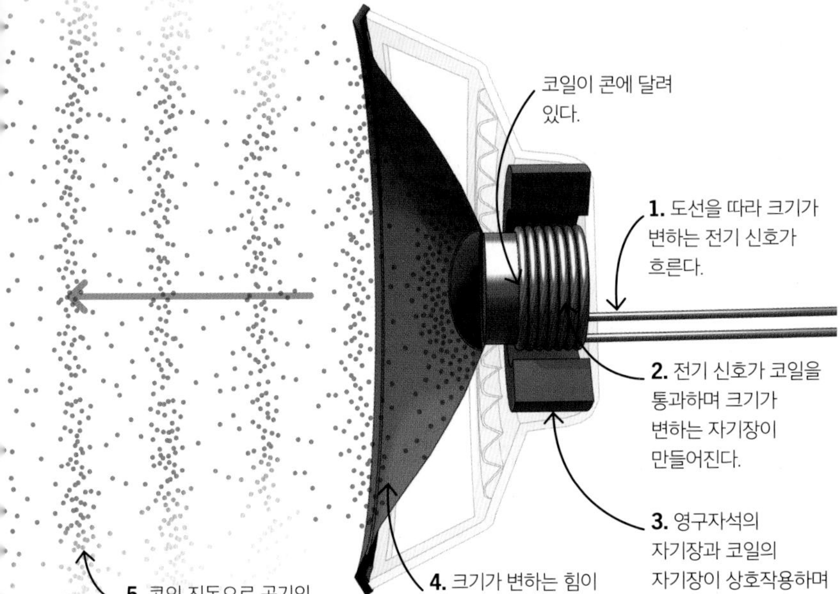

스피커

스피커의 핵심 부품으로는 진동할 수 있는 큰 콘(막), 콘의 아래에 붙어 있는 코일, 코일 주변의 영구자석이 있다. 크기가 변하는 전류가 코일을 따라 흐르며 크기가 변하는 자기장이 만들어진다. 이 자기장은 영구자석의 자기장과 상호작용하여 콘이 진동하게 한다. 움직이는 콘(막)은 공기 압력의 변화, 즉 음파(114쪽 참조)를 만든다.

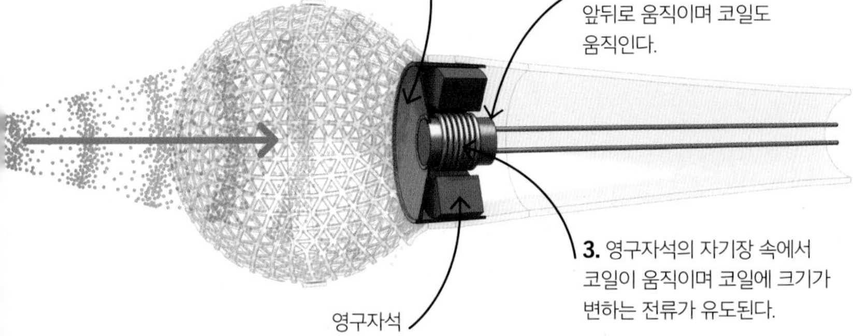

마이크

마이크도 스피커와 비슷한 부품인 막, 막에 붙어 있는 코일, 영구자석으로 구성되어 있지만, 작동 방식은 반대이다. 전자기 유도를 통하여 공기 압력의 변화(음파)를 크기가 변하는 전기 신호로 변환한다.

변압기

변압기는 전자기 유도를 통하여 전류와 전압을 변화시키는 장치이다. 큰 변압기는 전기가 먼 거리로 전달될 때 에너지 손실을 줄이기 위해 사용되고, 작은 변압기는 가정의 전자 기구에서 사용된다. 변압기는 교류에서만 작동한다.

핵심 요약

- ✓ 변압기는 공급되는 교류 전압을 바꾼다.
- ✓ 승압 변압기는 전압을 높이고, 강압 변압기는 전압을 낮춘다.
- ✓ 변압기의 출력 전압은 두 코일의 감긴 횟수의 비율과 관련이 있다.
- ✓ 100% 효율의 변압기에서는 입력 전력과 출력 전력이 같다.

변압기의 작동 원리

변압기는 철심에 감긴 1차 코일, 2차 코일로 구성되어 있다. 1차 코일의 교류 전류는 매초 여러 번 방향이 바뀌는 자기장을 만들어 낸다. 이 자기장은 2차 코일에 교류 전류를 유도한다. 두 코일의 감긴 횟수가 다르면 출력 전압이 변한다.

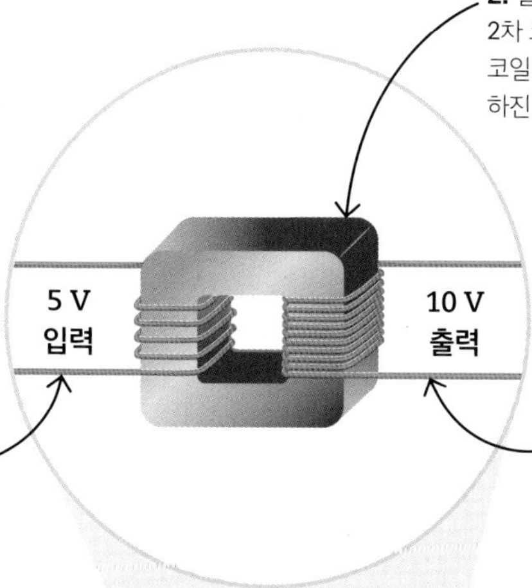

전압 계산하기

변압기의 출력 전압은 두 코일의 감긴 횟수와 관련이 있다. 1차 코일과 2차 코일의 전압 비는 코일의 감긴 횟수 비와 같다.

$$\frac{\text{1차 코일에 걸린 전압(V)}}{\text{2차 코일에 걸린 전압(V)}} = \frac{\text{1차 코일의 감긴 횟수}}{\text{2차 코일의 감긴 횟수}}$$

$$\frac{V_p}{V_s} = \frac{N_p}{N_s}$$

(N_p ← 1차 코일, N_s ← 2차 코일)

변압기 계산하기

문제 1

TV에는 230 V 전압이 공급되지만 작동하는 데 46 V 전압만 필요하다. 변압기의 2차 코일이 200번 감겨 있을 때, 1차 코일이 감긴 횟수는?

풀이 1

$$\frac{V_p}{V_s} = \frac{N_p}{N_s}$$

$$\frac{230\text{ V}}{46\text{ V}} = \frac{N_p}{200\text{번}}$$

$$5 = \frac{N_p}{200\text{번}}$$

$$N_p = 5 \times 200\text{번} = 1{,}000\text{번}$$

문제 2

발전소 바깥 승압 변압기의 1차 코일은 3,200번, 2차 코일은 51,200번 감겨 있다. 1차 코일에 걸린 전압이 25,000 V일 때, 변압기의 출력 전압은?

풀이 2

$$\frac{V_p}{V_s} = \frac{N_p}{N_s}$$

$$\frac{25{,}000\text{ V}}{V_s} = \frac{3{,}200\text{번}}{51{,}200\text{번}}$$

$$\frac{25{,}000\text{ V}}{V_s} = 0.0625$$

$$V_s = \frac{25{,}000\text{ V}}{0.0625} = 400{,}000\text{ V}$$

(400 kV)

입력 전력과 출력 전력

에너지는 생성되거나 사라지지 않으므로 변압기의 효율이 100%라면 출력되는 전력과 입력되는 전력은 같아야 한다. 전력 = 전압 × 전류이므로 변압기를 들어오고 나가는 전압, 전류의 관계를 다음 식과 같이 쓸 수 있다.(저항 같은 요소 때문에 일부 에너지가 손실되므로 현실적으로 변압기의 효율이 100%가 될 수 없다.)

1차 코일에 걸린 전압(V) × 1차 코일에 흐르는 전류(A) = 2차 코일에 걸린 전압(V) × 2차 코일에 흐르는 전류(A)

$$V_p \times I_p = V_s \times I_s$$

(1차 코일 → V_p, 2차 코일 → I_s)

전력 식 사용하기

문제

변압기의 2차 코일에 12 V의 전압이 걸리고 0.8 A의 전류가 흐른다. 1차 코일에 흐르는 전류가 0.04 A일 때, 1차 코일에 걸린 전압은?

풀이

$$V_p \times I_p = V_s \times I_s$$

$$V_p \times 0.04\text{ A} = 12\text{ V} \times 0.8\text{ A}$$

$$V_p = \frac{12\text{ V} \times 0.8\text{ A}}{0.04\text{ A}} = 240\text{ V}$$

물질

물질의 상태

모든 물질은 수많은 작은 입자로 구성된다. 고체, 액체, 기체는 입자의 배열 방식이 다르기 때문에 그 성질이 다르다.

핵심 요약

- 모든 물질은 수많은 작은 입자로 구성된다.
- 고체 안의 입자들은 고정된 배열 안에서 서로 가까이 붙잡고 있다.
- 액체 안의 입자들은 가깝지만 움직일 수 있다.
- 기체 안의 입자들은 상대적으로 약한 힘이 작용하여 멀리 떨어져 있다.

고체

고체 안의 입자들은 강한 힘으로 고정된 배열 안에서 서로 가까이 붙잡고 있다. 따라서 고체는 모양을 유지하고 있고 압축시키기 어렵다.

금 고체 안의 입자

액체

액체 안의 입자들은 가깝지만 입자들 사이의 힘이 고체만큼 강하지 않다. 따라서 액체는 용기에 따를 수 있으며 용기에 맞춰 모양이 바뀐다. 그러나 압축시키기는 어렵다.

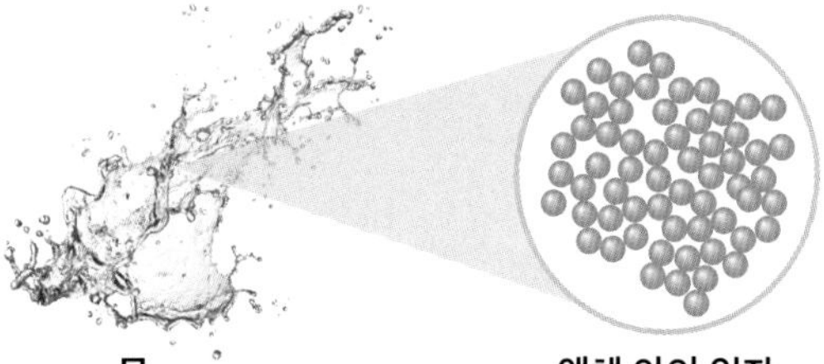

물 액체 안의 입자

기체

기체 안의 입자들은 서로 멀리 떨어져 있으며 입자끼리 작용하는 힘이 매우 약하다. 용기 안의 기체는 멀리 퍼져 있으며 압축시키기도 쉽다.

아이오딘 기체 기체 안의 입자

질량의 보존

얼음이 녹으면 얼음을 구성하는 입자들은 배열이 달라지지만 여전히 존재하기 때문에 얼음의 질량과 물의 질량은 같다. 이를 질량이 보존된다고 한다. 물이 수증기로 증발하거나 수증기가 다시 모여 물이 될 때도 마찬가지이다.

상태의 변화

물질의 상태에는 고체, 액체, 기체 세 가지가 있다. 각 상태마다 특성을 갖고 있고, 물질은 한 상태에서 다른 상태로 변할 수 있다. 상태 변화는 화학 반응이 일어나지 않으므로 화학적 변화가 아닌 물리적 변화이다.

핵심 요약

- ✓ 물질은 고체, 액체, 기체 상태로 존재한다.
- ✓ 물의 세 가지 상태는 각각 얼음, 물, 수증기라고 부른다.
- ✓ 수증기는 보이지 않는 기체이다. 하늘의 구름과 끓는 주전자에서 나오는 김은 작은 물방울로 이루어져 있다.

상태 변화

물은 고체(얼음), 액체, 기체(김, 수증기)의 서로 다른 세 가지 상태로 존재할 수 있다. 물이 끓는 온도를 끓는점이라고 하고, 어는 온도를 어는점이라고 한다

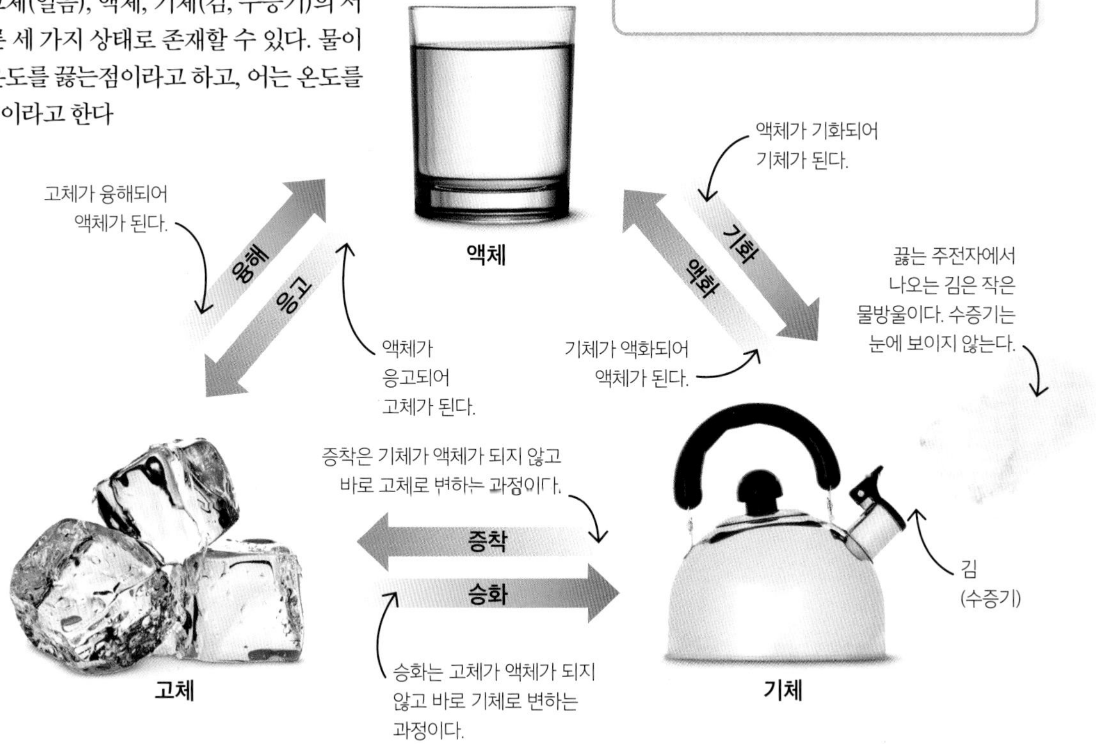

구름과 수증기

수증기는 눈에 보이지 않는 기체이다. 우리가 수증기라고 부르는 하얀 구름은 사실 공기 중에 떠다니는 수많은 작은 물방울로 이루어져 있다.

끓는 주전자에서 나오는 수증기는 눈에 보이지 않는다. 수증기가 식으면서 물방울로 모이게 된다.

하늘에서 볼 수 있는 구름은 물방울이나 작은 얼음 결정으로 이루어져 있다.

추운 날 사람이나 동물이 숨을 내쉬면 숨 안의 수증기가 모여 물방울이 되고, 눈에 보이는 김이 된다.

입자의 운동

유체(액체, 기체) 안의 입자들은 끊임없이 움직인다. 따라서 농도가 높은 곳에서 낮은 곳으로 점차 퍼지게 되는데, 이 과정을 확산이라고 한다. 입자의 움직임은 또한 공기나 물에 떠다니는 먼지 같은 작은 입자의 무작위적 운동, 즉 브라운 운동의 원인이 된다.

핵심 요약

- ✓ 유체(액체, 기체) 안의 입자들은 끊임없이 움직인다.
- ✓ 입자의 움직임으로 인하여 서로 다른 유체가 확산되어 섞인다.
- ✓ 물질은 농도가 높은 곳에서 낮은 곳으로 확산된다.

확산

확산 현상으로 인하여 서로 다른 액체나 기체가 점차 섞이게 된다. 공기 중에 향수를 분사하는 상황을 생각해 보자. 바람이 불면 향기가 더 빨리 퍼지지만, 정적인 공간에서도 향기는 퍼진다. 그 이유는 유체 안의 입자는 항상 움직이기 때문이다. 물질은 많이 모여 있는 곳에서 적게 모여 있는 곳으로 점차 퍼지게 된다.

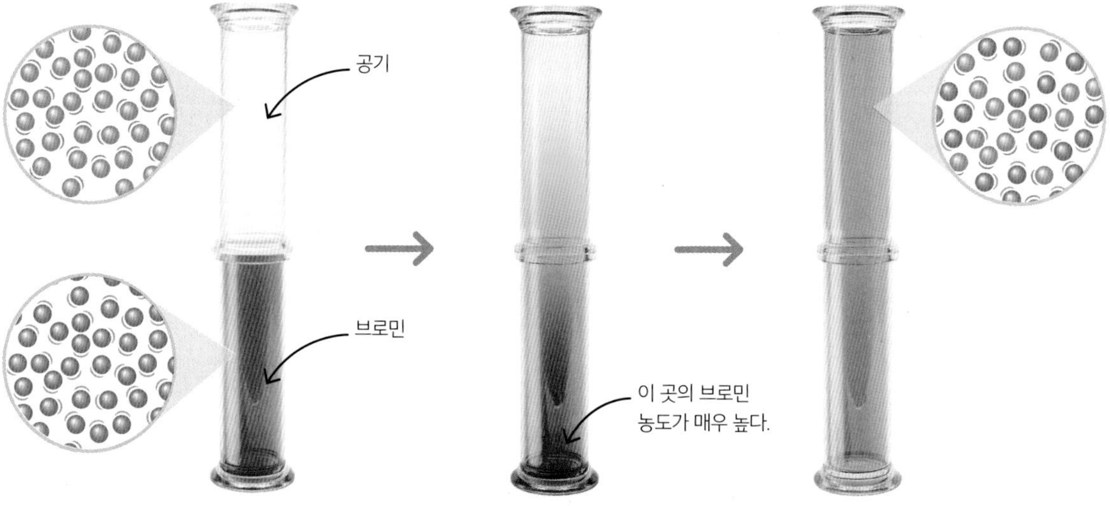

1. 공기와 브로민이 사이에 벽을 둔 채 붙어 있다.

2. 기체 사이의 벽을 없애면 브로민이 공기로 확산되고, 공기도 브로민으로 확산된다.

3. 결과적으로 기체는 확산 현상에 의해 균일하게 섞인다.

브라운 운동

빛줄기가 비춰졌을 때 먼지 입자가 돌아다니는 것을 본 적이 있을 것이다. 움직임의 가장 큰 원인은 공기의 흐름이지만, 먼지나 연기 입자는 멈춰 있는 공기 중에서도 끊임없이 움직인다. 스코틀랜드 과학자인 로버트 브라운의 이름을 따서 이 현상을 브라운 운동이라고 부른다. 그는 1827년에 이 현상을 연구하였지만, 1905년이 되어서야 아인슈타인에 의해 그 원인이 밝혀졌다. 빠르게 움직이는 공기 입자가 먼지 입자와 계속 부딪히며 먼지 입자가 무작위로 운동한다.

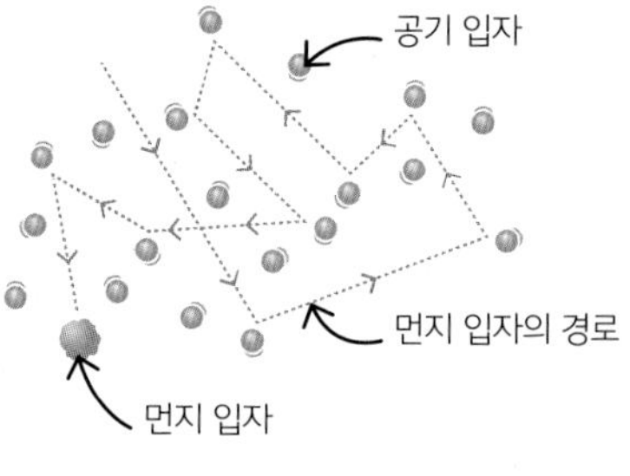

열팽창

입자의 운동은 온도와 연관되어 있다. 물질을 가열하면 입자가 매우 빠르게 움직이는데, 입자 사이의 공간이 넓어지며 팽창하게 된다.

고체의 열팽창

따로 떨어져서 움직이는 기체나 액체 입자와는 다르게 고체 안의 입자는 고정되어 있다. 그렇지만 멈춰 있지 않고 끊임없이 앞뒤로 움직이며 진동한다. 고체를 가열하면 입자가 더 빠르게 진동하게 되어 고체가 팽창된다.

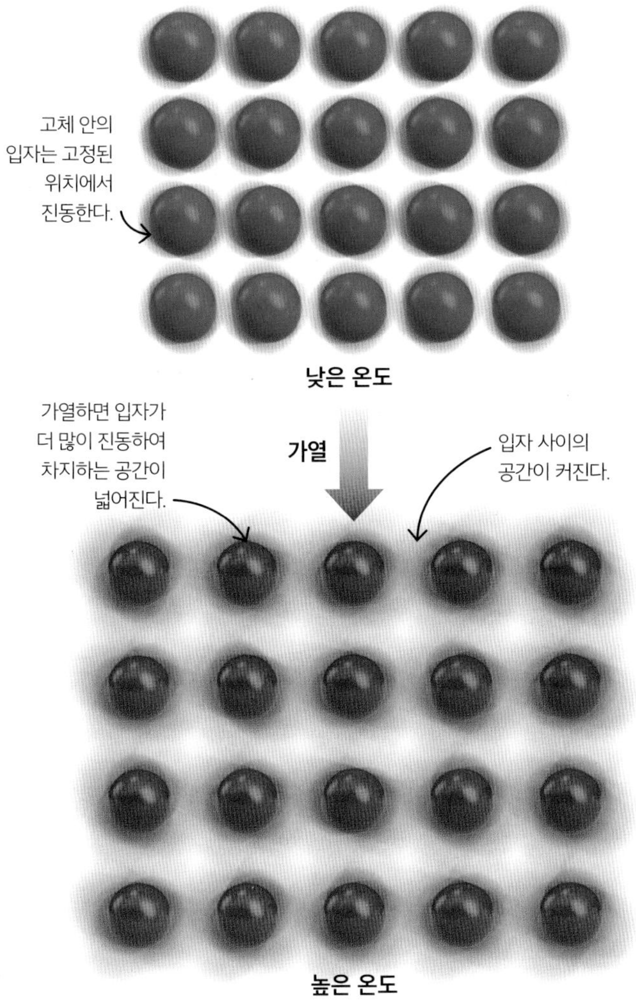

핵심 요약

- ✓ 고체 안의 입자는 진동하고, 유체 안의 입자는 돌아다니며 움직인다.
- ✓ 물질을 가열하면 입자가 더 빠르게 진동하거나 움직인다.
- ✓ 물질을 가열하면 팽창하고 식히면 수축한다.

열팽창

물체가 뜨거워지며 팽창하는 것을 열팽창이라고 한다. 열팽창은 유용할 때도 있지만, 종종 성가실 때도 있다.

열기구 풍선 안의 공기를 가열하기 위해 버너를 사용한다. 공기가 팽창하며 바깥 공기보다 밀도가 작아지고, 따라서 풍선이 떠오르게 된다.

온도계는 액체의 열팽창 현상을 이용하여 온도를 측정한다. 온도계 구부의 액체가 뜨거워지면 얇은 유리관의 위쪽까지 팽창한다.

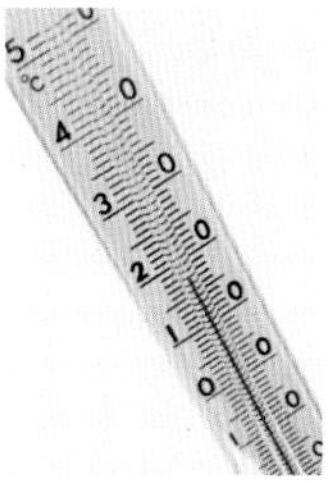

도로의 이음새는 교량이 더운 날씨에는 팽창하고 추운 날씨에는 수축하게 한다. 이음새가 없으면 팽창이나 수축에 의해 구조물이 힘을 받아 구부러지거나 부서질 수 있으므로, 열팽창으로 인한 크기 변화에 맞춰 이음새를 설계한다.

밀도

일반적으로 금속이 나무보다 더 무겁다고 생각하지만, 항상 그렇지만은 않다. 물체의 무게는 구성 물질뿐 아니라 크기와도 연관되어 있어서, 작은 금속 조각은 큰 나무토막보다 가볍다. 밀도는 이처럼 물질이 특정 부피만큼 있을 때 질량이 얼마인지 비교하는 방식이다.

핵심 요약

- ✓ 밀도는 물질이 특정 부피만큼 있을 때의 질량이다.
- ✓ 물질의 밀도는 입자들의 질량, 입자들이 모여 있는 정도와 연관되어 있다.
- ✓ 물질을 가열하면 그 밀도가 감소한다.

밀도와 입자

같은 부피의 벽돌과 스펀지가 있을 때 벽돌의 밀도가 더 높아서 벽돌이 더 무겁다. 벽돌은 스펀지보다 사이에 빈 공간이 매우 적고 원자량이 더 큰 원소로 이루어져 있기 때문에 질량이 더 크다.

벽돌은 질량이 크기 때문에 더 무겁다.

스펀지는 부피는 비슷하지만 질량이 더 작다. 즉 밀도가 낮다.

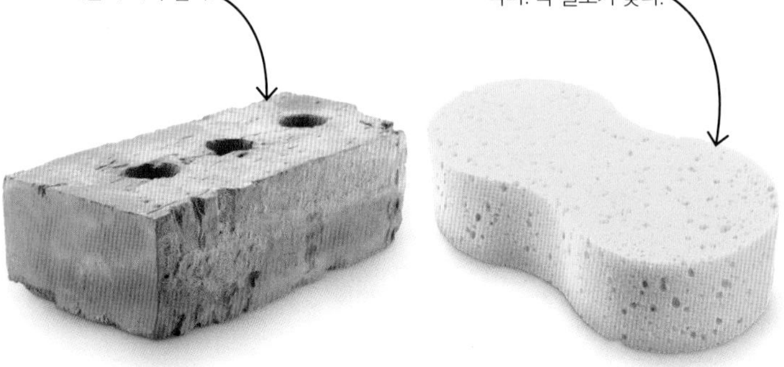

밀도와 물질의 상태

물질의 질량이 같은 상태에서 물질을 가열하면 팽창하며 부피가 증가하게 되므로 밀도가 감소한다. 융해와 기화 같은 상태 변화 또한 밀도에 영향을 준다. 보통 물질이 융해되어 액체가 되거나 기화되어 기체가 되면 밀도가 낮아진다.

고체 입자는 보통 빽빽하게 모여 있으므로 고체는 액체나 기체보다 밀도가 높다.

액체 입자는 보통 고체보다 덜 빽빽하게 모여 있으므로 액체는 고체보다 밀도가 낮다.

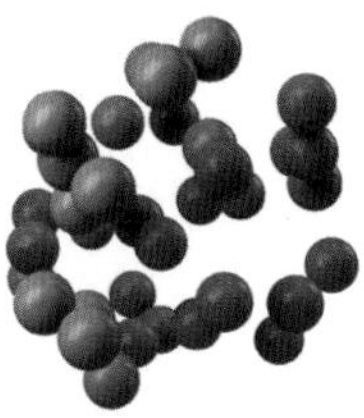

기체 입자는 주변으로 퍼지므로 밀도가 매우 낮다.

물과 얼음

대부분의 물질은 응고되면 입자 사이의 간격이 가까워진다. 고체는 같은 물질의 액체보다 더 밀도가 높음을 의미한다. 그러나 물은 다르다. 물이 얼면 입자들이 멀어지는 방향으로 결합하며 얼음이 찬물보다 밀도가 더 낮아진다. 따라서 음료수에서 얼음 조각이 뜨거나 바다에 빙산이 떠 있을 수 있다.

밀도 찾기

물질의 밀도는 질량을 부피로 나눈 값이다. 액체는 밀도를 구하기 쉽지만, 고체의 밀도를 계산하려면 먼저 부피를 측정해야 한다. 물체의 모양이 규칙적인지 불규칙적인지에 따라 부피를 측정하는 두 가지 방법이 있다.

핵심 요약

- ✓ 물질의 밀도는 질량을 부피로 나눈 값이다.
- ✓ 고체의 밀도를 계산하려면 먼저 부피를 측정해야 한다.
- ✓ 변위 캔은 불규칙한 모양의 물체 부피를 측정하는 데 쓰인다.

변위법

모양이 불규칙한 물체의 부피를 측정하기 위해서 변위 캔 또는 유레카 캔이라고 하는 특별한 용기를 사용한다. 변위 캔의 관 바로 밑까지 물을 채우고 물에 물체를 집어넣는다. 물체의 부피는 흘러나온 물의 부피와 같다. 물체를 저울 위에 얹어 질량을 측정하고 다음 식으로 밀도를 계산한다.

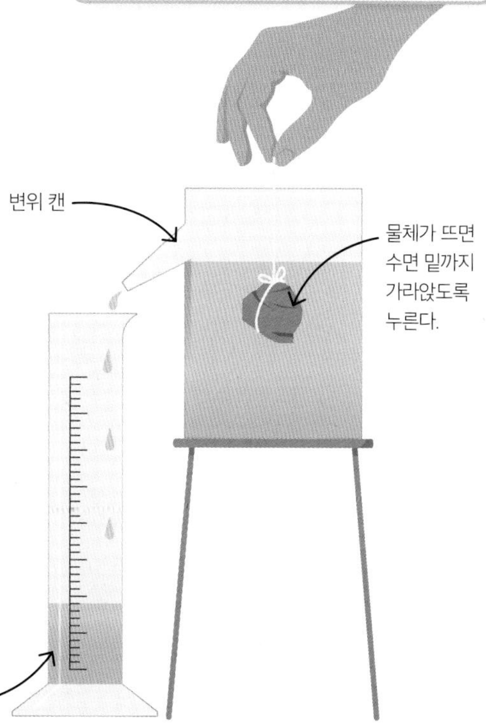

$$밀도(kg/m^3) = \frac{질량(kg)}{부피(m^3)}$$

$$\rho = \frac{m}{V}$$

밀도를 나타내는 기호는 그리스 문자 ρ(로)이다.

모양이 규칙적인 물체의 밀도

모양이 규칙적인 물체의 밀도를 계산하려면 먼저 부피를 구해야 한다. 정육면체나 직육면체 모양의 프리즘을 예로 들면, 각 변의 치수를 잰 다음 '부피 = 가로 × 세로 × 높이' 식으로 계산한다. 물체를 저울 위에 얹어 질량을 측정하고, 밀도 식으로 답을 구한다.

문제

철의 밀도는 약 8,000 kg/m^{3}이다. 한 변의 길이가 5 m인 철제 정육면체의 질량은?

풀이

1. 정육면체의 부피를 구한다.
   부피 = 5 m × 5 m × 5 m = 125 m^3
2. 질량을 구하기 위해서 밀도 식을 이용한다.
   질량 = 밀도 × 부피
   = 8,000 kg/m^3 × 125 m^3
   = 1,000,000 kg

내부 에너지

물체를 구성하는 입자는 항상 운동하고 있다. 고체에서는 앞뒤로 진동하거나, 액체와 기체에서는 따로 떨어져서 움직인다. 물체를 가열하면 물체 안의 입자들이 운동 에너지를 얻어 더 빠르게 움직인다. 물체 안의 모든 입자의 전체 운동 에너지와 퍼텐셜 에너지의 합이 내부 에너지(열에너지)가 된다.

핵심 요약

- ✓ 물체를 가열하면 에너지가 물체 안 입자들의 운동 에너지로 전달되어 더 빠르게 움직인다.
- ✓ 물체의 내부 에너지(열에너지)는 전체 운동 에너지와 퍼텐셜 에너지의 합이다.
- ✓ 온도와 내부 에너지는 같은 개념이 아니다.
- ✓ 물체의 온도는 입자의 평균 운동 에너지의 측정값이다.

내부 에너지와 온도

물체의 내부 에너지와 온도는 같지 않다. 온도는 입자의 평균 운동 에너지의 측정값으로, 입자가 더 빠르게 움직일수록 온도가 높아진다. 그러나 온도는 물체의 전체 내부 에너지의 측정값은 아니다. 온도가 낮더라도 큰 물체는 작은 물체보다 더 많은 내부 에너지를 저장할 수 있다.

증발을 통한 냉각

젖은 수건은 왜 차갑게 느껴질까? 물 입자는 언제나 움직이지만 속도가 같지 않고 더 빠른 속도로 움직이는 입자들도 있다. 물이 증발할 때 가장 빠른 속도의 입자들이 밖으로 빠져나간다. 남아 있는 입자들은 평균 속도가 느리다. 온도는 입자의 평균 속도와 관련이 있기 때문에 남아 있는 물의 온도는 낮아진다. 그래서 수건이 차가워진다.

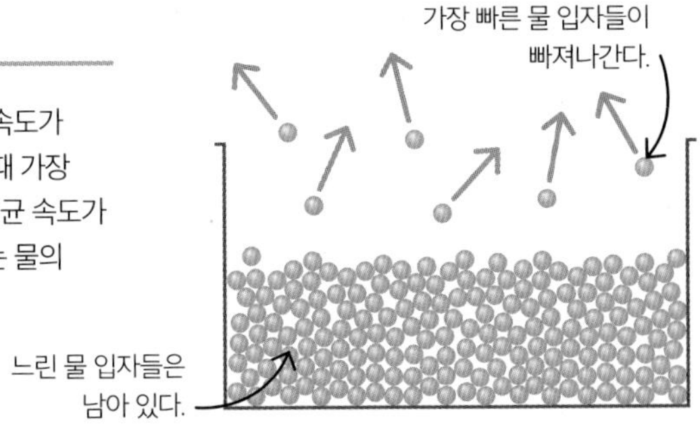

비열

물질마다 뜨겁게 만들기 위해 필요한 열에너지의 양이 다르다. 예를 들어 같은 질량의 물과 철의 온도를 1°C 올리는 데 물이 철보다 거의 10배의 에너지가 필요하다. 이때 물이 철보다 비열이 크다고 말한다.

핵심 요약

- ✓ 같은 값의 온도를 올리는 데 물질의 종류에 따라 필요한 열에너지 양이 다르다.
- ✓ 물질의 비열은 물질 1kg의 온도를 1°C 올리는 데 필요한 J 단위 에너지의 양이다.

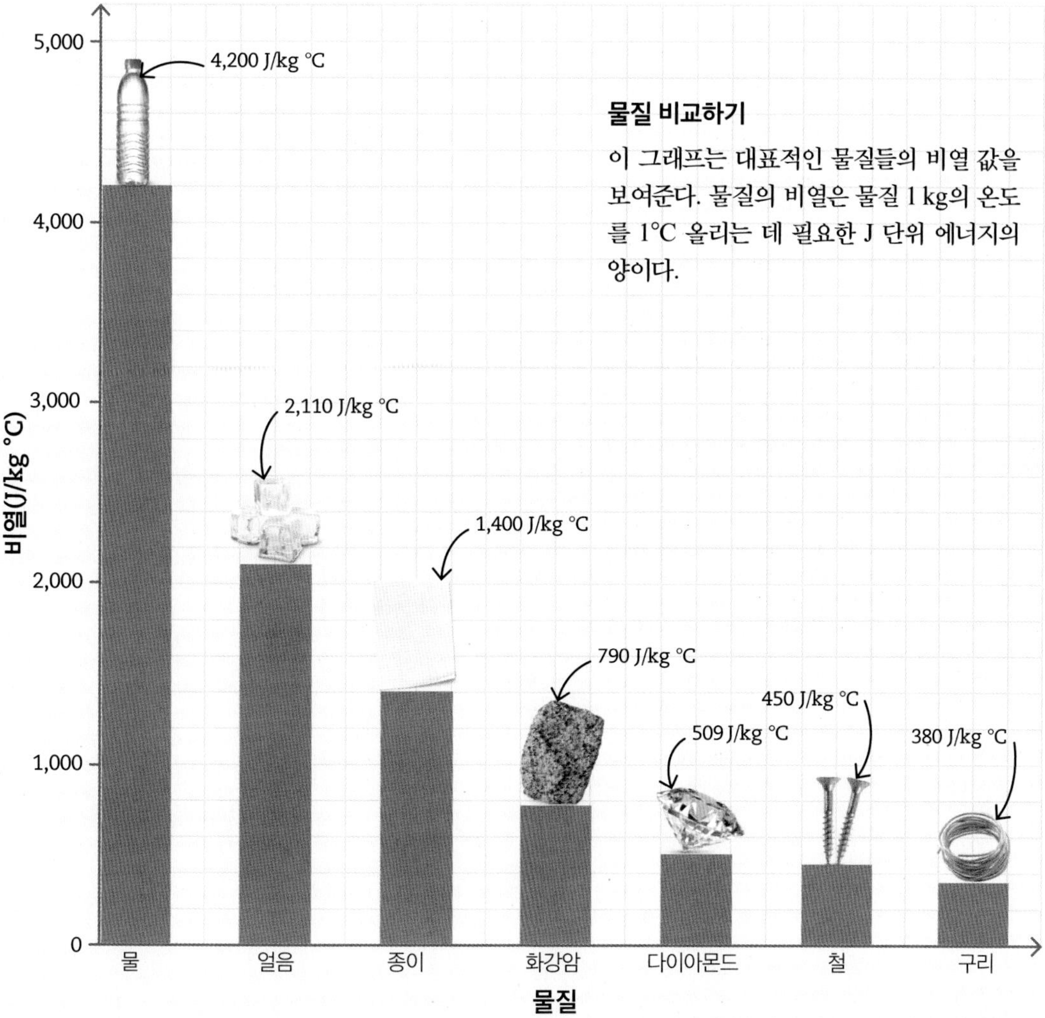

물질 비교하기

이 그래프는 대표적인 물질들의 비열 값을 보여준다. 물질의 비열은 물질 1 kg의 온도를 1°C 올리는 데 필요한 J 단위 에너지의 양이다.

비열을 이용한 공식

다음 공식은 물질의 비열 값을 이용하여 온도를 올리기 위해 필요한 에너지를 계산하는 방법을 보여준다.

열에너지의 변화량(J) = 질량(kg) × 비열(J/kg °C) × 온도 변화량(℃)

$$\Delta E = m \times c \times \Delta T$$

삼각형 기호는 그리스 문자 Δ(델타)이며 양의 변화를 의미한다.

비열의 단위이다.

온도 변화 계산하기

문제

이 컵에는 300 g (0.3 kg)의 차가 담겨 있다. 차를 타려고 7℃ 물을 사용하였고 물의 비열이 4,200 J/kg °C 일 때, 물이 끓는점에 도달하기 위해 필요한 에너지는?

풀이

1. 먼저 온도 변화를 계산한다(ΔT).

ΔT = 100°C − 7°C = 93°C

2. 물에 저장된 내부 에너지의 변화량을 계산한다(ΔE).

$\Delta E = m \times c \times \Delta T$

= 0.3 kg × 4,200 J/kg °C × 93°C

= 117,180 J (117.2 kJ)

해륙풍

해안가 근처에 살면 맑은 날에 종종 바다에서 불어오는 바람을 느낄 수 있다. 이 바람은 육지의 비열이 바다의 비열보다 작기 때문에 발생한다. 해가 비추면 온도를 올리기 위해 육지가 바다보다 적은 에너지가 필요하기 때문에 육지의 온도가 더 빨리 올라가고 그 위의 공기가 가열된다. 육지 위의 따뜻해진 공기는 상승하며 대류 현상이 일어나고 바다의 차가운 공기가 불어온다.

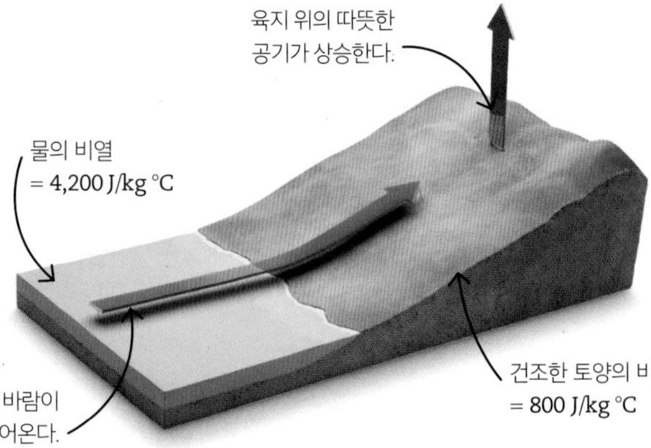

비열 값 찾기

질량을 알고 있는 물질의 온도를 특정 값만큼 올릴 때 필요한 에너지를 측정하여 비열 값을 찾을 수 있다. 실험을 진행하는 동안 주변으로 빠져나가는 에너지의 양에 따라 비열 값의 정확도가 결정된다.

핵심 요약

- 질량을 알고 있는 물질의 온도를 특정 값만큼 올릴 때 필요한 에너지를 측정하여 비열 값을 찾을 수 있다.
- 주변으로 빠져나가는 에너지를 줄이기 위해서 실험 장치는 단열 처리해야 한다.

알루미늄의 비열

여기에서는 알루미늄 기둥 1 kg의 비열을 측정하는 방법을 설명하는데, 다른 종류의 금속이나 다른 질량의 비열을 측정할 때도 적용할 수 있다. 전기 히터로 금속을 가열하고 에너지미터를 사용하여 전기 에너지가 얼마나 소비되었는지 측정한다. 실험 방법과 결과는 다음 쪽에서 다룬다.

교사 감독 필요

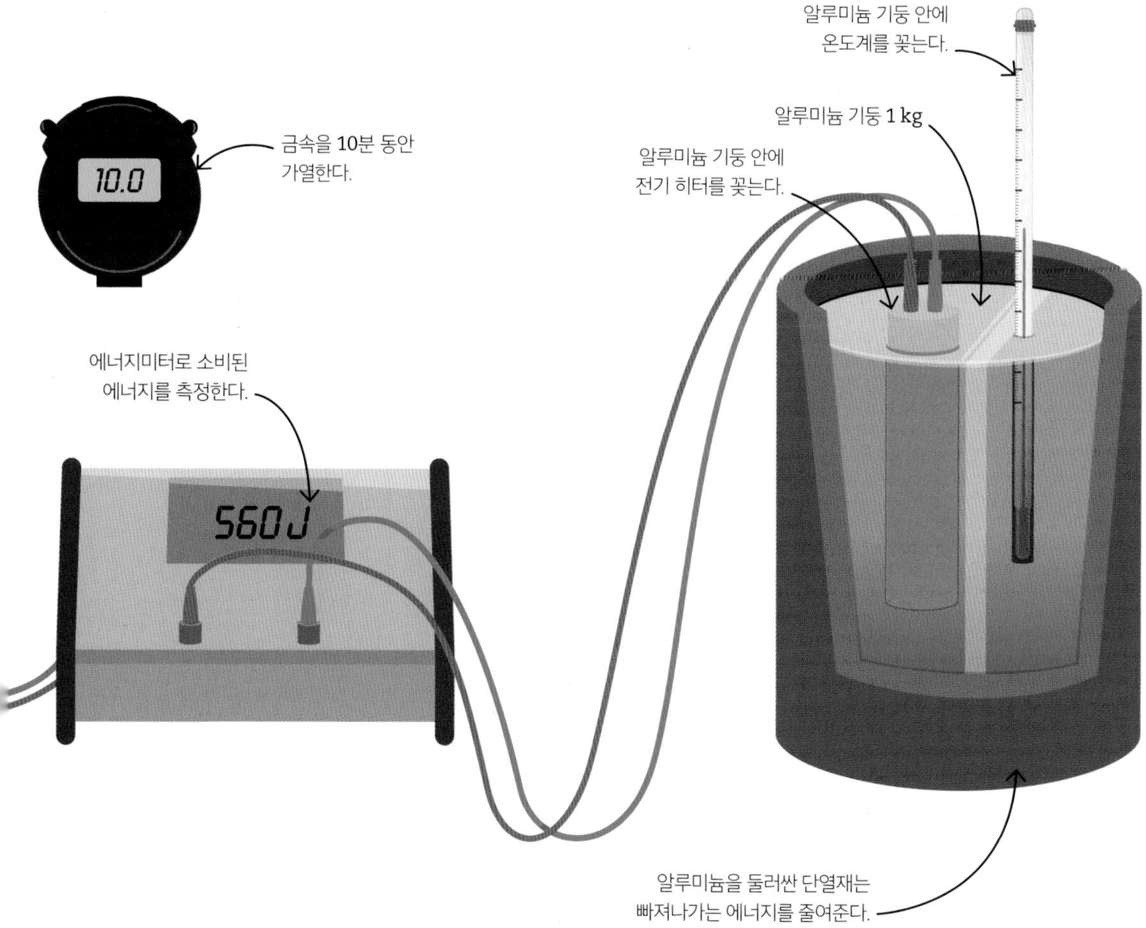

방법

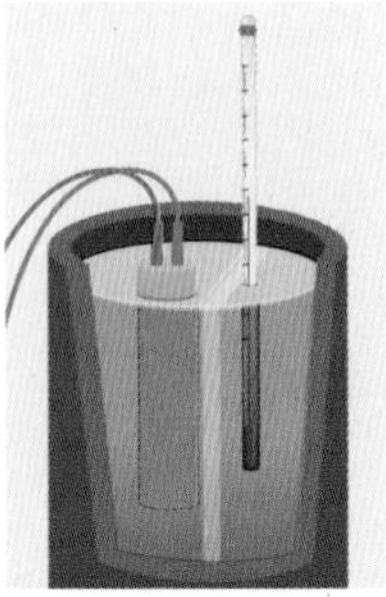

1. 알루미늄 기둥에 구멍을 2개 뚫고 큰 구멍에 전기 히터를, 작은 구멍에 온도계를 꽂는다. 금속에서 온도계로 열이 잘 전달될 수 있도록 온도계 구멍에 기름을 몇 방울 떨어뜨린다.

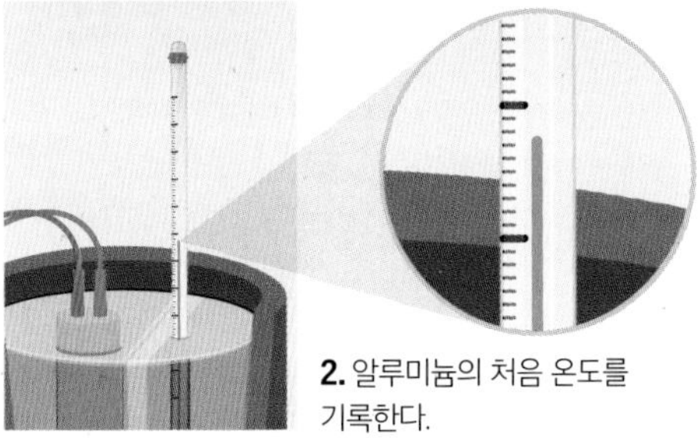

2. 알루미늄의 처음 온도를 기록한다.

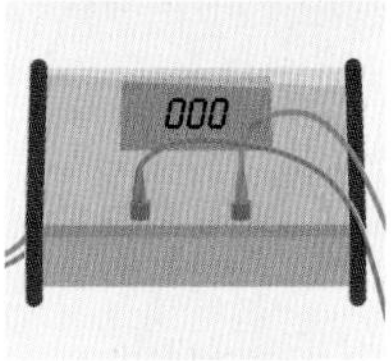

3. 에너지미터의 영점을 맞추고 히터의 스위치를 켠다.

4. 10분이 지나면 히터를 끈다.

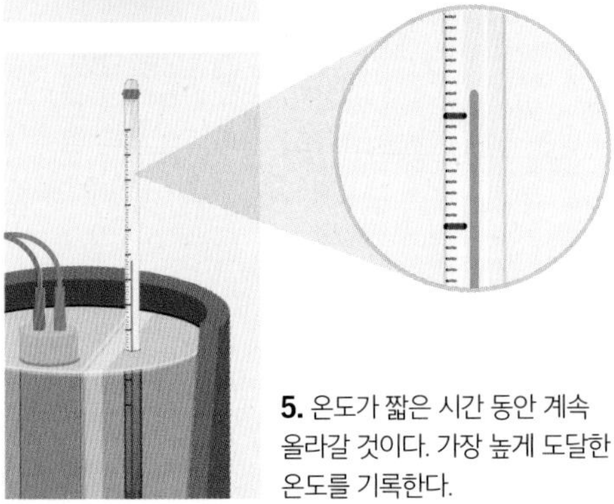

5. 온도가 짧은 시간 동안 계속 올라갈 것이다. 가장 높게 도달한 온도를 기록한다.

결과

1. 결과를 다음 표와 같이 기록한다.

알루미늄의 질량	1 kg
처음 온도	18°C
가장 높은 온도	42°C
전달된 에너지	22,313 J

2. 온도 변화를 계산한다.
$\Delta T = 42°C - 18°C = 24°C$

3. 220쪽의 식을 이용하여 비열을 계산한다.
c를 계산하기 위해 식을 정리한다.

$$\Delta E = m \times c \times \Delta T$$

$$c = \frac{\Delta E}{m \times \Delta T} = \frac{22{,}313\ \text{J}}{1\ \text{kg} \times 24°\text{C}} = 930\ \text{J/kg°C}$$

평가

실험에서 얻은 비열 값과 실제 알루미늄 비열 값 897 J/kg °C를 비교하여 실험을 얼마나 정확하게 수행했는지 확인할 수 있다. 실험하는 동안 일부 에너지가 주변으로 빠져나가므로 계산에서 사용한 에너지 값이 실제보다 더 커서 비열 값이 크게 계산되었을 것이다. 알루미늄 기둥 위에 전선과 온도계가 나올 수 있도록 구멍을 뚫은 단열재를 덮으면 실험이 더 정확해진다.

가열 곡선

물질을 가열하면 보통 온도가 상승한다. 그러나 고체가 녹을 때나 액체가 끓을 때는 온도 변화 없이 상태만 변화한다. 다음 실험은 얼음이 녹을 때까지 가열할 때 나타나는 현상을 살펴본 것이다. 실험 결과 그린 그래프를 가열 곡선이라고 한다.

얼음 가열하기

조각낸 얼음이 들어 있는 실험관에 온도계를 꽂아 뜨거운 물이 담긴 비커 안에 넣는다. 얼음이 모두 녹을 때까지 일정한 시간 간격으로 온도를 기록한다.

방법

1. 시험관에 얼음을 절반 정도 채우고 온도계를 넣는다. 얼음의 온도를 기록한다.

2. 시험관을 뜨거운 물이 담긴 비커 안에 넣는다. 가열 장치로 물을 계속 가열한다.

3. 1분마다 얼음의 온도를 기록한다. 온도가 0°C에 도달했을 때, 얼음이 녹기 시작할 때의 시간을 기록한다.

4. 얼음이 완전히 녹았을 때의 시간을 기록한다. 그 이후로 3분간 더 온도를 기록한다.

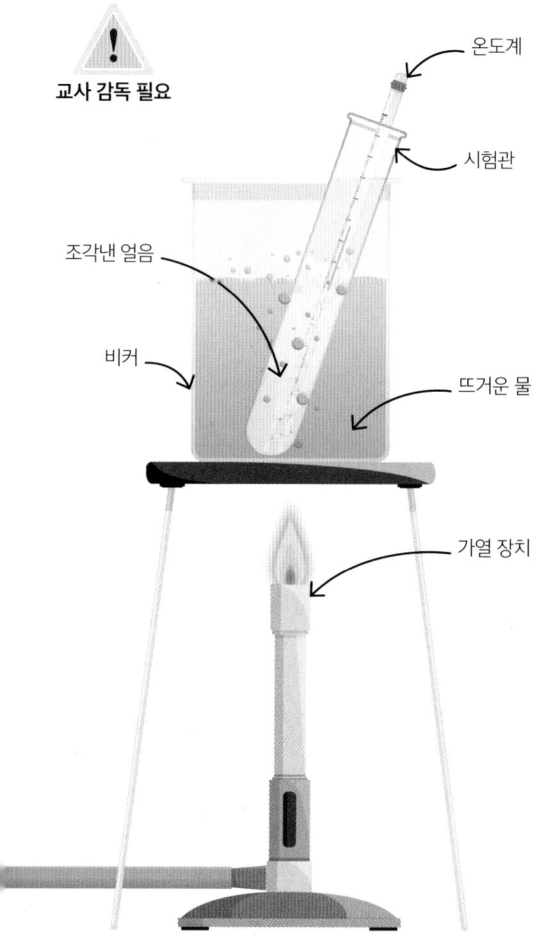

결과

실험 결과를 x축이 시간, y축이 온도인 선 그래프로 그린다. 시험관을 비커에 넣었을 때 온도가 오르기 시작하므로 그래프 처음 부분의 기울기는 양수이다. 온도가 0°C에 도달하면 뜨거운 물에서 에너지가 전달되더라도 얼음이 녹기 시작하며 온도가 유지된다. 잠열이라고 부르는 이 에너지는 온도를 올리기보다는 얼음을 녹이며, 그래프의 가운데 부분은 평평하게 나타난다. 얼음이 모두 녹고 나면 온도는 다시 오른다.

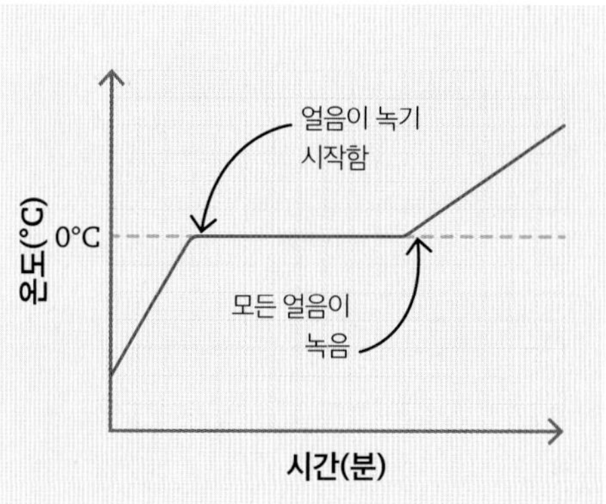

온도와 상태 변화

물질이 융해되거나 기화될 때 에너지가 필요한데, 이 에너지를 잠열이라고 한다. 액체가 응고되거나 기체가 액화될 때 잠열은 다시 방출된다.

핵심 요약

- ✓ 물질을 가열할 때 융해되거나 기화되는 동안 온도가 일정하게 유지된다.
- ✓ 물질을 냉각시킬 때 응고되거나 액화되는 동안 온도가 일정하게 유지된다.
- ✓ 상태 변화하는 동안 흡수하거나 방출하는 에너지를 잠열이라고 한다.
- ✓ 증발은 어떤 온도에서도 액체의 표면에서 일어날 수 있다.

가열 냉각 곡선

다음 그래프는 물질의 상태가 변화하며 나타나는 온도 변화를 보여준다. 물질이 융해되거나 기화될 때 입자 사이의 힘을 끊어내기 위해서 에너지가 공급되어야 하므로 온도가 일정하게 유지되며 그래프에 평평한 구간이 나타난다. 물질이 액화되거나 응고될 때는 입자들이 결합하며 에너지가 방출되므로 온도가 일정하게 유지된다.

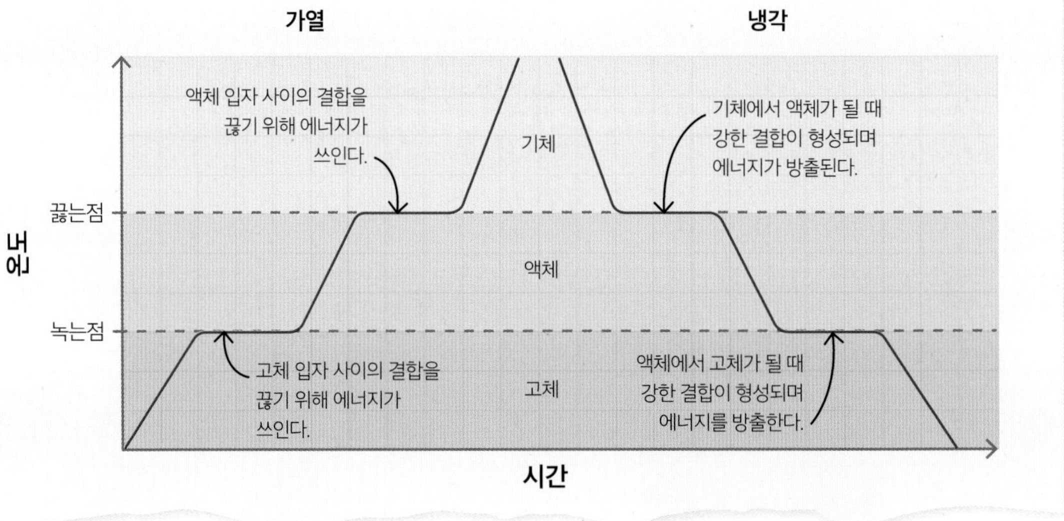

증발과 끓음

증발은 어떤 온도에서도 액체 표면에서 일어날 수 있다. 예를 들어 웅덩이의 물은 끓는점에 도달하지 않더라도 마르게 된다. 끓음은 물이 기체로 빠르게 바뀌며 물 안 깊숙한 곳에서 방울이 형성될 때 일어난다. 이 방울은 공기가 아니라 수증기를 포함하고 있다.

잠열 계산

잠열은 온도가 변하지 않은 채 고체가 액체가 되거나(융해 잠열) 액체가 기체가 될 때(증발 잠열) 필요한 에너지이다. 반대로 기체가 액화되거나 액체가 응고될 때 잠열은 방출된다.

핵심 요약

- ✓ 잠열은 고체가 액체가 되거나 액체가 기체가 될 때 필요한 에너지이다.
- ✓ 물질의 상태 변화가 반대로 일어날 때 같은 양의 에너지가 방출된다.
- ✓ 잠열은 일정한 온도에서 물질 1 kg이 상태 변화하기 위해 필요한 에너지로, 단위는 J/kg이다.

증발 잠열

다음 식을 통하여 온도 변화 없이 주어진 질량의 얼음을 녹이는 데 필요한 에너지를 계산할 수 있다. 식 안의 잠열은 물질 1kg이 상태 변화하기 위해 필요한 에너지이다. 예시는 물의 증발 잠열을 이용하였다. 모든 물질은 융해, 기화하는 데 다른 잠열 값을 가진다.

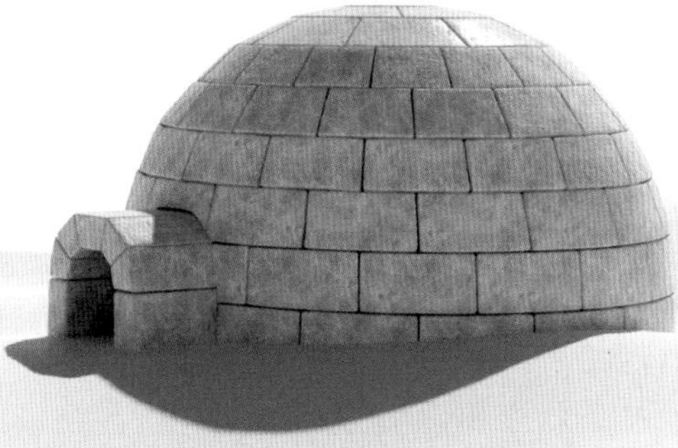

상태 변화할 때의 에너지(J) = 질량(kg) × 잠열(J/kg)

$$E = m \times L$$

예를 들어 질량이 750 kg인 이글루를 녹이기 위해 필요한 에너지는 다음과 같다.

상태 변화할 때의 에너지(J) = 750 kg × 334,000 J/kg

= 250,500,000 J (즉 251 MJ)

뜨거운 김

끓는 주전자 주둥이에 손을 가져다 대면 화상을 입을 수 있으니 주의해야 한다. 주전자 김의 수증기가 액화되어 잠열이 방출되므로 매우 뜨거울 수 있다. 증발 잠열은 융융 잠열보다 훨씬 높다. 고체가 액체가 될 때보다 액체가 기체가 될 때 입자를 떨어뜨리는 데 필요한 에너지가 훨씬 크기 때문이다.

문제

1 g의 주전자 김이 액화될 때 방출되는 에너지는?
물의 증발 잠열은 2,256,000 J/kg이다.

풀이

먼저 질량을 kg 단위로 환산한다.

1 g = 0.001 kg

방출되는 에너지 = $m \times L$

= 0.001 kg × 2,256,000 J/kg

= 2,256 J

압력

표면 압력

물체를 누르면 손바닥을 따라 힘이 퍼지거나 손끝에 힘이 집중된다. 압력은 힘이 작용하는 표면에 얼마나 힘이 집중되는지 나타내는 값이다. 힘이 물체에 작용할 때 물체에 나타나는 현상은 압력에 따라 달라진다.

압력 키우기

풍선을 손가락으로 누르면 모양이 찌그러지지만 같은 힘을 주어 바늘로 누르면 풍선이 터진다. 바늘의 끝은 면적이 매우 작기 때문에 같은 힘을 주어도 큰 압력이 작용한다. 다음 식을 이용하여 압력을 계산할 수 있다. 압력은 단위 면적당 작용하는 힘의 크기로 파스칼(Pa)이라는 단위로 측정한다. 1 Pa은 1 m^2당 1 N의 힘이 작용할 때의 압력이다.

$$\text{압력(Pa)} = \frac{\text{힘(N)}}{\text{면적}(m^2)}$$

$$p = \frac{F}{A}$$

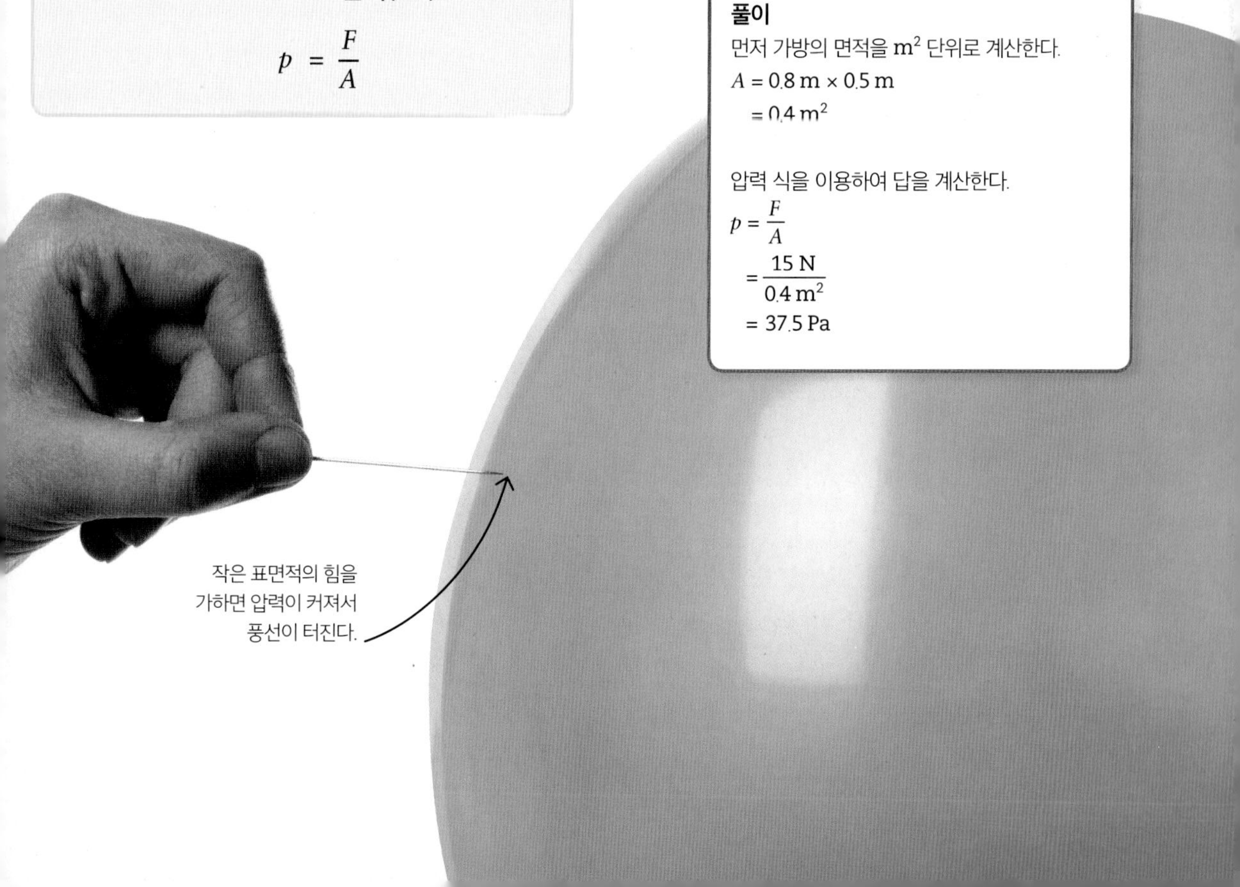

작은 표면적의 힘을 가하면 압력이 커져서 풍선이 터진다.

핵심 요약

- ✓ 압력은 단위 면적당 작용하는 힘의 크기이다.
- ✓ 표면에 작용하는 힘의 효과는 압력에 따라 달라진다.
- ✓ 파스칼(Pa)은 압력의 단위로, 1 m^2당 1 N의 힘이 작용할 때의 압력이다.

압력 계산하기

문제

침대 위에 15 N 무게의 가방이 있다. 가방 밑면의 가로는 0.5 m, 세로는 0.8 m이다. 침대에 작용하는 압력의 크기는?

풀이

먼저 가방의 면적을 m^2 단위로 계산한다.

$$A = 0.8\ m \times 0.5\ m = 0.4\ m^2$$

압력 식을 이용하여 답을 계산한다.

$$p = \frac{F}{A} = \frac{15\ N}{0.4\ m^2} = 37.5\ Pa$$

대기압

대기는 지구를 둘러싸고 있는 공기층이다. 공기의 무게로 인하여 지표면에 대기압이 작용한다. 가장 고도가 낮은 곳에서 대기압이 크게 작용하고 높이 올라갈수록 대기압이 감소한다.

핵심 요약

- ✓ 공기의 무게로 인하여 지표면에 대기압이 작용한다.
- ✓ 고도가 높아질수록 대기압은 감소한다.

대기압이란 무엇인가?

물이 들어 있는 컵 위를 카드로 덮어 뒤집으면 대기압에 의해 카드가 그 자리에 고정된다. 공기 입자는 시간당 수백에서 수천 km 속력으로 끊임없이 움직이는데, 물체에 부딪혀 튕기며 압력이 작용한다. 직접 보거나 느낄 수는 없지만 대기압은 늘 우리에게 계속 작용한다.

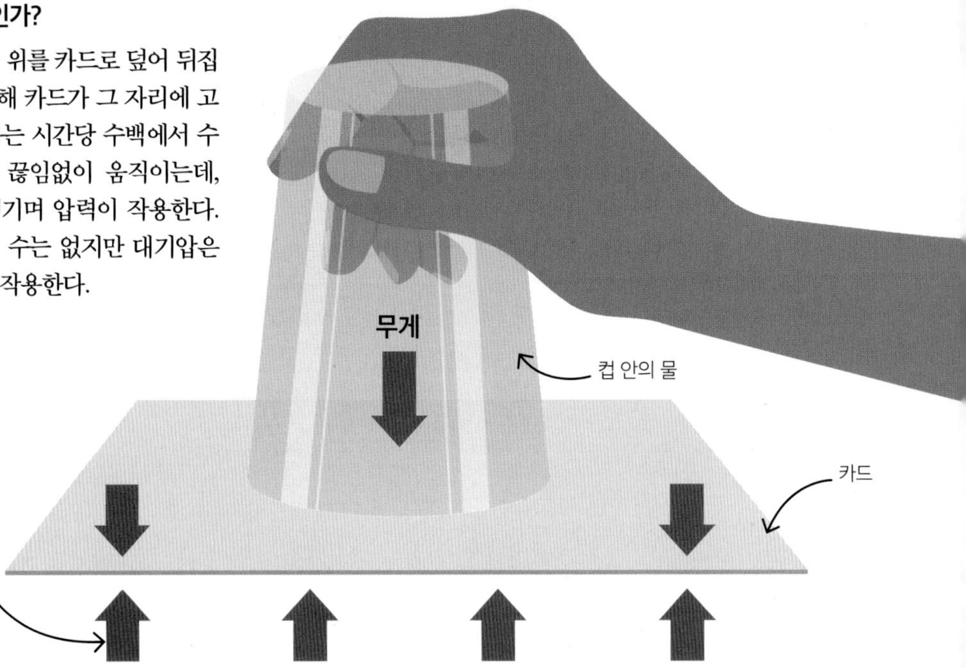

압력과 고도

등산을 하면 높이 올라갈수록 압력이 감소한다. 압력은 대기의 무게로 인해 작용하는데, 높이 올라갈수록 공기층이 얇아지기 때문이다. 또한 고도가 높아질수록 공기는 밀도가 낮아지므로 숨쉬기 힘들어진다. 액체와는 다르게 기체는 압축될 수 있기 때문이다. 해수면의 높은 압력은 높은 고도에서의 낮은 압력보다 공기를 더 크게 눌러 입자 사이의 공간을 좁힌다.

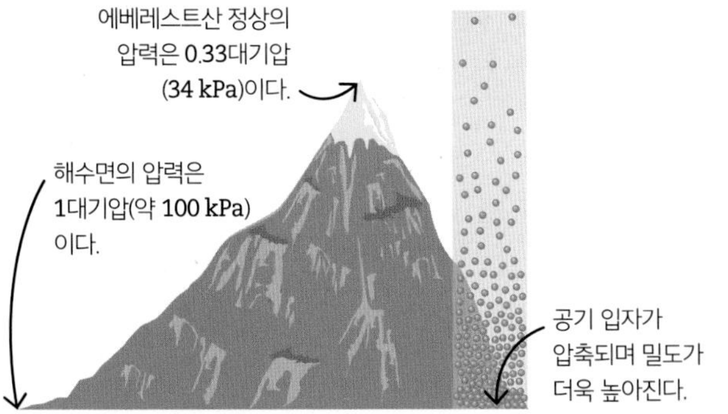

액체 내 압력

액체 속에 잠긴 물체에 가해지는 압력은 그 위에 있는 액체 기둥의 무게에 의해 발생한다. 액체 내 압력은 깊이와 밀도에 따라 달라지는데, 더 깊은 곳과 더 밀도가 높은 액체에서 압력이 더 높다.

핵심 요약

- ✓ 액체 내 압력은 깊이와 밀도와 함께 증가한다.
- ✓ 수중에서의 총 압력은 수중에서의 압력과 대기에서의 압력의 합과 같다.

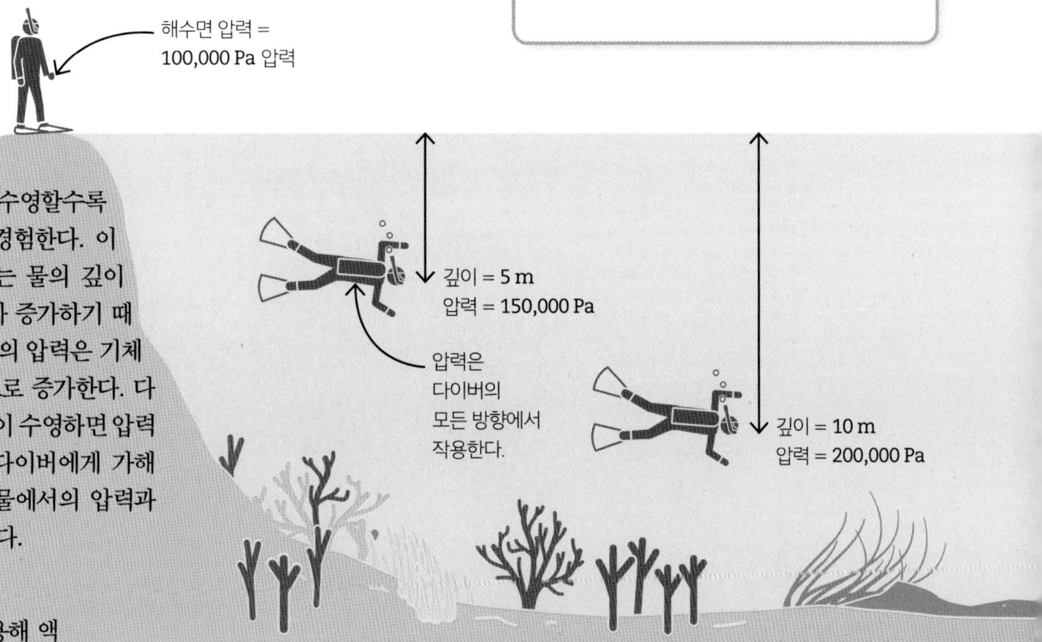

깊이와 압력

다이버들은 깊이 수영할수록 더 많은 압력을 경험한다. 이는 그들 위에 있는 물의 깊이(물기둥의 높이)가 증가하기 때문이다. 액체에서의 압력은 기체와 달리 선형적으로 증가한다. 다이버가 2배 더 깊이 수영하면 압력도 2배가 된다. 다이버에게 가해지는 총 압력은 물에서의 압력과 대기압의 합과 같다.

압력 공식

압력 공식을 이용해 액체 속 물체에 가해지는 압력을 계산할 수 있다. h는 물체 위의 액체 높이, ρ는 액체의 밀도, g는 중력장 강도(지구 표면 근처에서 10 N/kg)이다.

$$\text{압력(Pa)} = \text{높이(m)} \times \text{밀도(kg/m}^3) \times \text{중력장 크기(N/kg)}$$

$$P = h \times \rho \times g$$

액체로 인한 압력

밀도의 기호는 그리스 문자 ρ(로)이다.

압력 계산하기

문제

물의 밀도는 1,000 kg/m^{3}이다. 해수면의 압력이 100,000 Pa일 때, 펭귄이 물고기를 잡기 위해 30 m 잠수할 때 겪는 총 압력은?

풀이

먼저 30 m 깊이의 물에 의한 압력을 계산한다.

P = 30 m × 1,000 kg/m^3 × 10 N/kg = 300,000 Pa

그런 다음 해수면의 압력을 추가하여 답을 찾는다.

총 압력 = 300,000 Pa + 100,000 Pa

= 400,000 Pa (즉 400 kPa)

뜨는 것과 가라앉는 것

사과는 물 위에 뜨고 딸기는 가라앉지만, 물고기와 돌고래는 그렇지 않다. 물체가 뜨는지 가라앉는지 여부는 물체에 작용하는 힘에 따라 달라진다.

핵심 요약

- ✓ 유체 속의 물체는 부력이라고 불리는 상승하는 힘을 경험한다.
- ✓ 부력은 이동된 유체의 무게와 동일하다.
- ✓ 부력이 물체의 무게보다 크면 그 물체는 떠오른다.

부력

수심이 깊어질수록 압력이 높아지기 때문에 물속에 잠긴 물체는 위쪽보다 아래쪽 표면에서 더 큰 압력을 받는다. 이러한 차이로 인해 전체적으로 상승하는 힘이 발생하는데, 이를 부력이라고 한다. 부력이 물체의 무게보다 크면 물체는 떠오르고, 부력이 적으면 물체는 가라앉는다.

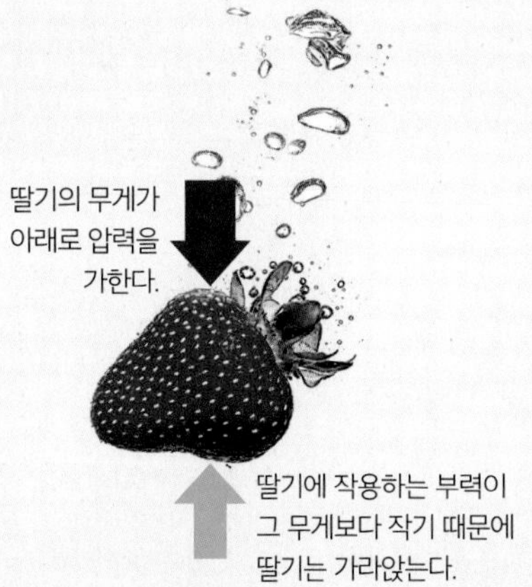

밀도와 부력

물체에 작용하는 부력은 이동된 물의 무게와 동일하다. 물체가 물보다 밀도가 낮으면 밀어내는 물의 무게가 물체보다 무겁기 때문에 부력이 물체의 무게를 초과하여 뜨게 된다. 마찬가지로 물체가 물보다 밀도가 높으면 가라앉는다. 강철은 물보다 밀도가 높지만 강철로 만든 선박은 큰 공기 공간을 포함하고 있어 전체적으로는 물보다 밀도가 낮기 때문에 물에 뜬다. 이것이 50만 톤짜리 선박들이 가라앉지 않는 이유이다.

기압계와 압력계

기압계와 압력계는 유체에서의 압력을 측정하는 장치이다. 기압계는 대기압을 측정하고, 압력계는 두 기체의 압력 차이를 측정한다.

핵심 요약

- ✓ 기압계는 대기압을 측정한다.
- ✓ 압력계는 두 기체의 압력 차이를 측정한다.

기압계

다양한 형태의 기압계가 있는데, 괴테 기압계는 다음과 같이 물이 절반 채워진 유리 용기와 한쪽 끝이 열려 있는 긴 관으로 구성되어 있다. 대기압이 상승하면 관 속의 물의 높이가 낮아지게 된다. 대기압의 변화를 통해서 기상을 예측할 수 있는데, 고기압일 땐 보통 날씨가 맑고 저기압일 때는 불안정한 날씨가 나타난다.

높은 압력 낮은 압력

압력계

가장 단순한 형태의 압력계는 부분적으로 액체가 채워진 U자 모양의 관이다. 압력계에 아무것도 연결되지 않으면 양쪽 표면에 똑같이 대기압이 작용하여 액체의 높이가 같다. 한쪽 끝에 특정 기체의 압력이 작용하면 튜브를 따라 액체를 밀게 된다.

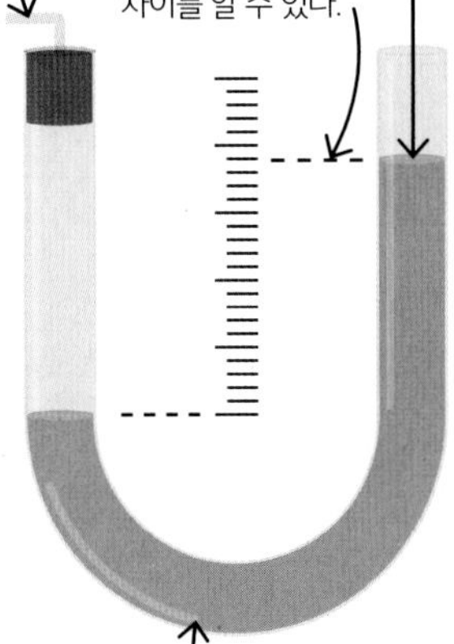

기체의 압력

기체는 무작위로 운동하는 입자들로 구성되어 있어서 입자끼리 서로 부딪히고 다른 물체와도 부딪히므로 압력이 작용한다.

핵심 요약

- 용기에 담긴 기체는 입자가 용기 벽과 충돌하기 때문에 압력이 작용한다.
- 기체의 온도가 상승하면 입자의 속력이 증가하고 압력도 증가한다.
- 모든 기체 입자가 멈추는 이론적인 온도를 절대 영도라고 부른다.
- 온도를 측정하는 켈빈(K) 단위는 절대 영도에서부터 시작한다.

용기에 담긴 기체

기체를 용기에 담으면 기체 입자는 끊임없이 용기에 벽과 부딪히며 힘이 작용하게 되고 압력이 형성된다. 용기 안에 기체의 개수가 많을수록 충돌 횟수가 많아져서 압력이 커진다. 자전거 타이어에 공기를 더 주입하면 압력이 커지는 이유이다. 기체의 온도가 상승하면 입자의 속력이 증가하고, 그 결과 입자가 벽과 더 강하게 자주 부딪히기 때문에 압력이 상승한다.

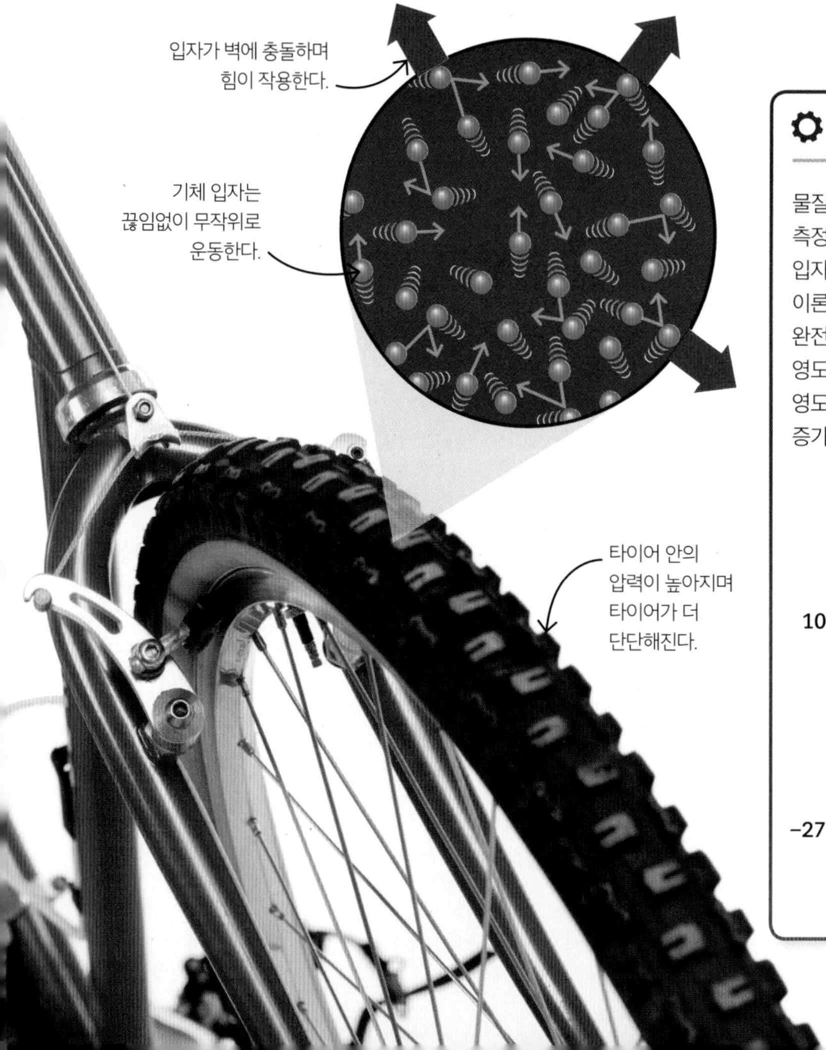

절대 영도

물질의 온도는 입자의 평균 운동 에너지를 측정한 값이다. 입자가 더 빠르게 움직일수록 입자의 운동 에너지가 커지고 온도가 높아진다. 이론적으로 가장 낮은 온도는 모든 입자들이 완전히 멈추는 지점이다. 이 온도를 절대 영도라고 하고 섭씨 –273°C에 해당한다. 절대 영도는 절대 온도의 시작점이다. 1 K의 증가량은 1°C의 증가량과 크기가 같다.

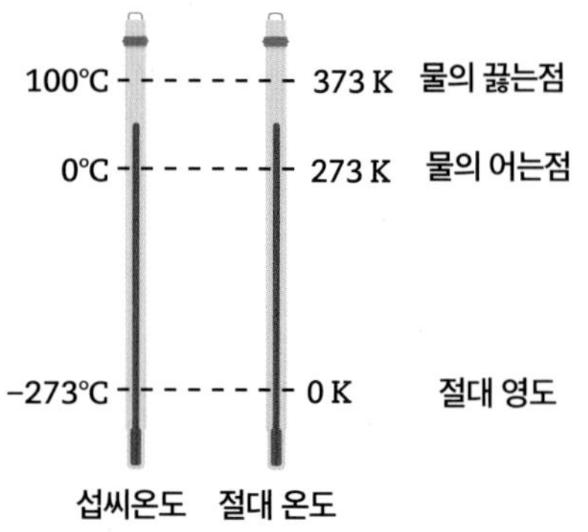

압력과 부피

기체가 용기에 가하는 압력은 용기의 부피에 따라 다르다. 온도가 변하지 않을 때 기체를 압축시켜 부피를 감소시키면 압력이 증가한다. 기체를 퍼지게 하여 부피를 증가시키면 압력이 감소한다.

핵심 요약

- ✓ 온도가 일정할 때 기체의 부피를 증가시키면 압력이 감소한다.
- ✓ 온도가 일정할 때 기체의 부피를 감소시키면 압력이 증가한다.

부피의 변화

용기 안의 기체는 끊임없이 벽과 충돌하며 용기에 압력을 준다. 압력의 크기는 용기 벽 1 m^2당 전체 기체가 주는 모든 힘의 크기와 같다. 용기의 부피가 증가하면 기체 입자가 움직일 수 있는 공간이 더 커져서 벽 1 m^2당 부딪히는 횟수가 줄어들고 따라서 압력이 감소하게 된다. 부피가 감소하면 반대의 효과로 압력이 증가하게 된다.

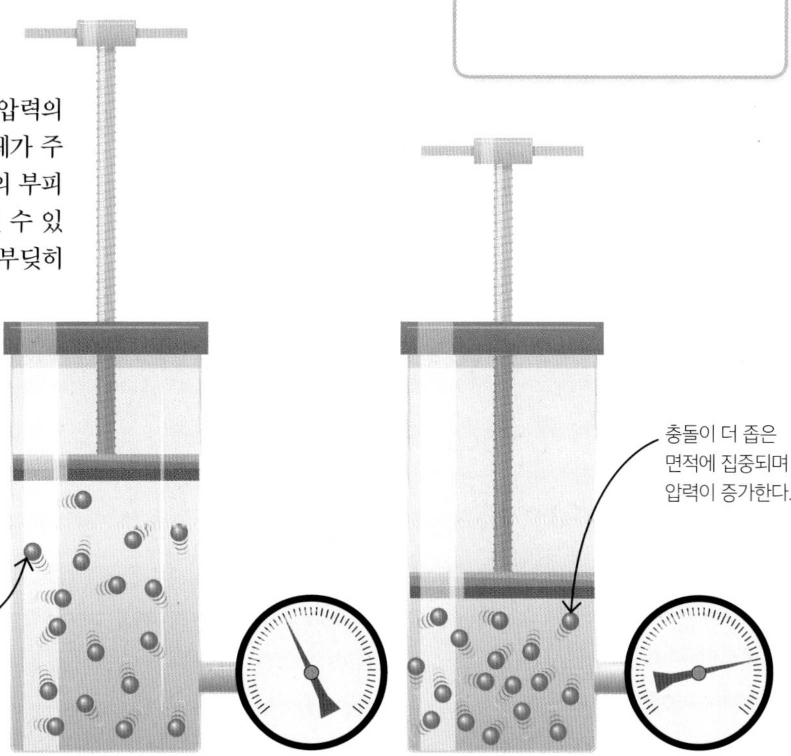

압력 변화 계산하기

압력, 부피 중 한쪽이 증가할 때 다른 한쪽은 감소한다. 이러한 두 양의 관계는 반비례한다고 한다. 두 값을 곱하면 곱의 결과가 항상 같다.

이전 압력 → P_1, 나중 압력 → P_2

$$P_1 \times V_1 = P_2 \times V_2$$

문제

용기에 압력 100,000 Pa의 기체 0.25 m^3가 들어 있다. 피스톤이 눌려서 갇혀 있는 공기의 부피가 0.1 m^3로 감소하였다. 온도가 항상 일정할 때, 공기의 압력의 크기는?

풀이

식을 P_2에 대해 정리해 계산한다.

$$P_2 = \frac{P_1 \times V_1}{V_2}$$

$$= \frac{100{,}000\ \text{Pa} \times 0.25\ \text{m}^3}{0.1\ \text{m}^3}$$

$$= 250{,}000\ \text{Pa} = 250\ \text{kPa}$$

압력과 온도

온도는 움직이는 입자들의 평균 속력을 나타내는 값이다. 기체의 온도가 상승하면 입자들의 운동이 더 빨라지므로 압력도 증가한다. 온도가 상승하거나 하강하면 압력도 증가하거나 감소한다.

핵심 요약

- ✓ 기체의 부피가 일정할 때 온도가 변하면 압력도 변한다.
- ✓ 기체를 가열하면 압력이 증가하고, 냉각하면 압력이 감소한다.

기체 가열하기

기체를 가열하면 입자들이 운동 에너지를 얻어서 더 빠르게 움직인다. 용기에 담긴 기체의 부피가 변하지 않을 때 입자가 다른 입자나 벽과 충돌하는 횟수가 많아지고 강도도 증가한다. 그 결과 용기 내부에 작용하는 힘이 증가하고 압력도 커진다.

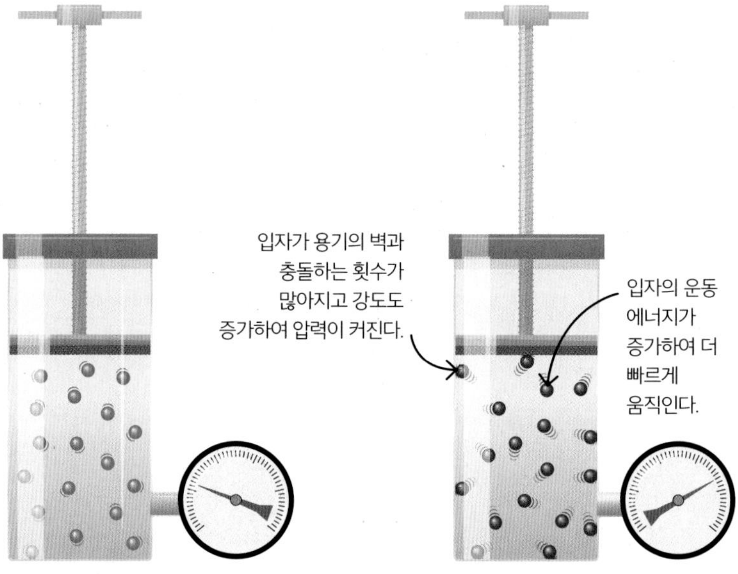

낮은 온도 / 높은 온도

압력 변화 계산하기

다음 식은 기체의 부피가 일정할 때 온도와 압력의 관계를 나타낸다. 온도가 2배가 되면 온도의 증가 비율과 동일하게 압력도 2배가 된다. 이 식은 온도가 절대 온도일 때만 성립한다.

$$\frac{P_1}{T_1} = \frac{P_2}{T_2}$$

이전 압력 (P_1), 나중 압력 (P_2), 절대 온도 (T)

문제

밀봉된 도자기에 공기가 채워져 있다. 더운 날 온도가 20°C에서 32°C로 증가하였다. 처음 공기의 압력이 100,000 Pa이었을 때, 나중 압력은?

풀이

먼저 섭씨온도에 273을 더해서 절대 온도로 변환한다.

20 + 273 = 293 K

32 + 273 = 305 K

식을 P_2에 대해 정리해 계산한다.

$$P_2 = \frac{P_1 \times T_2}{T_1}$$

$$= \frac{100{,}000\ \text{Pa} \times 305\ \text{K}}{293\ \text{K}}$$

$= 104{,}096\ \text{Pa} = 104\ \text{kPa}$ (유효 숫자 3개)

일과 온도

힘에 의해 에너지가 전달되면 힘이 일을 한다고 한다. 자전거 타이어에 공기를 주입하는 것은 타이어 안의 기체에 일을 하는 것으로, 기체의 에너지가 증가하여 온도가 상승한다.

핵심 요약

- ✓ 기체에 일을 하면 내부 에너지로 에너지가 전달된다.
- ✓ 기체에 일을 하면 온도가 상승한다.

기체가 일을 할 때

기체에 일을 하는 것처럼 기체도 다른 물체에 일을 할 수 있다. 자동차 안의 내부 연소 기관에서는 뜨거운 기체가 밀폐된 공간에서 팽창하며 압력이 증가한다. 이 압력이 피스톤을 밀면서 힘이 회전축(크랭크 축)에 전달된다.

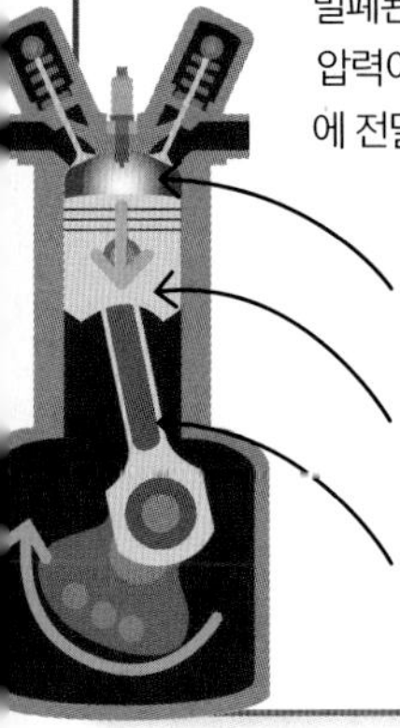

펌프의 작용

물리학에서 '일'은 힘에 의해 물체로 에너지가 전달될 때 사용한다(55쪽 참조). 전달된 에너지는 한 일의 양이다. 자전거 타이어를 팽창시키면 펌프가 공기에 힘을 가하고 운동 에너지를 공기 입자로 전달한다. 공기 입자는 더 빠르게 움직이고 타이어 안 공기의 온도가 상승한다.

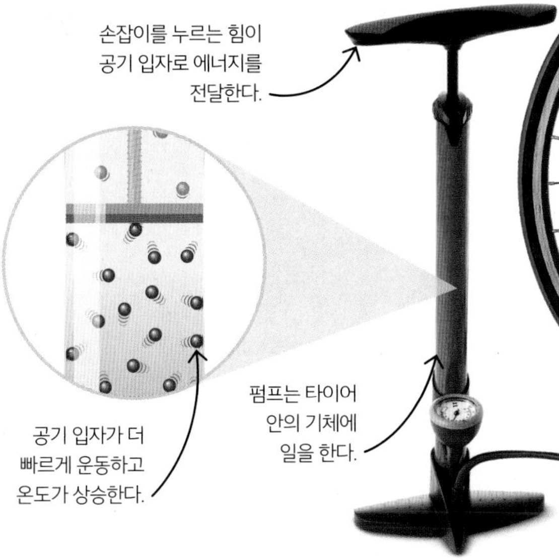

원자와 방사선

원자 구조

과학자들은 과거에 원자가 물질의 가장 기본 단위라고 생각했다. 그러나 원자를 원자보다 더 작은 입자인 양성자, 중성자, 전자로 나눌 수 있다. 양성자와 중성자는 원자의 중심에 있는 핵을 형성하며, 원자의 바깥쪽에는 이들보다 더 작은 전자가 있다.

핵심 요약

- ✓ 원자는 양성자, 중성자, 전자로 구성된다.
- ✓ 양성자와 중성자는 모여서 원자핵을 형성한다.
- ✓ 원자핵 바깥의 서로 다른 에너지 준위에 전자가 있다.
- ✓ 양성자는 양전하를 띠고, 전자는 음전하를 띠며, 중성자는 전하를 띠지 않는다.

원자의 내부

원자의 중심에는 양성자와 중성자가 모인 핵이 있다. 핵은 원자보다 매우 작은데, 원자의 크기가 경기장만 하다면 핵의 크기는 축구공보다 크지 않은 정도이다. 그러나 원자핵은 밀도가 매우 높아서 원자 질량의 대부분을 차지한다.

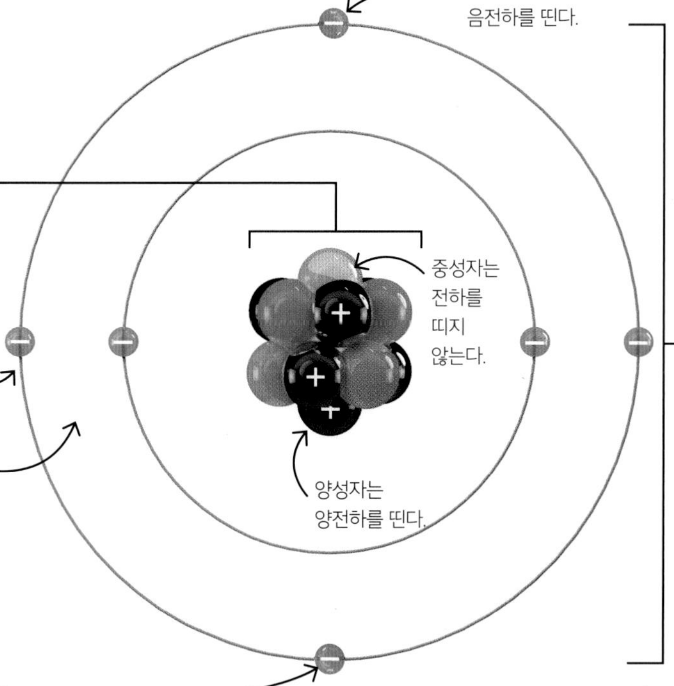

입자의 특성

양성자와 중성자는 원자 질량의 대부분을 차지하며, 둘의 질량은 같다. 양성자와 전자는 다른 전하를 띠므로 서로 끌어당긴다.

	전하	질량	위치
양성자	+1	1	핵 안
중성자	0	1	핵 안
전자	−1	0.0005	핵 바깥

원소와 동위원소

한 종류의 원자로 이루어진 물질을 원소라고 한다. 한 원소의 원자는 항상 핵 안에 같은 개수(원자 번호, 양성자 수)의 양성자를 갖는다. 그러나 중성자의 개수는 달라질 수 있다. 같은 원소이지만 중성자의 개수가 다른 것을 동위원소라고 한다.

핵심 요약

- ✓ 한 종류의 원자로 이루어진 물질을 원소라고 한다.
- ✓ 원자 안 양성자의 개수는 원자 번호(양성자 수)이다.
- ✓ 원자 안의 전체 양성자, 중성자의 개수는 질량수(핵자수)이다.
- ✓ 동위원소는 질량수가 다르다.

탄소 동위원소

탄소는 원자핵에 6개의 양성자가 있는 원소이지만 중성자의 개수는 다양하다. 전체 양성자와 중성자의 개수를 질량수(핵자수)라고 부른다. 자연적으로 생성된 탄소의 동위원소는 세 종류이고 질량수는 12, 13, 14이다. 세 동위원소가 갖는 화학적 성질은 같지만, 질량 및 방사성과 같은 성질이 다르다.

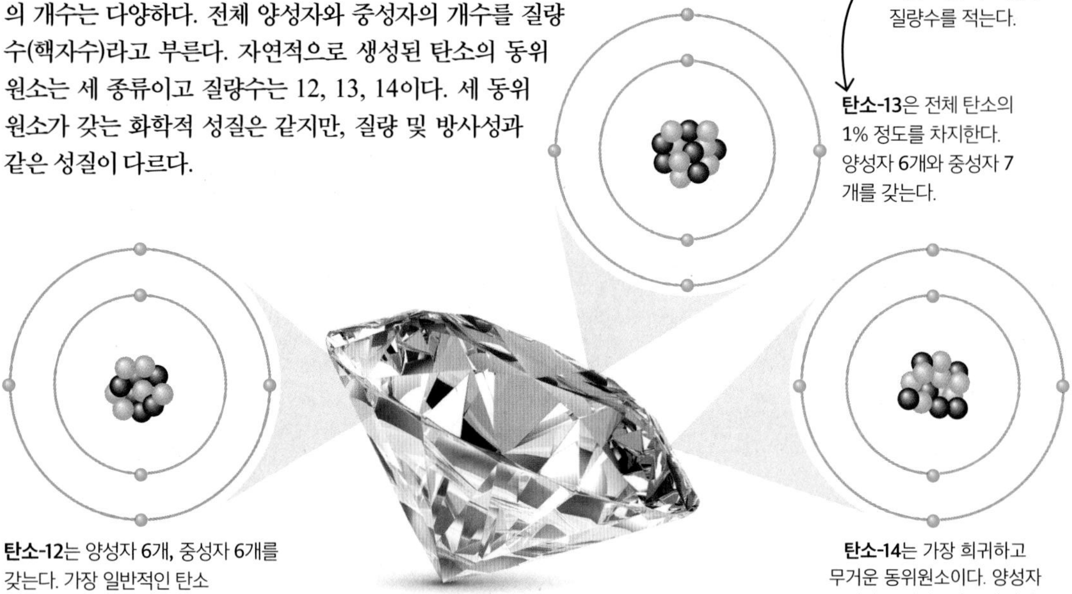

동위원소의 이름은 원소의 이름 또는 기호 옆에 질량수를 적는다.

탄소-13은 전체 탄소의 1% 정도를 차지한다. 양성자 6개와 중성자 7개를 갖는다.

탄소-12는 양성자 6개, 중성자 6개를 갖는다. 가장 일반적인 탄소 동위원소이고, 자연에서 생성된 탄소의 거의 99%를 차지한다.

다이아몬드 (탄소)

탄소-14는 가장 희귀하고 무거운 동위원소이다. 양성자 6개와 중성자 8개를 가지며 방사성을 띤다.

동위원소 기호

동위원소의 이름 전체를 적는 대신 간단히 기호로 표기한다. 예를 들어 탄소-14는 $^{14}_{6}C$의 기호로 적는데, 이는 6개의 양성자, 총 14개의 양성자와 중성자를 갖고 있음을 나타낸다. 중성자의 개수는 질량수에서 원자 번호를 빼서 계산할 수 있다(14 – 6 = 8개의 중성자).

$$^{14}_{6}C$$

전체 양성자와 중성자의 개수 (질량수) → 14
원소 기호 → C
양성자의 개수 (원자 번호) → 6

원자 모형

지난 200년이 넘는 시간 동안 과학자들이 원자에 대해 연구하며 원자를 나타내는 모형이 발전되어 왔다.

핵심 요약

- ✓ 원자의 과학적 모형이 발전해 왔다.
- ✓ 금박 실험을 통하여 핵이 원자 질량의 대부분을 차지함을 알게 되었다.

1. 돌턴의 당구공
영국의 화학자 존 돌턴(John Dalton)은 최초의 원자 모형을 만들었다. 그는 원자가 나뉠 수 없는 고체 구의 형태임을 제안하였다.

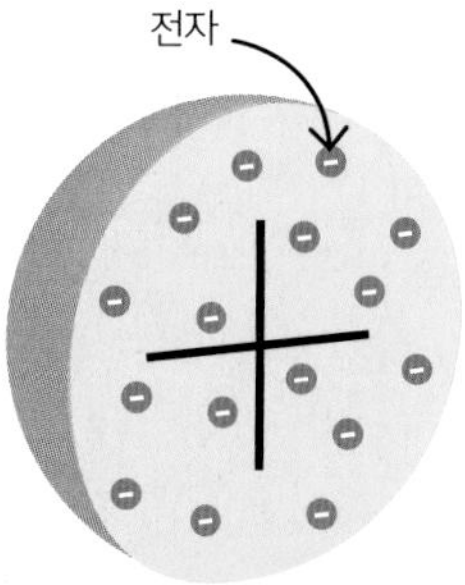

2. 톰슨의 푸딩 모형
영국의 물리학자 J. J. 톰슨(J. J. Thomson)은 1904년에 전자를 발견하였다. 그는 양전하를 띠는 구에 음전하를 띠는 전자가 곳곳에 박혀 있는 푸딩 모형을 제안하였다.

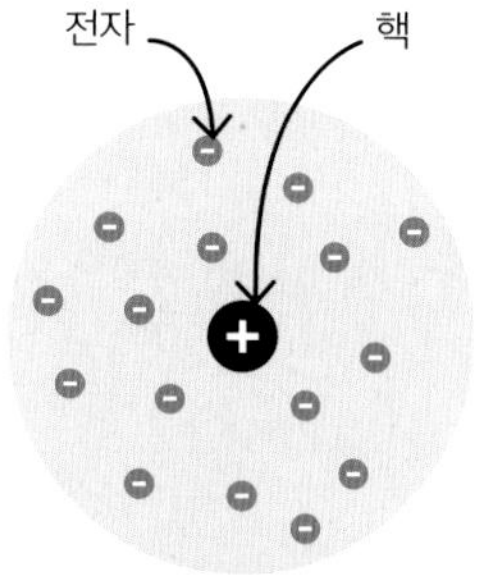

3. 러더퍼드 모형
영국의 과학자 어니스트 러더포드(Ernest Rutherford)는 양전하를 띠는 핵이 중앙에 있고 음전하를 띠는 전자가 흩어져 있는 원자 모형을 제안하였다. 그는 후에 핵 속의 양전하를 띠는 입자인 양성자를 발견하였다.

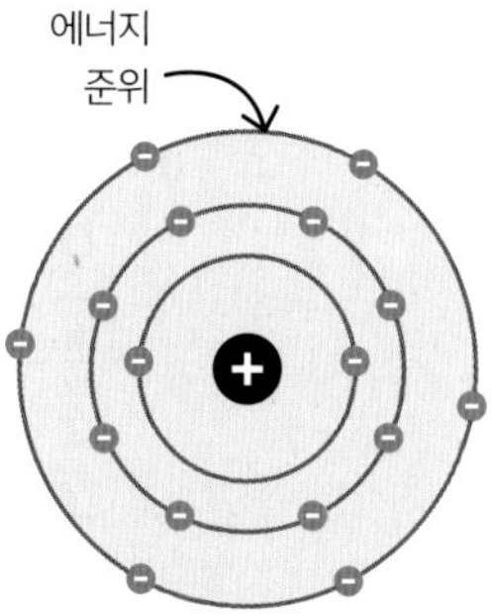

4. 보어 모형
덴마크의 과학자 닐스 보어(Niels Bohr)는 핵으로부터 특정 거리만큼 떨어진 에너지 준위에 전자가 배열되어 있는 현대 원자 모형을 제안하였다. 이 모형을 통하여 전자가 특정 파장의 빛을 흡수하거나 방출하는 이유를 설명할 수 있다.

핵의 발견

1900년대 초반에 물리학자들은 푸딩 모형을 탐구하는 실험을 수행하였다. 양전하를 띠는 입자(알파 입자)를 매우 얇은 금박에 쏘았는데, 대부분의 입자들은 직진하여 통과하지만 일부 입자들이 양전하에 밀려 임의의 방향으로 산란하는 것을 발견하였다. 이 실험 결과는 원자의 매우 좁은 영역에 양전하가 있어서 대부분의 알파 입자가 통과하였음을 암시하였다. 과학자들은 원자는 매우 넓은 빈 공간이고 양전하를 띠는 작은 핵이 대부분의 질량을 차지한다는 결론을 내렸다.

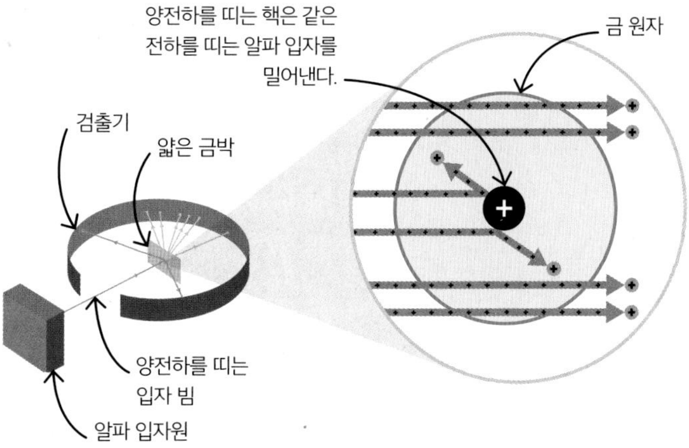

방사성 붕괴

일부 원자는 불안정하여 원자가 깨지며 방사선이라고 불리는 고에너지 입자나 파동을 방출한다. 이런 원자를 방사성 원자라고 한다. 방사성 원자에 의해 방사선이 방출되는 것을 방사성 붕괴라고 하고, 이 과정을 통하여 핵을 더 안정적으로 만들 수 있다. 방사성 붕괴는 무작위적인 과정을 거치는데, 언제 특정 원자가 붕괴될지 예측하기 어렵다.

핵심 요약

- ✓ 불한정한 원자핵은 붕괴되며 방사선을 방출한다.
- ✓ 방사성 붕괴는 무작위적인 과정을 거친다.
- ✓ 방사성 붕괴를 통하여 원자핵이 다른 원소로 바뀌게 된다.
- ✓ 방사선은 가이거 뮐러 계수관이라는 장치를 통하여 검출된다.

방사선 검출

방사성 물질로 인한 방사선은 가이거 뮐러 계수관이라는 장치를 통해 검출될 수 있다. 물질 안의 핵이 붕괴되는 속도를 방사능이라고 하고, 베크렐(Bq)이라는 단위로 측정된다. 1베크렐은 매 1초당 물질 안에서 평균적으로 한 개의 원자가 붕괴되는 것을 의미한다.

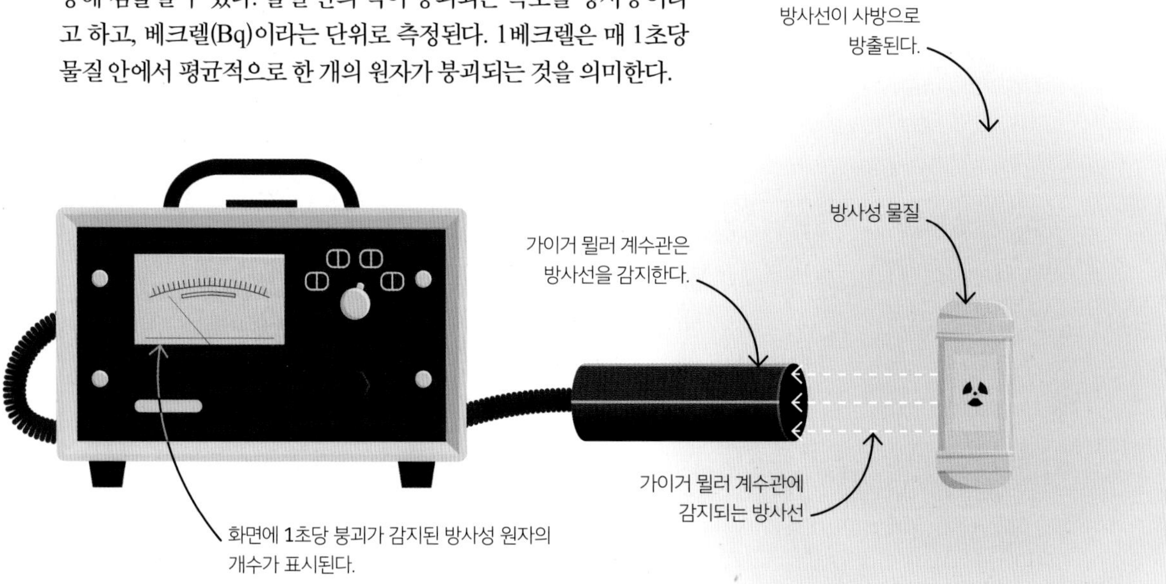

새로운 원소의 형성

일부 유형의 방사성 붕괴에서는 불안정한 원자가 새로운 원소로 바뀌게 된다. 예를 들어 우라늄-238이 붕괴되면 양성자 2개와 중성자 2개로 구성된 알파 입자가 방출된다. 남은 원자핵은 2개의 양성자가 줄어들기 때문에 토륨이라고 불리는 원소가 된다.

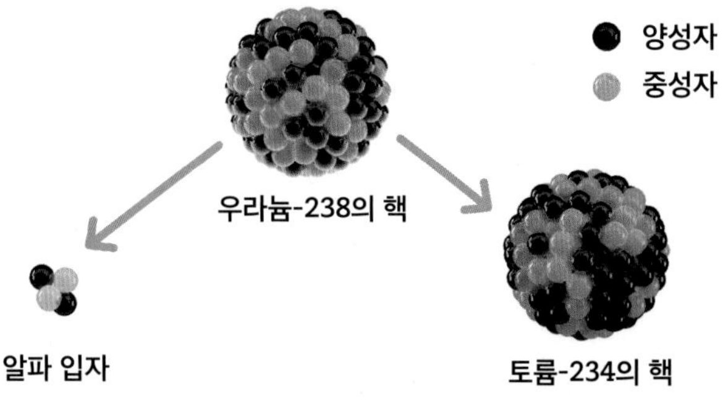

방사선의 종류

방사성 원자가 붕괴되면 방사선이 방출된다. 방사성 핵에서 방출되는 방사선은 다섯 가지 종류가 있는데, 알파 입자, 베타 입자, 양전자, 중성자, 감마 방사선이 그것이다. 이 방사선들은 물질 안의 전자가 튀어나오도록 때려 원자를 전하를 띤 입자(이온)로 만들기 때문에 이온화 방사선으로 알려져 있다.

핵심 요약

- ✓ 알파 입자, 베타 입자, 양전자, 중성자, 감마 방사선은 방사성 핵에서 방출되는 이온화 방사선이다.
- ✓ 방사성 핵에서 방출되는 대부분의 방사선은 입자이다. 그러나 감마 방사선은 전자기파 형태의 방사선이다.

알파(α) 방사선

알파 방사선은 알파 입자로 구성된다. 하나의 알파 입자는 양성자 2개와 중성자 2개(헬륨 원자핵)로 구성된다. 강하게 이온화되어 있지만 물질을 멀리 통과할 수는 없다. 종이 한 장, 수 cm의 공기층, 인간의 피부로 막을 수 있다.

베타(β) 방사선

베타 방사선은 불안정한 원자핵 안의 중성자가 양성자로 바뀌며 방출되는 빠른 속도의 전자로 이루어져 있다. 알파 방사선만큼 이온화되어 있지는 않지만 투과력이 더 세다. 얇은 공기층을 뚫고 종이도 통과하지만, 얇은 알루미늄 판은 통과할 수 없다.

감마(γ) 방사선

빛이나 라디오파처럼 감마선은 전자기파의 형태를 띠는 방사선이다. 이온화된 정도가 매우 약하지만 알파, 베타 방사선보다 매우 강력하다. 감마 방사선을 막기 위해서는 수 cm의 납이나 수 m의 콘크리트, 물이 필요하다.

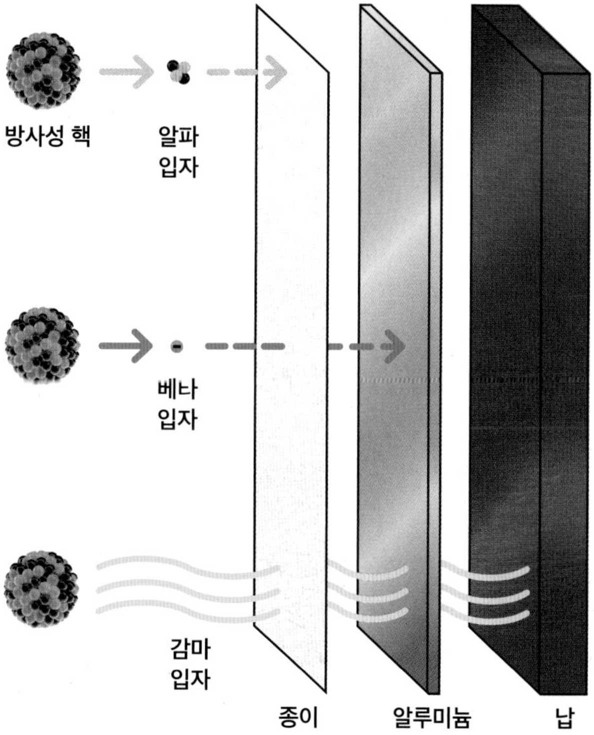

이온화 방사선

이온화 방사선은 전자를 원자 밖으로 밀어낸다. 전자는 음전하를 띠므로 원자가 전자를 잃으면 양전하를 띠게 되어 이온이 된다. 이온화 방사선은 생명체의 조직을 파괴하므로 위험하다.

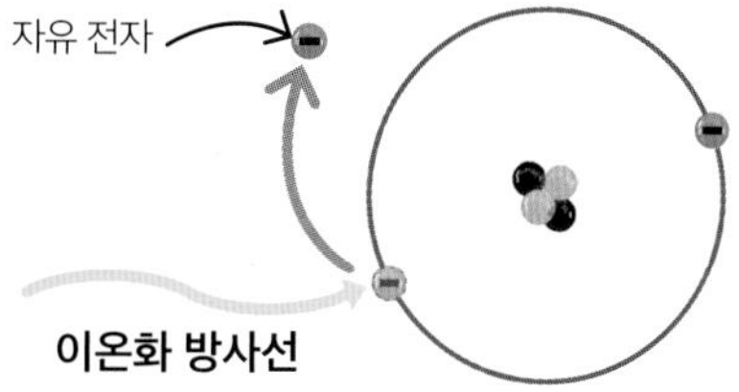

핵 반응식

방사성 붕괴가 일어나면 원자 안의 양성자와 중성자의 개수가 바뀌므로 원자가 다른 새로운 원소로 변한다. 이 과정을 핵 반응식으로 나타낼 수 있다.

핵심 요약

- ✓ 핵 반응식은 방사성 붕괴가 일어나는 동안 원자에 일어나는 변화를 나타낸다.
- ✓ 핵 반응식은 반응 전후 숫자의 합이 맞아야 한다.
- ✓ 원자 번호는 원자핵 안의 양성자의 개수이다.
- ✓ 질량수는 원자핵 안의 양성자와 중성자 개수의 합이다.

원자 번호와 질량수

원자 번호(양성자 수)는 핵 안의 양성자의 개수이다. 전체 양성자와 중성자의 개수를 질량수 또는 핵자수라고 부른다. 예를 들어 탄소는 양성자 6개와 보통 중성자 6개로 구성되어 있으므로 원자 번호는 6번이고 질량수는 12이다.

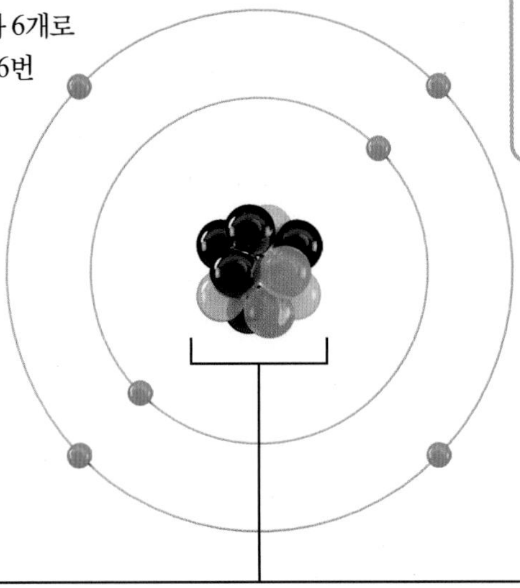

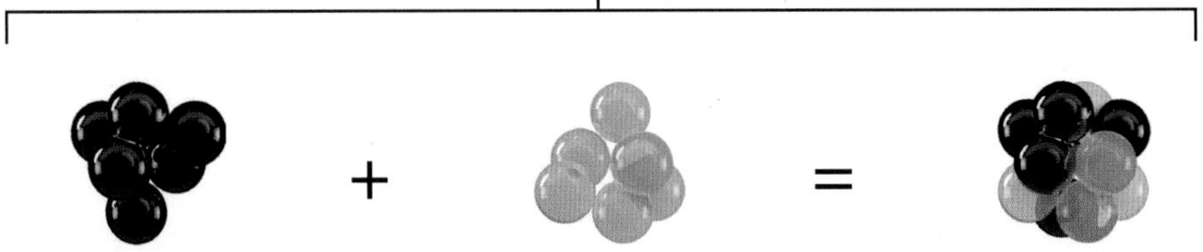

원자 번호 (양성자의 개수)	+	중성자의 개수	=	질량수 (양성자 + 중성자)
6		6		12

핵 반응식의 기호

핵 반응식에서는 원자 번호와 질량수를 원소 기호 옆에 작은 숫자로 나타낸다.

질량수 → $^{12}_{6}C$ ← 원자 번호

알파 붕괴

하나의 알파 입자는 양성자 2개와 중성자 2개로 이루어져 있다. 우라늄 같은 원자가 알파 입자를 방출하면 원자의 원자 번호는 2만큼 줄어들고 질량수는 4만큼 줄어든다. 양성자 개수의 변화로 인하여 기존의 원자가 다른 종류의 원소로 바뀐다(우라늄은 토륨이 된다). 이 과정을 핵 반응식으로 나타냈을 때 반응 전후의 질량수, 원자 번호의 합이 같아야 한다.

반응식 양쪽의 질량수의 합이 같아야 한다(238 = 234 + 4).

$$^{238}_{92}U \longrightarrow {}^{234}_{90}Th + {}^{4}_{2}He$$

양쪽의 원자 번호의 합이 같아야 한다(92 = 90 + 2).

알파 입자는 헬륨 핵으로 나타낸다.

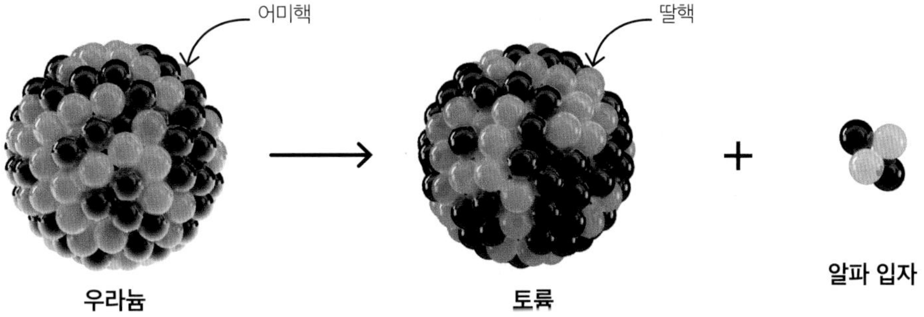

베타 붕괴

베타 붕괴하는 동안 원자핵 안의 중성자가 양성자로 바뀌며 베타 입자라고 불리는 고속의 전자를 방출한다. 원자 번호가 1만큼 증가하지만 질량수는 같게 유지된다(핵에서 중성자가 사라지지만 양성자가 생긴다). 알파 붕괴처럼 베타 붕괴를 나타내는 핵 반응식도 반응 전후 질량수, 원자 번호의 합이 같아야 한다.

베타 입자는 음전하를 띠기 때문에 −1로 표기한다.

$$^{14}_{6}C \longrightarrow {}^{14}_{7}N + {}^{0}_{-1}e$$

양성자 6개

양성자 7개

반감기

방사성 붕괴는 무작위적인 과정이므로 특정 원자핵이 언제 붕괴될지 예측할 수 없다. 그러나 방사성 동위원소 시료 안에 많은 원자가 있기 때문에 특정 시간 동안 붕괴되는 원자의 비율을 예측할 수 있다. 시료 안의 원자 개수 절반이 붕괴되는 데 걸리는 시간이 반감기이다.

핵심 요약

- ✓ 방사성 물질 시료 안의 불안정한 원자 개수 절반이 붕괴되는 데 걸리는 시간이 반감기이다.
- ✓ 동위원소마다 반감기가 다르다.

붕괴 곡선

한 번의 반감기가 지난 후 방사성 동위원소의 개수가 처음의 절반으로 줄어든다. 2번의 반감기가 지나면 개수는 ¼배가 되고, 8번의 반감기가 지나면 ⅛배가 되며, 남아 있는 원자가 거의 없을 때까지 붕괴된다. 동위원소의 반감기는 몇 나노초에서 우주 나이의 몇조 배보다 더 큰 시간까지 다양하다.

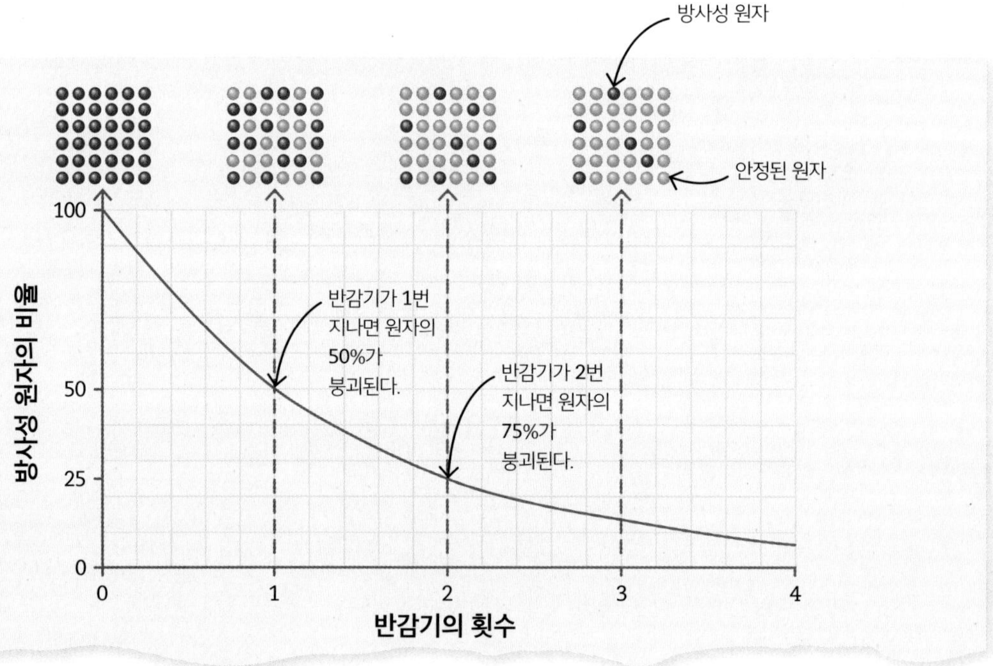

방사성 붕괴 계산하기

문제

방사성 동위원소 아이오딘-131은 반감기가 8일이다. 시료 20 g을 24일 동안 두었을 때, 남아 있는 아이오딘-131의 양은?

풀이

시작: 20 g
8일 후(반감기 1번): 10 g
16일 후(반감기 2번): 5 g
24일 후(반감기 3번): 2.5 g

배경 복사

의료 기기에서 나오는 인공적인 복사와 더불어 흙, 바위, 우주와 같이 자연에서 방출되는 복사를 배경 복사라고 한다. 어디를 가든지 배경 복사를 발견할 수 있으며, 배경 복사는 일반적으로 해롭지 않다.

배경 복사원

가장 큰 비율의 배경 복사원은 라돈 가스로 땅에서 발견된다. 라돈은 건물에 스며들면 해로울 수 있다. 지구는 태양과 별로부터 지속적인 우주 복사의 폭격을 받는다. 배경 복사의 20% 정도는 의료 기기, 핵무기 실험, 석탄 발전소, 핵 사고와 같이 인공적인 복사원에서 발생한다.

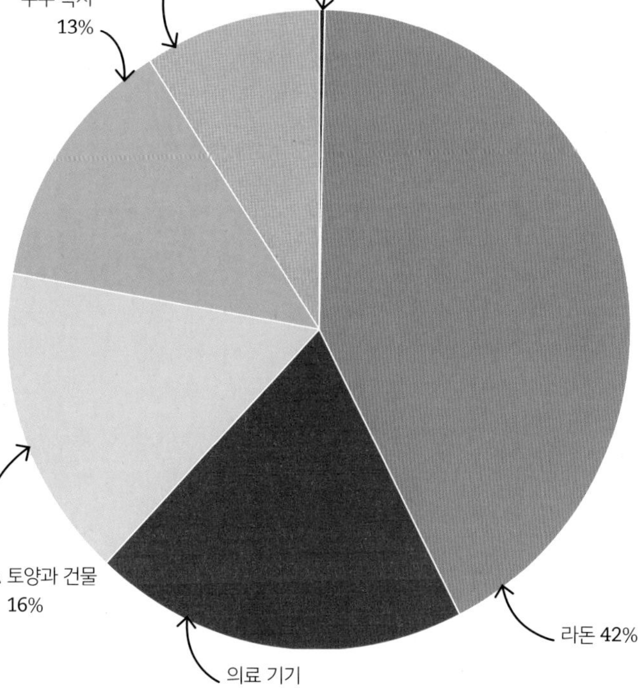

전 세계의 배경 복사원 추정치

핵심 요약

- ✓ 배경 복사는 주위 환경에서 방출된다.
- ✓ 배경 복사는 다양한 자연 및 인공적인 원천에서 나온다.
- ✓ 방사선 물질의 세기를 측정할 때는 반드시 배경 복사를 고려해야 한다.

배경 복사의 세기

배경 복사의 세기는 장소마다 다르다. 특정 직종에 종사하거나 특정 삶의 방식을 지닌 사람은 높은 세기에 노출된다. 예를 들어 조종사나 우주 비행사는 지상에 있는 사람들보다 지구의 대기에 덜 가려져 있어 큰 세기의 우주 복사에 노출된다. 여러 환경에서의 배경 복사를 살펴보기 위해 과학자들은 가이거 뮐러 계수관을 사용한다. 방사성 물질의 세기를 측정하기 위해 배경 복사의 값을 차감하여 물질의 실제 방사능을 측정한다.

가이거 뮐러 계수기를 사용하는 모습

방사능의 위험성

이온화 방사선은 인체에 매우 해로울 수 있다. 병원이나 원자력 발전소에서 사용되는 방사성 물질은 방사선 조사 및 방사능 오염으로 인한 위험을 방지하기 위해 조심히 다루고 보관해야 한다.

핵심 요약

- ✓ 이온화 방사선은 세포를 죽이고 암을 발생시킬 수 있으므로 인체에 해롭다.
- ✓ 방사성 물질이 신체 안에 들어오거나 신체에 닿으면 오염이 일어난다.
- ✓ 신체 바깥 부분이 방사성 물질에 노출되는 것을 방사선 조사라고 한다.

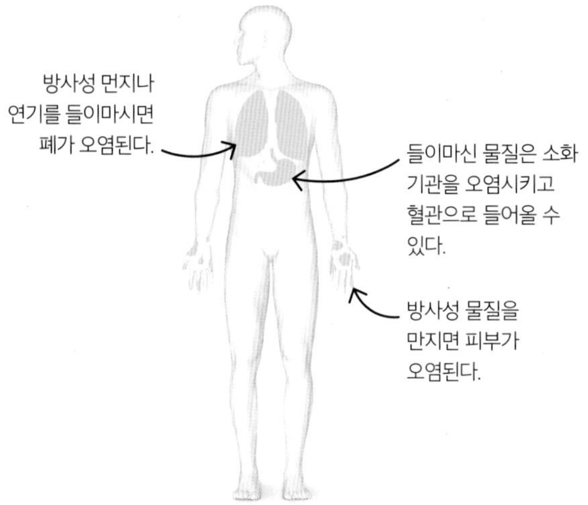

오염

방사성 물질이 신체 안으로 들어오거나 피부나 머리카락에 닿으면 방사능 오염이 일어난다. 한번 몸 안으로 들어오면 제거하기 어렵고 계속해서 이온화 방사선을 방출하여 세포를 죽이거나 돌연변이를 일으켜 암을 발생시킬 수 있다.

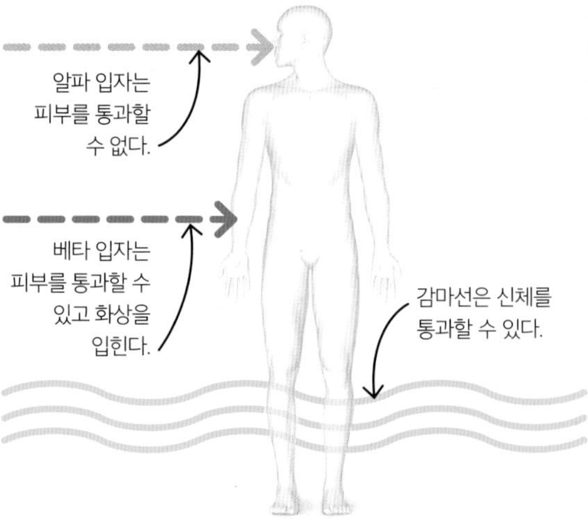

조사

신체 바깥 부분이 방사성 물질에 노출되면 방사성 조사가 일어나 방사능 오염과 더불어 세포를 죽이거나 암을 발생시킬 수 있다. 조사된 물체는 방사성 물질이 되지는 않으며 보호막으로 조사를 막을 수 있다. 방사능을 방출하는 물질을 제거하면 조사도 멈춘다.

방사능으로부터 보호하기

방사성 물질을 다룰 때 안전을 유지하는 세 가지 방법이 있다. 예방 방법은 방사성 물질의 반감기와 방사선의 종류에 따라 다르다. 반감기가 짧은 물질은 짧은 시간에 엄청난 양의 방사선을 방출하기 때문에 매우 위험하다.

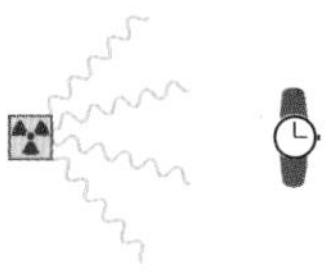

방사성 물질 근처에 제한된 시간 이내로 머무르면 신체가 받는 방사선 양이 줄어 안전하다.

방사성 물질로부터의 거리가 멀어지면 신체가 받는 방사선 양이 줄어 안전하다.

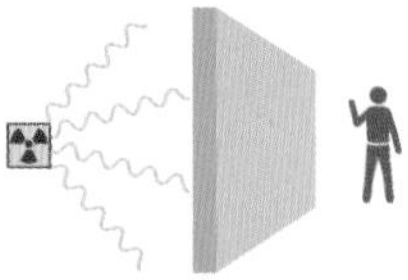

방사선을 막을 수 있는 보호막으로 알파 입자를 막는 장갑, 안면 마스크, 감마선을 막는 납 스크린까지 그 종류가 다양하다.

방사성 동위원소의 활용

이온화 방사선은 식품 검사부터 제조업까지 가정이나 산업에서 다양하게 활용되고 있다. 방사성 동위원소의 다른 특성(침투력과 같은)을 바탕으로 적합한 분야에 활용되고 있다.

화재 감지기

화재 감지기에는 반감기가 460년인 방사성 동위원소 아메리슘-241이 들어 있다. 이것은 알파 방사선을 방출하여 공기 입자를 이온화시키고, 그 결과 경보기 회로가 완성되어 전류가 흐른다. 연기가 경보기 회로 안에 들어오면 연기 입자가 이온에 붙어서 전류가 줄어들게 되고, 그 결과 경보기가 울린다

경보기가 꺼짐

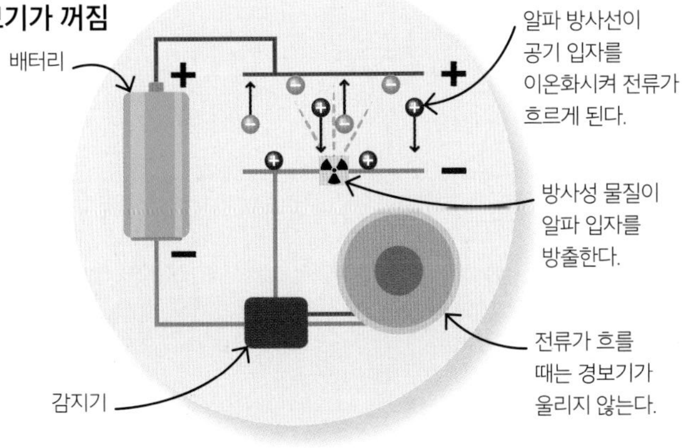

경보기가 켜짐

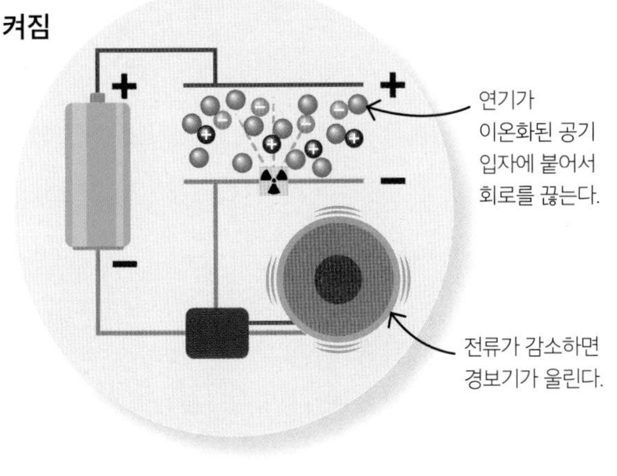

핵심 요약

- ✓ 이온화 방사선은 가정이나 산업에서 활용된다.
- ✓ 알파 방사선 방출 물질은 화재 감지기에 사용된다.
- ✓ 베타 방사선은 종이의 두께를 확인하기 위해 제지 공장에서 사용된다.
- ✓ 감마 방사선은 식품 방사선 조사나 의료 장비에 사용된다.

그 외의 활용

종이 두께 측정
베타 방사선은 제지 공장에서 종이의 두께 측정에 사용된다. 종이가 두꺼울수록 종이를 통과하여 감지기에 도달하는 방사선 양이 줄어들어 감지기가 종이 두께를 조절하는 장치에 신호를 보낸다.

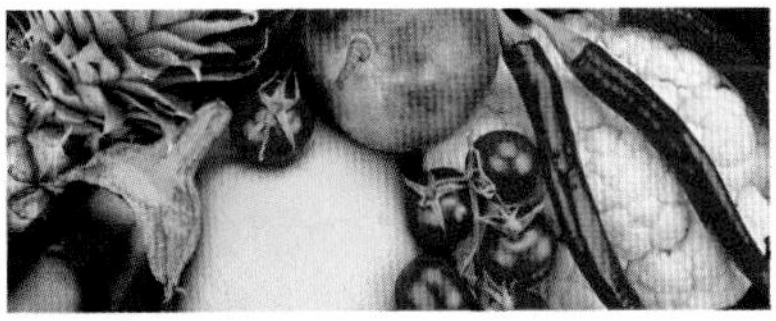

식품 방사선 조사
감마 방사선에 식품을 노출시켜 보존할 수 있다. 고에너지의 감마선이 식품 안의 미생물을 제거하여 부패를 방지한다. 가열과는 달리 식품 방사선 조사는 식품의 맛에 영향을 미치지 않는다.

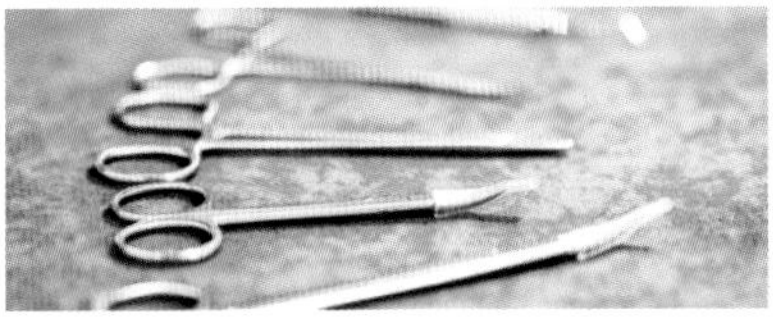

장비 살균
병원에서 수술용 장비들이 안전하게 사용될 수 있도록 장비 살균에 감마 방사선을 사용한다.

핵의학

병원에서는 방사성 물질을 질병 진단과 치료에 활용한다. 방사성 핵종 스캐닝 및 PET(양전자 단층 촬영) 스캐닝에서 방사성 물질을 몸 안에 주입하여 스캔이라고 불리는 이미지가 생성되도록 한다. 방사선 치료에서는 방사성 물질이 암세포를 제거하는 데 쓰인다

질병 진단

감마선을 방추하는 방사성 동위원소는 질병 진단에 쓰인다. 트레이서라고 부르는 방사성 물질을 환자의 몸 안에 주입한다. 트레이서가 특정 지역에 쌓이고 붕괴하며 감마선을 방출하면 감마 카메라에 감지된다. 오른쪽 이미지는 동위원소인 테크네튬-99m이 암의 영향을 받은 뼈에 모여 있는 것을 보여준다.

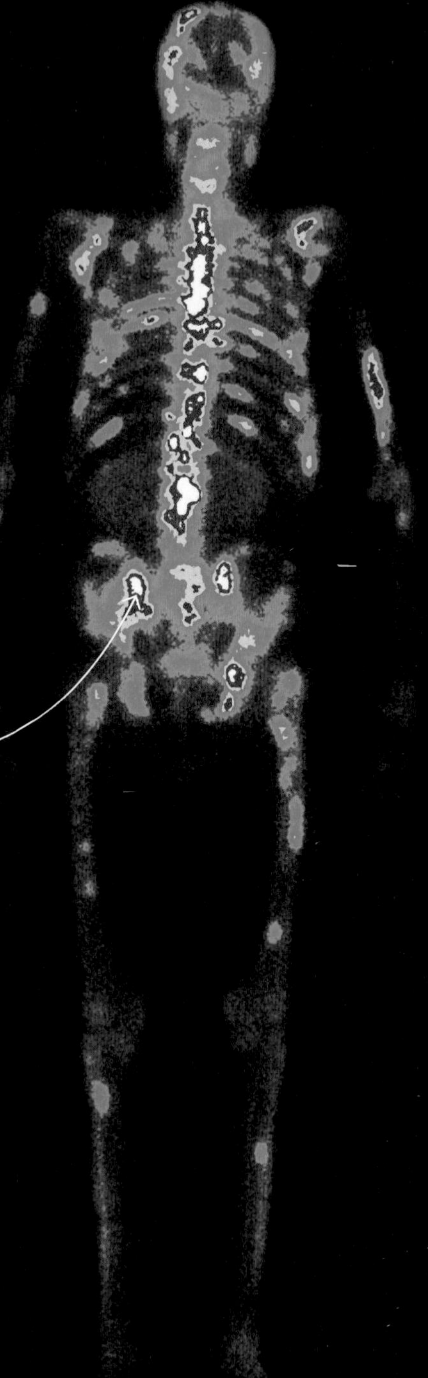

밝은 부분은 방사성 트레이서가 종양에 모여 있는 것을 보여준다.

핵심 요약

- ✓ 질병의 진단과 치료에 방사선이 활용된다.
- ✓ PET(양전자 단층 촬영)은 신체 내에 문제가 있는 조직을 찾기 위해 방사성 동위원소를 사용하는 촬영 기술이다.
- ✓ 방사선 치료에서는 이온화 방사선이 암세포를 제거하는 데 쓰인다.
- ✓ 방사선은 신체 내부와 외부 모두에 사용된다.

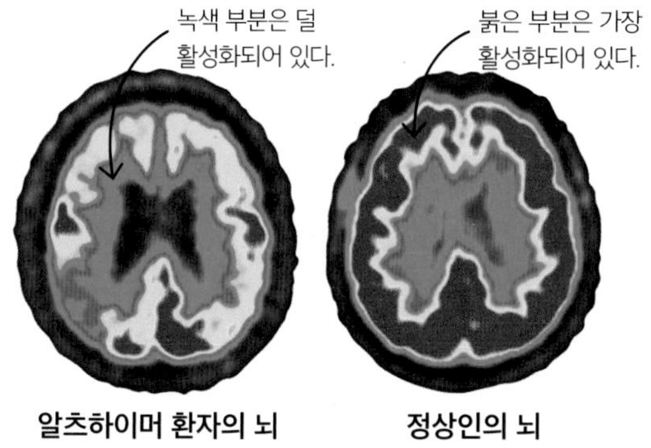

PET 스캐닝

PET(양전자 단층 촬영) 스캐닝 과정에서는 신체의 활성화된 부분을 찾기 위해 다른 분자에 붙어 있는 방사성 동위원소를 이용한다. 예를 들어 동위원소 플루오린-18을 설탕 분자에 붙게 함으로써 혈당으로 활성화된 조직을 찾는다. 이 과정을 통하여 악성 종양을 찾거나 알츠하이머에 걸린 뇌처럼 정상인보다 덜 활성화된 기관을 찾을 수 있다.

외부 방사선 치료

외부 방사선 치료에서는 방사선의 좁은 빔을 암세포에 다양한 각도로 쏜다. 모든 빔은 종양 부위에 모이게 되어 암세포가 많은 방사선을 받지만, 주변의 건강한 조직은 빔이 한 번만 지나게 되어 안전하다.

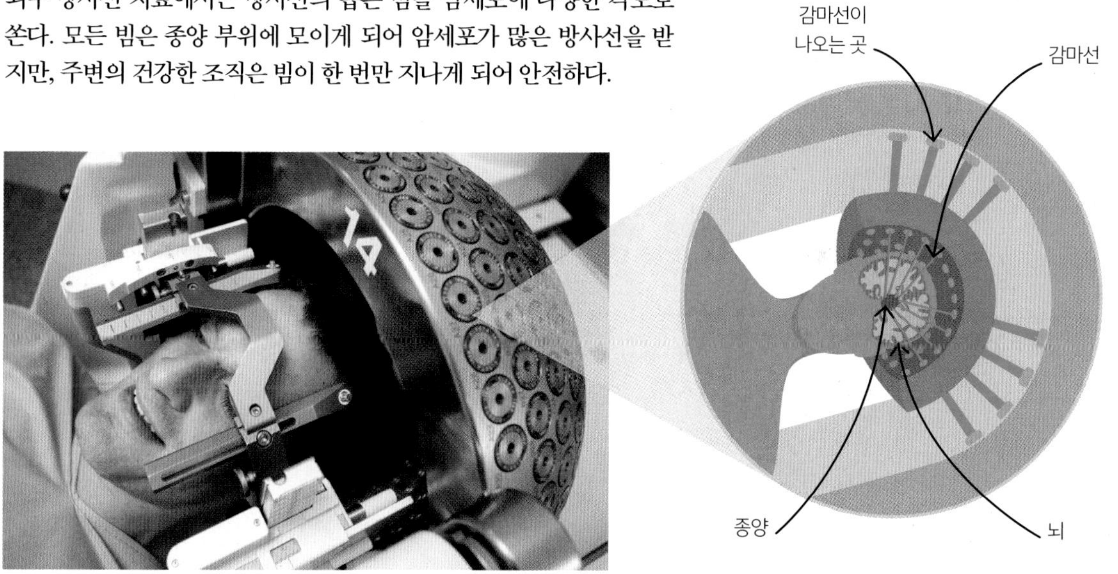

내부 방사선 치료

내부 방사선 치료 과정에서는 방사성 원소가 종양이 있는 신체 내부의 한 부위로 삽입된다. 특정 부위만 집중적으로 영향을 받으며, 신체 다른 부위는 방사선 노출이 최소화된다. 알파 방사선처럼 짧은 범위의 방사선을 방출하는 방사성 동위원소를 사용하는 것이 적합하다.

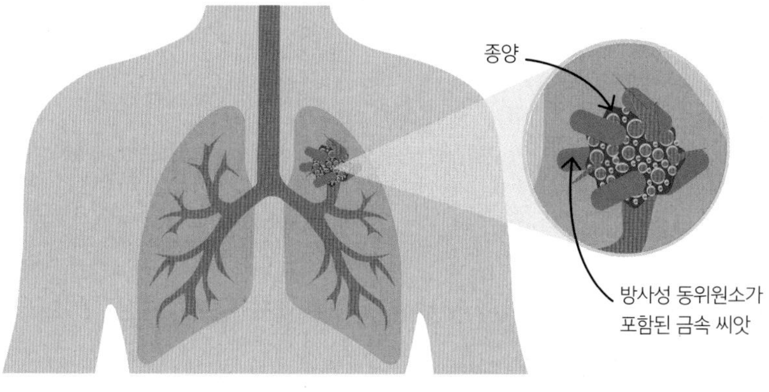

핵분열

핵분열은 원자핵이 더 작은 원자핵으로 나뉘는 과정으로 엄청난 에너지를 방출한다. 이 에너지로 원자력 발전소에서 전기를 발전하거나 잠수함이나 우주선에 전원을 공급한다.

핵심 요약

- ✓ 핵분열은 불안정한 원자핵이 2개 이상의 작은 원자핵으로 나뉘는 과정이다.
- ✓ 핵분열은 보통 무겁고 불안정한 원자핵이 중성자를 흡수하며 일어난다.
- ✓ 핵분열 과정에서 엄청난 에너지가 감마 방사선과 열의 형태로 방출된다.
- ✓ 연쇄 반응에 의해 핵분열 과정에서 방출된 중성자가 또 다른 핵분열을 일으킨다.

우라늄의 핵분열

핵분열은 보통 중성자가 불안정한 원자핵과 충돌하는 과정에서 일어난다. 원자력 발전소에서는 자연적으로 발생된 동위원소인 우라늄-235를 사용한다. 우라늄이 분열되며 새로운 원자핵이 생기는 과정에서 2~3개의 중성자와 함께 에너지가 방출된다.

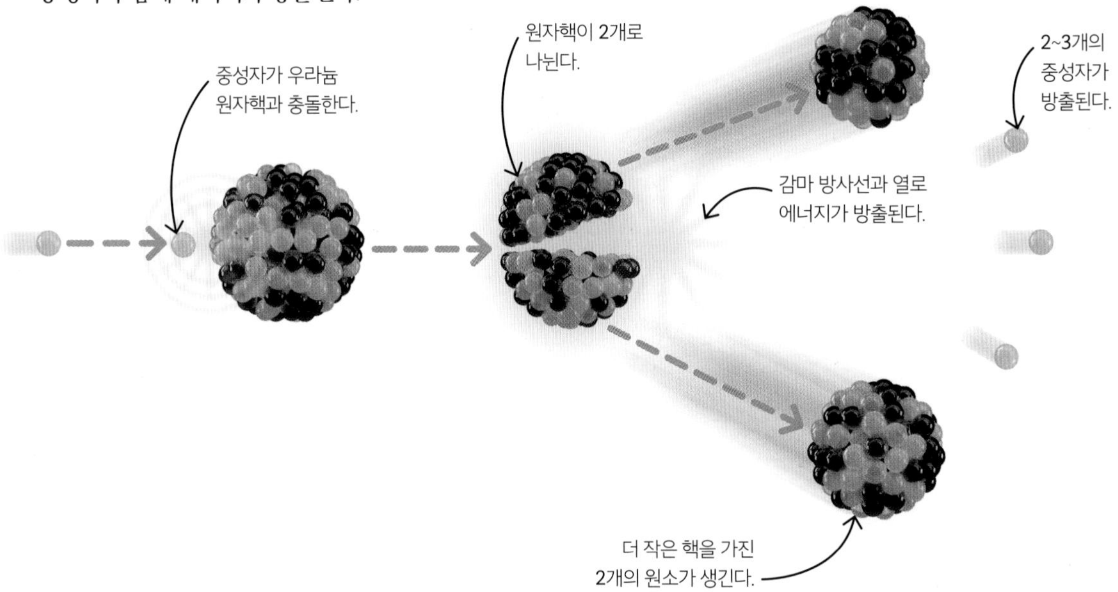

핵분열 에너지

우라늄의 핵분열 과정에서 같은 질량의 석탄을 태우는 것보다 몇백만 배나 더 많은 에너지가 발생한다. 이 에너지는 원래 원자핵보다 작아진 질량이 에너지로 바뀌며 발생한다.

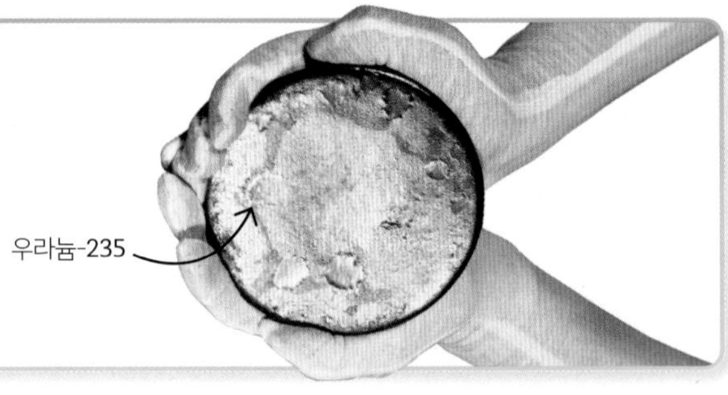

연쇄 반응

핵 연쇄 반응은 전 핵분열 과정에서 방출된 중성자가 연속적으로 핵분열을 일으키는 과정이다. 핵무기처럼 통제할 수 없는 연쇄 반응은 엄청나게 폭발적인 에너지를 발생시킨다.

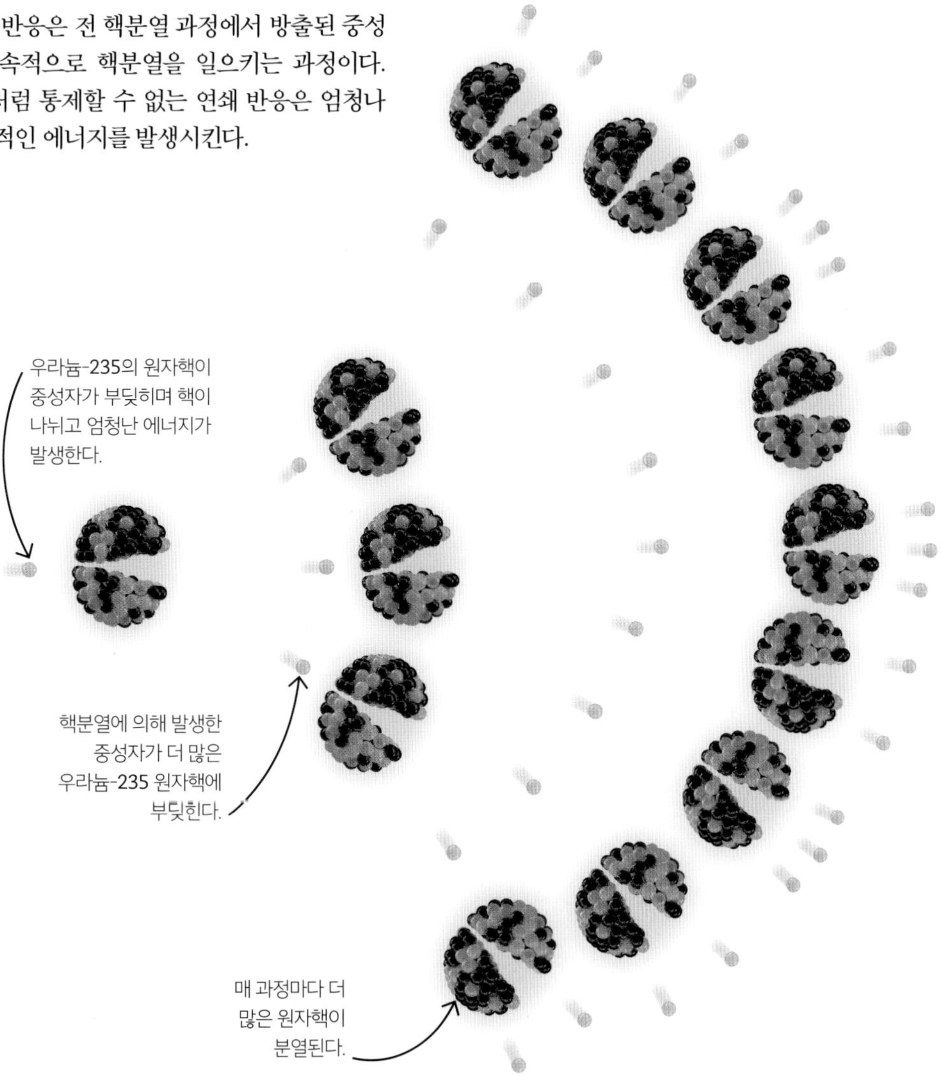

통제된 연쇄 반응

이전 핵분열의 생성물이 다음 핵분열을 얼마나 일으키는지에 따라 핵 연쇄 반응이 발생하거나 멈추거나 안정되게 유지될 수 있다. 각 핵분열 과정이 다음에 한 번 정도의 핵분열을 발생시키면 안정된(통제된) 연쇄 반응이 일어난다. 원자력 발전소는 원자로 중심부에 제어봉을 넣어서 연쇄 반응을 조절한다. 제어봉은 중성자를 흡수하여 반응 속도를 느리게 한다.

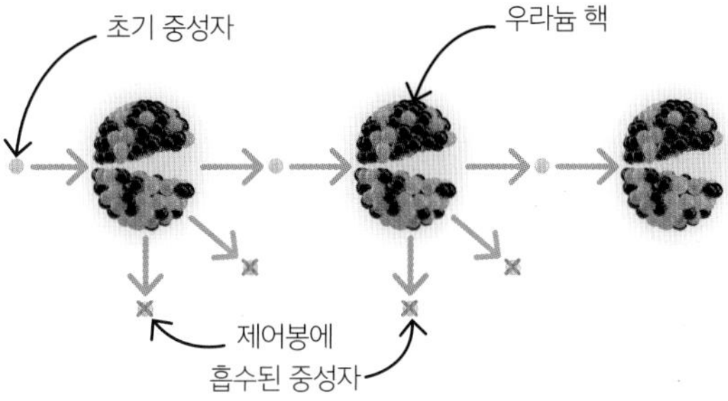

원자력 발전

원자력 발전은 핵분열 과정에서 나오는 에너지를 이용하여 전기를 생산한다. 원자력 발전을 통해 생산되는 전력은 전 세계 전력의 10% 정도를 차지한다. 원자력 발전을 이용하는 것은 화석 연료를 적게 사용하는 것을 의미한다.

핵심 요약

- ✓ 원자력 발전소는 핵분열에서 나오는 에너지로 열과 전기를 생산한다.
- ✓ 원자력 발전은 이산화탄소를 배출하지 않는다.
- ✓ 원자력 발전소에서는 신중하게 처리해야 하는 위험한 방사성 핵폐기물이 나온다.

원자로

원자로에는 연료봉에 방사성 우라늄이 포함되어 있다. 연료봉끼리 가깝게 하면 연쇄 작용으로 인하여 엄청난 양의 에너지가 방출된다. 이 에너지로 물을 끓여 증기를 만들고 발전기를 작동시킨다. 원자로 중심부에 제어봉을 넣거나 꺼내며 연쇄 작용을 조절한다. 제어봉은 중성자를 흡수하여 연쇄 작용의 속도를 늦춘다.

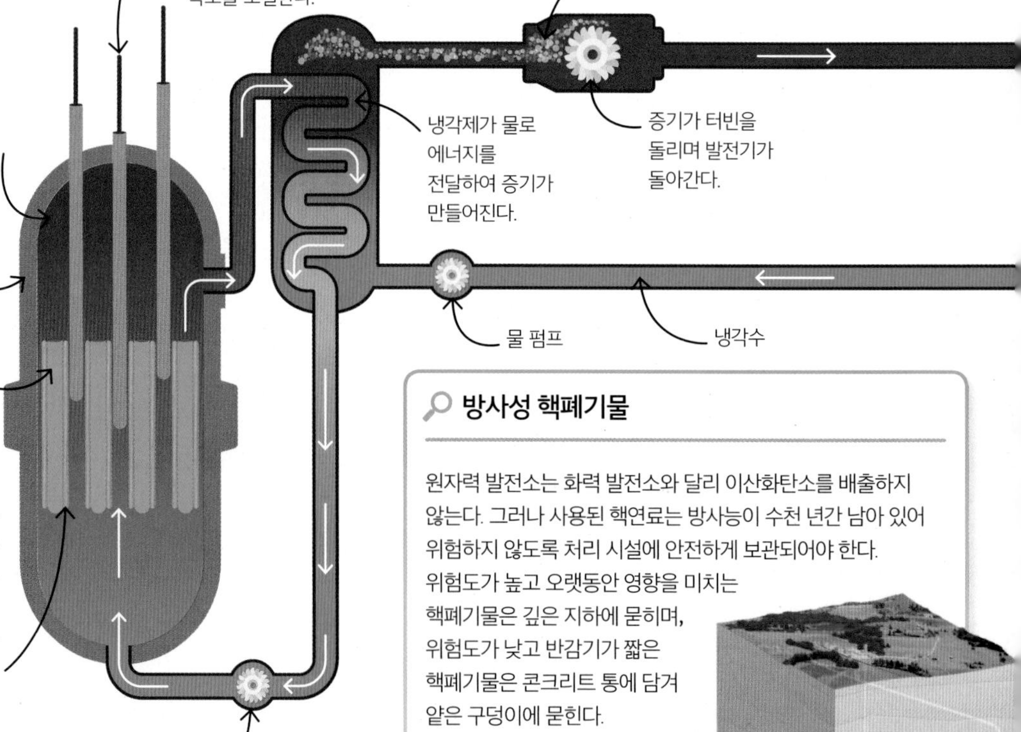

방사성 핵폐기물

원자력 발전소는 화력 발전소와 달리 이산화탄소를 배출하지 않는다. 그러나 사용된 핵연료는 방사능이 수천 년간 남아 있어 위험하지 않도록 처리 시설에 안전하게 보관되어야 한다. 위험도가 높고 오랫동안 영향을 미치는 핵폐기물은 깊은 지하에 묻히며, 위험도가 낮고 반감기가 짧은 핵폐기물은 콘크리트 통에 담겨 얕은 구덩이에 묻힌다.

핵융합

핵융합은 2개 이상의 원자핵을 모아서 더 무거운 원자핵이 형성되는 과정으로, 태양에서도 핵융합을 통해 에너지가 생산된다. 과학자들과 공학자들은 전기를 생산하기 위해 핵융합 에너지를 활용하는 방법을 연구한다.

핵심 요약

- 핵융합은 원자핵을 모아 더 무거운 원자핵을 만드는 과정이다.
- 핵융합 과정에서 소량의 질량이 에너지로 전환된다.
- 초기 핵융합을 위해서 엄청난 열과 압력이 필요하다.

수소 핵융합

핵융합 과정에서 두 원자핵이 매우 높은 열과 압력으로 강제적으로 모인다. 다음 그림은 수소의 동위원소인 중수소(수소-2)와 삼중수소(수소-3)가 핵융합하여 헬륨 원자핵이 생성되는 과정을 나타낸 것이다. 새로운 헬륨 핵과 튀어나온 중성자는 두 수소의 원자핵보다 질량이 약간 작다. 줄어든 질량은 에너지로 전환된다.

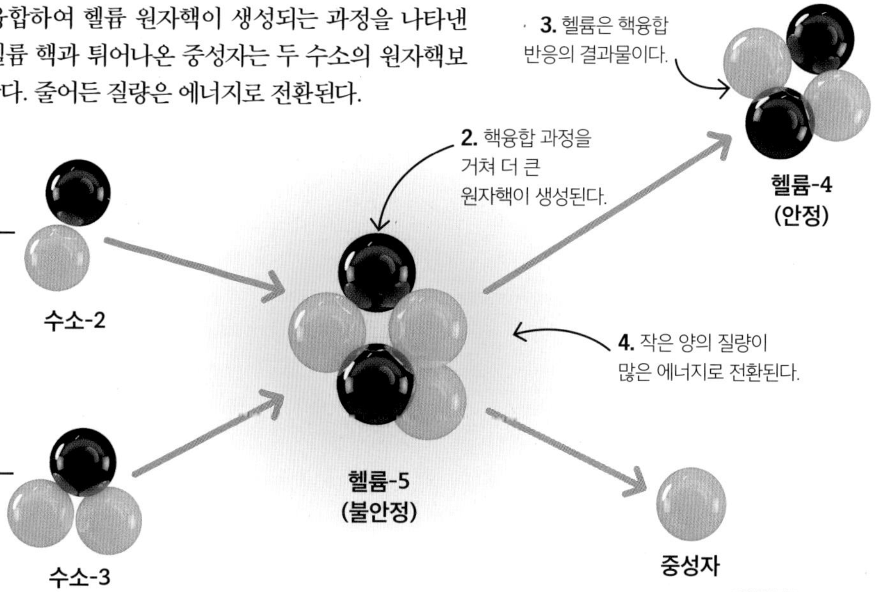

핵융합의 활용

원자핵은 양전하를 띠고 있어서 서로를 밀어내므로, 핵융합은 두 원자핵을 강하게 밀어 반발을 이겨냈을 때만 일어난다. 따라서 핵융합은 별의 중심부처럼 고온·고압의 환경에서만 발생한다. 이러한 요건으로 인해 지구에서 핵융합을 일어나게 하고 유지하는 것은 매우 어려운 일이다. 실험적으로 핵융합로를 연구한 과학자들은 강력한 자기장으로 뜨거운 물질을 가둬 일시적으로 핵융합을 유지하였다. 그러나 현재까지는 핵융합 과정에서 생성된 에너지보다 핵융합을 유지하는 데 필요한 에너지가 더 크다.

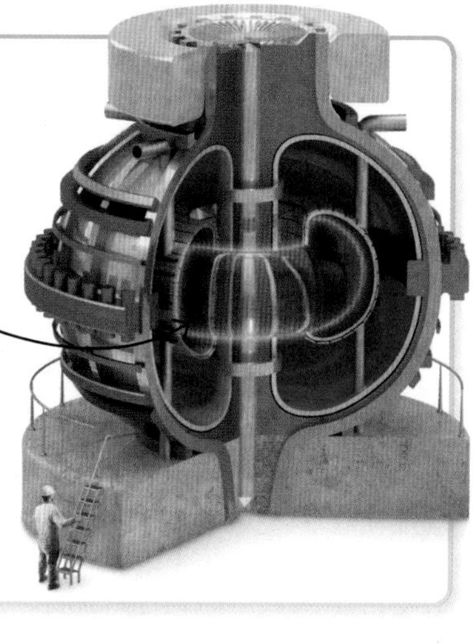

이 핵융합로의 중심부 속 도넛 링 형태의 자기장에 뜨거운 물질이 가두어져 있다.

우주

지구의 구조

지진파 연구(123쪽 참조)를 통해 과학자들은 지구의 내부가 여러 개의 층으로 이루어짐을 밝혔다. 금속처럼 무거운 원소들은 행성의 중심에 모이고, 바위처럼 상대적으로 가벼운 물질은 바깥층을 형성한다.

지구의 내부 구조

지구의 내부는 내핵, 외핵, 맨틀, 지각의 네 층으로 구성된다. 지각과 맨틀의 상층부는 모여 암석권이라고 부르는 단단한 구조를 형성하며 판이라고 불리는 구역으로 나뉘게 된다. 판은 오랜 시간 동안 천천히 움직이며 대륙과 해양의 모양을 변화시킨다.

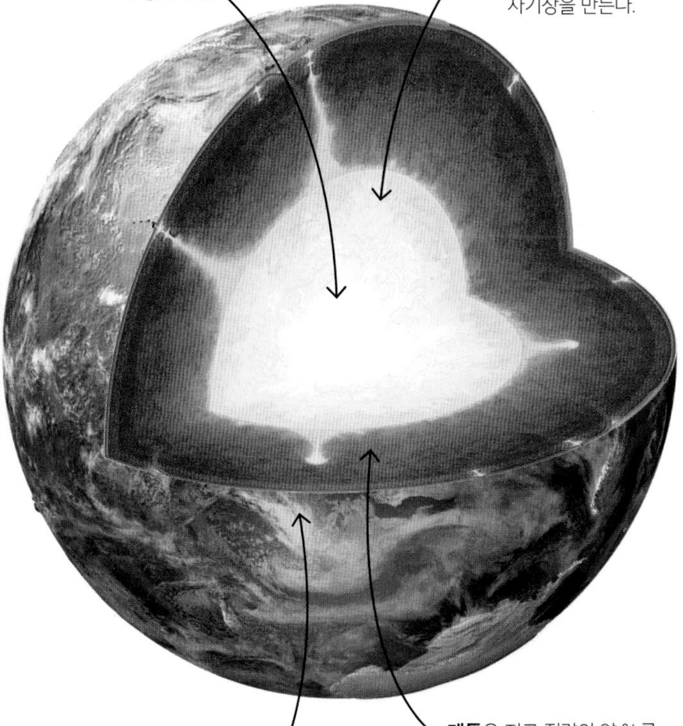

핵심 요약

- ✓ 지구 내부는 내핵, 외핵, 맨틀, 지각의 네 층으로 구성된다.
- ✓ 지각과 맨틀의 상부로 구성되는 단단한 구조는 판으로 나뉘어 오랜 시간 동안 천천히 움직인다.
- ✓ 대기권은 중력에 붙잡혀 있는 기체층이다.

대기권

지구의 대기권은 중력에 의해 잡혀 있는 기체 혼합물이다. 대기권은 뚜렷한 특성에 따라 여러 층으로 나뉜다. 명확한 경계가 없으며 우주를 향할수록 점점 희미해진다.

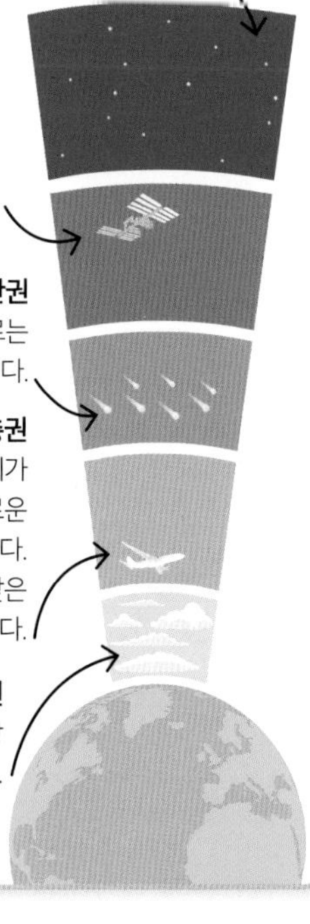

계절 변화

지구가 태양 주위를 한 바퀴 도는 데 1년, 즉 365일이 걸린다. 지구의 자전축이 기울어져 있기 때문에 계절의 변화가 주기적으로 발생한다. 결과적으로 지구가 태양을 향해 기울어져 있을 때는 멀어지게 기울어져 있을 때보다 태양 빛을 더 많이 받는다.

태양 빛의 변화

지구의 자전축은 연중 내내 동일한 각도를 유지한다. 태양 쪽으로 기울어진 반구는 낮이 길고 태양으로부터 더 강한 열을 받는 반면, 태양으로부터 멀어진 반구는 낮이 짧고 덜 데워지는 현상이 나타난다.

태양의 경로

겨울보다 여름에 태양은 낮에 가장 길게 보이고 고도가 높다. 다음 북반구에서 찍은 타임랩스 사진은 하지(위)와 동지(아래) 때 태양의 경로를 보여준다. 그 사이에는 낮과 밤의 길이가 같은 춘분, 추분 동안의 태양의 경로가 있다.

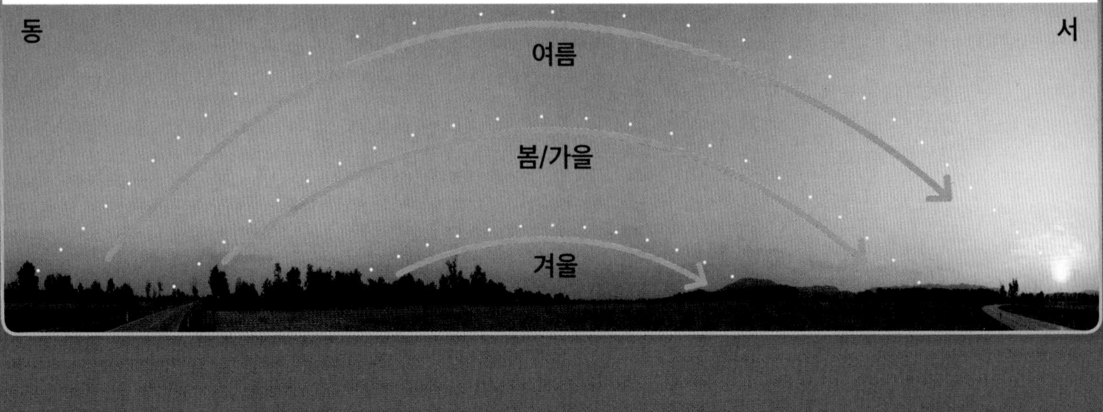

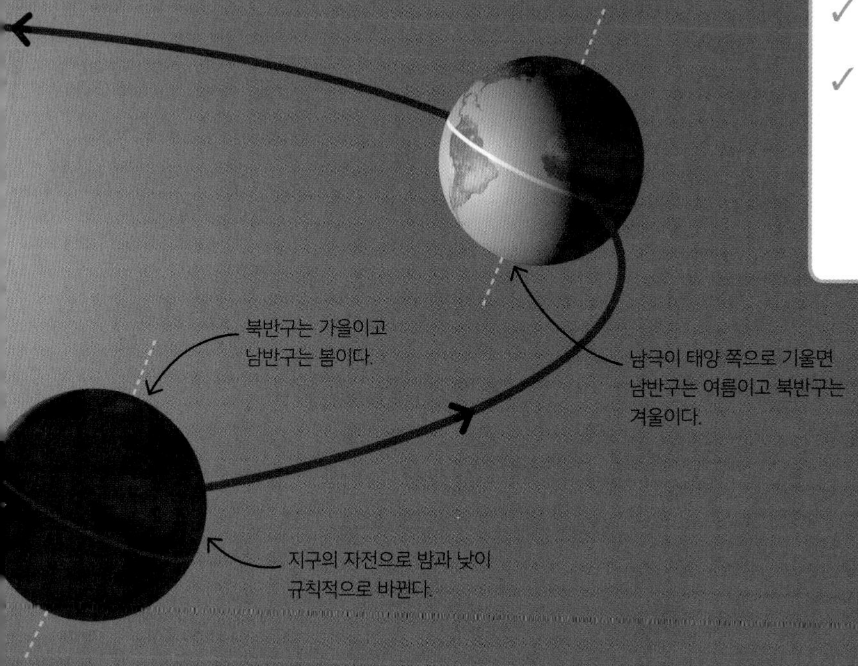

핵심 요약

- 지구의 자전축이 기울어져 있기 때문에 계절의 변화가 발생한다.
- 북극이 태양 쪽으로 기울면 북반구는 여름이다.
- 남극이 태양 쪽으로 기울면 남반구는 여름이다.

태양 빛으로 인한 가열

지구는 구형이라 햇빛이 남과 북에서 지표면과 경사를 이루며 들어오기 때문에 넓은 면적에 태양의 에너지가 퍼진다. 따라서 여름보다 겨울의 한낮에 태양이 훨씬 덜 뜨겁게 느껴지고, 열대 지역은 적도에서 멀리 떨어진 지역보다 훨씬 더 덥다.

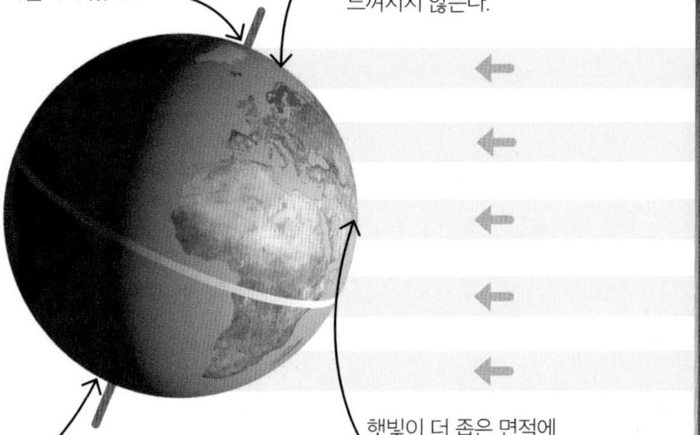

태양계

태양계는 태양의 중력에 영향을 받는 우주의 영역이다. 태양계는 지구를 포함한 8개의 주요 행성, 행성 주위를 공전하는 위성, 그리고 왜소행성, 소행성, 혜성과 같은 수없이 작은 천체들로 구성되어 있다. 모든 구성 요소는 태양의 중력에 의해 태양 주변 궤도를 돌고 있다.

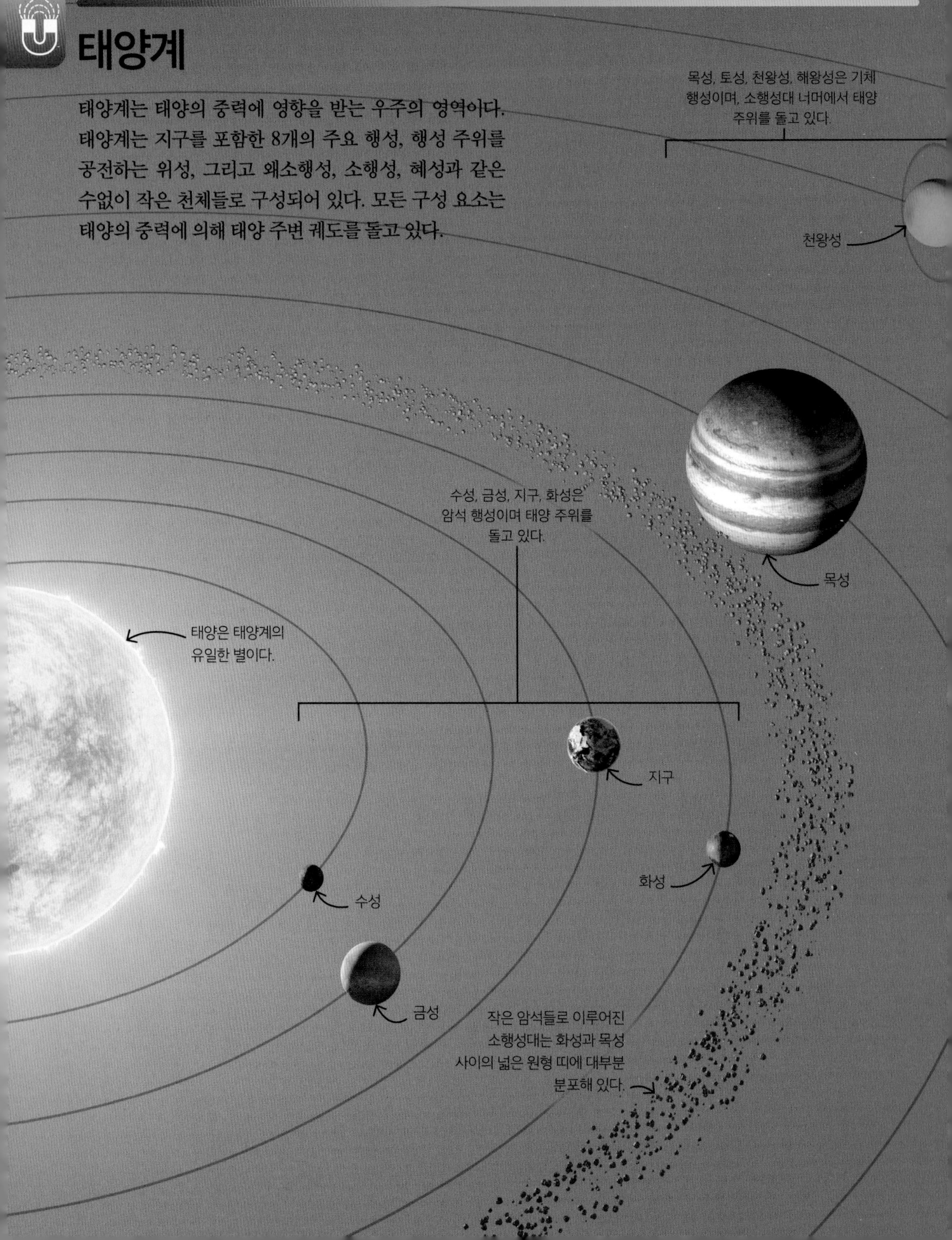

행성

행성은 별 주위를 공전하며, 자신의 궤도에서 다른 천체에 영향을 끼칠 수 있는 큰 구형 천체이다. 태양계 가장 안쪽의 4개 행성은 암석 행성으로 암석과 금속의 고체 구이다. 외부 태양계의 행성은 훨씬 크고 서로 멀리 떨어져 있다. 이들은 모두 수소와 헬륨을 포함한 기체로 이루어진 두꺼운 대기를 가지고 있으며, 각각의 행성은 자신을 둘러싼 링(고리)과 행성 주변을 도는 위성을 가지고 있다.

핵심 요약

- ✓ 태양계에 속한 천체들은 태양의 중력에 의해 궤도를 돌고 있다.
- ✓ 행성은 별 주위를 공전하며, 자신의 궤도에서 다른 천체에 지배적인 영향을 끼칠 수 있는 큰 구형 천체이다. 태양계에는 8개의 행성이 있다.
- ✓ 위성은 행성 주위를 공전하는 큰 천체이다.
- ✓ 소행성은 주로 화성과 목성 사이에서 발견되는 작은 암석들이다.

작은 천체

명왕성

왜소행성
구형을 유지할 정도로 질량이 충분히 크지만 궤도 주변 행성에 지배적인 영향을 미치지 못하는 천체를 왜소행성이라고 한다. 명왕성은 대표적으로 알려진 왜소행성이다.

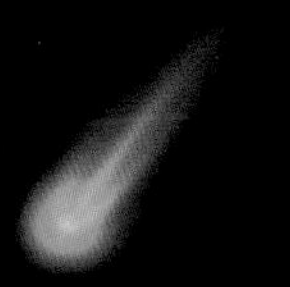
혜성 러브조이

혜성
혜성은 암석과 얼음의 혼합물로 이루어져 있다. 긴 타원형 궤도를 가지고 있고, 태양에 가까워지면서 종종 긴 꼬리가 생긴다.

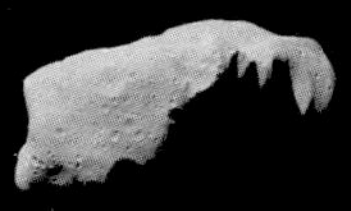
소행성 아이다

소행성
소행성은 행성의 형성 과정 중 남겨진 암석과 금속으로 이루어져 있으며, 보통 불규칙한 모양을 띤다. 대부분의 소행성은 화성과 목성 사이의 궤도에서 태양 주변을 공전한다.

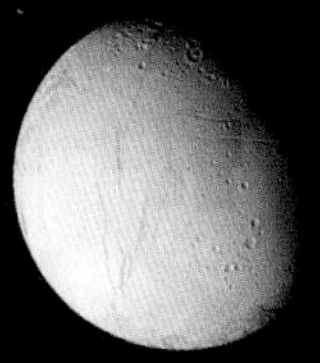
토성 위성 엔셀라두스

위성
위성은 행성 주위를 공전하는 큰 천체로, 종종 자연 위성이라고 불린다. 태양계에 200개가 넘는 위성이 있으며, 대부분은 거대한 행성 주위를 돌고 있다.

달

달은 지구의 자연 위성으로 27.3일마다 지구를 한 바퀴씩 돈다. 스스로 빛을 내지 않지만 태양으로부터 빛이 반사되어 지구에서 달을 볼 수 있다.

핵심 요약

- ✓ 달은 지구의 자연 위성이다.
- ✓ 달은 매 29.5일마다 연속적으로 위상이 바뀐다.
- ✓ 조석 현상은 주로 달의 인력이 지구의 바닷물을 끌어당겨 발생한다.

달의 위상

달은 움직이며 태양 빛에 의해 조금씩 다른 부분이 비춰지기 때문에 29.5일마다 연속적인 위상 변화가 나타난다. 달이 지구와 태양 사이에 있을 때 지구에서 달을 볼 수 없는데, 이를 '삭'이라고 한다. 태양에서 바라보았을 때, 지구의 반대편에 달이 있을 때, 지구에서 달의 전체 면이 빛나는 것을 볼 수 있는데, 이를 '망(보름달)'이라고 한다. 지구가 달에 작용하는 조석력이 달의 자전 주기를 수백만 년에 걸쳐 늦췄기 때문에 우리는 항상 달의 같은 면을 볼 수 있다.

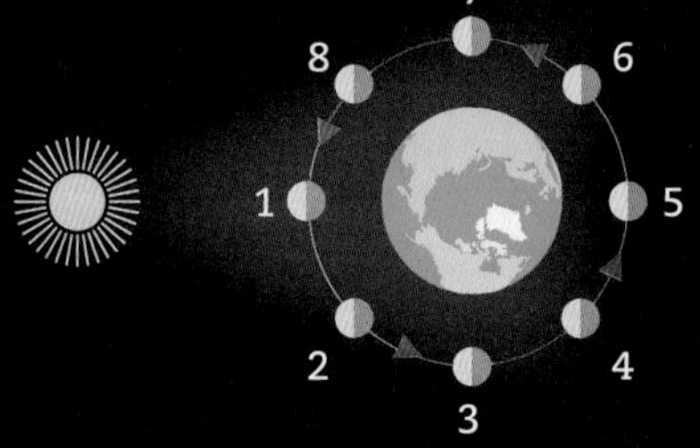

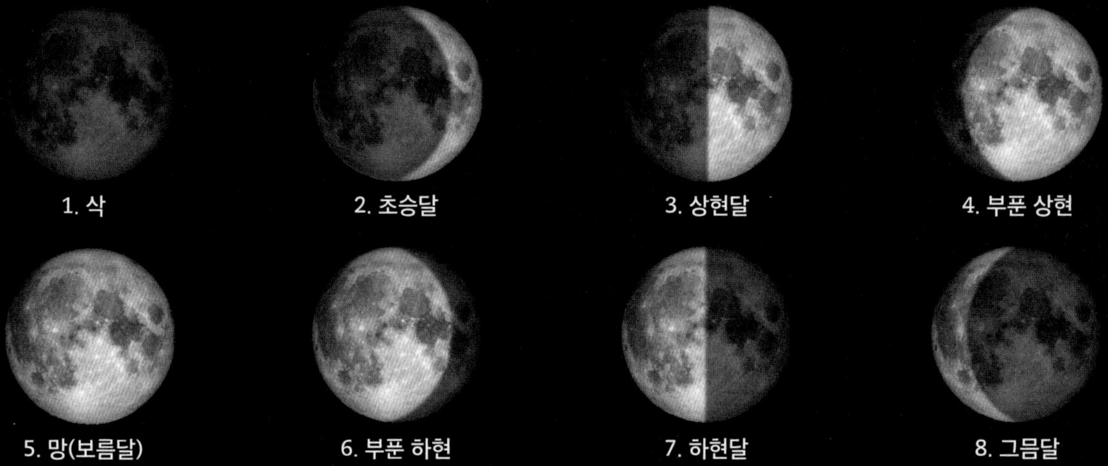

조석

조석 현상은 주로 달의 인력에 의해 나타난다. 달과 마주보고 있는 지구의 면이 조금 더 가깝기 때문에 반대편보다 달의 인력이 더 강하게 작용한다. 이 힘이 바닷물을 달 쪽으로 끌어당겨 약간 볼록한 모양이 된다. 지구의 반대편은 달의 인력은 약하지만 관성에 의해 바닷물이 반대 방향으로 볼록하게 된다. 따라서 조석 현상은 하루에 두 번 일어난다.

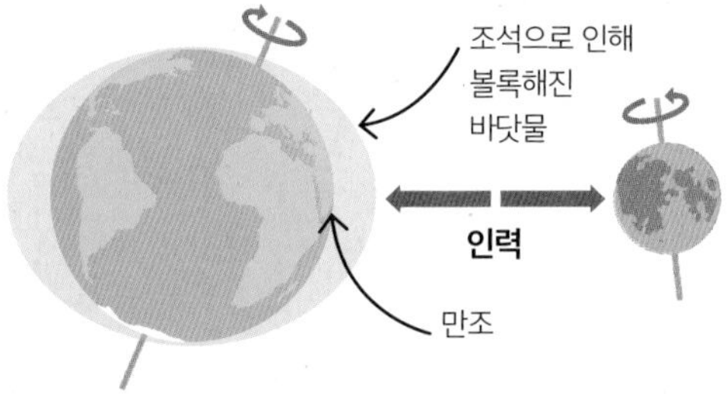

일식과 월식

식(eclipse) 현상은 지구, 태양, 달이 우주에서 한 줄로 위치할 때 발생한다. 달이 태양과 지구 사이를 지나갈 때 지구에 그림자를 드리우며 일식이 생긴다. 월식은 지구가 달에 그림자를 드리우며 발생한다.

핵심 요약

- 식 현상은 지구, 달, 태양이 한 줄로 위치할 때 발생한다.
- 일식은 달이 지구에 그림자를 드리우며 생긴다.
- 월식은 지구가 달에 그림자를 드리우며 생긴다.

일식

일식은 달이 태양과 지구 사이를 지나가며 지구의 표면에 그림자를 드리우며 생긴다. 달은 태양보다 작지만 지구와 더 가깝기 때문에 태양을 완전히 가릴 수 있으므로 개기 일식이 나타난다. 개기 일식은 지구 일부 지역에서만 관측 가능하다.

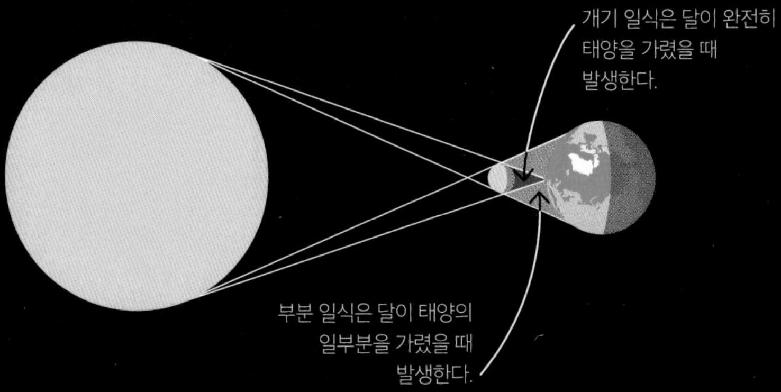

월식

월식은 보름달이 뜨는 기간에 달이 지구의 그림자를 통과할 때 발생한다. 때때로 달의 일부분이 지구의 그림자를 통과하지만, 달 전체가 지구의 그림자 안에 들어오게 되면 달이 붉게 보이게 된다. 지구의 대기를 통해 굴절된 빛이 달의 표면에서 반사될 수 있기 때문에 붉게 보인다.

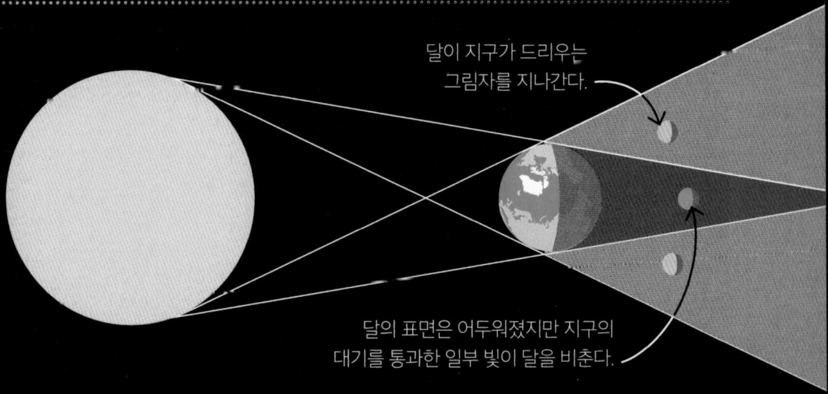

태양의 대기

개기 일식이 일어나 달이 태양을 완전히 가리게 되면 태양의 희미한 바깥 대기층인 코로나를 볼 수 있다. 코로나는 우주를 향해 수백만 km 뻗어 있지만 보통 태양 빛에 가려 있기 때문에 연구하기 어렵다.

궤도

태양계의 행성은 중력에 붙잡혀 태양 주변을 공전한다. 태양 주위를 따라 행성이 돌거나 행성 주위를 따라 위성이 도는 길을 궤도라고 한다.

핵심 요약

- ✓ 우주에서 천체가 다른 천체 주위를 도는 길을 궤도라고 한다.
- ✓ 중력으로 인해 천체가 궤도를 따라 돌 수 있다.
- ✓ 궤도는 원형이거나 타원형이다.
- ✓ 원형 궤도를 도는 천체의 속력은 항상 일정하지만 운동 방향이 바뀌므로 속도는 항상 달라진다.

궤도의 모양

태양계의 행성은 거의 원형 궤도를 가지고 있다. 태양이 잡아당기는 중력이 행성에 구심력으로 작용하여 직선 방향으로 멀어지는 것을 막는다. 혜성처럼 크기가 더 작은 천체는 타원 궤도를 돈다. 태양에 가까이 다가올수록 속력이 증가한다.

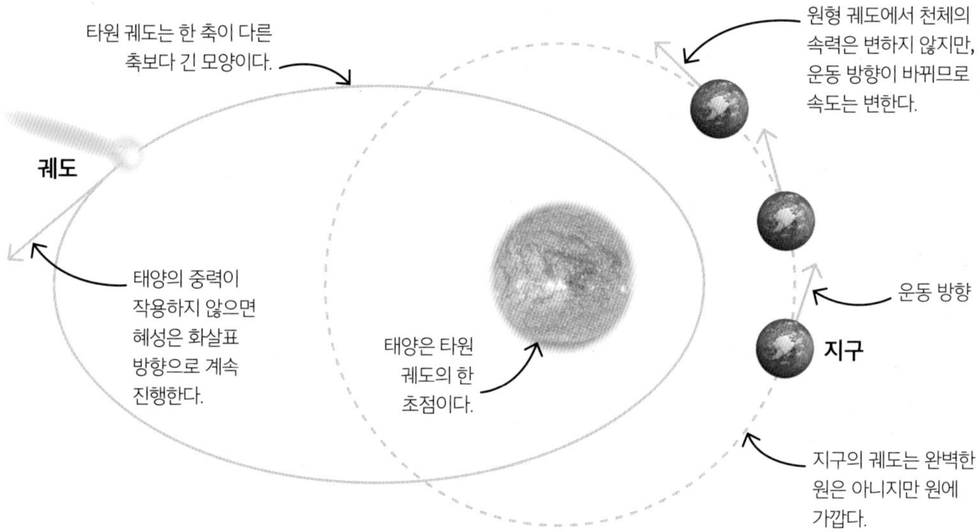

궤도의 종류

인공위성은 수행하는 역할에 따라 다른 종류의 궤도를 갖는다. 대표적인 두 종류의 궤도는 정지 궤도와 극궤도이다.

정지 궤도
정지 궤도 위성은 적도 위에 머무르며 지구의 자전 주기에 맞춰 매 23시간 56분마다 한 바퀴를 돈다. 이는 행성 위의 같은 지점에 항상 머물러 있음을 의미한다. 정지 궤도 위성은 기상 위성, 통신 위성을 사용된다.

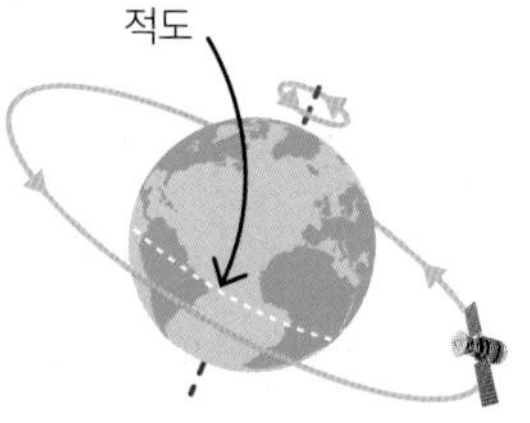

극궤도
극궤도 위성은 행성의 극에서 극으로 이동한다. 위성이 도는 동안 아래의 지구는 자전하기 때문에 위성은 매 바퀴마다 지구의 다른 지점 위를 통과한다. 극궤도 위성은 지구 관측 위성에 사용된다.

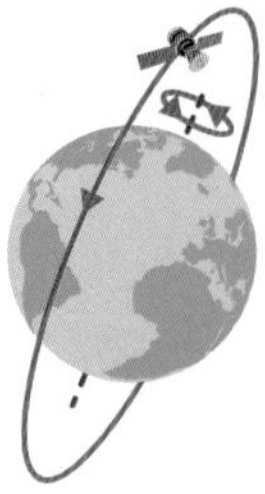

은하

은하는 중력에 의해 모여 회전하는 별들의 집단이다. 우주에는 약 2조 개의 은하가 있고 각 은하는 다시 수백억, 수조 개의 별들을 가지고 있다. 각 은하와 은하 안의 별들은 모두 멀리 떨어져 있다.

은하의 유형

은하는 모양을 바탕으로 다양한 종류로 분류된다. 나선, 막대 나선, 렌즈형, 타원형, 불규칙 은하와 같은 다양한 모양이 있다. 태양은 우리 은하(은하수)에 속해 있고 우리 은하는 중앙이 막대 모양의 별들로 이루어진 나선 은하 형태이므로 막대 나선 은하로 분류된다. 우리가 밤하늘에서 볼 수 있는 모든 별들은 은하수에 속해 있다. 아래에 있는 화가의 작품은 바깥에서 바라본 은하의 모습을 보여준다.

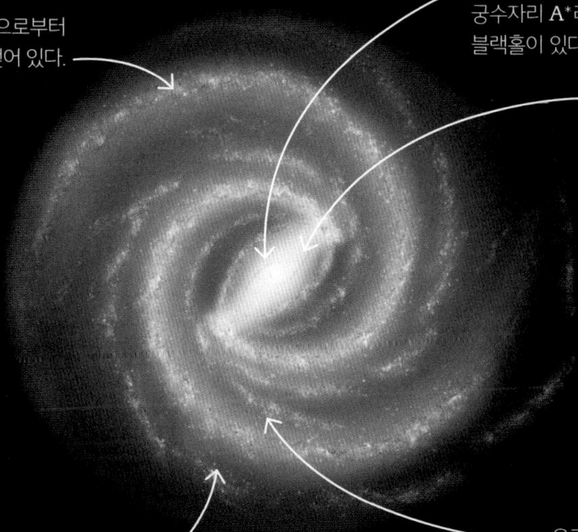

렌즈형 은하는 나선 은하처럼 가운데가 부푼 판 모양의 은하이다. 그러나 렌즈형 은하는 나선 팔이 없다.

타원형 은하는 찌그러진 구형 모양을 띤다. 다른 유형의 은하보다 타원형 은하에 속한 별들은 나이가 더 많다.

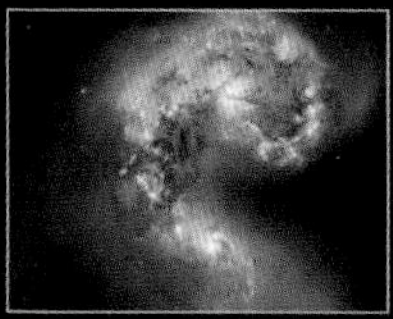

불규칙 은하는 특별한 형태가 없으며 나선 팔이 없다. 모든 은하의 약 4분의 1만큼이 이 유형에 속한다.

핵심 요약

- ✓ 은하는 중력에 의해 모여 회전하는 별들의 집단이다.
- ✓ 은하의 유형에는 정상 나선 은하, 막대 나선 은하, 렌즈형 은하, 타원형 은하, 불규칙 은하가 있다.
- ✓ 우리 태양계는 우리 은하(은하수)에 속해 있다.

은하의 크기

우주에서의 거리는 매우 광대하여 광년 단위로 측정한다. 1광년은 빛이 1년 동안 이동하는 거리로 약 9.5조 km이다.

태양은 지구에서 빛의 속도로 8분이면 갈 수 있다.

가장 가까운 이웃 별인 프록시마 센타우리는 4.2 광년 떨어져 있다.

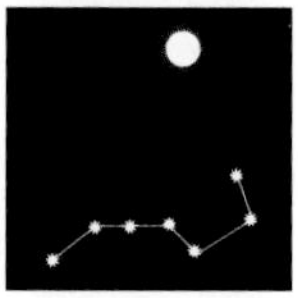

북극성은 320광년 떨어져 있다.

우리는 우리 은하의 중심에서 26만 광년 떨어져 있다.

가장 가까운 은하인 안드로메다는 250만 광년만큼 떨어져 있다.

우주 관측

우주에 대해 배우는 보편적인 방법은 먼 곳에서 지구에 도달하는 가시광선과 복사선을 감지하는 것이다. 망원경은 이 전자기파를 모아 맨눈으로도 관측할 수 있도록 더 밝고 자세하게 상을 만드는 도구이다.

핵심 요약

- ✓ 천문학자들은 우주의 천체에서 오는 다양한 전자기파를 감지하기 위해 여러 종류의 망원경을 사용한다.
- ✓ 일부 망원경은 우주로 보내져 더 선명한 상을 얻기도 한다.

망원경

지난 몇 세기 동안 망원경의 도움으로 우주에 대한 이해가 발전해 왔다. 초기 천문학자들은 직접 관측한 것을 그렸지만, 오늘날에는 카메라가 상을 기록하고 컴퓨터가 그 상을 분석한다. 천문학자들은 망원경을 지구와 우주에 설치하여 전체 스펙트럼의 전자기파를 감지하고 연구한다.

지구의 망원경
푸에르토리코에 있는 아레시보 천문대와 같이 지구에 위치한 망원경은 우주에 발사할 필요가 없으므로 우주 망원경보다 더 크기가 커질 수 있다. 아레시보와 같은 전파 망원경은 라디오파가 가시광선보다 더 파장이 길기 때문에 큰 접시가 필요하다.

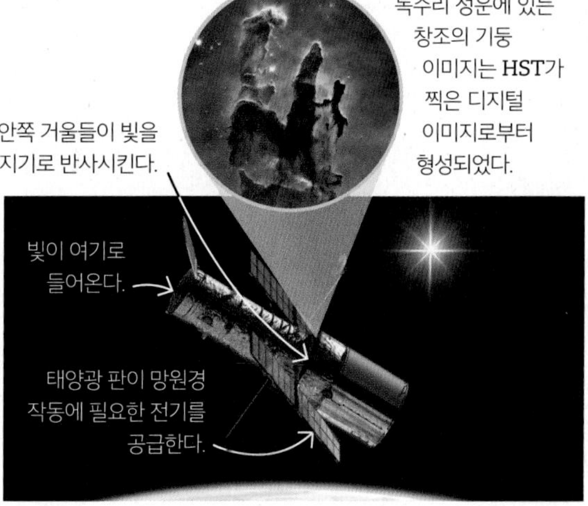

우주 망원경
대부분의 현대 망원경과 같이 허블 우주 망원경(HST)은 빛을 모으기 위해 렌즈보다 거울을 사용한다. 허블처럼 궤도를 움직이는 망원경은 대기의 구름이나 먼지 없이 우주를 관측할 수 있고, 적외선처럼 지구의 대기에 흡수되는 파들을 감지할 수 있다.

보이지 않는 전자기파

별과 우주의 천체들은 전체 스펙트럼에 걸쳐서 전자기파를 방출한다. 천문학자들은 다양한 주파수의 상들을 연구하여 천체에 대한 정보를 얻고 있다. 다음 사진들은 폭발한 별들의 빛나는 잔해인 게성운을 다양한 주파수로 보여준다.

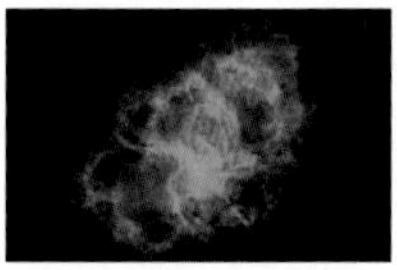
라디오파

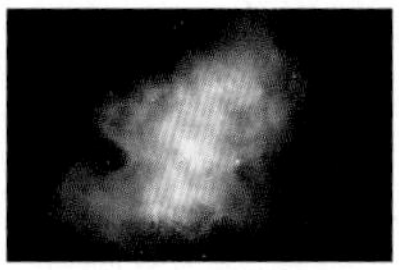
적외선

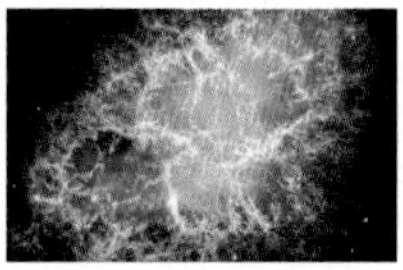
가시광선

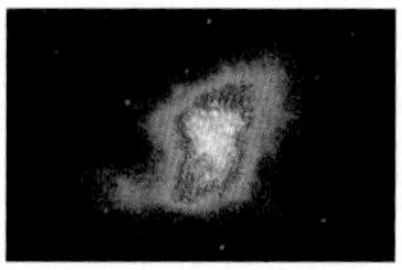
자외선

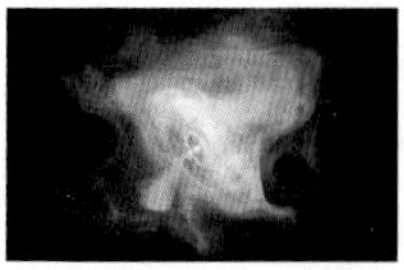
X선

적색 편이

천문학자들은 먼 은하에서 오는 빛들을 분석하며 가까이 있는 천체에서 오는 빛보다 약간 더 파장이 긴 것을 발견하였다. 맨눈으로는 감지하기 어려운 이 파장 차이는 적색 편이라 불리는 효과에 의한 것으로 우주가 팽창하고 있음을 보여준다.

움직이는 빛

멀어지고 있는 천체로부터 오는 빛 파동은 파장이 약간 길다. 천체가 더 빨리 멀어질수록 파장이 더 많이 증가한다. 적색 편이의 연구를 통하여 천문학자들은 가장 멀리 떨어진 은하가 가장 빠르게 멀어지고 있음을 발견하였다. 이는 전체 우주가 빅뱅 이론을 뒷받침하는 형태로 팽창하고 있음을 보여준다(267쪽 참조).

핵심 요약

- ✓ 적색 편이는 우리로부터 멀어지고 있는 먼 은하에서 오는 빛의 파장이 증가하는 현상이다.
- ✓ 적색 편이에 대한 연구는 가장 멀리 떨어진 은하가 가장 빠르게 멀어지고 있음을 보여준다.
- ✓ 적색 편이의 관측은 우주가 팽창하고 있음을 보여주며 빅뱅 이론을 뒷받침한다.

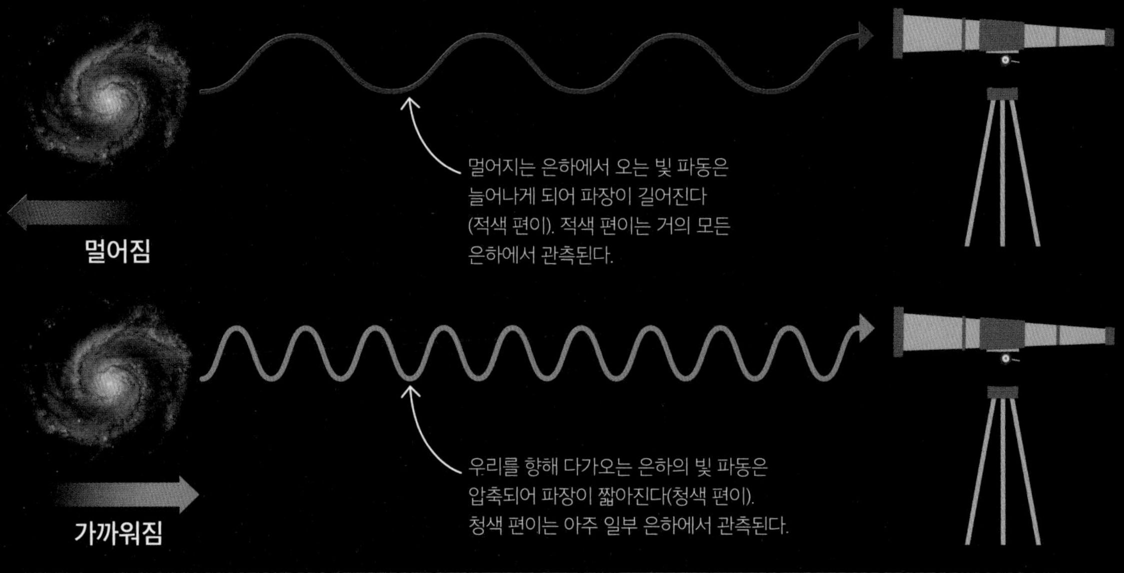

별빛 연구하기

천문학자들은 분광학이라고 불리는 기법을 바탕으로 별과 은하에서 오는 빛을 연구한다. 별에서 오는 가시광선에서는 눈에 띄는 검은 선들이 나타나는데, 별이나 우주의 화학 원소들이 특정 파장을 흡수하기 때문이다. 적색 편이(때로는 청색 편이)는 이 선들이 움직이게 하고, 이동한 정도는 별이나 은하가 우리로부터 얼마나 빨리 멀어지고 가까워지는지를 알려준다. 적색 편이는 가시광선뿐 아니라 모든 전자기파에서 나타난다.

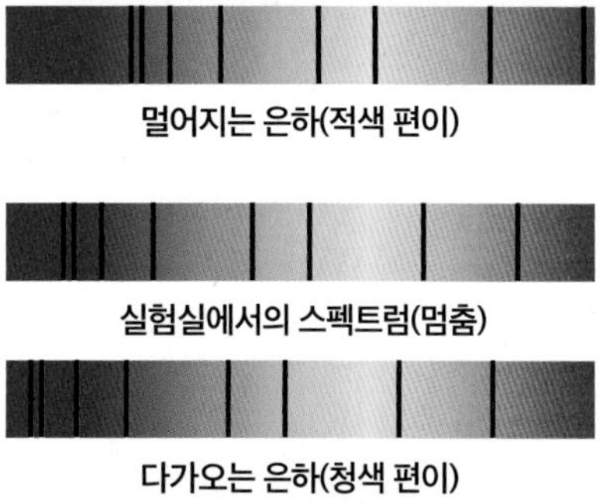

팽창하는 우주

별과 은하로부터 오는 빛을 분석함으로써 그들이 우리에게서 멀어지는지 가까워지는지 알 수 있다. 1929년에 미국의 에딘 허블(Edwin Hubble)을 포함한 천문학자들은 대부분의 은하가 지구로부터의 거리에 비례하는 속력으로 멀어지고 있음을 발견하였다. 이를 허블의 법칙이라고 한다.

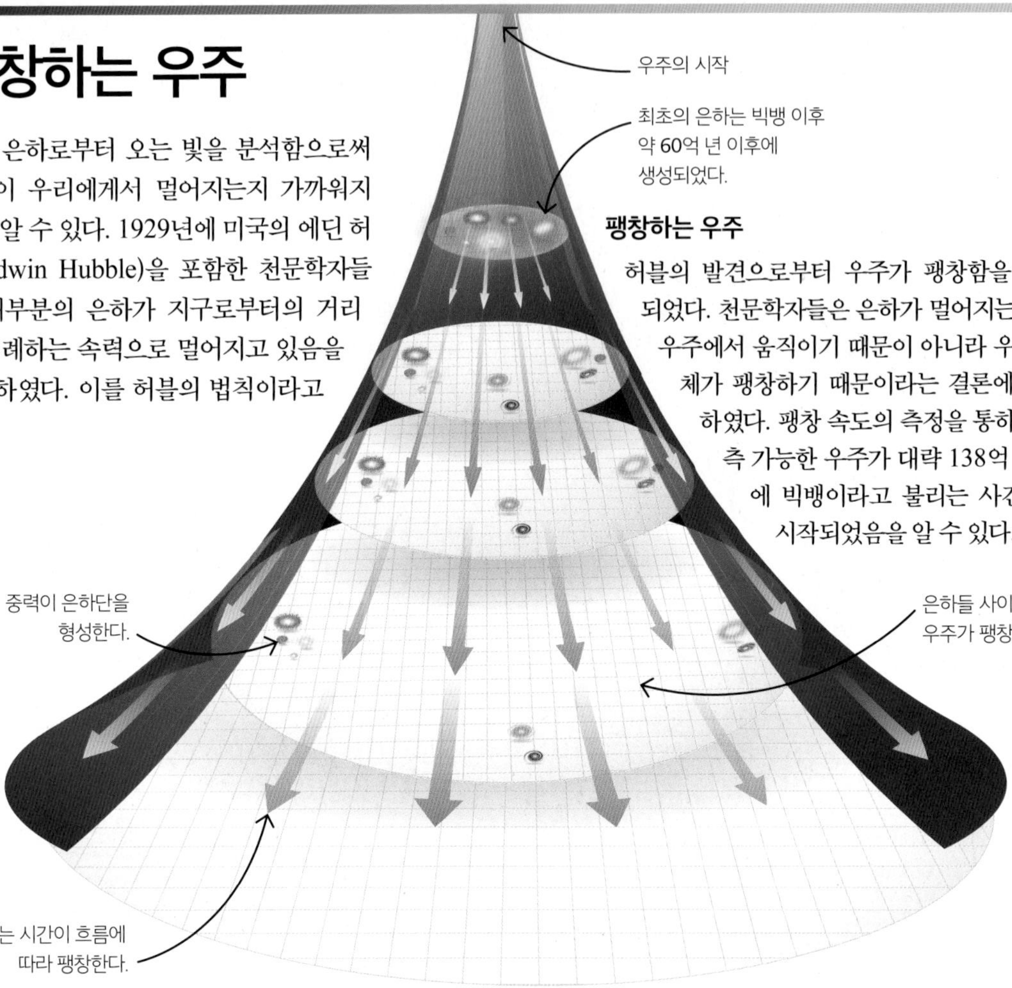

팽창하는 우주

허블의 발견으로부터 우주가 팽창함을 알게 되었다. 천문학자들은 은하가 멀어지는 것이 우주에서 움직이기 때문이 아니라 우주 자체가 팽창하기 때문이라는 결론에 도달하였다. 팽창 속도의 측정을 통하여 관측 가능한 우주가 대략 138억 년 전에 빅뱅이라고 불리는 사건에서 시작되었음을 알 수 있다.

핵심 요약

- ✓ 대부분의 은하들은 우리로부터 멀어지고 있다.
- ✓ 은하가 멀어지는 속력은 우리로부터 떨어진 거리에 비례하여 증가한다.
- ✓ 허블의 발견은 우주가 팽창하고 있음을 보여주고 빅뱅 우주론을 뒷받침한다.

암흑 물질과 암흑 에너지

멀리 떨어진 은하계에서 초신성의 빛을 측정한 결과 우주의 팽창이 가속화되고 있음을 알게 되었다. 과학자들은 그 가속이 암흑 에너지라고 불리는 미지의 에너지로 인한 것으로 간주한다. 또한 관찰 가능한 질량만으로는 별과 은하의 운동을 설명할 수 없기 때문에, 우리가 볼 수 있는 그 이상의 질량이 있을 것이라고 본다. 감지할 수 없는 이 질량을 암흑 물질이라고 한다.

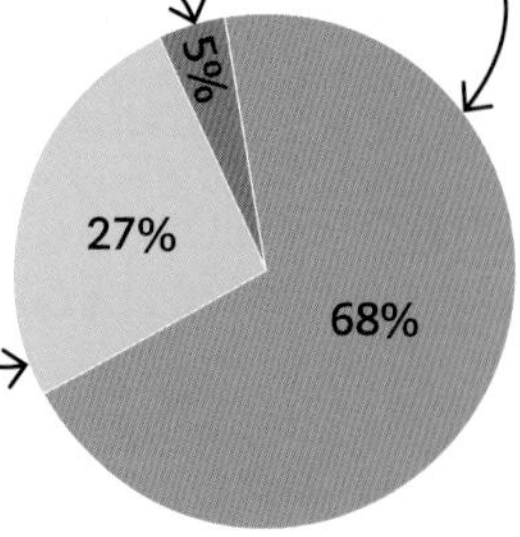

우주의 구성

빅뱅 또는 정상 상태?

우주의 팽창을 설명하는 서로 다른 두 이론이 있다. 빅뱅 우주론은 팽창이 과거의 한 시작점으로 거슬러 올라간다고 주장한다. 정상 우주론은 무언가가 끊임없이 물질을 만들고 우주를 팽창시키고 있다고 주장한다.

핵심 요약

- ✓ 빅뱅 우주론은 138억 년 전 한 지점에서 우주가 시작되었고 그 이후로 계속 팽창해 왔다고 주장한다.
- ✓ 정상 우주론은 우주가 팽창할 수 있도록 끊임없이 물질이 생겨난다고 주장한다.
- ✓ 현재는 정상 우주론보다 빅뱅 우주론을 받아들이고 있다.

빅뱅 우주론

빅뱅 우주론에 따르면 138억 년 전 한 지점에서 갑자기 우주가 팽창되었다. 우주의 모든 물질과 에너지는 그 시작점에서 만들어졌고, 우주가 팽창하면서 물질과 에너지들이 더욱 넓게 퍼져 나갔다. 많은 증거들이 빅뱅 우주론을 뒷받침하고 있다.

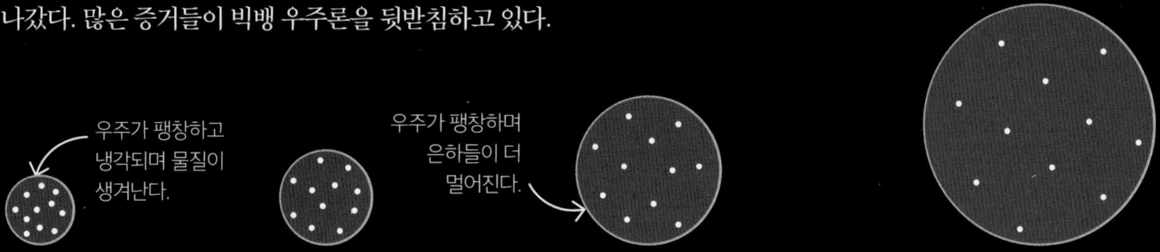

정상 우주론

20세기 초반에 제시된, 빅뱅 우주론의 경쟁 관계인 이론에 따르면, 우주는 항상 존재하였고 새로운 물질들이 생겨나며 우주가 팽창해 왔다. 그러나 과학적 발견들은 정상 우주론을 뒷받침하지 않아 현재는 받아들여지지 않고 있다.

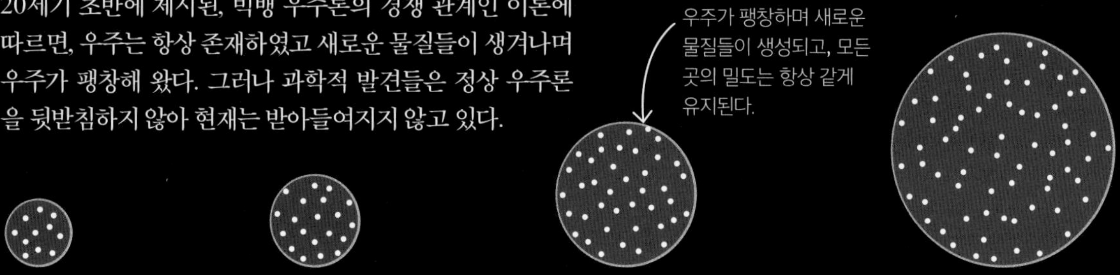

우주 배경 복사

1964년에 2명의 전파 천문학자가 모든 하늘에서 오는 약한 전파 신호를 발견하였다. 그들은 그 신호가 전 우주에 걸쳐 얇게 퍼져 있는 빅뱅으로부터의 복사선임을 알게 되었다. 이 에너지의 존재는 정상 우주론이 아닌 빅뱅 우주론에 의해 예측되었고, 따라서 이 발견은 빅뱅 우주론을 뒷받침한다.

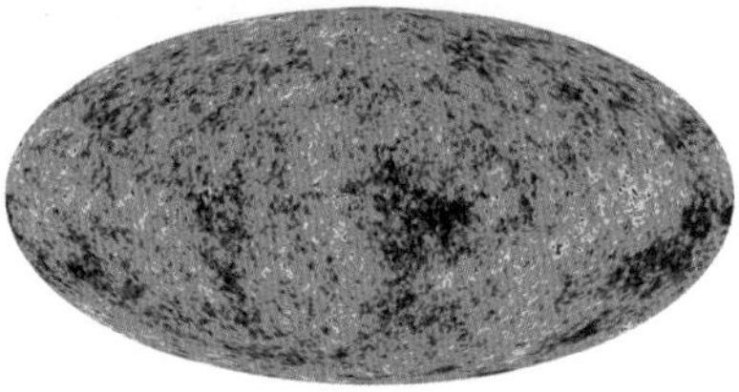

우주 배경 복사

별의 일생

별은 거대한 기체와 먼지구름 안에서 생성되어 핵융합 반응이 일어날 때까지 중력에 의해 압축된다. 별이 나이를 먹고 연료를 소모하는 수명 주기는 별의 질량에 따라 달라진다.

핵심 요약

- ✓ 별들은 성운이라고 불리는 가스와 먼지구름으로부터 형성된다.
- ✓ 행성은 별이 형성된 후 남겨진 잔해들로부터 형성된다.
- ✓ 별의 일생의 단계는 질량에 따라 달라진다.

다른 일생

다음 그림은 거대한 별과 태양 정도 크기의 별 유형의 일생을 나타낸 것이다. 거대한 별은 밝게 빛나며 연료가 빠르게 소모되고 대폭발로 소멸한다. 더 작은 별은 연료를 천천히 소모하며 오랫동안 빛나고 나이가 들며 부풀어 오르다가 소멸한다.

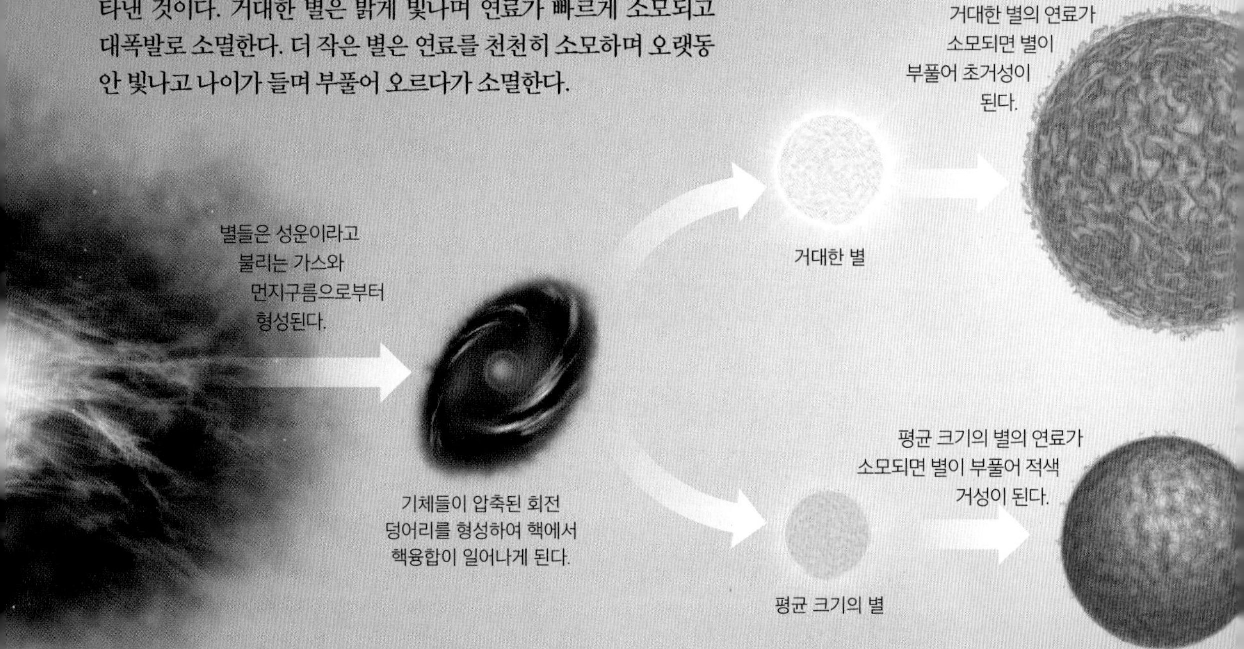

별의 평형

별은 안쪽으로 끌어당기는 중력과 핵융합으로 인해 바깥으로 작용하는 복사압이 평형을 이룰 때 안정적으로 빛난다. 별 내부의 연료가 모두 소모되면 힘에 불균형이 생겨 때때로 매우 크고 격렬하게 변화하게 된다.

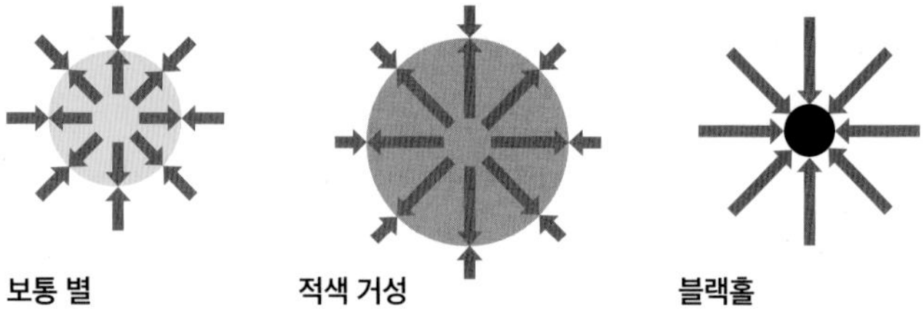

보통 별
태양 같은 별은 안쪽의 중력과 핵으로부터 바깥쪽을 향하는 압력이 평형을 이룬다.

적색 거성
나이 든 별은 핵이 가열되어 힘에 불균형이 생긴다. 다시 힘이 평형을 이룰 때까지 부풀어 거성이 된다.

블랙홀
모든 거대한 별들은 연료가 모두 소모되면 핵의 압력보다 중력이 매우 커져서 붕괴되어 블랙홀이 된다.

별의 탄생

별들은 성운이라고 불리는 가스와 먼지구름으로부터 생성된다. 성운이 폭발하는 별의 충격에 의해 영향을 받으면, 성운의 일부는 중력에 의해 수축하기 시작하여 밀도가 높고 회전하는 덩어리를 형성한다. 덩어리의 밀도가 점점 커지며 중력이 더욱 커지고 더 많은 물질들을 끌어들여 핵의 온도가 올라간다. 결국 핵은 더 밀도가 커지고 뜨거워져서 핵융합 반응이 일어나고 별이 빛나게 된다. 남은 물질은 먼지와 가스 원반 형태로 별 주위를 돌게 되며 행성과 다른 천체들이 만들어진다.

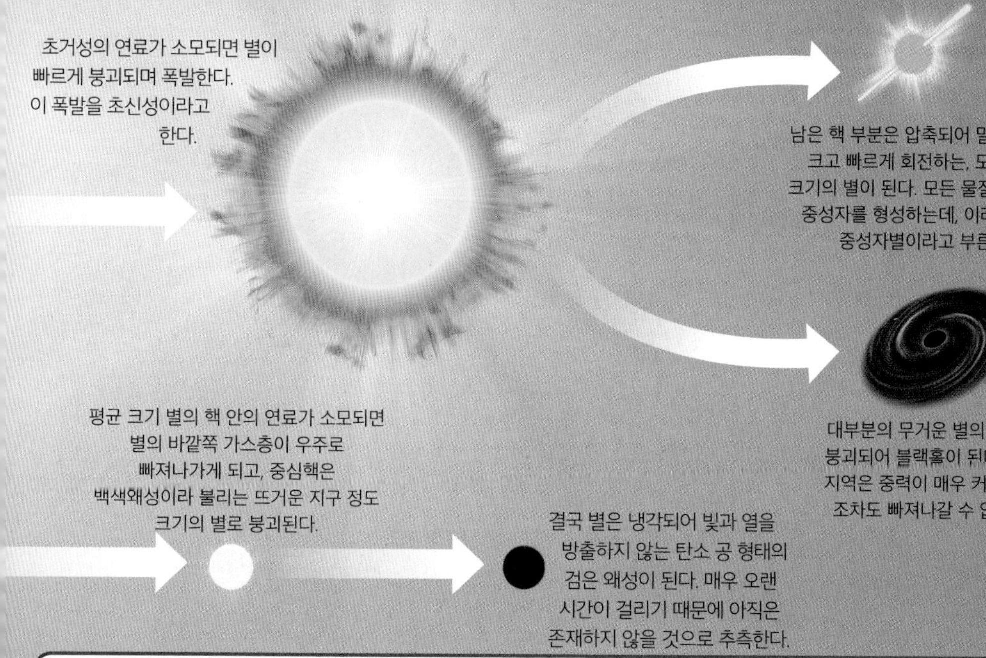

원소 생성

별들은 대부분 우주에서 가장 간단한 원소인 수소로 이루어져 있다. 별은 핵융합(253쪽 참조)을 통해 빛을 내뿜는다. 수소 핵이 모여 헬륨과 같은 더 큰 원자핵을 형성하면서 에너지가 방출된다. 별의 수명이 끝나면 그 핵심은 수소가 부족해지고 다른 원소를 핵융합하기 시작한다. 태양과 비슷한 별은 헬륨을 핵융합하여 탄소를 만들며, 더 거대한 별들은 질소, 산소, 철과 같은 더 무거운 원소를 생성한다. 거대한 별이 초신성으로 폭발하면 철보다 무거운 원소도 생성되며, 폭발은 원소들을 우주에 흩뿌려 새로운 성운을 형성한다. 우리 몸속의 많은 화학 원소가 이러한 방식으로 형성되었다.

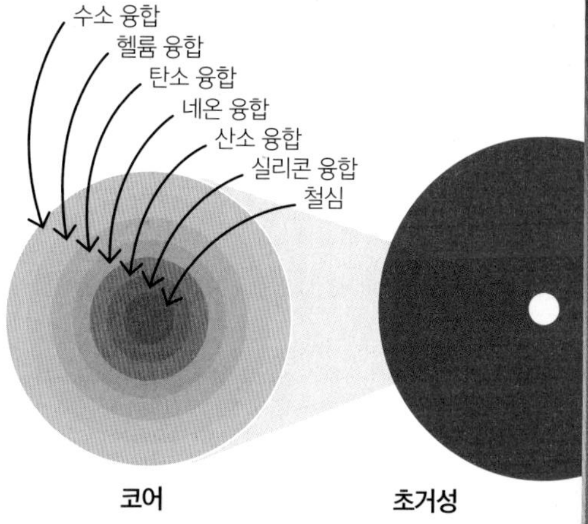

별의 분류

별은 맨눈으로는 매우 작은 점 형태의 빛으로 보이지만, 별빛을 분석하여 온도, 지구로부터의 거리, 지름, 질량을 계산할 수 있다. 이 특성들은 별을 분류하고 나이와 남은 수명을 계산하는 데 사용된다.

핵심 요약

- ✓ 별빛을 통하여 별의 온도를 계산할 수 있다.
- ✓ 겉보기 등급은 지구로부터 별이 얼마나 밝게 보이는지 알려준다.
- ✓ 절대 등급은 정해진 거리에 별이 있을 때 얼마나 밝게 보이는지 알려준다.
- ✓ 헤르츠스프룽-러셀도(Hertzsprung-Russell diagram)는 별의 온도에 따른 밝기를 나타낸 그래프이다.

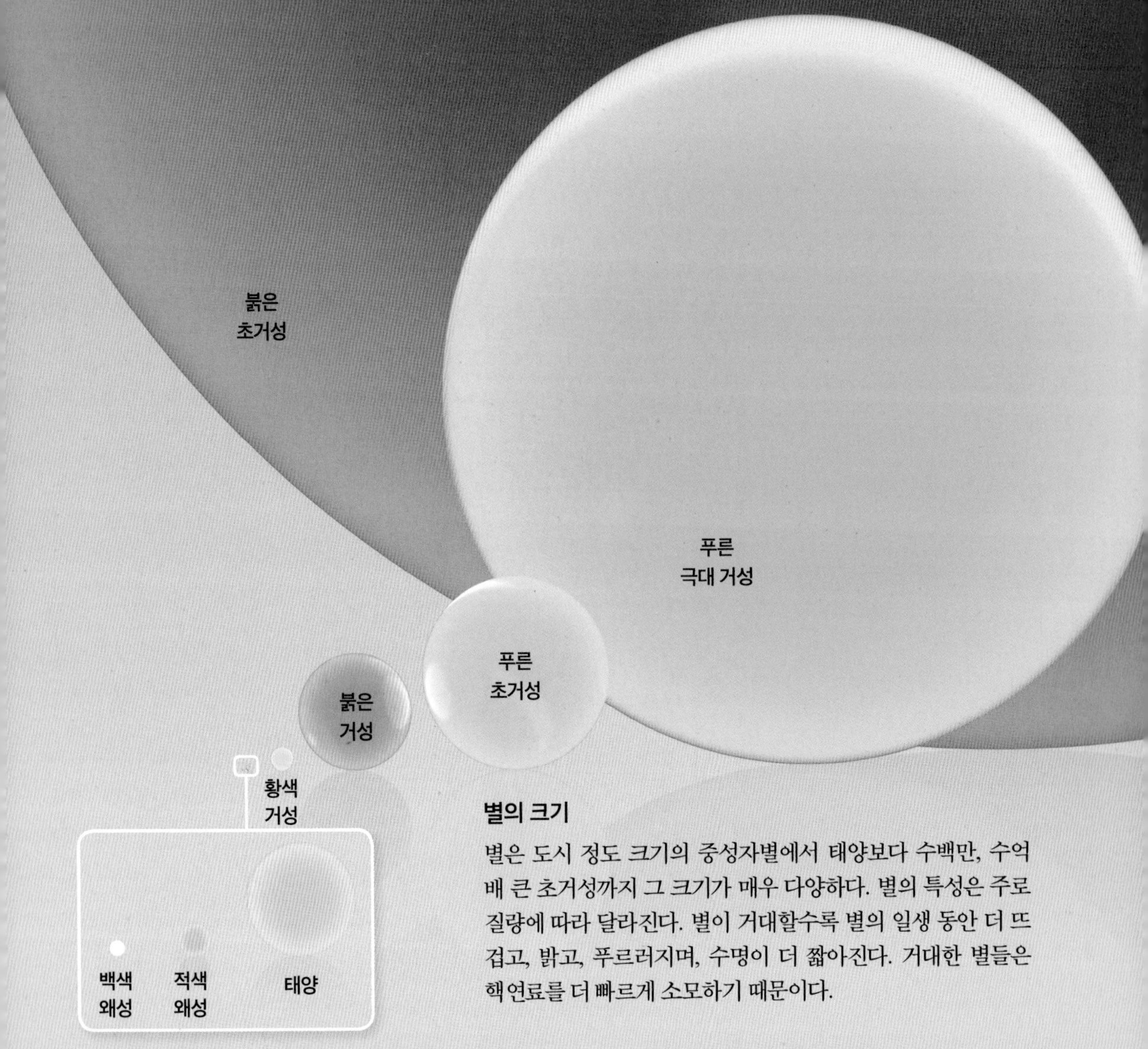

별의 크기

별은 도시 정도 크기의 중성자별에서 태양보다 수백만, 수억 배 큰 초거성까지 그 크기가 매우 다양하다. 별의 특성은 주로 질량에 따라 달라진다. 별이 거대할수록 별의 일생 동안 더 뜨겁고, 밝고, 푸르러지며, 수명이 더 짧아진다. 거대한 별들은 핵연료를 더 빠르게 소모하기 때문이다.

색깔과 온도

모든 물체는 온도에 관계없이 빛을 방출한다. 물체의 온도가 올라감에 따라 방출하는 빛의 양은 증가하지만, 세기가 최대인 파장의 값은 감소한다. 따라서 물체의 온도가 높을수록 방출되는 빛의 색이 붉은색에서 흰색으로 변한다. 천문학자들은 이 원리를 이용하여 별 표면의 온도를 측정하였다. 맨눈으로는 항상 명확히 구별되는 것은 아니지만, 별의 온도가 낮을수록 붉은빛을 강하게 방출하고, 별의 온도가 높을수록 푸른빛을 강하게 방출한다.

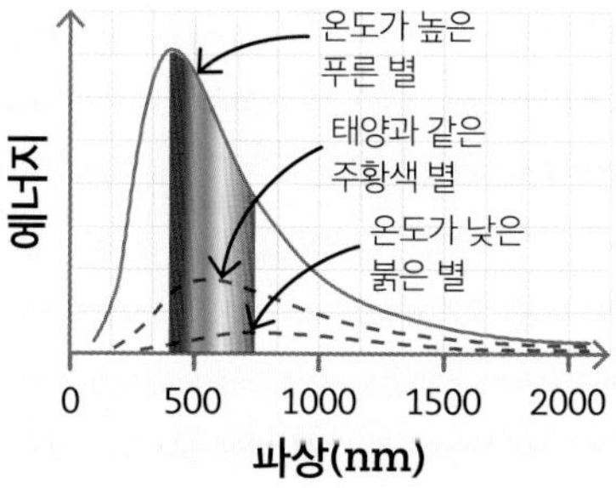

헤르츠스프룽-러셀도(Hertzsprung-Russell diagram)

약 100년 전 덴마크 천문학자 에즈나 헤르츠스프룽(Ejnar Hertzsprung)과 미국 천문학자 헨리 러셀(Henry Russell)은 각각 별의 특성에서 나타나는 규칙을 발견하였다. 별의 온도에 따른 밝기를 그래프에 나타내면 별의 일생 단계를 보여주는 명확한 규칙이 나타난다. 대부분의 별들은 주계열성이라고 불리는 대각선 띠에 분포한다. 이 별들은 상대적으로 부피가 작고 핵에서 수소 핵융합 반응이 일어난다. 연료를 모두 소모한 나이 든 거성과 같은 다른 별들은 주계열성에서 떨어져 다른 무리를 형성한다.

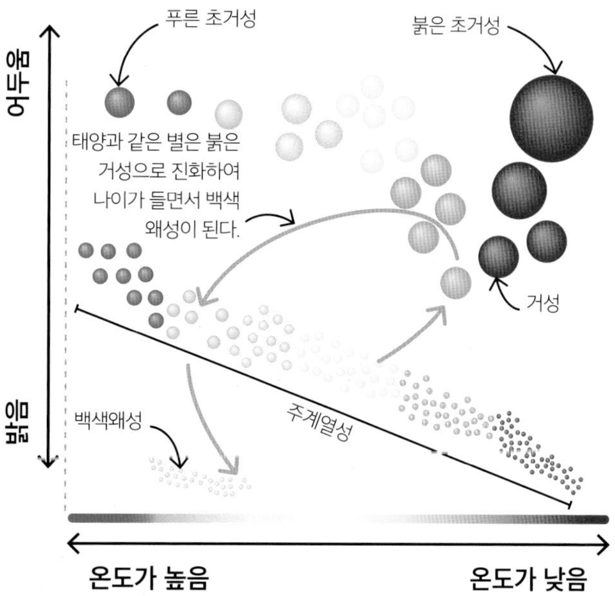

별의 등급

천문학자들은 별의 밝기를 나타내기 위해 등급이란 용어를 사용한다. 등급을 측정하는 두 가지 방법이 있다. 겉보기 등급은 지구에서 별을 바라보았을 때 별의 밝기를 나타내지만, 지구로부터 멀리 떨어진 별이 실제 밝기보다 어두워 보이는 문제가 있다. 절대 등급은 32.6광년의 같은 거리만큼 별이 떨어져 있을 때 지구에서 보이는 규격화된 밝기이다.

이 두 별은 밤하늘에서 똑같은 밝기로 보이지만, 실제로는 A가 더 멀리 떨어져 있고 더 밝다.

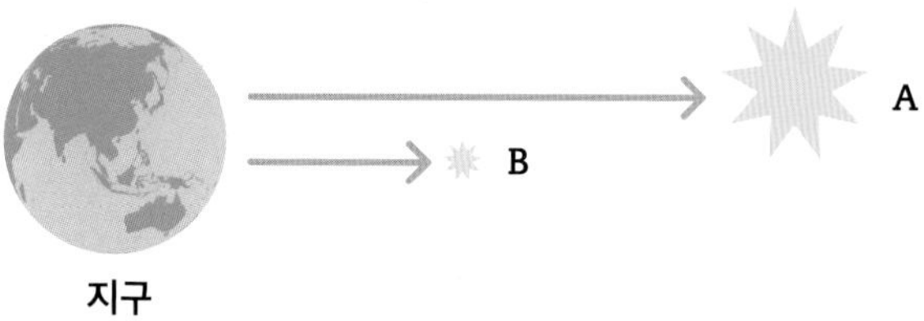

용어 풀이

가설(hypothesis) 자연 현상을 설명하는 논리적인 추측이나 아이디어. 과학자들은 실험을 수행하여 가설을 검증함

가속도(acceleration) 속도의 변화율. 가속은 속력의 증가, 감소 또는 운동 방향의 변화를 의미함. 가속도는 벡터량이고 단위는 m/s^2

가시광선 스펙트럼(visible spectrum) 우리가 볼 수 있는 전자기파의 범위. 가시광선 스펙트럼은 빨간색, 주황색, 노란색, 초록색, 파란색, 남색, 보라색의 일곱 가지 색상으로 나눌 수 있음

가이거 뮐러 계수관(Geiger-Muller tube) 방사선을 검출하고 측정하는 데 사용되는 장치. 2개의 판과 판 사이에 걸린 큰 전압으로 구성되어 있음. 이온화 방사선이 두 판 사이에 불꽃을 일으켜 회로 안의 장치에서 감지됨. 이 장치와 관이 함께 모여 가이거 계수기가 됨

간섭(interference) 2개 이상의 파동이 결합하여 서로를 보강하거나 상쇄시키는 과정

감마 붕괴(gamma decay) 감마선을 방출하는 방사성 붕괴의 한 종류. 감마선은 위험한 고에너지 방사선임

감마선(gamma rays) 가장 파장이 짧고 진동수가 크며 에너지가 큰 전자기파. 방사성 원자가 핵분열하는 과정에서 방출됨

감속(deceleration) 느려짐. 음의 가속도라고도 함

거리-시간 그래프(distance-time graph) 물체의 운동을 y축에는 거리, x축에는 시간으로 나타낸 그래프. 어떤 점에서의 기울기는 순간 속력을 의미함

검증(fair test) 독립 변인과 종속 변인만 변하는 과학 실험

겉보기 등급(apparent magnitude) 지구에서 관측되는 별의 밝기 ⭘ 절대 등급(absolute magnitude) 참조

결합(bond) 원자나 분자를 묶는 힘. 화학 반응을 통하여 결합이 만들어지거나 깨짐

계(system) 연구 중인 물리적 현상이 존재하는 환경. 예를 들어 우리는 기체를 연구할 때 실린더와 피스톤을 계로 선택할 수 있지만, 기후 변화를 연구하기 위해서는 지구 전체를 계로 선택해야 함

계통 오차(systematic error) 일반적으로 장비의 결함으로 인해 발생하는 실험 오차로, 예를 들어 정확한 영점이 설정되지 않은 경우가 있음. 이러한 유형의 오차는 무작위가 아니며, 모든 측정값을 같은 양만큼 차이가 나도록 만듦

고립계(isolated system) 물질이나 에너지가 들어오거나 나갈 수 없는 계

공기 역학(aerodynamic) 물체 너머로 공기가 이동하는 경로와 관련됨. 종종 공기 저항을 감소시키는 매끄러운 모양을 의미함

공기 저항(air resistance) 공기를 따라 물체의 움직임을 저항하는 힘. 주로 공기 입자와의 충돌에 의해 힘이 발생함

공주거리(thinking distance) 운전자가 도로에서 위험을 감지하고 브레이크를 밟는 사이에 차량이 이동한 거리. 운전자의 반응에 따라 다름

과학적 표기법(standard form) 매우 크거나 작은 숫자들을 축약하는 방법. 유효 숫자는 1의 자리와 그 뒤 소수점으로 쓰고 그 뒤에 10의 거듭제곱을 곱함. 예를 들어 약 300,000 km/s인 빛의 속도는 3.0×10^8 m/s

관성(inertia) 힘이 작용할 때까지 물체가 계속 한 직선 방향으로 운동하거나 멈춰 있는 경향

관성 질량(inertial mass) 물체의 속도(속력 또는 방향) 변화의 어려움을 나타낸 수치

광년(light year) 천문학에서 사용되는 거리의 단위. 1광년은 1년 동안 빛이 이동한 거리로, 9.46조 킬로미터(9.46×10^{15} m)와 같음

광선 작도(ray diagram) 렌즈 또는 거울에 의해 광선이 어떻게 영향을 받는지를 나타내는 도표

교류 발전기(alternator) 보통 자기장에서 회전하는 코일과 같이 역학적 운동을 통해 교류 전류를 발생시키는 발전기

교류 전류(alternating current, a.c.) 주기적으로 방향이 바뀌는 전류 ⭘ 직류 전류(direct current, d.c.) 참조

구심력(centripetal force) 물체가 곡선 경로를 따라 이동할 때 작용하는, 물체를 잡아당기는 힘. 원운동 하는 무거운 물체에 묶인 실의 장력을 예로 들 수 있음

굴절(refraction) 파동이 한 매질에서 다른 매질로 이동할 때 속도가 빨라지거나 느려지면서 휘어지는 현상. 물속에 놓인 막대기가 물속으로 들어가는 지점에서 휘어져 보이는 것은 빛의 굴절 때문임

궤도(orbit) 태양 주위를 도는 지구의 경로와 같이 또 다른 더 질량이 큰 물체 주위를 도는 물체의 경로

근시(short-sighted) 멀리 있는 물체를 선명하게 볼 수 없으며, 오목 렌즈로 만들어진 안경을 쓰면 근시를 교정할 수 있음

기어(gears) 힘의 회전 효과를 더 크게 또는 더 작게 만드는 연동 톱니와 같은 기계 장치. 자동차 같은 장치를 적은 힘으로 더 빠르게 움직이게 하거나 더 큰 힘으로 느리게 움직이도록 할 수 있음

기울기(gradient) 선의 가파른 정도. 선 끝의 두 점 사이의 수직 거리를 수평 거리로 나눈 값

기체(gas) 입자들이 멀리 떨어져서 랜덤하고 빠르게 움직이는 물질의 상태

기후(climate) 특정 장소에서 해마다 반복되는 날씨와 계절의 패턴

기후 변화(climate change) 지구 날씨 패턴이 장기간 동안 변화한 것

기화(evaporation) 액체에서 기체로의 상태 변화

나침반(compass) 자유롭게 회전할 수 있는 작은 자석 바늘이 포함된 기구. 이 바늘은 지구의 자기장을 따라 정렬함

난반사(diffuse reflection) 빛이 울퉁불퉁한 표면으로부터 임의의 방향으로 반사되면 난반사가

일어남

내부 에너지(internal energy) 계 안에서 모든 입자의 전체 운동 에너지와 퍼텐셜 에너지

녹는점(melting point) 고체가 액체로 변하는 온도. 액체의 어는점과 같은 온도임

농도(concentration) 서로 다른 물질이 섞였을 때 한 물질의 입자량을 측정한 것. 공기 중 이산화탄소의 농도는 공기 입자 100만 개당 약 412개임

뉴턴(newton, N) 힘의 단위

뉴턴 미터(newton metre, Nm) 모멘트의 단위

다이너모(dynamo) 직류를 생성하는 발전기

다이오드(diode) 전류가 한 방향으로만 흐르게 하는 전기 장치

단열재(insulator) 열, 전기, 소리의 이동을 줄이거나 막는 물질

닫힌 계(closed system) 물질이 들어오거나 나가지 않는 계. 에너지는 계를 들어오거나 나갈 수 있음 ➔ 계(system) 참조

대기(atmosphere) 행성을 둘러싼 공기층

대기압(atmospheric pressure) 공기 무게의 영향으로 지구 표면의 1제곱미터를 누르는 대기의 힘. 단위는 파스칼(Pa)이고, 1 Pa = 1 N/m^2

대류(convection) 뜨겁고 밀도가 낮은 영역의 입자는 상승하고 차갑고 밀도가 높은 영역의 입자는 가라 앉으며 발생하는, 유체(액체나 기체)를 통한 열의 전달

데이터(data) 실험을 통해 수집한 정보

도체(conductor) 열이나 전기가 잘 흐르는 물질

독립 변인(independent variable) 값을 변화시켜 종속 변인에 주는 영향을 측정하기 위한 변인

동위원소(isotopes) 원자핵 속의 양성자 수는 같지만 중성자의 개수는 다른 원소의 형태

뒤집힌 상(inverted image) 물체를 봤을 때와 비교해서 위아래가 바뀐 상

라디오파(radio waves) 전자기 복사의 가장 긴 파장, 가장 낮은 주파수 및 가장 낮은 에너지 형태. 통신 및 레이더로 사용됨

렌즈(lens) 굽어 있고 플라스틱이나 유리처럼 투명하여 굴절 현상으로 빛을 휘게 만드는 것

마이크로파(microwaves) 적외선보다 파장이 길지만 라디오파보다 파장이 짧은 전자기파. 라디오파의 한 종류임

마찰(friction) 접촉하여 물체의 운동을 저항하거나 멈추는 힘

만유인력 상수(gravitational constant, G) 보통 대문자 G로 나타내며, 중력 계산에서 사용되는 작은 값. 값이 작다는 것은 중력이 매우 작은 값이고 큰 중력장을 생성하려면 물체가 매우 커야 함을 의미함

매질(medium) 파동이 이동하고 있는 물질

맨틀(mantle) 외핵과 지각 사이에 있는 지구 내부의 큰 부분으로, 암석으로 이루어져 있음

메가와트(megawatt, MW) 100만 와트(10^6 W)에 해당하는 큰 단위의 전력. 일반적으로 전기 발전량을 설명할 때 사용되는 단위임

모멘트(moment) 스패너가 너트를 돌리는 것과 같은 힘의 회전 효과. 작용하는 힘에 대해 회전축으로부터 수직인 거리와 힘을 곱하여 계산되며, 단위는 뉴턴 미터(Nm)

모터(motor) 전기와 자기를 사용하여 회전 운동을 만드는 기계

무게(weight) 질량을 가진 물체에 작용하는 중력. 무게는 힘이므로 단위는 뉴턴(N)

물리학(physics) 힘, 운동, 물질, 에너지에 관한 과학적 연구

물에 의한 마찰(water resistance) 물을 통해 물체의 운동을 방해하는 힘. 공기 저항과 마찬가지로 항상 물체의 움직임과 반대 방향으로 작용함

물질(matter) 질량이 있고 공간을 차지하는 모든 것

물질의 상태(states of matter) 고체, 액체, 기체와 같이 물질의 다양한 물리적 형태

밀도(density) 물질의 단위 부피당 질량. 단위는 kg/m^3 또는 g/cm^3

바이오 연료(biofuel) 사탕수수에서 얻어진 에탄올 연료처럼 농작물에서 얻어진 연료. 사탕수수가 수확한 만큼 빠르게 자라면 바이오 연료도 재생에너지 자원이 될 수 있음

반감기(half-life) 시료 안의 방사성 물질이 원래 양의 절반만큼 줄어드는 데 걸린 시간. 즉 시료 안의 방사성 원소가 붕괴하여 절반이 되는 데 걸린 시간

반도체(semiconductor) 전기 전도체(금속과 같은)와 절연체(유리와 같은) 사이의 물질. 반도체는 대부분의 전자 회로에 사용됨

반복 가능(repeatable) 동일한 장비로 동일한 측정을 하면 동일한 결과가 나오는 경우 반복 실험이 가능함

반비례(inversely proportional) 용기 안의 고정된 양의 기체 부피와 압력의 관계처럼, 두 변수가 반비례하면 2개의 곱이 일정하게 유지되며 하나가 증가할 때 다른 하나는 감소함. 예를 들어 온도가 일정할 때 기체의 압력이 2배가 되면 기체의 부피는 절반이 됨

반사각(angle of reflection) 반사광선과 법선이 이루는 각

반사의 법칙(law of reflection) 빛이 평평한 거울에서 반사될 때 입사각의 크기와 반사각의 크기가 같다는 법칙

받침점(fulcrum) 물체가 주위로 회전하는 점. 중심점이라고도 함

발광(luminous) 발광하는 물체는 스스로 빛을 냄. 예를 들어 양초, 횃불 또는 별이 있음

발산 렌즈(diverging lens) 곡면이 가운데 안쪽으로 휘어진 렌즈. 오목 렌즈라고도 하며, 평행하게 들어온 빛이 퍼지게 함

방사능(radioactive) 만약 불안정한 원자핵이 포함되어 있으면 그 물질은 더 작은 원자핵으로 붕괴하여 이온화 방사선을 방출함

방사선 치료(radiotherapy) 암을 일으키는 신체 조직을 파괴하여 암을 치료하기 위해 방사성 물질을 사용하는 것. 이 방사능은 신체의 아주 작은 부분에 집중되어 있으므로 건강한 주변 지역에 대한 손상이 최소화됨

방사성 붕괴(radioactive decay) 방사성 원자의 핵이 방사선을 방출하며 붕괴하는 과정으로, 종종 다른 원소로 변함

배경 복사(background radiation) 항상 모든 곳에서 관측되는 약한 세기의 복사. 암석이나 우리 주변 물체 안의 방사성 물질에서 방출되기도 하고 우주로부터 오기도 함

배터리(battery) 2개 이상의 전지가 직렬로 연결되어 배터리가 됨 ➲ 전지(cell) 참조

백색왜성(white dwarf) 아주 뜨겁고 작고 밀도가 높은 죽은 별의 잔해

범퍼(crumple zone) 충돌 과정에서 변형되도록 설계된 차의 안전 장치. 범퍼가 변형되는 과정에서 차는 오랫동안 감속되고 큰 부상의 확률이 줄게 됨

법선(normal) 거울이나 렌즈의 평면에 90도로 그려진 선. 이 선으로부터 광선의 각도를 측정함

베크렐(becquerel, Bq) 방사성 붕괴의 기본 단위. 1 Bq은 매 1초당 물질 안에서 평균적으로 한 개의 원자가 붕괴되는 것을 의미함

베타 붕괴(beta decay) 원자핵이 베타 입자를 방출하는 형태의 방사성 붕괴

베타 입자(beta particle) 초고속 전자. 베타 입자는 방사성 붕괴 과정에서 일부 원자핵에서 방출됨

벡터(vector) 힘과 같이 크기와 방향을 모두 가진 양 ➲ 스칼라(scalar) 참조

변압기(transformer) 전자기 유도를 이용하여 교류 전원의 전압을 증가시키거나 감소시키는 장치

변위(displacement) 1. 특정 방향으로 두 점을 이은 직선(벡터량). 단위는 미터(m) 또는 킬로미터(km). 2. 사람이 욕조에 들어가면 수면이 상승하는 것처럼 매질 안의 물체의 움직임에 따라 발생하는 매질의 움직임

변인(variables) 실험에서 바뀔 수 있는 것들. 변인은 독립적일 수도 있고(변경하는 것), 종속적일 수도 있으며(측정하는 것), 통제할 수도 있음(동일하게 유지해야 하는 것)

별(star) 핵융합이 일어나는 거대한 백열 가스 덩어리 안에서 많은 양의 전자기 방사선이 나옴. 별의 핵융합 과정은 주기율표의 거의 모든 화학 원소를 만들어냄

병렬(parallel) 병렬로 연결된 구성 요소는 일렬(직렬)이 아닌 병렬 분기로 나란히 연결됨

복사(radiation) 방사능의 근원에서 나오는 전자기파 또는 입자의 흐름

볼록 렌즈(convex lens) 곡면이 가운데 바깥쪽으로 휘어진 렌즈. 수렴 렌즈라고도 함

볼트(volt, V) 전위차(전압)의 단위

부력(upthrust) 액체나 기체가 그 안에 있는 물체에 작용하는 상승력

부피(volume) 물체가 차지하는 공간의 양. 단위는 m^3 또는 cm^3

분자(molecule) 2개 이상의 원자가 강하게 결합한 입자

불안정 동위원소(unstable isotope) 원자핵이 분열되어 방사선을 방출할 가능성이 있는 동위원소

비례(proportional) 두 변수의 그래프가 원점을 지나는 직선이면 두 변수는 서로 비례함. 한 변수에 어떤 값을 곱하면 다른 변수에도 같은 값이 곱해짐(한쪽이 2배가 되면 다른 쪽도 2배가 됨)

비례 한계(limit of proportionality) 이 한계를 넘어 물질을 늘리면 훅의 법칙은 적용되지 않음. 힘과 늘어난 길이의 관계는 더 이상 직선 그래프(선형)가 아니라 곡선(비선형)이 됨

비선형(non-linear) 그래프에서 두 변수 사이의 관계가 직선이 아닌 관계. 예를 들어 전기 장치에 흐르는 전류를 2배로 증가시키면 장치의 전력이 4배로 증가함

비열(specific heat capacity) 물질 1 kg을 1°C 가열하는 데 필요한 에너지의 양. 물질 1 kg을 1°C까지 냉각하면 같은 양의 에너지가 방출됨. 단위는 J/kg °C

비접촉 힘(non-contact force) 떨어져서 작용하는 모든 힘. 비접촉 힘에는 중력, 자기력, 정전기력 등이 포함됨

비탄성 충돌(inelastic collision) 운동 에너지가 감소하고 물체의 모양이 영구적으로 바뀌는 충돌. 자동차끼리의 충돌은 비탄성 충돌임 ➲ 탄성 충돌(elastic collision) 참조

빅뱅(big bang) 약 138억 년 전 한 지점에서 빠르게 팽창하며 우주가 시작된 것으로 보이는 사건

빛(light) 눈으로 볼 수 있는 전자기파. 백색광은 눈에 보이는 스펙트럼을 구성하는 무지개 모든 색깔들의 혼합물임. 과학자들은 우리 눈이 볼 수 있는 전자기파에 '가시광선'이라는 용어를, 모든 종류의 전자기파에 '빛'이라는 용어를 사용함

산업화(industrialization) 국가의 산업이 크게 발전하여 도시의 인구, 도로, 철도 네트워크가 증가하는 현상

산키 다이어그램(sankey diagram) 폭이 다른 화살표를 사용하여 계로 유입되는 에너지의 양과 계를 떠나는 유용하거나 혹은 낭비되는 에너지를 나타내는 다이어그램. 장치의 효율을 보여주고 계산하는 데 유용함

상관관계(correlation) 두 변인이 상관관계에 있다는 것은 한 변인이 변하면 다른 변인도 예측 가능한 변화를 일으키는 것을 의미함. 그러나 상관관계가 있다고 해서 한 변인의 변화가 다른 것의 변화의 원인임을 의미하지 않음

상대 질량(relative mass) 탄소-12 원자 질량의 12분의 1에 해당하는 입자나 분자의 질량. 매우 작은 질량으로 작업할 때 유용한 단위로, 탄소-12는 역사적인 이유와 편의를 위해 표준으로 사용됨. 양성자와 중성자의 상대 질량은 1임

상수(constant) 식에서 문자 기호로 쓰이며 변하지 않는 값. 보통 용수철이 얼마나 쉽게 늘어나는지(용수철 상수)와 같은 물리적 성질을 나타냄

상태 변화(change of state) 물질(고체, 액체, 기체)의 두 상태 사이의 변화

서미스터(thermistor) 온도에 따라 값이 변하는 저항

선형 관계(linear relationship) 그래프가 직선이라면 두 변인은 선형 관계임. 예를 들어 훅의 법칙을 따르는 물질은 그 물질에 작용하는 힘과 늘어난 길이가 선형 관계임을 보여줌

섭씨온도(celsius) 해수면 물의 어는점(0°C)과 끓는점(100°C)을 기반으로 한 온도 눈금

성운(nebula) 새로운 별들이 형성될 수 있는 우주의 거대한 먼지와 가스 구름

소리(sound) 물질 속을 돌아다니며 입자들을 밀고 잡아당기는 일종의 파동. 사람의 귀는 공기 중의 음파를 감지함

소멸/소모(dissipate) 무언가 퍼지는 과정으로 덜 집중되어 효과적으로 사라짐. 예를 들어 단열이 잘 되지 않는 집의 열은 대기에서 소모됨

소행성(asteroid) 태양 주변을 공전하는 암석들. 대부분의 소행성은 화성과 목성 사이의 소행성대에 존재함

소행성대(asteroid belt) 화성과 목성 궤도 사이에 많은 소행성이 존재하는 영역. 목성의 강한 중력으로 인하여 소행성이 행성을 형성할 수 없음

속도(velocity) 물체의 속력과 방향. 속도는 벡터량이며, 단위는 m/s 또는 km/h

속력(speed) 특정 시간에 이동한 거리. 속력은 스칼라양이며 방향을 갖지 않음. 단위는 m/s, km/h 또는 mph ➲ 속도(velocity) 참조

솔레노이드(solenoid) 전류가 흐르면 자석이 되는 원통형 코일

수렴 렌즈(converging lens) 곡면이 가운데 바깥쪽으로 휘어진 렌즈. 볼록 렌즈라고도 하며, 평행하게 입사하는 빛을 모음

수중 음파 탐지기(sound navigation and ranging, SONAR) 음파를 송출하여 수중의 물체를 감지하고 이들의 반향을 해석하는 방법

수직 항력(normal force) 표면에 대해 90도로 작용하는 접촉력

순간 속력(instantaneous speed) 특정 순간 물체가 움직이는 속도. 자동차의 속도계는 순간 속력을 나타냄 ➲ 평균 속력(average speed) 참조

스칼라(scalar) 크기는 있지만 방향은 없는 양. 질량과 온도는 스칼라양임. ➲ 벡터(vector) 참조

스펙트럼(spectrum) 전자기 복사의 파장 범위. 전체 스펙트럼은 파장이 원자보다 짧은 감마선부터 파장이 수 킬로미터나 되는 전파에 이르기까지 다양함. 우리가 볼 수 있는 부분은 가시광선 스펙트럼임

승화(Sublimation) 액체가 되지 않고 고체에서 기체로 상태가 변하는 것

실상(real image) 광선이 스크린과 같은 표면에 모여 형성되는 이미지 ➲ 허상(virtual image) 참조

아원자 입자(subatomic particle) 양성자, 중성자 또는 전자와 같이 원자보다 작은 입자

알짜힘(net force, resultant force) 물체에 작용하는 힘을 더하면 그 결과는 동일한 효과를 나타내는 단 하나의 힘이 되는데, 이것을 알짜힘이라고 함

알파 붕괴(alpha decay) 알파 입자를 방출하는 원자핵 방사성 붕괴의 한 형태

알파 입자(alpha particle) 헬륨 원자핵처럼 중성자 2개와 양성자 2개로 이루어진 입자. 몇몇 원자핵의 방사성 붕괴 과정에서 발생함

암페어(ampere, A) 전류의 단위

암흑 물질(dark matter) 눈에 보이는 물질의 중력에 의해서만 감지되는, 눈에 보이지 않는 물질. 암흑 물질이 은하들을 모아줌

암흑 에너지(dark energy) 중력의 반대 방향으로 작용하여 우주의 팽창을 일으키는 미지의 에너지. 우주의 2/3 정도는 암흑 에너지로 이루어져 있음

압력(pressure) 단위 면적당 힘. 예를 들어 지면에 작용하는 압력은 몸무게를 발바닥과 발뒤꿈치의 총면적으로 나눈 값과 같음. 단위는 N/m^2 또는 파스칼(Pa)

압축(compression) 누르거나 쥐어짜는 것

액체(liquid) 고체와 기체 사이의 물질 상태로, 입자들이 미끄러지듯 돌아다닐 수 있지만 서로 가까워 끌어당길 수 있음

액화(condensation) 기체에서 액체로의 상태 변화

양력(lift) 날개가 공기를 따라 이동할 때 날개에 위 방향으로 발생하는 힘

양성자(proton) 원자의 핵에서 발견되는 2개의 주요 입자 중 하나. 상대 질량은 1이고 전하량은 +1임

양성자 수(proton number) 원자핵 안에 있는 양성자의 수로 원자 번호라고도 함. 각각의 원소는 각자 다른 양성자 수를 가지고 있음

어는점(freezing point) 액체가 고체로 변하는 온도. 고체의 녹는점과 온도가 같음

에너지(energy) 일을 할 수 있는 능력. 에너지는 저장되거나 다른 형태로 전환될 수 있음. 예를 들어 전지에 화학 에너지가 저장되어 있다가 회로에 전지가 연결되면 전기의 형태로 전환됨

에너지 보존(conservation of energy) ➲ 에너지 보존 법칙(law of conservation of energy) 참조

에너지 보존 법칙(law of conservation of energy) 에너지를 새로 만들거나 없앨 수 없다는 것을 의미하는 법칙. 에너지는 저장되거나 형태가 바뀔 수 있음

에너지 자원(energy resource) 사용할 수 있는 에너지의 모음

역선(field lines) 장에서 힘이 작용하는 방향을 나타내는 다이어그램 안의 선. 선이 촘촘할수록 장이 강함

연속형 변인(continuous variable) 특정 범위 사이에서 임의의 값을 갖거나 사람의 키처럼 전체 수에 제한되지 않는 변인 ➲ 이산형 변인(discrete variable) 참조

연쇄 반응(chain reaction) 비슷한 다음 반응을 연속적으로 발생시키는 화학 반응이나 핵반응. 통제되지 않은 연쇄 반응은 거대한 폭발을 일으킴

열(heat) 원자의 움직임(고체의 진동)에 저장된 에너지. 열은 전도, 대류, 적외선 복사로 이동할 수 있음

열화상(thermal image) 가시광선이 아닌 적외선을 이용하여 만든 그림으로 색깔은 온도를 나타냄. 일반적으로 뜨거운 물체는 더 붉고, 차가운 물체는 더 푸르게 나타냄

오목 렌즈(concave lens) 곡면이 가운데 안쪽으로 휘어진 렌즈. 발산 렌즈라고도 함

오실로스코프(oscilloscope) 스크린에 전기 신호를 보여주는 기구. 종종 음파와 같은 파동을 시각화하기 위해 사용됨

오염(contamination) 인체에 방사성 물질이 들어오는 것처럼 계에 원하지 않는 물질(대표적으로 독성 물질)이 들어오는 현상

온도(temperature) 어떤 것이 얼마나 뜨거운지 차가운지에 대한 과학적 측정. 온도는 계에 있는 입자들의 평균 운동 에너지가 척도이며, 전체 내부 에너지를 의미하지 않음. 단위는 °C(섭씨온도) 또는 K(켈빈)

온실 효과(greenhouse effect) 이산화탄소 같은 기체가 지구 대기에 열을 가두는 현상. 이 기체들이 모이면 지구 온난화 현상이 나타남

온실가스(greenhouse gases) 이산화탄소나 메테인처럼 지표면에서 반사되는 에너지를 흡수하여 우주로 빠져나가지 못하게 하는 기체

옴(ohm, Ω) 전기 저항의 단위

와트(watt, W) 일률의 단위. 1와트 = 초당 1줄

왜소행성(dwarf planet) 구형을 유지할 정도로 질량이 충분히 크지만 궤도 주변 행성에 지배적인 영향을 미치지 못하는, 행성 같은 작은 천체

용수철 상수(spring constant) 보통 문자 k로 표시되는 용수철의 세기를 나타내는 숫자. 용수철 상수가 클수록 용수철을 늘리는 힘이 더 많이 필요함. 단위는 N/m

용액(solution) 액체 속에 물질의 분자나 이온이 퍼져 있는 혼합물. 예를 들어 소금물이 있음

우라늄(uranium) 원자력 발전소의 연료 또는 원자폭탄의 활성 성분으로 사용되는 방사성 원소

우주(universe) 공간 전체와 포함된 모든 것

우주 배경 복사(cosmic microwave background radiation, CMBR) 우주 전체에서 관측되는 희미한 마이크로 복사파. 빅뱅 이후 남겨진 에너지로 추측됨

우주선(cosmic rays) 빛의 속도에 근접한 빠르기로 우주에서 오는 전자와 양성자 같은 고에너지 입자

운동 에너지(kinetic energy) 물체의 운동으로 인해 물체에 저장된 에너지. 물체의 속력과 질량이 커질수록 그 값이 커짐

운동량(momentum) 물체가 계속 움직이는 경향성은 질량과 속도를 곱한 값과 같음. 단위는 kg m/s

운동량 보존(conservation of momentum) ➲ 운동량 보존 법칙(law of conservation of momentum) 참조

운동량 보존 법칙(law of conservation of momentum) 계에 외부의 힘이 작용하지 않는 한 물체의 충돌 전후 계의 전체 운동량은 일정하게 유지된다는 법칙

원소(element) 화학 반응을 통해 다른 물질로 쪼갤 수 없는 순수한 물질. 예를 들어 탄소, 수소, 산소가 있음

원시(long-sighted) 가까이 있는 사물을 선명하게 볼 수 없으며, 볼록 렌즈로 만들어진 안경을 쓰면 원시를 교정할 수 있음

원자(atom) 물질을 이루는 기본 단위. 양성자, 중성자, 전자로 이루어져 있음

원자 번호(atomic number) 양성자 수라고도 하며, 원자핵 안의 양성자 개수

원자 에너지(atomic energy) 핵 에너지라고도 하며, 원자핵 안의 중성자와 양성자의 결합에 저장된 에너지. 핵분열이나 핵융합 과정에서 방출됨

원자력 발전소(nuclear power station) 핵분열 반응에서 방출되는 에너지로 전기를 생산하는 발전소. 이 에너지는 물을 가열하여 증기를 만드는 데 사용되며, 증기는 발전기를 돌려 전기를 생산하는 데 사용됨

유도 자석(induced magnet) 자기장에 있을 때 일시적으로 자기화되는 물질. 예를 들어 전자석의 스위치가 켜지면 전자석의 철심은 유도 자석이 됨

유선형(streamlined) 공기나 물의 저항을 줄이기 위한 형태. 유선형의 물체는 보통 좁고 매끄럽고 가늘어지는 모양임

유체(fluid) 기체나 액체처럼 흐를 수 있는 물질

유효 숫자(significant figures) 실험자가 측정할 때 정확하다고 간주하는 숫자. 예를 들어 100 m 단거리 선수를 스톱워치로 측정하는 경우 100분의 1초를 포함한다면 합리적이지 않을 것임. 이 경우 3개의 유효 숫자로 충분함(초는 2개, 10분의 1초는 1개)

윤활(lubrication) 마찰을 줄이기 위해 기름과 같은 윤활제를 사용함

은하(galaxy) 중력에 의해 별과 성운, 먼지를 묶고 있는 거대한 모임

이산형 변인(discrete variable) 1년의 몇 개월처럼 특정한 값만 갖는 변인

이상값(outlier) 다른 데이터들의 패턴과 맞지 않는 데이터. 이상값은 일반적으로 오차이지만 때로는 시스템에 대해 예상치 못한 무언가를 드러낼 수 있음. 이상적으로 실험자는 실험으로 돌아가서 이상값을 다시 측정하려고 시도함

이온(ion) 하나 이상의 전자를 잃거나 얻어서 전하를 띤 원자(또는 원자의 모임)

이온화 방사선(ionizing radiation) 원자의 바깥 껍질의 전자를 제거하여 이온화시킬 수 있을 정도로 충분한 에너지를 지닌 (핵 또는 전자기) 복사파

일(work) 힘이 물체를 특정한 방향으로 작용하여 움직일 때 전달되는 에너지. 단위는 줄(J)

일률(power) 에너지가 얼마나 빨리 전달되는지의 척도. 예를 들어 100 W의 전력 등급을 가진 전구는 매 초마다 100 J의 전기 에너지를 열과 빛 에너지로 바꿈. 전력의 단위는 와트(W)

임계각(critical angle) 임계각보다 큰 각도로 입사한 빛은 굴절 대신 전반사됨

입사각(angle of incidence) 입사광선과 법선이 이루는 각

입사광선(incident ray) 렌즈에 들어오거나 거울 위로 비춰지는 광선

입자(particles) 원자나 분자처럼 모든 물질이 만들어지는 기본 단위. 아원자 입자는 양성자처럼 원자보다 작은 입자임

자극(magnetic poles) 1. 북극과 남극이라고 불리는 자석의 두 끝. 2. 지구에서 나침반 바늘이 가리키는 두 점

자기장(magnetic field) 자성 물질에 영향을 미칠 수 있는 자석 주위의 공간. 자석에서 멀어지면 자기장의 세기가 감소함

자석(magnet) 자기장을 만드는 물체

자성(magnetism) 일부 물질, 특히 철과 유사한 재료를 끌어당기거나 밀어내는 특성

자외선(ultraviolet light) 가시광선보다 파장이 짧은 전자기파. 높은 에너지의 자외선은 이온화를 유발하여 햇볕에 그을리거나 암까지 유발할 수 있음. 자외선 사용에는 보안 표시와 소독이 포함됨

자유 물체 도형(free body diagram) 물체에 작용하는 모든 힘을 보여주는 그림. 화살표 방향으로 힘의 방향을 나타냄

잠열(latent heat) 일정한 온도에서 물질의 상태가 변하며 이동하는 에너지. 얼음이 녹거나 물이 끓을 때 잠열은 흡수되고, 수증기가 액화되거나 물이 얼 때 잠열은 방출됨

잠열값(specific latent heat) 1 kg의 물질이 온도 변화 없이 상태 변화할 때 흡수되거나 방출되는 에너지의 양. 단위는 J/kg ➲ 잠열(latent heat) 참조

장(field) 중력이나 전자기력처럼 비접촉 힘이 영향을 미치는 공간

장력(tension) 물체에 작용하는 장력의 방향은 당기는 방향의 반대임

재생 불가능한 자원(non-renewable resource) 석탄, 석유 또는 가스와 같이 결국 고갈될 자원

재생에너지(renewable energy) 햇빛, 파력, 풍력과 같이 고갈되지 않는 에너지원

재현 가능(reproducible) 다른 장비를 사용하여 다른 사람이 사용자의 방법을 따라 동일한 결과를 얻으면 재현 실험이 가능함

저항(resistance) 물질이 전류의 흐름을 얼마나 방해하는지를 측정한 값. 단위는 옴(Ω)

적색 거성(red giant) 별의 생애 말기에는 별의 중심부에 있는 수소가 헬륨으로 전환되어 핵은 붕괴하고 별의 바깥 부분은 냉각되어 팽창하면서 크고 붉은 별이 형성됨

적색 초거성(red supergiant) 적색 거성과 비슷하지만 훨씬 더 큰 규모의 노화된 별. 우주에서 가장 큰 별들임

적색 편이(redshift) 먼 은하에서 더 긴 파장으로 빛의 파장이 늘어나 보이는 현상. 이것은 은하들이 우리에게서 그리고 은하끼리 멀어지고 있다는 강력한 증거이며, 우주가 팽창하고 있다는 것을 보여줌

적외선(infrared radiation) 전자기파에서 가시광선보다 주파수가 낮고 파장은 긴 파. 적외선은 열을 전달하고 텔레비전과 같은 장치의 리모컨에 사용됨

전기(electricity) 전하의 존재나 움직임에 의한 효과

전기장(electric field) 전하를 띤 입자(전자나 이온)에 둘러싸여 전하를 띤 다른 입자가 힘을 받는 영역

전도(conduction) 물질을 따라 열이나 전기가 이동하는 것

전력(electrical power) 매초 다른 형태로 전환되는 전기 에너지의 양. 측정 단위는 와트(W)

전류(electric current) 전자나 이온과 같이 전하를 띠는 입자의 흐름. 단위는 암페어(A)

전류계(ammeter) 전류를 측정하는 장치

전반사(total internal reflection) 유리나 물과 같은 매질 내에서 입사각이 특정 임계각보다 커서 굴절각이 90는 이상이 되어 빛을 모두 반사하는 현상. 광섬유 케이블에 빛을 가둘 때 내부 전반사를 사용함

전압(voltage) 전위차의 일반적인 용어

전압 분배기(potential divider) 회로의 병렬 분기에 공급되는 전압을 제어하기 위해 직렬 저항기를 사용하는 전기 회로. 저항 중 하나는 일반적으로 조도 센서 또는 서미스터와 같은 구성 요소임

전압계(voltmeter) 전위차(전압)를 측정하는 데 사용되는 장치

전위차(potential difference) 전압이라고도 불리는, 두 점 사이의 전기 퍼텐셜 에너지 차이. 전위차는 전류를 흐르게 하는 '미는 힘'을 제공하는 것으로 생각할 수 있음. 볼트(V)로 측정함

전자(electron) 양성자, 중성자와 함께 원자를 구성하는 3개의 입자 중 하나. 음전하를 띰

전자 껍질(electron shell) 원자핵의 바깥쪽에 배열된, 전자가 있는 층

전자기 스펙트럼(electromagnetic spectrum) 라디오파에서 감마선까지 전자기파의 전체 범위 ➲ 가시광선 스펙트럼(visible spectrum) 참조

전자기 유도(electromagnetic induction) 자기장 내에서 도체가 움직일 때 도체에 전압이 유도되는 과정. 도체가 완성된 회로의 한 부분이라면 회로에 유도 전류가 흐름

전자기파(electromagnetic radiation) 빛의 속도로 이동하는 에너지의 형태로, 횡파이며 진공에서도 퍼져나갈 수 있음

전자석(electromagnet) 전류가 흐를 때 자석이 되는 코일

전지(cell) 회로에서 에너지를 저장하고 전류를 공급하는 장치

전하(charge) 전자나 양성자처럼 전자기장에서 힘을 느끼게 하는 기본 구성 입자. 양전하나 음전하를 띠며, 비슷한 전하는 밀어내고 반대 전하는 잡아당김

절대 등급(absolute magnitude) 기준 거리에서 관측되는 별의 밝기. 지구로부터 떨어진 거리와

관계없이 별의 밝기를 비교하기에 유용함

절대 영도(absolute zero) 모든 원자들이 진동을 멈췄을 때 가능한 가장 낮은 온도. 3개의 주 온도 단위(켈빈, 섭씨, 화씨)로 나타내면 절대 영도는 0 K, −273℃, −459℉임

접지(earthed) 접지선이 연결된 전기 기구는 접지됨

접지선(earth wire) 주전자와 같은 금속 기구에 연결된 선. 전기 기구에 결함이 생기면 표면이 활성화되는데, 큰 전류가 즉시 표면에서 접지선으로 흘러감. 이 과정에서 퓨즈가 녹고 회로 차단기가 작동하여 기구가 안전해짐

접촉 힘(contact force) 물체에 직접 접촉하여 작용하는 힘. 공기 저항, 마찰력, 장력을 예로 들 수 있음

정류자(split-ring commutator) 코일이 반 바퀴 돌 때마다, 회전하는 코일의 전류를 반전시키는 전동기의 장치. 이것은 코일에 작용하는 전자기력이 항상 같은 방향으로 코일을 밀어내고 있다는 것을 의미함

정반사(specular reflection) 거울과 같이 매끄러운 표면에서 빛은 규칙적으로 반사됨

정상파(standing wave) 정상파는 파동이 자신의 반사파와 간섭하여 배와 움직이지 않는 마디를 형성함. 악기의 몸체와 현에서 형성되는 파동은 정상파임

정전기(static electricity) 전자의 유입 또는 유출로 인해 물체에 유지되는 전하

정전기력(electrostatic force) 전기장에 전하를 띤 입자가 있을 때 받는 힘

정지거리(braking distance) 운전자가 위험을 보고 브레이크를 밟아 반응하기까지 주행한 거리

정지거리(stopping distance) 운전자가 도로에서 위험을 목격하고 차가 멈추는 사이의 이동한 총거리. 정지거리 = 사고거리 + 제동거리

정지궤도(geostationary orbit) 정지궤도 위성은 적도 위에 위치하여 자구 자전과 같은 방향으로 움직이고 지구를 한 바퀴 도는 데 약 24시간 걸림. 지구에서 위성을 관찰하면 하늘에 정지해 보임

조도 센서(light-dependent resistor, LDR) 흡수하는 빛의 양이 변할 때 예측할 수 있는 방식으로 저항이 증가하거나 감소하는 부품. 예를 들어 조도 센서는 어두워지면 자동으로 가로등을 켜는 제어 시스템에서 유용함

조사되다(irradiated) 이온화 방사선에 물체 또는 물질이 노출되다

종단 속도(terminal velocity) 낙하하는 물체의 최대 속도는 공기 저항력이 물체를 아래로 잡아당기는 중력과 균형을 이룰 때 도달함. 예를 들어 낙하산 대원이 받는 공기 저항력이 무게와 같아지면 가속을 멈추고 종단 속도로 낙하함

종속 변인(dependent variable) 실험에서 측정하는 변인

종파(longitudinal wave) 입자가 파동의 진행 방향을 따라 앞뒤로 진동하는 파동

주계열성(main sequence star) 생애의 중심에 있는 별. 태양과 같이 헬륨과 같은 더 무거운 원소에 수소를 융합하여 에너지를 방출함

줄(joule, J) 에너지의 단위. 1 N의 힘으로 1 m 이동한 물체에 한 일의 양과 같음

중력(gravity) 질량이 있는 물체끼리 잡아당기는 힘. 지구의 중력은 우리가 땅에 발을 딛고 서 있을 수 있게 하고, 우리가 물체를 던지면 그 물체가 떨어지게 함

중력 퍼텐셜 에너지(gravitational potential energy, GPE) 중력장에서 물체의 질량과 위치(보통 높이)로 인해 갖는 에너지. 물체를 들어올리면 중력 퍼텐셜 에너지가 증가함

중력으로 인한 가속도(acceleration due to gravity) 공기 저항이 없을 때 중력으로 인해 낙하하는 물체가 가속되는 비율. 지구에서 대략 9.8 m/s^2이고, 종종 반올림하여 10 m/s^2임

중력장(gravitational field) 질량이 있는 물체를 둘러싼 공간으로, 중력장 안의 다른 물체를 끌어당기는 중력이 작용함

중력장 세기(gravitational field strength) 중력장이 질량 1 kg을 잡아당기는 힘의 크기. 단위는 N/kg ➲ 중력으로 인한 가속도(acceleration due to gravity) 참조

중성선(neutral wire) 주 전기 회로에서 회로를 완성하는 전선. 보통 0볼트로 유지됨

중성자(neutron) 원자핵에 있는 2개의 주요 입자 중 하나. 전하는 없고 상대적인 질량이 1임

지각(crust) 지구 표면의 얇은 암석층

지구 온난화(global warming) 온실가스 사용의 증가로 지구 대기의 온도가 상승한 현상. 주요 원인으로 화석 연료의 사용으로 온실가스인 이산화탄소가 방출되는 것을 들 수 있음

지구 중심 모델(geocentric model) 우주의 중심이 지구인 모델

지진파(seismic wave) 지진, 화산 폭발, 큰 폭발 또는 기타 소스로부터 발생하여 지구를 통과하는 파동

직렬(series) 전기 회로에서 연속적으로 연결된 구성 요소가 직렬로 연결된 것. 모든 구성 요소에 같은 전류가 흐름 ➲ 병렬(parallel) 참조

직류 전류(direct current, d.c.) 한 방향으로만 흐르는 전류 ➲ 교류 전류(alternating current, a.c.) 참조

진공(uranium) 어떤 물질도 없는 공간

진동(oscillation) 앞뒤의 규칙적인 움직임

진동(vibration) 이쪽 저쪽의 빠른 움직임. 악기는 진동을 이용하여 음파를 발생시킴

진동수(frequency) 매 초당 지나는 파동의 개수. 단위는 헤르츠(Hz)

진폭(amplitude) 파동의 평균 위치에서 가장 큰 변위. 마루와 골의 중간선에서 마루까지의 높이임

질량(mass) 그램, 킬로그램 또는 톤으로 측정되는 물체의 양. 질량과 무게는 같지 않으며, 무게는 지구와 질량이 있는 물체 사이에 작용하는 중력임

질량 중심(centre of mass) 무게 중심이라고도 하며, 물체의 모든 무게가 작용하는 한 점. 연필의 중간 정도에 손가락을 두어 평형을 맞출 수 있으며, 그 지점이 질량 중심임

질량수(mass number) 핵자수라고도 하며, 원자핵 안에 있는 양성자와 중성자의 총 개수를 말함

초신성(supernova) 거대한 별의 붕괴로 인한 폭발. 태양보다 몇억 배나 더 밝을 수도 있음. 초신성의 방대한 에너지는 핵융합으로 철보다 무거운 원소를 생성할 만함

초음파(ultrasound) 사람이 듣기에 너무 높은 2만 Hz 이상의 주파수를 가진 소리

초저주파(infrasound) 주파수가 약 20 Hz 미만인 소리. 주파수가 너무 낮아서 인간의 귀로는 감지할 수 없음

초점(focal point) 평행하게 볼록 렌즈로 들어온 빛이 모이는 점, 또는 오목 렌즈로 빛이 평행하게 나올 때 그 빛이 시작된 점

초점 거리(focal length) 렌즈의 초점과 렌즈의 중심 사이의 거리

최대 적합선(line of best fit) 그래프 위에 흩어져 있는 데이터 점들을 가능한 한 아주 근접하도록 그린 선. 최대 적합선을 그리는 것은 독립 변인과 종속 변인 사이의 관계를 파악하는 데 도움이 됨

추세선(curve of best fit) 그래프상의 점들을 가능한 한 많이 가깝게 점을 찍어 연결한 자연스러운 곡선

축소된 상(diminished of an image) 물체의 크기보다 작은 상

켈빈(kelvin, K) 절대 영도(−273℃)에서 시작하는 온도의 눈금. 측정 단위는 켈빈(K). 1℃의 간격와 1 K의 간격은 같음

쿨롬(coulomb, C) 전하의 단위. 1쿨롬(C)은 1초 동안 1 A의 전류가 흐르는 전하량

킬로와트(kilowatt, kW) 1,000와트(W)와 같은 크기의 일률

킬로와트시(kilowatt-hour, kWh) 전력 회사에서 사용되는 에너지 단위. 1 kWh는 1 kW의 전기 기구를 1시간 동안 사용했을 때 전달된 에너지의 크기와 같음. 1 kWh는 3,600,000 J임

타원(ellipse) 원이 평평해진 모양의 도형

탄성(elastic) 물체가 늘어나거나 압축된 후 원래의 크기와 모양으로 돌아간다면 물체는 탄성이 있음

탄성 충돌(elastic collision) 운동 에너지의 손실 없이 두 물체가 부딪힌 후 원래의 모양으로 되돌아오는 충돌

탄성 퍼텐셜 에너지(elastic potential energy) 물체를 늘리거나 압축시켰을 때 저장되는 에너지. 물체를 늘리거나 압축시키는 과정에서 해준 일로부터 에너지가 저장됨

탄성 한계(elastic limit) 물체를 늘리거나 압축시켰을 때 원래 모양으로 돌아올 수 있는 최대의 양

태양 중심 모델(heliocentric model) 태양이 중심에 있는 태양계 모형

터빈(turbine) 선풍기와 같이 날개가 공기나 액체가 흐름을 통해 회전하는 기계. 발전소에서 발전기를 돌리는 데 터빈이 사용됨

테슬라(tesla, T) 자속 밀도의 단위. 자기장의 세기와 밀접한 관련이 있음

통제 변인(control variable) 실험에서 동일하게 유지되어야하는 변인. 독립 변인의 변화가 종속 변인에 미치는 영향을 보기 위해 변인을 통제함. 예를 들어 뜨거운 물이 식는 과정에서 온도 측정 실험을 진행하는 동안 실내 온도를 일정하게 유지함

파동(wave) 소리, 빛 및 기타 에너지의 전달은 파동(물질 또는 공간을 통해 빠르게 퍼지는 규칙적인 진동)으로 이동함

파스칼(pascal, Pa) 압력의 단위. 1 Pa는 1 m^2의 면적에 작용하는 1 N의 힘

파장(wavelength) 파동에서 연속적인 2개의 마루 또는 연속적인 2개의 골 사이의 거리

판 구조론(plate tectonics) 화산, 지진, 그리고 다른 지질학적 현상들을 설명하는 이론. 지구의 표면이 서로 반대로 움직일 수 있는 큰 판들로 나누어져 있다고 함

퍼텐셜 에너지(potential energy) 어떤 물체의 모양이나 위치에 저장된 에너지. 중력 퍼텐셜 에너지는 물체의 높이로 인해 물체에 저장된 에너지임. 탄성 퍼텐셜 에너지는 물체가 늘어나거나, 줄어들거나, 비틀어질 때 저장됨

평균 속력(average speed) 이동한 총 거리를 이동에 걸린 시간으로 나눈 값 ➊ 순간 속력(instantaneous speed) 참조

평면(plane) 평평한 표면

평형(equilibrium) 물리적·화학적 균형 상태

포토 게이트(light gate) 빛 발생 부분과 빛 감지 부분 사이에 물체가 지나가는 것을 감지하여 정밀한 시간 간격을 측정하는 장치

퓨즈(fuse) 전기 회로에서 사용되는 안전 장치. 많은 전류가 흐르면 녹아서 회로가 차단될 수 있도록 얇은 전선으로 구성되어 있음

프리즘(prism) 유리 또는 기타 투명 재료로 이루어진 삼각형 쐐기로, 백색광을 다양한 색상으로 나눌 수 있음

하중(load) 손수레에 실은 무거운 물체의 무게와 같이 물체를 누르거나 물체의 움직임의 반대 방향으로 작용하는 총 힘

항력(drag) 공기 저항 및 수중 저항의 다른 명칭

핵(nucleus) 원자의 중심. 양성자와 중성자로 이루어져 있으며, 원자 질량 대부분을 차지하고 있음

핵 반응식(nuclear equation) 화학 반응식과 유사하게 핵분열, 핵융합, 방사성 붕괴와 같은 핵 반응 중에 일어나는 변화를 설명하는 식

핵분열(nuclear fission) 원자의 핵이 2개의 작은 핵으로 쪼개져 에너지를 방출하는 과정

핵에너지(nuclear energy) 1. 원자핵을 구성하는 입자들 사이의 결합에 저장된 에너지. 이것은 핵융합이나 핵분열에 의해 방출될 수 있음. 2. 원자력 발전소에서 생산되는 전기

핵연료(nuclear fission) 원자로의 연료. 일반적으로 이것은 농축 우라늄(우라늄-235)이지만, 일부 원자로는 플루토늄 또는 토륨과 같은 연료를 사용함

핵융합(nuclear fusion) 원자핵이 융합하여 더

무거운 핵을 만들어 에너지를 방출하는 과정. 태양과 같은 별들은 수소 핵이 융합하여 헬륨을 만들어 동력을 얻음

핵자(nucleon) 양성자 또는 중성자, 즉 원자핵을 구성하는 입자

핵자수(nucleon number) 원자핵 안에 있는 양성자와 중성자의 총합. 질량수라고도 함

허상(virtual image) 거울의 반사처럼 광선이 모인 것처럼 보이는 곳에 형성된 이미지. 허상은 화면에 투영될 수 없음

헤르츠(hertz, Hz) 진동수의 SI 단위. 1헤르츠는 1초당 한 주기(완전한 한번의 파동)를 의미함

혜성(comet) 타원형 궤도로 태양을 공전하는 암석과 얼음의 혼합물. 먼지의 일부분은 태양에서 멀어지는 방향으로 길 꼬리를 만듦

화석 연료(fossil fuel) 생명체가 화석이 된 후 얻어진 연료. 석탄, 원유, 천연가스는 화석 연료임

화학 물질(chemical) 산업 공정에서 배출되거나 생산되는 원소나 화합물. 물, 철, 염, 그리고 산소가 대표적인 예임

화학 반응(chemical reaction) 화학 결합이 깨지거나 만들어지며 기존 물질이 새로운 물질로 바뀌는 과정

화학 에너지(chemical energy) 원자들 간의 결합에 저장된 에너지. 화학 반응 중에 열 및 빛의 형태로 방출될 수 있으며, 식품, 연료 및 전지는 화학 에너지를 저장함

화학적 변화(chemical change) 화학 반응을 통해 원자 결합이 만들어지거나 깨지며 화학적 변화가 발생함

화합물(compound) 두 가지 이상의 원소가 결합된 물질

확산(diffusion) 입자들의 랜덤한 움직임으로 인해 2개 이상의 물질이 점차 섞이는 것

활선(live wire) 전류가 흐르는 전기 회로의 중심이 되는 전선

회로(circuit) 전류가 흐를 수 있는 길

회전축(pivot) 물체가 회전하는 지점. 받침점이라고도 함

횡파(transverse wave) 매질의 입자가 파동이 진행하는 방향에 대해 직각으로 진동하는 파동. 수면파는 횡파임

효율(efficiency) 계에 들어간 에너지가 얼마나 유용하게 전환되었는지 측정된 값(보통 %)

훅의 법칙(Hooke's law) 물질의 변형(늘어남 또는 압축) 정도가 물체에 작용하는 힘에 비례한다는 법칙. 이 법칙은 탄성 한계까지 적용되며, 그 이상으로 변형되면 힘이 사라져도 원래 모양으로 되돌아오지 않음

흡수 스펙트럼(absorption spectrum) 별의 바깥층의 기체를 통과하는 빛의 스펙트럼 안에 있는 검은 선. 기체에 흡수된 파장을 통하여 별을 구성하는 원소를 알 수 있음

힘(force) 밀거나 잡아당기는 작용. 힘은 물체의 속력, 방향, 모양을 변화시킴. 힘은 벡터량이고, 단위는 뉴턴(N)

힘 측정기(force meter) 뉴턴 측정기라고도 하며, 힘을 측정할 수 있는 장치

힘의 불평형(unbalanced forces) 불평형한 힘은 물체에 알짜힘을 발생시켜 가속 또는 변형됨(늘어남 또는 찌그러짐)

힘의 성분(component of a force) 특정 방향으로 작용하는 힘의 부분. 수레를 밀 때 수레를 미는 일부 힘은 수레를 앞(수평) 방향으로 밀고 일부 힘은 수레를 위로 들어올림(수직)

힘의 장(force field) 힘이 관측될 수 있는 영역

힘의 평형(balanced forces) 물체에 작용하는 힘들을 더했을 때 알짜힘이 0 N이 된다면 힘이 평형을 이룸. 예를 들어 사이클리스트가 페달을 밟아 앞으로 나가는 힘과 공기 저항과 마찰력의 크기가 같으면 두 힘은 평형을 이룸

힘점의 힘(effort) 수레를 들어올리기 위해 쓰이는 힘처럼 부하의 반대 방향으로 작용하는 힘

g 중력장의 크기. 지구의 값은 9.8 N/kg이고 공기 저항이 없을 때 물체가 9.8 m/s^2만큼 가속되어 낙하함

LED 발광 다이오드. 전류가 한 방향으로만 흐르고 전류가 흐를 때 빛을 내는 장치

PET 스캐너(PET scanner) 신체 작용의 이미지를 만들어 질병을 진단하기 위하여 의학에서 사용되는 기계. PET는 양전자 방출 단층 촬영을 의미함

SI 단위(SI unit) 측정의 국제 표준 단위. 예를 들어 질량의 SI 단위는 kg. SI는 Système International을 나타냄

X선(X-ray) 에너지와 진동수가 높고 파장이 매우 짧은 전자기파. 대부분의 물질을 투과할 수 있어서 뼈와 치아의 이미지를 만드는 데 유용함

회로 기호

+
−
스위치 열기(끄기)
스위치 닫기(켜기)
전지
배터리
전구
저항기
가변 저항기
서미스터
조도 센터
다이오드
LED
퓨즈
A
전류계
V
전압계
M
모터

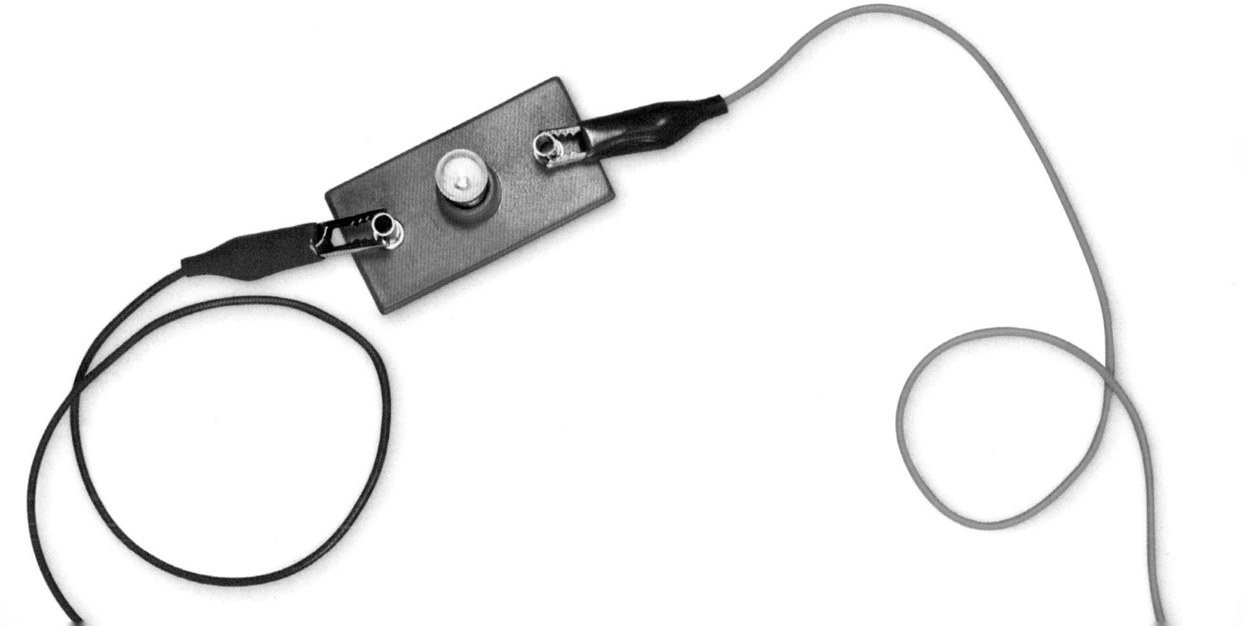

찾아보기

ㄹ

ㅁ

ㅂ

ㅅ

ㅇ

ㅊ

ㅋ

ㅌ

ㅍ

ㅎ

기타

-100 ... nk the ... with ... shan and ... ssistance; ... Mandal, Baibhav ... ann for design ... and Sanya Jain ... eraj Bhatia, Vijay ... and Kumar, Mohd ... Singh, and Vikram ... assistance; Harish ... uhita Dharamjit, Priyanka ... and Saloni Singh for the ... Victoria Pyke for proofreading; ... elen Peters for the index.

The publisher would like to thank the following for their kind permission to reproduce their photographs:
(Key: a-above; b-below/bottom; c-centre; f-far; l-left; r-right; t-top)

1 Getty Images: Yamada Taro (c). **4 Getty Images / iStock:** E+ / ThomasVogel (bl). **5 Science Photo Library:** Dr Keith Wheeler (b). **6 Science Photo Library:** (bc). **7 Dorling Kindersley:** Stephen Oliver (b). **12 Alamy Stock Photo:** Photo12 / Ann Ronan Picture Library (cla); Science History Images / Photo Researchers (bc). **Getty Images:** Popperfoto (br). **Science Photo Library:** (cr); Royal Astronomical Society (ca). **13 Alamy Stock Photo:** imageBROKER / Markus Keller (br); Stocktrek Images, Inc. / Roth Ritter (cra/Andromeda); Science History Images (bc). **Dorling Kindersley:** Science Museum, London (cl). **NASA:** JPL-Caltech (cra); ROSAT, MPE (tr); JPL-Caltech / UCLA (ftr). **Science Photo Library:** Dr Eli Brinks (fcra). **14 Alamy Stock Photo:** Hemis.fr / Francis Leroy (cra); mikecranephotography.com (cla). **Dreamstime.com:** Jim Parkin (crb). **Science Photo Library:** Cristina Pedrazzini (clb). **15 Dreamstime.com:** Diadis (cl); Zhang Liwei (cr); Alf Ribeiro (clb); Flavio Massari (crb). **16 NOAA:** (cra). **17 Alamy Stock Photo:** sciencephotos (cra). **Dorling Kindersley:** Science Museum, London (bc). **Dreamstime.com:** Robert Davies (ca); Svetlana Zhukova (c); Yury Shirokov (br). **Getty Images / iStock:** SchulteProductions (cr). **20 Dreamstime.com:** Bizhan33 (br). **21 Alamy Stock Photo:** Suchanon Sukjam (cl, clb). **Dreamstime.com:** Maxim Sergeenkov (clb/ruler, bl). **Getty Images / iStock:** didecs (br). **22 UNSCEAR:** UNSCEAR 2008 Report Vol. I Sources And Effects Of Ionizing Radiation United Nations, Scientific Committee On The Effects Of Atomic Radiation (cr). **29 123RF.com:** Maria Tkach (cl, cla). **Dorling Kindersley:** Dave King / The Science Museum (crb). **32 123RF.com:** olivierl (cr). **Getty Images / iStock:** E+ / ThomasVogel (cl). **34 Alamy Stock Photo:** PhotosIndia.com LLC (cb); Science History Images / Photo Researchers (clb); Andrew Zarivny (br). **Dreamstime.com:** Konstantin Shaklein (ca). **Getty Images:** Corbis / VCG / Beau Lark (c); Moment / Sean Gladwell (cl). **Getty Images / iStock:** studiocasper (cla). **35 Getty Images:** Photodisc / Creative Crop (bl). **36 Alamy Stock Photo:** Cultura Creative (RF) / Mischa Keijser (bl). **Dreamstime.com:** Johan Larson (clb). **Getty Images / iStock:** E+ / Mlenny (cla). **37 Alamy Stock Photo:** Hemis.fr / Francis Leroy (cla). **Dreamstime.com:** Bborriss (clb). **Shutterstock.com:** Gary Saxe (tl). **38 Dreamstime.com:** Hypermania37 (c); Peejay645 (cr). **Getty Images / iStock:** rancho_runner (cl). **40 Smil, V. 2017. Energy Transitions. Praeger.:** bp Statistical Review of World Energy 2020. / © BP p.l.c. (c). **41 Dreamstime.com:** Afxhome (c); Chukov (cb). **42 Alamy Stock Photo:** Eye Ubiquitous / Paul Seheult (c). **43 Science Photo Library:** Tony Mcconnell (cb). **46 Alamy Stock Photo:** NASA Image Collection (br). **49 Alamy Stock Photo:** David Wall (b). **50-51 Dreamstime.com:** Julian Addington-barker (c). **51 Dreamstime.com:** Destina156 (br). **54 Science Photo Library:** Giphotostock (tr). **55 Dreamstime.com:** Paul Prescott / Paulprescott (cl). **56 Getty Images / iStock:** E+ / Abeleao (c, cr). **57 Getty Images / iStock:** 3DSculptor (b). **58 Dreamstime.com:** Wesley Abrams (b). **59 Dreamstime.com:** Saletomic (br). **61 Alamy Stock Photo:** DBURKE (bc). **69 Alamy Stock Photo:** Malcolm Haines (t). **73 Dreamstime.com:** Greg Epperson (tr). **76 Alamy Stock Photo:** parkerphotography (b). **78 Alamy Stock Photo:** James Smith (c). **79 NASA:** JPL-Caltech / MSSS (bc). **Science Photo Library:** Martyn F. Chillmaid (r). **81 123RF.com:** Pumidol Leelerdsakulvong / lodimup (cra). **Dreamstime.com:** Jrtmedia (cra/Can). **84 Dreamstime.com:** Lukawo (c). **85 Dreamstime.com:** A-papantoniou (l). **86 Science Photo Library:** (cl). **87 Alamy Stock Photo:** imageBROKER / Norbert Eisele-Hein (b). **88 Alamy Stock Photo:** LJSphotography (cl). **89 Dorling Kindersley:** Ben Morgan (br). **Dreamstime.com:** Brad Calkins (cr); Andrei Kuzmik (ca); Nevinates (c); Joao Virissimo (cl). **90 Dorling Kindersley:** Gerard Brown / Pedal Pedlar (br). **Dreamstime.com:** Tuja66 (c). **91 Dreamstime.com:** Igor Yegorov (bl). **92 Dreamstime.com:** Warrengoldswain (c). **93 NASA:** NASA Earth Observatory (cr). **94 NASA:** GSFC / Arizona State University (cr); NASA Earth Observatory (cl). **96 Getty Images:** Moment / Photo by cuellar (bc); Ezra Shaw (c). **97 123RF.com:** Aleksei Sysoev (bl, cb). **99 Ariel Motor Company:** (b). **101 Dreamstime.com:** Chumphon Whangchom (tr). **102 Science Photo Library:** Gustoimages (c). **103 123RF.com:** Sebastian Kaulitzki (c). **105 © The State of Queensland 2019:** (b). **106 Alamy Stock Photo:** WENN Rights Ltd (b). **109 Alamy Stock Photo:** Bob Weymouth (b). **110-111 Alamy Stock Photo:** Cultura Creative (RF) / Oliver Furrer. **113 Dreamstime.com:** Le Thuy Do (cr). **114 Dreamstime.com:** Gualtiero Boffi (cl). **117 Getty Images:** Moment / Image Provided by Duane Walker. **121 Alamy Stock Photo:** agefotostock / Plus Pix (br). **Science Photo Library:** Gustoimages (clb). **122 123RF.com:** alexzaitsev (ca). **Dreamstime.com:** Kanok Sulaiman (cra). **123 Dreamstime.com:** Mopic (cl, cr). **124 Science Photo Library:** ER Degginger (c). **125 Science Photo Library:** Dr Keith Wheeler. **127 Dreamstime.com:** Mimagephotography (cr); Photographerlondon (cl). **Getty Images / iStock:** invizbk (crb). **131 Science Photo Library:** (c). **134 Alamy Stock Photo:** Zoonar GmbH / Sebastian Kaulitzki (cb). **135 Alamy Stock Photo:** Nature Picture Library / Alex Mustard (b). **Fotolia:** Andrey Eremin / mbongo (c). **137 Alamy Stock Photo:** sciencephotos (c). **138 Dreamstime.com:** Robert Davies (clb/Goggles). **Fotolia:** apttone (clb). **146 Alamy Stock Photo:** Westend61 GmbH / Ulrich Hagemann. **147 Dreamstime.com:** Chumphon Whangchom (c). **Getty Images:** Moment / Photo by Benjawan Sittidech (bc). **149 Fotolia:** Natallia Yaumenenka / eAlisa (cb). **Shutterstock.com:** biletskiyevgeniy.com (tr). **151 Dreamstime.com:** Itsmejust (br). **153 123RF.com:** citadelle (fbr); iarada (cl, cr); scanrail (crb); lanych (br). **Dorling Kindersley:** Ben Morgan (bc). **156 Science Photo Library:** GIPHOTOSTOCK (bc). **157 Science Photo Library:** Giphotostock (ca). **161 Dreamstime.com:** Arsty (cl, clb). **163 Dreamstime.com:** James Warren (b). **164 123RF.com:** iarada (cb, cb/same image). **165 Dreamstime.com:** Thomas Lenne (tr). **167 Dreamstime.com:** Kooslin (bl). **170 Dreamstime.com:** Kooslin (cla); Vlabos (clb). **171 Getty Images / iStock:** didecs (cr). **173 Getty Images:** The Image Bank / Michael Dunning (b). **174 Science Photo Library:** (cl). **175 Getty Images / iStock:** E+ / malerapaso (cb). **Science Photo Library:** Andrew Lambert Photography (cl). **177 Science Photo Library:** (tr); Andrew Lambert Photography (cr). **181 Dreamstime.com:** Atman (cr); Kirill Volkov (cl). **Getty Images / iStock:** E+ / Maica (bc). **183 Dreamstime.com:** Fotoatelie (bl); Mphoto2 (cl); Msphotographic (clb). **185 Dorling Kindersley:** Ben Morgan (c). **Dreamstime.com:** Georgii Dolgykh (cr); Gawriloff (c/Monitor); Luca Lorenzelli (br). **188 Dreamstime.com:** Oleksiy Boyko (crb). **Science Photo Library:** Martyn F. Chillmaid; Giphotostock (cr). **189 Science Photo Library:** Ted Kinsman (b). **191 Dreamstime.com:** Loraks (bc). **Science Photo Library:** (cb). **192 Alamy Stock Photo:** Universal Images Group North America LLC / QAI Publishing (c). **193 Science Photo Library:** Jim Reed Photography. **194 Science Photo Library:** Andrew Lambert Photography (bc). **196 Dreamstime.com:** Ilonashorokhova (clb, clb/opposite magnet); Timawe (cr). **Getty Images:** Photographer's Choice RF / Gary S Chapman (tc). **197 Dorling Kindersley:** Stephen Oliver (c). **198 NASA:** NASA Earth Observatory (c). **200 Dreamstime.com:** Dan Van Den Broeke / Dvande (b). **Science Photo Library:** Turtle Rock Scientific / Science Source (tc, tr). **201 Science Photo Library:** Martin Bond (br). **202 Science Photo Library:** Trevor Clifford Photography (cl, cr). **204 Science Photo Library:** MARTYN F. CHILLMAID (bc). **207 Alamy Stock Photo:** ITAR-TASS News Agency (br). **209 Science Photo Library:** Trevor Clifford Photography (b). **212 Dreamstime.com:** Bblood (cb); Kyoungil Jeon (ca); Okea (c); Mykola Davydenko (br). **213 Dreamstime.com:** Andreykuzmin (ca); Valentyn75 (clb); Romikmk (crb); Hasan Can Balcioglu (bc/kettle); Rudy Umans (bc); Russelljwatkins (br). **215 Alamy Stock Photo:** Brilt (crb); Andrew Wilson (cr); David R. Frazier Photolibrary, Inc. (br). **216 Dreamstime.com:** Norgal (cb); Petro Perutskyy (clb); Santiaga (bc). **218 123RF.com:** Mariusz Blach (cr). **Getty Images / iStock:** E+ / Mlenny (b). **219 Alamy Stock Photo:** D. Hurst (fclb). **Dreamstime.com:** Flas100 (clb); Somchai Somsanitangkul / Tank_isara (cla); Jaroslaw Grudzinski / jarek78 (crb/Iron). **Fotolia:** apttone (crb). **220 Getty Images / iStock:** didecs (tr); E+ / julichka (c). **224 Science Photo Library:** Turtle Rock Scientific (br). **225 Dreamstime.com:** Geerati (c). **227 Dreamstime.com:** Chernetskaya (b). **230 Dreamstime.com:** Mr.siwabud Veerapaisarn (crb). **Getty Images:** Tomasz Melnicki (clb); Yamada Taro (c). **231 Science Photo Library:** (bl, bc). **232 Dorling Kindersley:** Gerard Brown / Pedal Pedlar (bl). **235 Alamy Stock Photo:** Science Photo Library (cb). **Dorling Kindersley:** Gary Ombler / Stuart's Bikes (br). **238 Fotolia:** apttone (cb). **245 Science Photo Library:** Public Health England (br). **UNSCEAR:** UNSCEAR 2008 Report Vol. I Sources And Effects Of Ionizing Radiation United Nations, Scientific Committee On The Effects Of Atomic Radiation (bl). **246 Dorling Kindersley:** Arran Lewis / Zygote (cl, cr). **U.S. Environmental Protection Agency:** (br). **247 Depositphotos Inc:** microgen (crb). **Dreamstime.com:** Serg_velusceac (cr). **Science Photo Library:** Andrew Wheeler (cra). **248 Science Photo Library:** ISM (r). **249 Science Photo Library:** Astier - Chru Lille (cl); Centre Jean Perrin, ISM (tl). **250 Science Photo Library:** US Dept Of Energy (br). **252 Swiss Federal Nuclear Safety Inspectorate ENSI.:** (br). **253 Science Photo Library:** Claus Lunau (b). **255 Dorling Kindersley:** Arran Lewis / NASA (cl). **256 Photo of Peter Wienerroither:** https://homepage.univie.ac.at/~pw (b). **259 Dreamstime.com:** Reinhold Wittich (cr). **Getty Images:** Stocktrek RF (crb/Enceladus). **NASA:** Johns Hopkins University Applied Physics Laboratory / Southwest Research Institute (cra); JPL / USGS (crb). **260 NASA:** GSFC / Arizona State University (c/Used 8 times). **261 Science Photo Library:** European Space Agency / Cesar / Observatorio Astrofisico Di Torino (br). **262 Dreamstime.com:** Intrepix (cr, cra, crb). **NASA:** Soho - Eit Consortium / ESA (c). **263 NASA:** ESA and The Hubble Heritage Team (STScI / AURA) (clb); JPL-Caltech (c); ESA / Hubble (crb); ESA, and The Hubble Heritage Team (STScI / AURA) (cb). **264 Alamy Stock Photo:** Dennis Hallinan (cr). **Dreamstime.com:** Ivan Kokoulin (cl). **NASA:** ESA / ASU / J. Hester (bc); ESA / Hubble and the Hubble Heritage Team (cra); JPL-Caltech / R. Gehrz (bl); (br); CXC / SAO / F. Seward et al (fbr). **NRAO:** AUI (fbl). **265 NASA:** ESA, S. Beckwith (STScI) and the Hubble Heritage Team (STScI / AURA) (cl, clb). **266 NASA:** STScI / Ann Feild (br). **267 NASA:** WMAP Science Team (br). **269 NASA:** (tr). **271 from HyperPhysics by Rod Nave, Georgia State University:** (cl)

All other images © Dorling Kindersley
For further information see: www.dkimages.com